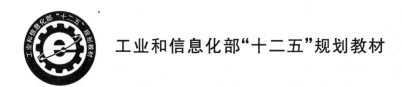

工业和信息化部"十二五"规划教材

新型喷气发动机技术

郑龙席　王占学　宋文艳　编著

U0236075

西北工业大学出版社

【内容简介】 本书是根据工业和信息化部"十二五"规划教材的要求编写的。

全书分为 5 章。其主要内容包括对新型喷气发动机技术进行了较为全面、系统的论述,对喷气发动机的发展背景和分类进行了介绍;重点介绍了涡轮基组合循环发动机、脉冲爆震发动机、超燃冲压发动机的发展背景、工作原理、理论和实验研究方法;对其他新型的喷气式发动机也进行了简单介绍。为方便读者学习,各章后提供了思考题。

本书可作为航空院校飞行器动力工程专业及相关专业高年级本科生和研究生的教材,还可供从事航空发动机研究、制造和使用维护工作的工程技术人员参考。

图书在版编目(CIP)数据

新型喷气发动机技术/郑龙席,王占学,宋文艳编著.—西安:西北工业大学出版社,2015.2

工业和信息化部"十二五"规划教材

ISBN 978 - 7 - 5612 - 4283 - 4

Ⅰ.①新… Ⅱ.①郑…②王…③宋… Ⅲ.①喷气发动机—教材 Ⅳ.①V235

中国版本图书馆 CIP 数据核字(2015)第 023922 号

出版发行:西北工业大学出版社

通信地址:西安市友谊西路 127 号　邮编:710072

电　　话:(029)88493844　88491757

网　　址:www.nwpup.com

印　刷　者:兴平市博闻印务有限公司

开　　本:787 mm×1 092 mm　1/16

印　　张:19.25

字　　数:471 千字

版　　次:2015 年 2 月第 1 版　2015 年 2 月第 1 次印刷

定　　价:58.00 元

前　言

　　新型飞行器所追求的飞得更快、飞得更高、飞得更经济的目标使得航空、航天推进领域的科学研究者开始探索能够满足未来各类航空、航天飞行器的新型动力装置。2006年通过的《国家中长期科学和技术发展规划纲要（2006—2020年）》中，先后启动了"高超声速飞行器"和"大型飞机"重大科技专项。这两个科技专项的顺利实施，不仅有赖于飞行器设计、流体力学、材料力学、实验测试技术等领域的一系列新的科学方法与技术的创新，同时，推进动力技术的创新也是保证其顺利实施的核心因素之一。另外，在2011年启动的"航空发动机和燃气轮机"重大科技专项中，也特别将新型动力技术放在优先开展研究的位置。

　　多年来，我国航空、航天领域的研究人员和工程技术人员在新型发动机的工作原理、循环方式、总体设计、模型验证、系统集成和工程应用等方面一直持续地开展研究，在涡轮基组合循环发动机、脉冲爆震发动机、超燃冲压发动机、间冷回热循环发动机等新概念发动机方面取得了重要的进展，且部分新型发动机概念已经取得接近工程应用的技术成果。尽管如此，有待解决的问题和关键技术依然很多，亦还有更多的新概念发动机有待创新。

　　正是基于上述背景，笔者通过对大量的参考文献、网络资料及自己的研究成果进行整理，编写了《新型喷气发动机技术》一书，以期给有关技术领域的科技人员提供一本有价值的教材和参考书，便于读者更深入地了解与新型喷气发动机有关的基本知识和理论，有助于开展本学科前沿问题的研究。

　　本书内容共包括5章。其中，第1章主要对喷气发动机的发展背景和分类进行了简单介绍；第2章对涡轮基组合循环发动机的发展背景、工作原理、理论和实验研究方法进行了详细的介绍；第3章重点对脉冲爆震发动机的发展背景、工作原理、理论和实验研究方法进行了详细的介绍；第4章重点对超燃冲压发动机的发展背景、工作原理、理论和实验研究方法进行了详细的介绍；第5章则介绍了间冷回热涡轮发动机的发展背景、工作原理和性能计算方法。

　　本书第1,2,5章由王占学编写，第3章由郑龙席编写，第4章由宋文艳编写，全书由郑龙席统稿。

　　在编写过程中，西北工业大学邱华副教授、刘增文讲师、李建平副教授、卢杰博士、龚昊博士等参与了本书部分内容的编写及例图、图表制作的工作,特表示感谢。感谢"先进航空发动机协同创新中心"对本书出版的支持。

鉴于目前新型喷气发动机概念较多,限于篇幅,本书不能一一介绍,望读者见谅。

由于所掌握和查阅的文献材料所限,书中难免有不足和不完整之处,欢迎读者批评指正。

编著者

2014 年 8 月

目　　录

第1章 常规喷气式航空发动机

1.1 常规喷气式航空发动机分类及工作原理

1.1.1 常规喷气式航空发动机分类

喷气式航空发动机是利用空气作为工作介质的能够为飞行器提供飞行所需推力(或拉力)的热力机械。喷气式航空发动机按工作原理的不同分为两大类:一类是间接反作用式,另一类是直接反作用式,如图1-1所示。

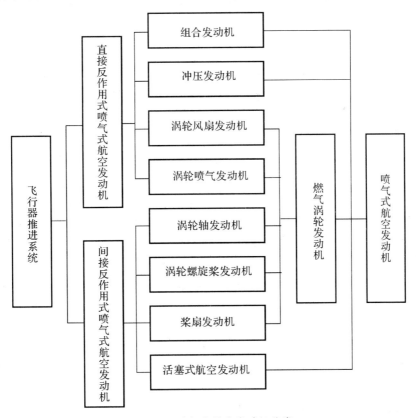

图1-1 喷气式航空发动机分类

间接反作用式喷气式航空发动机:发动机和推进器不是一体的,发动机工作时只输出机械功,而不能直接推动飞行器前进。发动机通过推进器(空气螺旋桨或旋翼)驱使工质(空气)加速流动,气流在推进器上产生反作用力,推动飞行器前进。属于这一类的喷气式航空发动机有活塞式航空发动机、涡轮螺旋桨发动机、涡轮轴发动机、螺桨风扇发动机。

直接反作用式喷气式航空发动机:发动机本身就是推进器。发动机工作时向飞行器外喷射工质,工质直接对飞行器施加反作用力来推进飞行器。属于这一类的喷气式航空发动机有涡轮喷气发动机、涡轮风扇发动机、冲压喷气发动机和组合发动机。

1.1.2　涡喷/涡扇发动机工作原理

喷轮喷气发动机(简称涡喷发动机)的结构由进气道、压气机、燃烧室、涡轮和尾喷管组成(见图 1-2),战斗机的涡轮和尾喷管间还有加力燃烧室。

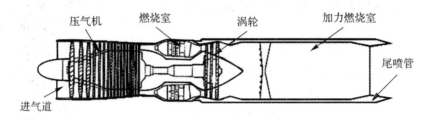

图 1-2　加力式涡喷发动机

空气首先进入的是发动机的进气道,当飞机飞行时,可以看作气流以飞机向前飞行的速度流向发动机。由于飞机飞行的速度是变化的,而压气机适应的来流速度是有一定的范围的,因此进气道的功能就是通过可调管道的调节,将来流调整到合适的速度。

进气道后的压气机专门用于提高气流的压力,空气流经压气机时,压气机工作叶片对气流做功,使气流的压力、温度升高。在亚声速时,压气机是气流增压的主要部件。增压后的气流进入燃烧室。

从燃烧室流出的高温、高压燃气,流过和压气机装在同一条轴上的涡轮。燃气的部分内能在涡轮中膨胀,转化为机械能,推动涡轮转动,从而带动压气机旋转。在涡喷发动机中,气流在涡轮中膨胀做的功正好等于压气机压缩空气所消耗的功以及传动附件、克服摩擦所需的功。经过燃烧后,涡轮前的燃气能量大大增加,因而燃气在涡轮中的膨胀比远小于压气机中的压缩比,涡轮出口处的压力和温度都比压气机进口高很多,发动机的推力就来自这一部分燃气的能量。

从涡轮中流出的高温、高压燃气,在尾喷管中继续膨胀,以高速沿发动机轴向从喷口向后排出。这一速度比气流进入发动机的速度大得多,使发动机获得了反作用的推力。

一般来讲,当气流从燃烧室出来时的温度越高,则其输入的能量就越大,发动机的推力也就越大。但是,由于涡轮材料等的限制,目前燃烧室出口温度最高只能达到 1 900 K 左右。现代战斗机有时需要短时间增加推力,就在涡轮后再加上一个加力燃烧室喷入燃油,让未充分燃烧的燃气与喷入的燃油混合后再次燃烧。由于加力燃烧室内无旋转部件,温度可达 2 200～2 500 K,可使发动机的推力增加至原来的 1.5 倍左右。其缺点是油耗急剧加大,同时过高的温度也影响发动机的寿命,因此,发动机打开加力的时间一般是有时限的,低空不过十几秒,多用于起飞或战斗时,在高空则可打开较长的时间。

随着喷气发动机技术的发展,涡喷发动机的缺点也越来越突出,那就是在低速下耗油量大,效率较低,使飞机的航程变得很短。尽管这对于执行防空任务的高速战斗机来说还并不十分严重,但若用在对经济性有严格要求的亚声速民用运输机上却是不可接受的。

要提高喷气发动机的效率,首先要知道什么是发动机的效率。发动机的效率实际上包括两个部分,即热效率和推进效率。为提高热效率,一般来讲需要提高涡轮前燃气的温度和压气机的增压比,但在飞机飞行速度不变的情况下,提高涡轮前燃气的温度将会使喷气发动机的排气速度增加,导致在空气中损失的动能增加,这样又降低了推进效率。由于热效率和推进效率对发动机循环参数相互矛盾的要求,因此涡喷发动机的总效率难以得到较大的提升。

那么,如何才能同时提高喷气发动机的热效率和推进效率,也就是怎样才能既提高涡轮前燃气的温度又至少不增加排气速度呢?答案就是采用涡轮风扇发动机(简称涡扇发动机,见图1-3)。这种发动机在涡喷发动机的基础上增加了几级涡轮,并由这些涡轮带动一排或几排风扇,风扇后的气流分为两部分,一部分进入压气机和燃烧室并燃烧(内涵道),另一部分则不经过压气机和燃烧室,直接排到空气中(外涵道)。由于涡扇发动机一部分的燃气能量被用来带动前端的风扇,因此降低了排气速度,提高了推进效率,而且,如果为提高热效率而提高涡轮前燃气的温度,还可以通过调整涡轮结构参数和增大风扇直径,使更多的燃气能量经风扇传递到外涵道,就不会增加排气速度。这样,对于涡扇发动机来讲,热效率和推进效率不再矛盾,只要结构和材料允许,提高涡轮前燃气的温度总是有利的。

图 1-3　涡扇发动机原理图

目前航空用涡扇发动机主要分两类,即不加力式涡扇发动机和加力式涡扇发动机(见图1-4)。前者主要用于高亚声速运输机,后者主要用于战斗机。由于用途不同,这两类发动机的结构参数也大不相同。

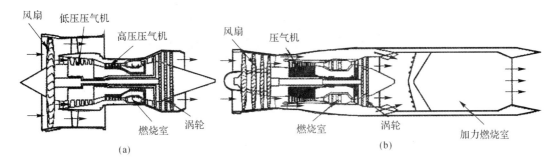

图 1-4　不加力式和加力式涡扇发动机

(a)不加力式涡扇发动机;　(b)加力式涡扇发动机

不加力式涡扇发动机不仅涡轮前燃气的温度较高,而且风扇直径较大,涵道比可达8以上,这种发动机的经济性优于涡喷发动机,而可用飞行速度又比活塞式发动机高,在现代大型干线客机、军用运输机等最大飞行马赫数为 0.9 左右的飞机中得到了广泛的应用。根据热机的原理，当发动机的功率一定时，参加推进的工质越多，所获得的推力就越大，不加力式涡扇发动机由于风扇直径大，空气流量就大，因而推力也较大。同时由于排气速度较低，这种发动机的噪声也较小。

加力式涡扇发动机在飞机巡航时是不开加力的，这时它相当于一台不加力式涡扇发动机，但为了追求高的推重比和减小阻力，这种发动机的涵道比一般在 1.0 以下。当飞机高速飞行时，发动机的加力打开，外涵道的空气和涡轮后的燃气一同进入加力燃烧室喷油后再次燃烧，使推力得以大幅度增加，甚至超过了加力式涡喷发动机的推力，而且随着速度的增加，这种发动机的加力比还会上升，并且耗油率有所下降。由于加力式涡扇发动机具有这种低速时油耗较低、开加力时推重比大的特点，因此，在新一代战斗机上得到了广泛应用。

1.1.3 涡桨/螺桨风扇发动机工作原理

一般来说，现代不加力涡扇发动机的涵道比有着不断加大的趋势。因为对于涡扇发动机来说，若飞行速度一定，要提高飞机的推进效率，就要降低排气速度和飞行速度的差值，需要加大涵道比；而同时随着发动机材料和结构工艺的提高，许用的涡轮前燃气的温度也不断提高，这也要求相应地增大涵道比。对于一架低速（500～600 km/h）的飞机来说，在一定的涡轮前燃气的温度下，其适当的涵道比应为 50 以上，这显然是发动机的结构所无法承受的。

为了提高效率，人们便索性抛去了风扇的外涵壳体，用螺旋桨代替了风扇，便形成了涡轮螺旋桨发动机（简称涡桨发动机，见图 1-5）。涡桨发动机由螺旋桨和燃气发生器组成，螺旋桨由涡轮带动。由于螺旋桨的直径较大，转速要远比涡轮低，只有大约 1 000 r/min。为使涡轮和螺旋桨都工作在正常的范围内，需要在它们之间安装一个减速器，将涡轮转速降至之前的 1/10 左右后，才可驱动螺旋桨。这种减速器的负荷重，结构复杂，制造成本高，它的质量一般相当于压气机和涡轮的总质量。作为发动机整体的一个部件，减速器在设计、制造和试验中占有相当重要的地位。

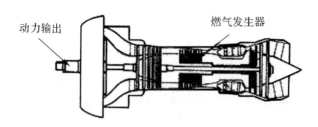

图 1-5 涡桨发动机

涡桨发动机的螺旋桨后的空气流就相当于涡扇发动机的外涵道。由于螺旋桨的直径比发动机大很多，气流量也远大于内涵道，因此这种发动机实际上相当于一台超大涵道比的涡扇发动机。

尽管工作原理近似，但涡桨发动机和涡扇发动机在产生动力方面却有着很大的不同。涡桨发动机的主要功率输出方式为螺旋桨的轴功率，而尾喷管喷出的燃气推力极小，只占总推力的 5% 左右，为了驱动大功率的螺旋桨，涡轮级数也比涡扇发动机要多，一般为 2～6 级。

由于涵道比大，涡桨发动机在低速下效率要高于涡扇发动机，但受到螺旋桨效率的影响，它的适用速度不能太高,一般要小于 900 km/h。目前在中低速飞机或对低速性能有严格要求的巡逻、反潜或灭火等类型飞机中得到广泛应用。

去掉了涵道的涡桨发动机尽管效率较高,但由于螺旋桨的速度限制,无法应用于马赫数为 0.8~0.95 的现代高亚声速大型宽体客机,螺桨风扇发动机(简称桨扇发动机)的概念则应运而生。

桨扇发动机是一种介于涡扇发动机和涡桨发动机之间的一种发动机形式,其目标是将前者的高速性能和后者的经济性结合起来,目前正处于研究和试验阶段。

桨扇发动机的结构如图 1-6 所示,它由燃气发生器和一副螺桨风扇(因为实在无法给这个又像螺旋桨又像风扇的部件起个名字,只好叫它螺桨风扇)组成。螺桨风扇由涡轮驱动,无涵道外壳,装有减速器,从这些来看它有一点像螺旋桨;但它的直径比普通螺旋桨小,叶片数目也多(一般有 6~8 叶),叶片又薄又宽,而且前缘后掠,这些又有些类似于风扇叶片。

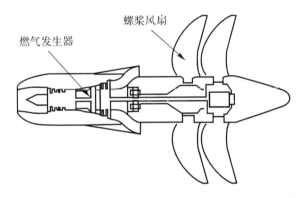

图 1-6　桨扇发动机

由于无涵道外壳,桨扇发动机的涵道比可以很大,以正在研究中的一种发动机为例,当飞行马赫数为 0.8 时,带动的空气流量约为内涵空气流量的 100 倍,相当于涵道比为 100,这是涡扇发动机所望尘莫及的,将其应用于飞机上,可将高空巡航耗油率较目前高涵道比涡扇发动机降低 15% 左右。

同涡桨发动机相比,桨扇发动机的可用速度又高很多,这是由它们叶片形状不同所决定的。普通螺旋桨叶片的叶型厚度大以保证强度,弯度大以保证升力系数。从剖面来看,这种叶型实际上就是典型的低速飞机的机翼剖面形状,它在低速情况下效率很高,但一旦接近声速,效率就急剧下降,因此装有涡桨发动机的飞机速度限制在马赫数 0.6~0.65 左右;而桨扇发动机的叶片既宽且薄、前缘尖锐并带有后掠的叶型,类似于超声速机翼的剖面形状,这种叶型的超声速性能就要好得多,在飞行马赫数为 0.8 时仍有良好的推进效率,是目前新型发动机中最有希望的一种。

当然,桨扇发动机也有其缺点,由于转速较高,产生的振动和噪声也较大,这对舒适性有严格要求的客机来讲是一个难题。另外,暴露在空气中的螺桨风扇的气动设计也是目前研究的难点所在。

1.1.4　涡轮轴发动机工作原理

在带有压气机的涡轮发动机这一类型中,涡轮轴发动机(简称涡轴发动机)出现得较晚,但已在直升机和垂直/短距起落飞机上得到了广泛的应用。

涡轴发动机于 1951 年 12 月开始装在直升机上作第一次飞行。那时它属于涡桨发动机,并没有自成体系。以后随着直升机在军事和国民经济上使用越来越普遍,涡轴发动机才获得独立的地位。

在工作和构造上,涡轴发动机同涡桨发动机很相近,它们都是由涡扇发动机的原理演变而来的,只不过后者将风扇变成了螺旋桨,而前者将风扇变成了直升机的旋翼。除此之外,涡轴发动机也有自己的特点。它一般装有自由涡轮(即不带动压气机,专为输出功率用的涡轮),而且主要用在直升机和垂直/短距起落飞机上。

在构造上,涡轴发动机也有压气机、燃烧室和涡轮等燃气发生器基本构造。它一般都装有自由涡轮,如图 1-7 所示,前面的是两级普通涡轮,它带动压气机,维持发动机工作,后面的两级是自由涡轮,燃气在其中做功,通过传动轴专门用来带动直升机的旋翼旋转,使它升空飞行。此外,从涡轮流出来的燃气,经过尾喷管喷出,可产生一定的推力,由于喷气速度不大,这种推力很小,如折合为功率,大约仅占总功率的 1/10。有时喷速过小,甚至不产生什么推力。为了合理地安排直升机的结构,涡轴发动机的喷口可以向上、向下或向两侧,不像涡喷发动机那样非向后不可,这有利于直升机设计时的总体安排。

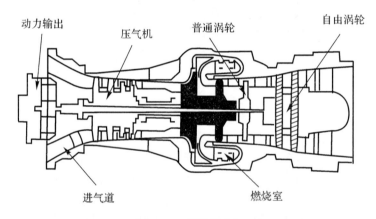

图 1-7 涡轴发动机

涡轴发动机是用于直升机的,它与旋翼配合,构成了直升机的动力装置。按照涡扇发动机的理论,从理论上讲,旋翼的直径愈大愈好。同样的核心发动机,产生同样的循环功率,所配合的旋翼直径愈大,则在旋翼上所产生的升力愈大。事实上,由于在能量转换过程中有损失,旋翼也不可能制成无限大,所以旋翼的直径是有限制的。一般来说,通过旋翼的空气流量是通过涡轴发动机的空气流量的 500～1 000 倍。

同直升机常用的另一种动力装置——活塞式发动机——相比,涡轴发动机的功率质量比要大得多,在 2.5 以上。而且就发动机所产生的功率来说,涡轴发动机也大得多,目前使用中的涡轴发动机所产生的功率,最高可达 4 413 kW(6 000 hp,1 hp=735.498 75 W)甚至 7 350 kW(10 000 hp),活塞式发动机则相差很远。在经济性上,涡轴发动机的耗油率略高于最好的活塞式发动机,但它所用的航空煤油要比前者所用的汽油便宜,这在一定程度上得到了弥补。当然,涡轴发动机也有其不足之处。它制造比较困难,制造成本也较高。特别是由于旋翼的转速更低,它需要比涡桨发动机有更重、更大的减速齿轮系统,有时它的质量竟占发动机总质量的一半以上。

1.1.5　冲压喷气发动机工作原理

冲压喷气发动机(简称冲压发动机)是一种利用迎面气流进入发动机后减速,使空气提高静压的空气喷气发动机。它通常由进气道(又称扩压器)、燃烧室、推进喷管三部分组成(见图1-8)。冲压发动机没有压气机(也就不需要燃气涡轮),因此又称为不带压气机的空气喷气发动机。

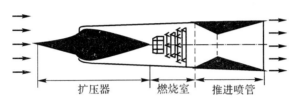

图 1-8　冲压发动机

冲压发动机的核心在于"冲压"两字。这种发动机压缩空气的方法是靠飞行器高速飞行时的相对气流进入发动机进气道中减速,将动能转变成压力能的(例如进气速度为3倍声速时,理论上可使空气压力提高37倍)。冲压发动机工作时,高速气流迎面向发动机吹来,在进气道内扩张减速,气压和温度升高后进入燃烧室与燃油(一般为煤油)混合燃烧,将温度提高到2 000~2 200℃,甚至更高,高温燃气随后经推进喷管膨胀加速,由喷口高速排出而产生推力。

冲压发动机的构造简单,质量轻,推重比大,成本低。但因为没有压气机,不能在静止的条件下起动,所以不宜作为普通飞机的动力装置,而常与别的发动机配合使用,成为组合式动力装置。如冲压发动机与火箭发动机组合,冲压发动机与涡喷发动机或涡扇发动机组合等。安装组合式动力装置的飞行器,在起飞时开动火箭发动机、涡喷或涡扇发动机,待飞行速度足够使冲压发动机正常工作时,再使用冲压发动机而关闭与之配合工作的发动机;在着陆阶段,当飞行器的飞行速度降低至冲压发动机不能正常工作时,又重新起动与之配合的发动机。如果冲压发动机作为飞行器的动力装置单独使用,则这种飞行器必须由其他飞行器携带至空中并具有一定速度时,才能将冲压发动机起动后投放。

冲压发动机或组合式冲压发动机一般用于导弹和超声速或亚声速靶机上。按应用范围划分,冲压发动机分为亚声速、超声速、高超声速三类。亚声速冲压发动机以航空煤油为燃料,采用扩散形进气道和收敛形喷管,飞行时增压比不超过1.89。飞行马赫数小于0.5时一般无法工作。超声速冲压发动机采用超声速进气道,燃烧室入口为亚声速气流,采用收敛形或收敛扩张形喷管,用航空煤油或烃类作为燃料,推进速度可达6倍声速,用于超声速靶机和地对空导弹。高超声速冲压发动机使用碳氢燃料或液氢燃料,是一种新型的发动机,飞行马赫数高达5~16,目前尚处于研制阶段。前两类发动机气流以亚声速燃烧,统称为亚燃冲压发动机,最后一种发动机气流以超声速燃烧,称为超燃冲压发动机。

1.2 常规喷气式航空发动机发展历程

1.2.1 航空燃气涡轮发动机早期发展背景

1903年12月,美国莱特兄弟使用4缸活塞式汽油发动机,实现了人类的首次有动力飞行。二战以前,所有的飞机都是采用活塞式发动机作动力的,这种发动机本身并不能产生向前的动力,而是需要驱动一副螺旋桨,使螺旋桨在空气中旋转,以此推动飞机前进。这种"活塞式发动机+螺旋桨"的组合一直是飞机固定的推进模式,很少有人提出过质疑。

到了20世纪30年代末,由于战争的需要,飞机的性能得到了迅猛的发展,飞行速度达到700~800 km/h,高度达到了10 km以上。但人们突然发现,螺旋桨飞机似乎达到了速度极限。最初,人们对活塞式发动机的驱动方式不能使飞机高速飞行的道理并不清楚。为了使飞机飞得快一些,人们千方百计地想办法提高发动机的功率,从1 000 kW到2 000 kW甚至3 000 kW,当航空活塞式发动机的功率大到足以使飞机速度达到750 km/h时,飞机再也难以增速了,发动机明显感到"有劲使不上"。其实,问题就出在螺旋桨上,当飞机的速度达到800 km/h时,由于螺旋桨始终在高速旋转,桨尖部分实际上已接近了声速,这种跨声速流场的直接后果就是螺旋桨的效率急剧降低,推力下降。同时,由于螺旋桨的迎风面积较大,带来的阻力也较大,而且随着飞行高度的上升,大气变稀薄,活塞式发动机的功率也会急剧下降。这几个因素合在一起,决定了"活塞式发动机+螺旋桨"的推进模式已经走到了尽头。要想进一步提高飞行性能,必须采用全新的推进模式,喷气发动机应运而生。

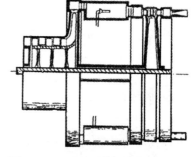

图1-9 Whittle的专利喷气发动机

英国工程师惠特尔(Whittle)率先设计制造成功世界上第一台涡喷发动机。1930年1月16日,惠特尔向英国专利局申请专利(见图1-9)。1936年底,惠特尔设计了第一台试验机(见图1-10)。1937年4月12日,试验机首次试车。这次试验被看成是涡喷发动机诞生的标志。1938年,新试验机实现了高速持续运转。

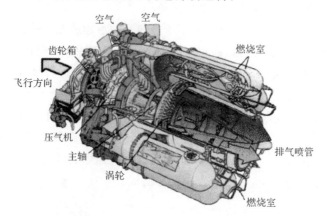

图1-10 Whittle的W2喷气发动机

惠特尔虽然研制成功世界上第一台涡喷发动机,但第一架喷气飞机却出现在德国。1937年 9 月,由哥廷根大学的冯·奥海因(Von Ohain)教授设计的德国第一台涡喷发动机(见图1-11)也诞生了。1939 年 8 月 27 日,该发动机安装在He178 飞机上进行了首次喷气飞行试验。

可以说,涡喷发动机的诞生是现代航空技术发展过程中的重要里程碑。自涡喷发动机诞生以来,作为一个集高技术于一体的热力机械,航空燃气涡轮发动机已衍生出许多不同的结构类型,并且其性能也有明显的提高。

图 1-11　Von Ohain 的 He S3B 喷气发动机

1.2.2　航空燃气涡轮发动机发展历程

按照发展历程和性能参数,军用战斗机用涡喷/涡扇发动机大致经历了四次更新换代。

第一代主要是以涡喷发动机为主,出现的时间在 20 世纪 40 年代末。典型的发动机包括 J57(见图 1-12),BK—1,РД—9Б,WP5,WP6。其主要特征参数:推重比为 3～4,涡轮前燃气的温度为 1 200～1 300 K。装备的飞机:F—86,F—100,米格—15,米格—19,歼 5,歼 6。

图 1-12　J57 发动机及装配该发动机的 F100 战斗机

第二代发动机既包括加力涡喷发动机,又包括涡扇发动机,出现的时间在 20 世纪 60 年代初。典型的发动机包括 J79,TF30(见图 1-13),M53—P2,P11Ф—300,P29—300,WP7,WP13,WS9。其主要特征参数:推重比为 5～6,涡轮前燃气的温度为 1 400～1 500 K。装备的飞机:F—4,F—104,米格—21,米格—23,幻影—F1,歼轰 7 ,歼 7,歼 8。

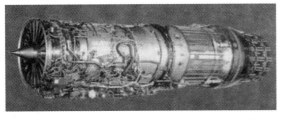

图 1-13　TF30 发动机及装配该发动机的 F14 战斗机

第三代发动机主要是加力涡扇发动机,出现的时间在 20 世纪 70 年代中期,典型的发动机包括 F100,F110(见图 1-14),F404,RB199,РД—33,АЛ—31Ф(见图 1-15),M88—2,WS10(10A)等。其主要特征参数:推重比为 7.5～8,涡轮前燃气的温度为 1 600～1 700 K。装备的飞机:F—15,F—16,F—18,米格—29,苏—27,狂风,幻影—2000,歼 10,歼 11。

图 1-14　F110 发动机及装配该发动机的 F—16 战斗机

图 1-15　AJIL—31Φ 发动机及装配该发动机的苏—27 战斗机

　　第四代发动机主要是高推重比加力涡扇发动机,出现的时间在 21 世纪初期,典型的发动机包括 F119(见图 1-16),EJ200,F404,AJI—41Φ,M88—3,推重比为 10 的涡扇发动机(国内在研)。其主要特征参数:推重比为 9.5~10,涡轮前燃气的温度为 1 850~2 000 K。装备的飞机:F—22,JSF,EF2000,S—37/54,四代机(国内称号)。

图 1-16　F119 发动机及装配该发动机的 F—22 战斗机

　　表 1-1 和表 1-2 给出了现役或即将服役的几种典型的航空燃气涡轮发动机的详细热力循环参数和性能参数,从中也可以看到,代表不同发展年代和不同国家的航空燃气涡轮发动机技术水平的差别。

表 1-1　现役主要发动机的性能参数

参数	F100—PW100	F100—PW229	F110—GE100	F110—GE129	F404—GE400	F404—Ⅱ	F404—Ⅲ	RB—199	AL—31F
加力推力 kN	105.86	129.40	122.68	129.00	71.17	96~112	100~107	75.27	122.58
加力耗油率 kg/(daN·h)	2.036		2.05		1.866			2.25	1.999

续 表

参数	F100—PW100	F100—PW229	F110—GE100	F110—GE129	F404—GE400	F404—Ⅱ	F404—Ⅲ	RB—199	AL—31F
不加力推力 kN	65.38	79.20	74.06		47.07			42.95	77.17
不加力耗油率 kg/(daN·h)	0.694		0.785		0.826			0.65	0.785
空气流量 kg/s	103.40		122.5	122	63.5				111.3
涵道比	0.63	0.36	0.87	9.81	0.34			1.10	0.60
涡轮前温度 K	1606		1728		1655			1590	1665
总增压比	25	32	30		25			25	23.5
推重比	7.7	7.78	7.2		7.39	8.5~9	9.5	7.38	7.12
服役时间	1974		1984		1979			1982	1984
装配飞机	F15C F16		F15E F16C		F/A—18			狂风	苏—27

注:1 daN=10 N。

表 1-2　推重比 10 一级发动机的性能参数

参　数	F119	F120	M88—2	EJ200	P2000
加力推力 kN	155.7	155.7	84.8	90.0	120.1
加力耗油率 kg/(daN·h)	2.305	2.305	1.840		
不加力推力 kN	111.19	111.19	54.40	60.0	80.1
不加力耗油率 kg/(daN·h)	0.62	0.62	0.81		
空气流量 kg/s					
涵道比	0.2	0.2	0.5	0.4	0.6
涡轮前温度 K	1950	1950	1843	1803	1823
总增压比	25	25	24.5	25	
推重比	10	10	9.6	10	
装配飞机	ATF	ATF	阵风	EFA	MIG2000

民用涡喷/涡扇发动机的划代没有军用涡喷/涡扇发动机划代清晰,一般都是按照涵道比的大小进行划分的。按照波音公司的划代方法,民用涡喷/涡扇发动机也大致经历了 4 个阶段。

纵观从 20 世纪 70 年代初投入使用的到 2008 年投入使用的高涵道比涡扇发动机,按照发动机所采用的循环参数与设计技术,大致可分为以下几个阶段:

(1)初期阶段:20 世纪 70 年代初至 80 年代中期。发动机总增压比低,为 22~30,涵道比为 4.2~5.0。代表的机型有 JT9D(见图 1-17),CF6—50,RB211—524。主要用于 B747—

200/—300,L1011,DC—10,B757 等飞机。这类发动机基本采用了常规的设计技术、材料与制造工艺。

(2)中期阶段:20 世纪 80 年代初至 90 年代初。发动机总增压比为 28~34,涵道比为 5.0~6.0。代表的机型有 PW4000(见图 1 - 18),CF6—80C2,RB211—524G/H,CFM56—3。主要用于 B747—400,B767,B737—300 和 A300,A310,A320 等飞机。此时的发动机在设计技术、材料、工艺以及调节器上均有较大的改进,例如叶型设计已由二维逐渐向准三维、全三维发展;整体焊接的压气机转子取代了螺栓连接的结构;定向结晶、单晶材料涡轮叶片以及粉末冶金的涡轮盘广泛被采用;全功能数字式燃油调节器 FADEC 取代了传统的燃油调节器等。

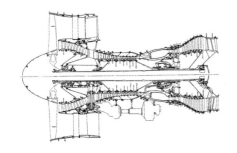

图 1 - 17　JT9D 发动机及 B747 飞机

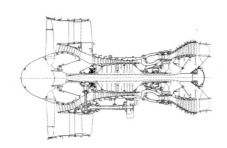

图 1 - 18　PW4000 发动机及 A300 飞机

(3)近期阶段:20 世纪 90 年代初至 90 年代末。发动机总增压比为 34~40,涵道比为 6.0~8.0。代表的机型有 PW4168,CF6—80E1,Trent700,PW4090,GE90(见图 1 - 19),Trent800。主要用于 A330,B777,B737—700,B737—800,A318,A319,A321,A340 等飞机。此阶段的发动机采取了许多提高部件效率的措施,例如风扇、高压压气机与涡轮的叶片全部采用全三维设计,且风扇叶片由减振突肩的大展弦比设计改为无突肩小展弦比(宽弦)设计;为减轻风扇叶片的质量,三大发动机公司分别发展了复合材料、带芯与空心的风扇叶片;为了制造带芯的风扇叶片,发展了扩散连接/超塑性成型(DB/SPF)的加工方法;压气机中采用整环设计的外环;刷式封严装置用于气封与油封中;采用了性能更好的耐高温材料与涂层;新一代FADEC 与完善的维修性设计;等等。这些技术不仅使发动机性能有较大的提高,其可靠性与寿命也有较明显的提高。

(4)世纪交替阶段:20 世纪末到现在。发动机总增压比达到 40~52,涵道比高达8.0~11.0。代表的机型有 Trent 1000,Genx(见图 1 - 20)。主要用于 A380,A350XWB,B787,B747—8 等飞机上。这一时期的发动机,在叶片设计中采用了新一代的三维气动设计;

风扇叶片采用掠形设计;复合材料已用于制造尺寸较大的风扇机匣;低排放的燃烧室设计与完善的降噪设计使发动机不仅能满足 21 世纪严格的环保条例的要求,而且还有较大的裕度;采用高效的涡轮叶片冷却技术与智能化的发动机状态监视系统等。

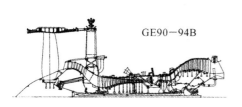

图 1-19　GE90—94B 发动机及 B777 飞机

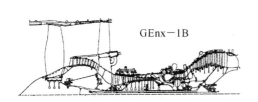

图 1-20　Genx 发动机及 B787 飞机

在高涵道比涡扇发动机发展中,由于不断提高发动机涵道比、总增压比以及部件效率,故发动机耗油率逐年降低。以罗·罗公司的发动机为例,其巡航耗油率(单位为 kg/(daN·h))的变化情况从 RB211—22B(1972 年)的 0.668 kg/(daN·h),Trent 800(1996 年)的 0.571 kg/(daN·h),Trent 500(2002 年)的 0.550 kg/(daN·h),降到了 Trent 900(2007 年)的 0.528 kg/(daN·h),而于 2008 年投入使用的 Trent 1000 的耗油率为 0.516 kg/(daN·h),也即从 1972 年到目前,罗·罗公司发动机的耗油率降低了 22.7%,从 1998 年到目前的 20 年内,降低了 13%。同时,齿轮风扇技术、间冷回热技术、开式转子技术、多电技术等的应用使得民用航空发动机的耗油率还会进一步降低。

涡轴发动机是一种主要输出轴功率的涡喷发动机,大多应用在轻型攻击/反坦克直升机、专用武装直升机、战术运输机、反潜攻击机、边防巡逻机、轻型攻击机、初级教练机、民用直升机、舰用动力装置、地面发电等。涡轴发动机以空气为做功工质,主要是靠输出功率带动负载工作的,它能将动力涡轮有效功率的绝大部分(95% 以上)通过输出轴带动负载。涡轴发动机与大型涡喷/涡扇发动机的气动热力循环原理基本相同,虽可借助大型燃气涡轮发动机研制所取得的技术成果和经验,但由于涡轴发动机属于小型燃气涡轮发动机类,因而在气动和结构上均有其独特之处。

(1)小流量、小通道引起的"尺寸效应"对压气机、涡轮性能及冷却等产生不利影响;

(2)转速高:高转速给临界共振、高速轴承、轴系、支承、叶片盘的疲劳强度等方面都带来一系列新的问题;

(3)流动复杂:小涡轮叶片短叶型使得流动转折加大,三维特性及黏性影响突出;

(4)冷却效果差:小涡轮叶片短而薄,相对外表面积大,而内部冷却孔型很难布置,且冷气

流程短,因而冷却效果随尺寸减小而降低;

(5)需要进气防护装置(粒子分离器)。

涡轴发动机的优点:功重比大(500～600 kW 级的发动机,几乎比活塞式发动机高 2 倍);发动机维修简单(特别在低温下不需加温起动);振动小(无往复运动件、发动机转子平衡精度高);较小的最大截面改善了直升机的气动性能。因此,从 20 世纪 50 年代,涡轴发动机逐步取代活塞式发动机,成为直升机的主要动力装置。当然,涡轴发动机也有一定的缺点:动力涡轮转速高,传动旋翼减速比大,造成减速器大而复杂;燃料消耗率一般较活塞式略高;周围介质(空气中的粉尘、湿度、温度)对其工作的影响较大;小尺寸的涡轴发动机生产难度大;等等。随着 60 多年的研究发展、更新换代,现代涡轴发动机具有以下特点:①性能先进:起飞耗油率为 0.267～0.358 kg/(kW·h);功重比(功率/质量)为 4～8 kW/kg;②经济性好:巡航工作状态的耗油率可达 0.299～0.367 kg/(kW·h),维护费用低、寿命长(单元体寿命为 3 000～5 000 h);③可靠性高:发动机提前更换率低,平均故障间隔时间长,性能衰减率低;④有技术发展潜力:具有良好的功率覆盖面和改型的可能性;⑤环境适用性强:武装直升机动力的防砂能力(一般具有粒子分离器)、红外抑制能力、抗作战损伤和防坠毁能力都比较强。

自 20 世纪 40 年代美国成功研制出世界上第一台涡轴发动机 T50 开始,涡轴发动机在美、英、法等国得到了飞速发展,已经发展到了第四代。其发展过程大致如下:

第一代:20 世纪 50 — 60 年代,以 T58 — GE — 10 和 Artouste Ⅱ,Nimbus 等发动机为代表,其性能较低(单位功率＜200 kW/(kg·s)),但极大地促进了热力学、空气动力学、结构力学、材料和制造技术的迅猛发展。采用机械液压控制系统,典型材料为锻造合金和等轴晶铸造高温合金。

第二代:从 20 世纪 60 年代末到 70 年代,以 T64 — GE — 6 和 Astazou,Gnome 等发动机为代表,通过改进材料、提高增压比和部件效率等措施,使性能得到较大的提高(单位功率为 200～230 kW/(kg·s))。采用模拟电子控制带机械液压备份控制系统,典型材料为钛合金和定向凝固柱晶高温合金。

第三代:20 世纪 80 年代,以 T700 — GE — 701A,Makila,TM333 — 2B 等发动机为代表,现处于生产和使用的高峰期,性能(单位功率为 230～280 kW/(kg·s))和结构先进,采用数字电子控制＋机械液压控制的混合控制系统,典型材料为钛合金、定向凝固镍基合金、热障涂层和粉末高温合金。

第四代:20 世纪 90 年代,以 T800,MTR390 等发动机为代表,采取了许多最新研究成果,性能(单位功率＞280 kW/(kg·s))和结构更加先进,采用全权限数字式电子控制系统,典型材料为钛合金、单晶合金、热障涂层、粉末高温合金和复合材料。

半个世纪以来,直升机用涡轴发动机的单位功率提高了 1～2 倍,压气机增压比提高了 2～3 倍,涡轮进口温度提高了 200～300 K,耗油率下降了约 30%,发动机使用寿命从早期的数百小时增长到目前的单元体翻修间隔期超过 2 000 h。国外涡轴发动机的进步体现在其综合性能不断提高上,如现役最先进的涡轴发动机耗油率已降至 0.27 kg/(kW·h)、单位功率接近 300 kW/(kg·s)、功重比达到 10 kW/kg 左右。

进入 21 世纪,涡轴发动机将沿两个方向发展:一是继续提高涡轴发动机循环参数和部件效率,研制性能更好的涡轴发动机;二是发展高速旋翼推进技术。

1.2.3　航空燃气涡轮发动机性能指标变化

从 1940 年至今,随着气动设计、材料、工艺等领域技术的全面发展,航空燃气涡轮发动机的性能指标已有了显著提高。

图 1-21 所示为航空燃气涡轮发动机起飞推力的变化。1903 年,美国莱特兄弟使用的 4 缸活塞式汽油发动机功率是 8.826 kW(12 hp),质量为 90 kg。1939 年 8 月,Von Ohain 的 He S3B 发动机推力为 4.45 kN(454 kgf,1 kgf=9.806 65 N)。1942 年 3 月,Whittle 的 W2B 发动机推力为 5.6 kN(567 kgf)。2001 年 11 月 20 日,GE90-115B 发动机的推力达到 55 000 kgf。Rolls Royce 的 Trent 8115,P&W 公司的 PW40115 发动机的推力也都达到了 509.6 kN(52 000 kgf,相当于 34 500 hp)。目前最大的航空燃气涡轮发动机的功率是莱特兄弟使用的 4 缸活塞式汽油发动机功率的 2 875 倍,是 Von Ohain 和 Whittle 发动机功率的 115 倍。

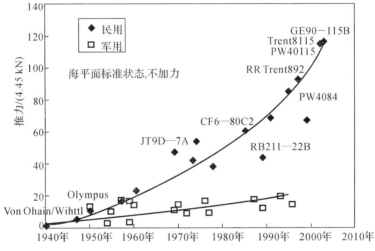

图 1-21　航空燃气涡轮发动机起飞推力变化趋势图

图 1-22 所示为航空燃气涡轮发动机推重比的变化。1940 年,Von Ohain 和 Whittle 的发动机推重比只有 1.2。2001 年 11 月 20 日,GE90-115B 发动机的推力达到 539 kN(55 000 kgf),推重比达到 5.5(超大涵道比,风扇直径达到 3.1 m(123 in))。其他小推力的民用航空发动机推重比达到了 7。军用发动机推重比甚至已达到 9~10(F119,EJ200,AJI-41Φ,M88-3)。目前民用航空发动机的推重比是 Von Ohain 和 Whittle 发动机推重比的 6 倍,军用航空发动机的推重比是 Von Ohain 和 Whittle 发动机推重比的 8 倍。

图 1-23 所示为航空燃气涡轮发动机单位推力的变化。从 1940 年至今,民用涡扇发动机的单位推力几乎保持不变,但军用涡扇发动机的单位推力却增加了 3 倍多。尽管民用涡扇发动机单位推力几乎没有增加,但涵道比显著增加了(见图 1-24),使得发动机总推力显著增加,单位耗油率和噪声显著降低。

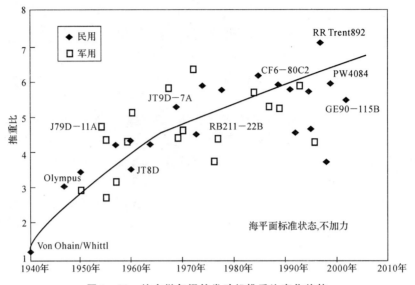

图 1 - 22　航空燃气涡轮发动机推重比变化趋势

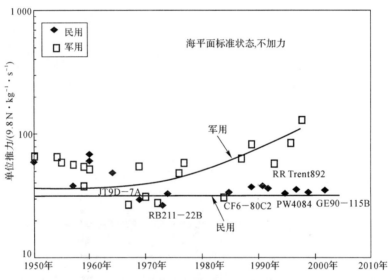

图 1 - 23　航空燃气涡轮发动机单位推力变化

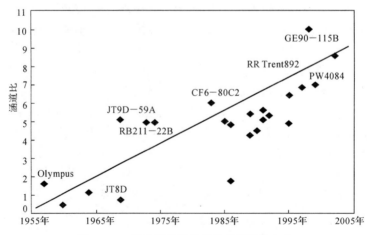

图 1 - 24　航空燃气涡轮发动机涵道比变化

图 1-25 所示为航空燃气涡轮发动机耗油率的变化。1945 年,Von Ohain 和 Whittle 发动机的耗油率为 1.05 kg/(9.8 N·h)。1985 年,GE 公司的 CF6—80C2 发动机的耗油率为 0.34 kg/(9.8 N·h)。Smith 根据发动机气动热力学模型计算得到发动机最小耗油率限制:当发动机总效率为 100％时,耗油率为 0.19 kg/(9.8 N·h)。随着发动机总增压比和涡轮进口温度的提高,航空发动机的耗油率会更接近最小耗油率限制。

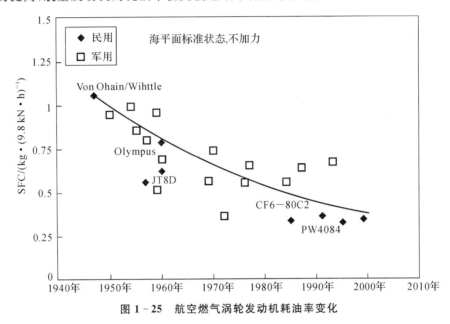

图 1-25　航空燃气涡轮发动机耗油率变化

图 1-26 所示为航空燃气涡轮发动机噪声的变化。以 1971 年波音 B707 飞机噪声为基准(取 0),与其推力相近的空客 A319 飞机的噪声降低了 23 dB。即使推力是 B707 飞机 3.3 倍的波音 B777—200 飞机,其噪声也比 B707 的噪声降低了 17 dB。

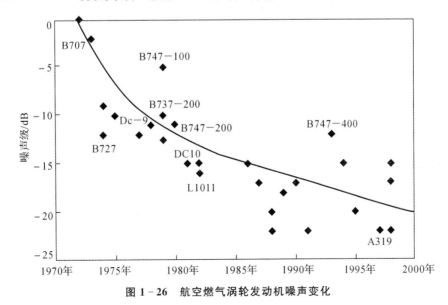

图 1-26　航空燃气涡轮发动机噪声变化

1.2.4 冲压发动机发展历程

冲压发动机利用大气中的氧气作为氧化剂,在高速、远航程的飞行中具有独特的优越性。当飞行马赫数大于 3.5 时,冲压发动机的比冲高于其他喷气发动机,是大气层内高速飞行的理想动力装置。冲压发动机结构简单,内部没有转动部件,质量小,推重比高,成本低,特别适于导弹和高速飞行器使用。可以认为,冲压发动机的发展经历了 4 个阶段,即冲压发动机的概念研究阶段、普通型冲压发动机发展阶段、组合型冲压发动机发展阶段和高超声速冲压发动机发展阶段。

1.2.4.1 冲压发动机的概念研究阶段

早在 1913 年,法国工程师雷恩·洛兰就提出了冲压发动机(见图 1 - 27)的设计,并获得专利。但当时没有相应的助推手段和相应材料,设计只停留在纸面上。1928 年,德国人保罗·施米特开始设计冲压发动机。最初研制出的冲压发动机寿命短、振动大,根本无法在载人飞机上使用。于是 1934 年,施米特和 G·马德林提出了以冲压发动机为动力的"飞行炸弹",于 1939 年完成了原型设计。后来这一设计就产生了德国的 V—1 巡航导弹。此外德国还曾试图将冲压发动机用在战斗机上。1941 年,特劳恩飞机实验所主任、物理学家欧根·森格尔博士在吕内堡野外进行了该类型发动机的试验,但最终未能产生具有实用意义的发动机型号。二战后冲压发动机得到了极大的发展,为多种无人机、导弹等采用。

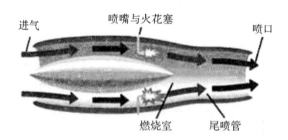

图 1 - 27 冲压发动机

1.2.4.2 普通型冲压发动机发展阶段

从 20 世纪 50 年代起,普通型冲压发动机进入了应用阶段。这种普通型冲压发动机均另外配置了与冲压发动机串联或并联的助推器,以使飞行器加速到冲压发动机起动接力的马赫数。这种发动机有下述特点。

采用中心锥进气道:在这一阶段所研制的冲压发动机采用外挂吊舱式(如波马克导弹)或机弹合一式(如海标枪导弹)安装在弹体上,两种形式都使用带中心锥的中心进气式进气道。进气道有单锥、双锥、单锥加等熵锥等形式。

采用钝体稳定器:例如,波马克所使用的冲压发动机采用环形 V 形槽式稳定器,黄铜骑士导弹的冲压发动机则采用罐式稳定器,海标枪导弹的冲压发动机采用筐式稳定器,其工作原理都是利用回流区稳定火焰,满足了贫、富油工作极限的要求。

采用喷嘴或喷油杆供油：冲压发动机以煤油为燃料，采用固定喷嘴、可调喷嘴或喷油杆进行供油。

燃烧室采用气膜冷却：冲压发动机采用气膜冷却的方法保护燃烧室外壁，所设置的火焰隔热屏除提供气膜冷却外，还有消除振荡燃烧的作用。

在这一阶段中出现了很多使用冲压发动机的导弹，如美国的地空导弹波马克 B 型采用 RJ—43—MA—11 冲压发动机，飞行马赫数为 2.8；黄铜骑士导弹采用直径为 711.2 mm 的冲压发动机，飞行马赫数为 2.5。法国天狼星 I 冲压发动机用于 CT41 靶机上，飞行马赫数为 1.7～2.7。英国发展了地空导弹警犬，以卓尔(Thor)BT1 冲压发动机为动力，飞行马赫数为 2.0；舰空导弹海标枪采用奥丁(Odin)冲压发动机，飞行马赫数为 2.3～2.9。苏联发展了 SA—44 导弹，采用飞行马赫数为 2.5 的冲压发动机。以上型号有的至今还在服役。

1.2.4.3　组合型冲压发动机发展阶段

前述普通型冲压发动机，需要串联或并联助推器，使冲压发动机加速到某一马赫数起动接力工作。串联助推器增加了导弹的长度，并联助推器增加了导弹的阻力，两种方法都使导弹尺寸增加，这增加了导弹在飞行平台上装载的困难。为了解决这一问题，出现了组合型冲压发动机。这里有两种途径，一种是固体火箭助推器与冲压发动机共用燃烧室，一种是将固体火箭助推器嵌入冲压发动机。

1. 共用燃烧室的组合冲压发动机

使用这种发动机是直接将固体推进剂装于冲压发动机燃烧室内，作为助推器工作，工作结束后转换为冲压发动机工作。这种发动机有下述特点。

采用突然扩张型燃烧室：燃烧室内不设火焰稳定装置，采用突然扩张型的燃烧室形成回流区以稳定火焰，这样就腾出了燃烧室空间，便于固体推进剂的装填。

燃烧室内采用隔热层：采用隔热层代替了气膜冷却，使之兼顾了冲压发动机和助推器的工作，使用隔热层可以允许燃烧室提高燃烧温度，从而可以提高发动机单位迎风面积推力。

采用工况转换机构：共用燃烧室的组合发动机采用工况转换机构完成工况转换。当助推器工作完毕，燃烧室压力降到某一数值时，给出信号，这时进气道堵盖和助推器喷管脱落，冲压发动机开始工作。

采用旁侧进气道：旁侧进气道有多种形式，如十字形和 X 形沿圆周布局的 4 个进气道、腹部进气道、侧面进气道等。在结构形式上有圆形、半圆形和二元进气道等。

最早(1967 年)出现的采用共用燃烧室的组合发动机是苏联中低空防空导弹 3M93(即 SA—6)。这是整体式固体火箭冲压发动机，进气道是呈十字形布局的 4 个旁侧进气槽，发动机前部是装有富燃料推进剂药柱的燃气发生器，尾部为两级组合喷管。

法国 ASMP 中程空地核导弹采用整体式液体燃料冲压发动机，使用左右两侧布局的二元进气槽，取代了弹翼，提供一定的升力；燃烧室以自然旋涡稳定火焰，使用煤油作燃料。

2. 嵌入助推器的组合冲压发动机

这种组合发动机将固体火箭助推器嵌进冲压发动机气流通道内，待助推器工作完毕，靠冲压空气的气动力使助推器退出。这时冲压发动机燃烧室的供油和火焰稳定装置自动弹出，转入冲压发动机工作状态。这种发动机具有下述优点。

由于最大限度地利用了冲压发动机的内部空间嵌入助推器,因而体积小,气动阻力小。

由于冲压燃烧室不再承受固体推进剂的燃气压力,所以减轻了巡航飞行的结构质量。

在工况转换后,发动机类似于普通冲压发动机,使用火焰稳定装置扩大了发动机贫、富油极限;使用气膜冷却,避免了采用隔热层所增加的质量。

1.2.4.4 高超声速冲压发动机发展阶段

前面所述的冲压发动机,从燃烧方式上讲都是亚声速燃烧冲压发动机。目前认为,使用氢燃料的这种发动机最高飞行马赫数为 6 或略高。德国制定了桑格尔(Sänger)水平起降两级入轨的空天飞机方案。其下面级(载机)采用涡轮冲压发动机为动力,冲压发动机飞行马赫数为 3.5~6.8,飞行高度为 20~30 km。

为使冲压发动机有更高的飞行速度,发展了超声速燃烧冲压发动机(简称超燃冲压发动机)。迎面高超声速气流在进气道内适当压缩后,以超声速流进入燃烧室,与燃料混合燃烧,燃气自喷管排出,产生推力。超燃冲压发动机飞行马赫数为 5~16。使用超声速燃烧减少了气流压缩和膨胀损失,降低了气流静压和静温,减轻了发动机的结构负荷。

超燃冲压发动机要求与飞行器一起进行一体化设计,应用先进的材料和结构,妥善解决热防护和冷却问题。

1.3 小 结

本章对常规喷气式航空发动机的分类及工作原理进行了分析,并介绍了喷气式航空发动机和冲压发动机的发展历程。从常规喷气式航空发动机的发展历程可以看到,尽管常规喷气式航空发动机仍然是飞行器的主动力,但随着人们对空天领域探索的追求愈加强烈,对新型推进动力的需求也愈加迫切。因此,积极探索新型空天推进技术,已成为未来空天推进动力领域发展的目标和方向。基于目前和未来可预期的技术发展,面向 21 世纪的新型推进动力有超燃冲压发动机、组合循环发动机、脉冲爆震发动机、间冷回热涡扇发动机、磁浮多(全)电发动机、微型燃气涡轮发动机和新能源航空发动机等。

本书将在后续的章节对目前世界上广泛关注的几类新型喷气式发动机概念进行详细的介绍。

参 考 文 献

[1] Bryce A Ro. Work Transfer Analysis of Turbojet and Turbofan Engines[R]. AIAA 2004 - 4077,2004.

[2] Takeshi Tagashira,Nanahisa Sugiyama. A Performance Optimization Control of Variable Cycle Engines[R]. AIAA 2003 - 4984,2003.

[3] Dilip R. Progress in Aero Engine Technology(1939 — 2003)[R]. AIAA 2003 - 4412,2003.

［4］　　Reynolds W C. Aircraft Gas Turbine Engine Simulations［R］. AIAA 2003 - 3698,2003.

［5］　Bernard L K. Gas Turbine Technology Evolution A Designer's Perspective［R］. AIAA 2003 - 2722,2003.

［6］　Vivek Sanghi. Optimum Mixing of Core —— and Bypass - Streams in a High Bypass Civil Turbofan［R］. AIAA 2001 - 3618,2001.

［7］　Toshinorl Sekido. Feasibility Study on Single Bypass Variable Cycle Engine With Ejector［R］. AIAA 92 - 4268,1991.

［8］　Berton J J,Haller W J. A Comparative Propulsion System Analysis for the High Speed Civil Transport［R］. NASA TM - 2005 - 213414,2005.

［9］　Mavris D N. Prediction Methodology of an Optimum Turbofan Engine Cycle［R］. AIAA 2004 - 4363,2004.

［10］　Seidel J A. NASA Aeropropulsion Research：Looking Forward［R］. ISABE 2001 - 2013,2001.

［11］　Papamoschou D. Conceptual Development of Quiet Turbofan Engines for Supersonic Aircraft［J］. Journal of Propulsion and Power,2003,19(2):11 - 13.

［12］　刘大响,程荣辉. 世界航空动力技术的现状及发展动向［J］. 北京航空航天大学学报,2002,28(5):490 - 495.

［13］　刘大响,陈光. 航空发动机——飞机的心脏［M］. 北京:航空工业出版社,2003.

［14］　梁春华. 未来的航空涡扇发动机技术［J］. 航空发动机,2005,31(4):54 - 58.

［15］　刘兴洲. 冲压发动机的发展和应用［J］. 中国航天,1993,(3):34 - 37.

［16］　徐志刚.高涵道比涡扇发动机的关键制造技术［J］. 航空制造技术,2009(2):44 - 47.

［17］　陈光.高涵道比涡轮风扇发动机发展综述［J］. 航空制造技术,2008(13):40 - 45.

［18］　陈光.高涵道比涡轮风扇发动机发展综述［C］. 大型飞机关键技术高层论坛暨中国航空学会论文集,2007.

［19］　梁春华.未来的航空涡扇发动机技术［J］. 航空发动机,2005,31(4):54 - 58.

［20］　李琦.增程固体燃料冲压发动机的性能分析［D］. 南京:南京理工大学,2007.

［21］　刘新亮.技术引入对武器装备体系能力影响的评估方法研究［D］. 长沙:国防科学技术大学,2009.

第 2 章　涡轮基组合循环发动机

2.1　引　言

高超声速飞行器将是未来军、民用高速飞行和空间运载的主要工具,同现有的飞机、火箭、航天飞机等技术手段相比,高超声速飞行器具有明显的优势。

从空天运输的角度:长远来看,不论是有效地利用卫星和空间站开发近地轨道的太空资源,还是探索和开发月球与火星,都必须发展水平起降、可重复使用的以喷气式发动机为动力的航天运载器,才能满足未来按需发射的要求。以喷气式发动机为动力的高超声速飞行器,可从大气中获得氧气,不需要像火箭发动机那样必须带有沉重的氧气储箱,从而降低了航天运输的成本;由于采用水平起飞方式和利用升力,允许在每个任务阶段都可以安全救生,所以增加了安全性;由于其简单的地面操作和具有巡航能力,所以增加了运行的适应性;可以充分利用常规机场执行空天发射任务,实现了快速发射和按需发射的需求。

从军事应用的角度:世界军事强国都在积极推进军事转型,在这些转型计划中,都将高超声速飞行器技术列在重要地位。高超声速飞行器在军事上的应用有以下几个特点:可以在很短时间内攻击世界上任何地方的目标;可以出其不意地打击敌人几乎没有防备的纵深目标,可以出其不意地选择最佳的攻击时间;可以在任务执行完成之后,快速回收、快速装备、重新起飞;除了担负攻击任务外,还可用于侦察。高超声速飞行器既可作为发射卫星与回收、维修卫星的平台,又可作为发射反卫星武器的平台。

可以说,高超声速飞行器代表了未来进入太空的能力,它不仅是开发太空资源的基础,而且是军队战斗力的一个重要组成部分。

除了上述空间开发和军事应用以外,高超声速飞行器的发展也将推动民用的高超声速客机的发展。民用的高超声速客机在 21 世纪也有广阔的前景,有研究认为,随着中国经济的不断发展,亚欧和亚太航线将达到美欧航线的水平,因此,不经停航程达到 12 000 km 的客机将具有很好的适用性,如果采用高超声速飞行器取代现有的亚声速飞机,在远距离飞行中将会节约大量的时间,具有极强的吸引力。

因此,无论从空间开发和利用的角度,还是从军事战略发展和民用运输的角度,开展高超声速飞行器及其推进技术研究都具有重要的意义。可以说,喷气式高超声速(飞行马赫数大于5)飞行器代表了未来军、民用航空器的战略发展方向,被喻为是继螺旋桨、喷气推进飞行器之后世界航空史上的第三次革命。半个世纪以来,这项研究虽历经多次起伏,但由于这项技术在新世纪的重要战略地位,许多国家至今仍继续投入大量人力物力,坚持不懈地进行研究。值得注意的是,从 20 世纪末以来,高超声速技术更是被更多的国家看好而投入巨大的力量开展研究,并且已经取得了大量研究成果。

2.2 涡轮基组合循环发动机发展历程

2.2.1 组合循环发动机的分类

为了能研制成功高超声速飞行器,需要攻克许多关键技术。高超声速飞行器的关键技术包括总体设计技术、高超声速推进技术、气动力/气动热技术、轻质结构与防热结构和试验技术等。

在上述关键技术中,高超声速推进技术是核心。毫无疑问,推进系统性能的好坏直接影响到整个飞行器的设计方案是否能够付诸成功。对于大气层内作超声速飞行的飞行器来说,有着多种可供选择的推进形式,如火箭发动机、脉冲爆震发动机、冲压发动机和涡轮发动机等。根据各类发动机的比冲参数可以知道,不同的发动机适应不同的飞行任务,正如图 2-1 和图 2-2 所示,涡喷发动机最有效的工作马赫数范围是 0~3,亚燃冲压发动机的工作马赫数上限是 6,超燃冲压发动机的工作马赫数上限是 15 或更高一点,而火箭发动机则不受飞行空间的限制。由于高超声速飞行器工作范围极其宽广(亚声速、跨声速、超声速和高超声速),将无法使用常规的单工作循环推进系统。就目前的技术条件而言,基于不同类型发动机具有各自有效工作范围的特点,必须采用以涡轮、火箭、冲压、脉冲爆震等发动机为基础的各种形式的组合发动机。从当前国内外的研究成果来看,主要有两种推进形式供高超声速飞行器选择,即涡轮基组合发动机和火箭基组合发动机。

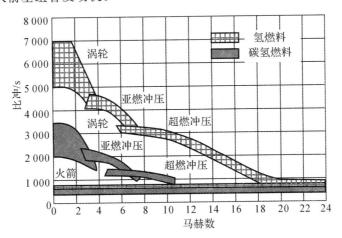

图 2-1 吸气式发动机比冲随马赫数的变化

组合有两种方式,一种是将不同类型的发动机简单组合,在不同的飞行马赫数范围,仅仅用一种发动机,即采用接力式工作方式。图 2-3 所示即为当前超声速导弹用的火箭助推冲压发动机,无论是串联式、并联式还是整体式组合,一种循环都不会对另一种循环产生影响。简单组合发动机的优点是结构相对简单,工作过程不涉及或很少涉及不同类型发动机的相互影响问题,但其缺点是在每一任务段只有一种发动机工作。例如,采用涡轮/冲压/超燃冲压/火箭发动机组合时,每一类发动机仅仅发挥 1/4 的作用。

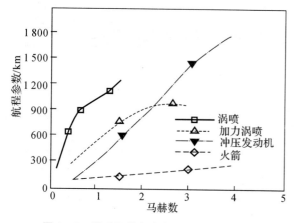

图 2-2 发动机航程参数随马赫数的变化

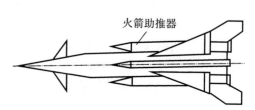

图 2-3 火箭冲压简单组合发动机

另一种是将不同循环类型的发动机进行组合,相互之间共用部分部件,并且不同循环之间有相互的气动和热力影响,其实质是一台发动机能够在不同的飞行马赫数范围,以不同类型的循环方式工作。因此,组合循环发动机的优点是一类发动机能够适应宽广的飞行马赫数,质量轻,但其缺点在于不同类型循环转接时的模态转换问题比较突出,结构相对复杂,在现有的发动机基础上进行改进工作量大。

考虑结构复杂性和技术成熟性,目前比较常用的组合循环方式有三种(见图 2-4)。

(1)火箭基组合循环发动机:用火箭发动机作为冲压发动机的高压燃气发生器,它可以在较大的空气燃料比范围内工作,适宜于超声速或高超声速飞行(见图 2-5)。

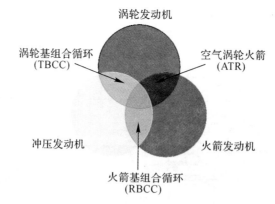

图 2-4 基于不同发动机工作循环的组合

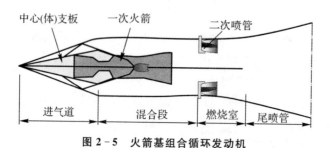

图 2-5 火箭基组合循环发动机

　　(2)涡轮基组合循环发动机:由涡喷发动机(或涡扇发动机)与冲压发动机有机结合而成,在各种马赫数条件下都具有良好的性能。以串联式涡轮基组合循环发动机为例,这种发动机的周围是一涵道,前部具有可调进气道,后部则是带可调喷口的加力喷管(见图2-6)。起飞和高速飞行期间,其加力冲压燃烧室工作,该发动机以常规加力涡喷发动机的循环原理工作。在低马赫数的其他飞行状态,加力冲压燃烧室不工作(见图 2-6(a))。当飞行器加速通过马赫数 3 时,涡喷发动机关闭,进气道的空气借助于模态选择阀绕过压气机,直接流入加力喷管,该加力喷管成为冲压发动机的燃烧室(见图 2-6(b)),这时该发动机以冲压发动机的循环原理工作。涡轮基组合循环发动机兼有涡喷发动机在小马赫数时和冲压发动机在马赫数大于 3 时的优越性能。

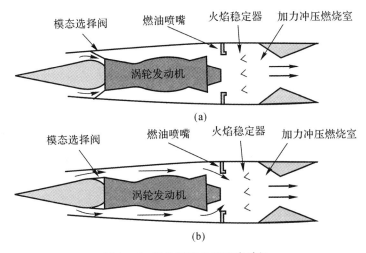

图 2-6　涡轮基组合循环发动机

(a)低速工作状态；　(b)高速工作状态

　　(3)涡轮火箭组合循环发动机:用火箭发动机作为涡喷发动机的燃气发生器驱动涡轮做功带动压气机旋转。高速旋转的压气机压缩来流空气,与经过涡轮的富油状态的燃气混合,在燃烧室燃烧,经喷管排出产生推力。涡轮火箭组合循环发动机单位推力和推重比大,但耗油率高。其最重要的特点是固体和液体燃料均可使用。图 2-7 所示为涡轮火箭组合循环发动机工作原理图。

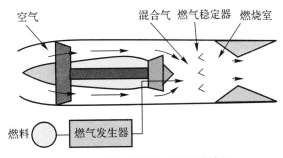

图 2-7　涡轮火箭组合循环发动机

　　此外,还有涡轮和脉冲爆震组合循环发动机、火箭和脉冲爆震组合循环发动机等。

2.2.2 涡轮基组合循环发动机的发展

早期的飞行器飞行马赫数低,大多采用涡喷发动机为动力,但随着飞行马赫数的进一步提高,进气温度上升、涡轮前燃气的温度受限导致了循环效率随飞行马赫数的增加而迅速下降。在飞行马赫数大于 3 以后,进气道已经能够为发动机工作提供足够的增压比,使得取消压气机、涡轮等旋转部件成为可能,由此产生了冲压发动机的概念。但是,冲压发动机也存在着很大的缺陷,其主要问题就是无法在静止状态下自起动,在起始阶段必须用其他动力助推。当前在导弹上采用的助推器多是火箭,但是因为火箭比冲较小,所以这种动力的导弹射程一般都不大。因此,高比冲的涡轮基组合循环发动机对于远程高超声速飞行器就显得格外有吸引力。

自 1951 年起,法国的北方航空公司就开始研究涡轮和冲压发动机组合形式的涡轮基组合循环发动机,从设计、研发、生产、展示一直到飞行试验。1953 年,该公司设计出一种飞行马赫数为 2.2 的试验飞机,取名"GRIFFON"。在此发动机中,涡扇发动机和冲压发动机采用串联的方式组合到一起,涡扇发动机被冲压发动机包裹起来,两者共用一个进气道和喷管。最初在"GRIFFON"飞机发动机设计中采用的是单轴涡喷发动机,但随后出于低速时耗油率方面的考虑,决定更换为双轴涡喷或者涡扇发动机,最终在其设计中采用的是涡扇发动机。当发动机以冲压模态工作时,绕过涡扇发动机的气流与风扇分出的气流进行混合,进入位于涡扇发动机后方的燃烧室燃烧,其涡扇和冲压模态转换主要通过位于风扇后的活动分流板实现(见图2-8)。

由于北方航空公司在涡轮基组合循环发动机方面取得的成就,美国空军同该公司签订了一系列合同,研制涡轮基组合循环发动机,先后研究出基于前置风扇涡轮发动机的 X61 涡轮冲压发动机、X71 涡扇冲压发动机(基于普惠 JTF10 发动机研制),基于 TF106,Pegasus5,TF33P7 的涡扇冲压发动机等。

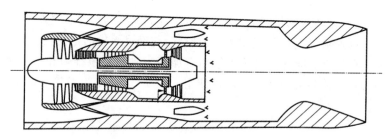

图 2-8 涡扇冲压组合循环发动机

尽管法国成功地开启了涡轮基组合循环发动机的大门,但在这之后,在涡轮基组合循环发动机研究领域,美国是一直走在研究前列的。

从 1956 年开始,美国普·惠公司应美国海军的要求,为能够以飞行马赫数 3 冲刺的海军攻击机研制 J—58 发动机(见图2-9),但由于相关工程下马,该发动机失去了应用对象。后来在增加了变循环旁路,并且改进了原设计的压气机、涡轮气动参数之后,成为 SR—71 飞机(见图 2-9)的推进系统。这是第一种完成从设计、生产直至实际装机飞行的涡轮基组合循环发动机。该发动机于 1962 年首飞,其设计最高飞行马赫数超过了 3.2,飞行高度超过了 28 km。J—58 发动机采用的是单转子涡喷发动机,有 9 级轴流压气机,增压比为 8.8,压气机静子、转子叶片和叶盘均为钢质。涡轮为 2 级轴流式,带有空心导向叶片,第 1 级涡轮叶片为空心气冷,第 2 级涡轮叶片为实心。为满足宽广的飞行包线,其轴对称混压式进气道采用变几何结构,在不同马赫数下通过进气锥的前后移动和复杂的进排气门来调节气流。在压气机第 4 级后开有 24 个内部旁路放气活门,在高马赫数时打开,使气流通过连接的 6 根粗管绕过后几级压气机、燃烧室和涡轮,从涡轮后重新进入加力冲压燃烧室用于增加推力和冷却。J—58 发动机主要有两种工作模态。在低马赫数时,旁路放气活门关闭,此时发动机为涡喷工作模态,起飞、超声速飞行时加力燃烧室工作,以加力涡喷模态工作;高马赫数时,发动机转速降低,旁路放气活门打开,发动机此时的结构类似于加力式涡扇发动机,但主燃烧室供油极少,涡轮发动机处于慢车状态,基本不提供推力,主要是冲压加力燃烧室工作,其实质已经是冲压发动机模态。J—58 发动机的主要问题有如下几个方面:①结构过于复杂;②发动机推重比较低,最高只达到 4;③耗油率较高。

图 2-9　J—58 发动机及 SR—71 飞行器

尽管 SR—71 飞行器已经退出历史舞台,但这一飞行器直到今天仍然保持着一系列速度和平飞高度的纪录。SR—71 飞行器的推进系统中所采用的技术直到现在仍然被认为有很高的风险。这样的设计方案为何会被采用,又是如何取得成功的,对于今天开展涡轮基组合循环发动机技术研究依然有一定的借鉴意义。

从 20 世纪 60 年代至 80 年代中期,美国一直没有停止高超声速飞行器及其动力技术的研究,并且提出了多种概念方案,但要么因为技术复杂性,要么因为经费原因,这些概念飞行器几乎都成了"纸上飞机"。

1986 年至 1995 年间,美国开展了规模庞大的国家空天飞机(NASP)计划。该计划的核心是发展单级入轨(SSTO)的高超声速飞行技术,其推进系统分为高速(马赫数为 6~25,超燃冲压发动机)和低速(马赫数为 0~6,涡轮基组合循环发动机)两部分,除单级入轨飞行器外,还对各种衍生飞行器(马赫数为 4、马赫数为 5、马赫数为 10、马赫数为 20)的高超声速推进系统进行了研究。为降低技术难度,其低速推进系统采用上、下并联式涡轮基组合循环发动机方案(见图 2-10),马赫数在 3 以下,以涡轮模态工作,马赫数在 3 以上,以冲压模态工作。

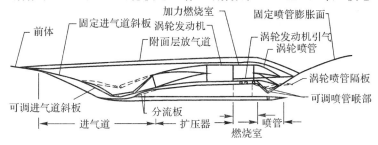

图 2-10　NASP 计划的并联式涡轮基组合循环发动机

NASP 计划虽然使高超声速飞行器的材料、技术和任务需求得到了极大的进步,但是由于其目标是单级入轨,这在技术上非常难以实现。尽管在项目的最后阶段,NASP 能够实现高超声速飞行,但是同入轨速度相比还差 7 km/s(即其速度约为 914.4 m/s)。随着苏联解体和冷战结束,NASP 计划的经费投入迅速减少,因此在 1993 年中止了该项目,但其研究仍持续到了 1995 年。

在执行 NASP 计划的同时,美国空军和 NASA 还联合开展了两级入轨(TSTO)飞行器 BETA 的研制,飞行器第一级使用上、下并联式涡轮基组合循环发动机,马赫数在 0～3 范围,在发动机以涡轮模态工作,马赫数在 3 以上,以冲压模态工作(见图 2-11)。为了提高发动机的跨声速推力,采用了变捕获面积进气道和变循环发动机设计,并在跨声速段使用了飞行器俯冲、发动机超转、喷水和冲压点火等技术。

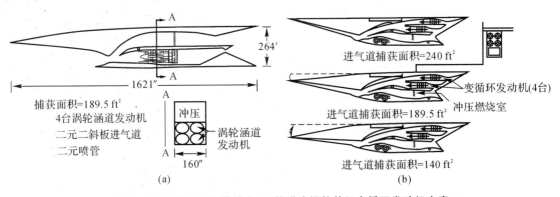

图 2-11 BETA 飞行器的上、下并联式涡轮基组合循环发动机方案
(a)TBE 方案; (b)VCE 方案

在 NASP 和 BETA 两个计划的带动下,美国空军和 NASA 专门设立了涡轮基组合循环发动机研究计划,即高速推进评估(HiSPA)和高马赫数涡轮发动机(HiMaTE)计划。在这两个计划中,通用公司对多个马赫数为 4～6 的发动机方案进行了广泛的研究,并认为涡扇冲压发动机(TFR)有最高的推重比潜力(见图 2-12)。

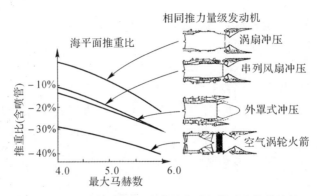

图 2-12 不同涡轮基组合循环发动机推重比性能比较

在 NASP 计划终止后不久,美国 NASA 制定了先进的空间运输计划(ASTP),目标是在 25 年内,使第三代可重复使用运载器(RLV)的飞行安全性在当时的基础上提高 4 个量级,飞

行费用减少 2 个量级。另外,美国军队对快速作战需求的日益增长,也推动了 NASA 发展新的高超声速远程攻击机、高超声速武器、高超声速运输机和可重复使用的运载器。为此,2001年,NASA 专门制定了 RTA(革新性的涡轮加速器)计划,以研制涡轮基组合循环推进系统。RTA 计划的最终发展目标是发动机的推重比为 15~20,最高工作马赫数为 4~5。RTA 的应用时间表分三个阶段:近期,RTA 可用于高超声速巡航导弹和第一代攻击战斗机;中期,RTA与冲压发动机组合可用于全球快速到达的高速飞行器;远期,可用于进入太空的动力。

　　基于通用公司在 HiSPA 和 HiMaTE 计划中的研究结果,在 RTA 计划中,选择了双外涵变循环发动机作为整个推进系统的基本结构形式,如图 2-13 所示。

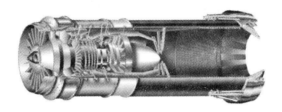

图 2-13　RTA-1 发动机基本结构

　　RTA 具有变循环发动机的特征,流经其内部的气流可以进行调节。这种发动机集成了小涵道比涡扇发动机(高排气速度、高单位推力)和大涵道比涡扇发动机(高流通能力、低耗油率)的特点。RTA 的工作模态如图 2-14 和图 2-15 所示,主要有以下四种,基本上可以看成是飞行速度的函数。

　　(1)小涵道比涡扇模态:RTA 如同一个常规单外涵加力涡扇发动机,加力燃烧室的大部分气流来自核心机,发动机的涵道比较小,单位推力高。

　　(2)大涵道比涡扇模态:RTA 以双外涵加力涡扇发动机模态工作,此时发动机涵道比变大,发动机流通能力提高。

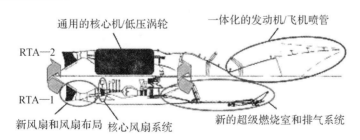

图 2-14　RTA 发动机

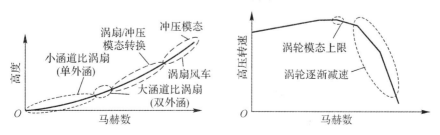

图 2-15　RTA-1 发动机工作模态

（3）涡轮/冲压转换模态：RTA 开始向冲压模态转换，涡轮发动机核心机依然工作但其供油减少，转速下降。

（4）风车冲压模态：在 $Ma=3.5$ 以上，旋转部件进入风车状态，发动机完全以冲压模态工作。

除了 RTA 计划之外，美国还有一些其他涡轮基组合循环发动机研究计划。20 世纪末，为了验证涡轮基组合循环发动机，美国还提出了一项低风险的涡轮基组合循环推进系统验证机计划，该验证机采用 J—85 发动机和单喉道冲压发动机。为了将两种发动机进行组合，洛克希德·马丁公司开展了初步的发动机/飞行器方案设计，如图 2－16 所示。该飞行器长 12.2 m，起飞总质量为 4 536 kg，安装两台涡轮基组合循环发动机。涡轮基组合循环发动机如图2－17所示，涡喷发动机从起飞一直工作到 $Ma=3$。起飞的时候，引射隔板放下，关闭冲压涵道，喷管注入氢燃料燃烧，作为加力使用。起飞之后，引射隔板抬起，允许气流从冲压涵道通过，以降低进气道溢流阻力。当飞行马赫数接近 3 时，从涡喷发动机完全转换至冲压发动机模态，进气道斜板放下，引射隔板升高，涡喷发动机从流道中快速隔出（茧藏方式）。在亚声速和超声速飞行时，在喷管中注入氢燃料形成热力喉道，为低速的涡喷发动机和高速的冲压发动机提供适当的背压。为了实现单位推力的最大化，需要对热力喉道的位置进行控制，这是该发动机方案中诸多技术挑战之一。

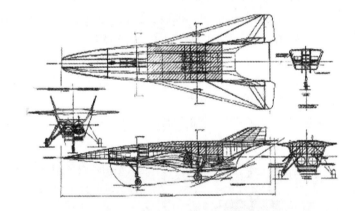

图 2－16　洛克希德·马丁公司的涡轮基组合循环发动机飞行器方案

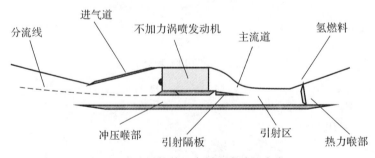

图 2－17　涡轮基组合循环发动机方案

2003 年，美国空军（USAF）与国防部高级研究计划署（DARPA）联合发起"猎鹰"（Falcon）计划（见图 2－18），编号为 HTV－3X。该计划旨在进行一系列关于高超声速飞行技术的验证试验。2007 年,美国空军与国防部高级研究计划署签署备忘录,将 HTV－3X 从"猎鹰"计划中独立出来,命名为"黑燕"(Black Swift)计划,代号为 SR－72。"黑燕"高超声速飞行器利用涡轮和双模态超燃冲压发动机提供动力,涡轮发动机使飞行器加速到 $Ma=3$,然后超燃冲压发动机继续将飞行器加速到 $Ma=6$。按计划原预计在 2012 年进行首飞,但在 2008 年美国政府换届之后被取消。

图 2－18　"猎鹰"计划飞行器

同年,国防部高级研究计划署提出 FaCET 计划。该计划综合双模态冲压发动机技术(DMR)和 HiSTED 发动机技术进行涡轮基组合推进系统的技术研究,旨在为 $Ma=6$ 一级的全球快速攻击战斗机提供动力(见图 2－19)。该计划在 2008 年之后继续实施,目前已经在进行发动机的地面试验。

图 2－19　FaCET 计划的涡轮基组合循环发动机

2009 年 4 月,在美国空军阿诺德工程发展中心,普·惠公司完成了 PWR－9221FJ 双模态冲压发动机的首次自由射流试验。5 月,完成了 PWR－9221FJ 首次在 $Ma=4$ 飞行条件下的地面试验。按计划,将逐步验证 $Ma=3$ 时涡轮发动机和双模态冲压发动机同时工作的可靠性,$Ma=4$ 时亚燃冲压发动机工作的可靠性,以及 $Ma=6$ 时超燃冲压发动机工作可靠性。

2009 年之后,NASA 在基础航空计划(FAP)中继承 RTA 发动机研究成果,延续了涡轮基组合循环发动机的研究。涡轮基组合循环发动机为并联结构,超燃冲压发动机位于涡轮发动机的下方,两者共用进气道和喷管(见图 2－20)。其目标是,2014 年开展小尺寸的带进气道的并联式涡轮基组合循环发动机模态转换试验;2015 年开展大尺寸的带进气道的并联式涡轮基组合循环发动机模态转换试验。截止 2013 年年底,已完成的工作包括 2010 年 6 月进行了 $Ma=3$ 一级涡轮发动机(WJ38)的核心机地面试验;2011 年 4 月进行了全加力、单膨胀斜面喷管的整机试验(见图 2－21)。

其他航空航天技术发达国家在涡轮基组合循环发动机领域的研究也取得了相当的进展,包括德国、日本、俄罗斯等。

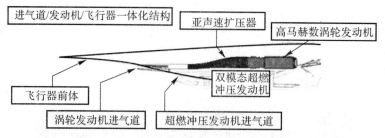

图 2-20 FAP 计划研制的高超声速涡轮基组合循环发动机

图 2-21 $Ma=3$ 的 WJ38 发动机全状态结构图

1985 年,德国麦塞施密特·比尔考夫·布鲁姆有限公司(MBB)重新开始 Sänger(桑格尔)空天飞机的研究,这是一个二级入轨(TSTO)水平起飞的概念。1987 年,德国政府决定开始全面资助 Sänger Ⅱ 的详细设计研究工作。1988—1993 年,对该研究的资助主要由德国高超声速技术计划(germany hypersonic technology program)承担。直到 1991 年,在各方面的支持之下,欧洲第一台空天飞机用的涡轮基组合循环发动机在 MBB 公司成功进行了地面试车。由于后来该项目经过详细测算后,较当时欧洲所采用的阿里安 5 型火箭的运行费用仅能降低 10%~30%,所以该项目被迫下马。Sänger 飞行器(见图 2-22)的第一级以涡轮基组合循环发动机作动力,采用典型的前、后串联布局,其冲压通道围绕涡轮发动机通道,以 $Ma=4.4$ 的速度巡航至目标区域,然后加速到 $Ma=6.8$ 并与上一级飞行器分离。第一级飞行器经过改装也可用作高超声速运输机。

图 2-22 Sänger 飞行器概念图

德国 MTU 公司综合风险、可靠性、性能等方面的考虑,经过评估 6 种涡轮基组合循环发动机方案,最终选择了串联式涡轮基组合循环发动机作为 Sänger 飞行器的第一级动力(见图 2-23)。在研究中,MTU 公司提出的涡轮基组合循环发动机的关键技术包括满足全包线的推力需求的能力、飞行器推进系统一体化技术、高推重比设计技术、低耗油率设计(加速、巡航)技术、高可靠性设计技术、涡轮冲压模态转换技术、复杂进气道和喷管设计技术、不加力起飞能力(低噪声)以及如何降低研制风险。其后,欧空局于 1994 年发起了未来欧洲空间运载工具研究计划(FESTIP)。在该计划中,欧空局与德国合作,利用了德国在 Sänger 计划中的大量研究成果,采用高度集成的吸气式推进系统,飞行器上、下级在飞行马赫数为 4.0 的时候分离。其推进系统(见图 2-24)的方案由德国 MTU 公司完成,涡轮基组合循环发动机采用低压比设计的双轴加力涡喷结构,最大工作马赫数为 4,进气道为几何可调两斜板结构,固定前缘设计,超声速时,由进气道喉部面积和斜板位置确定捕获系数。

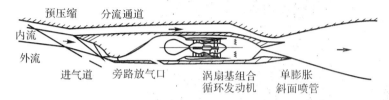

图 2-23 Sänger 飞行器的涡轮基组合循环发动机

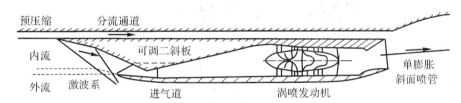

图 2-24 FESTIP 计划中的涡轮基组合循环发动机

欧洲在 2005 年起动了一项三年期计划,远期先进推进概念和技术(LAPCAT)计划,该计划的目标是研究持续高超声速飞行的推进系统。该计划有 12 个参与者,由欧洲航天局欧洲航天技术中心(ESA-ESTEC)统一管理。目标是从布鲁塞尔到悉尼的飞行时间缩短至 2~4 h,飞行马赫数为 4~8。LAPCAT 计划研究了两种马赫数为 4~5 的涡轮基组合循环发动机。第一种为氢燃料($Ma=5$)巡航的发动机(见图 2-25),第二种为煤油燃料($Ma=4.5$)巡航的发动机。

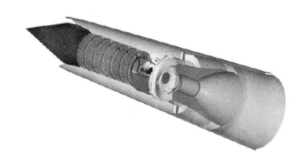

图 2-25 LAPCAT 的马赫数为 5 的氢燃料涡轮基组合循环发动机

日本也建立了高超声速运输机推进系统研究计划(HYPR),该计划从 1989 年开始,到 1999 年结束,主要是为未来 $Ma=5$ 的民用运输机提供动力。HYPR 计划是日本通产省(MI-

TI)发起的第一个大范围国际协作研究项目。在计划初始阶段,研究人员进行了涡轮基组合循环发动机的结构研究,并最终在12种不同方案中选取了轴向串联布局。在该计划中,设计并制造了涡轮基组合循环发动机的1/10缩尺验证机 HYPR90 — C(见图 2 - 26、图 2 - 27)。该发动机具有双外涵道,6 处可变几何结构的特征。其主要任务是验证发动机在马赫数为2.5~3.0时进行工作模式转换的可行性。HYPR90 — C 发动机于 1997 年制造,在 1998 年 2月进行了第一次地面试验并获得成功,试验检验了发动机的系统功能、机械状态以及冲压燃烧室的点火。通过调节 6 个可变几何结构和涡轮、冲压工作模式的供油量,实现对发动机工作状况的控制。在其后的研究中,研究人员还对该发动机做了大量的性能研究,如高马赫数下发动机的重新起动问题。

图 2 - 26　HYPR90 — C 发动机示意图

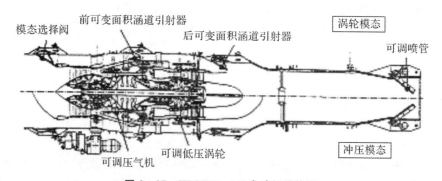

图 2 - 27　HYPR90 — C 发动机结构图

日本在涡轮基组合循环发动机方面的另一研究重点是换热预冷却发动机(ATREX),如图2 - 28所示。其工作原理是液氢经涡轮泵增压,冷却来流空气、燃烧室壁面,汽化后驱动涡轮泵和叶尖涡轮,涡轮带动风扇工作。气流经过进气道,被预冷却器冷却,经过风扇压缩,与流过叶尖涡轮的气态氢在混合器混合,进入燃烧室燃烧,燃气经过可调塞式尾喷管排出,产生推进力。

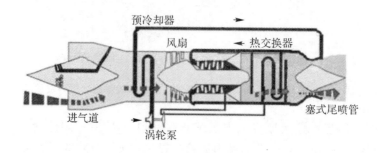

图 2 - 28　换热预冷却发动机

俄罗斯的 CIAM 从 20 世纪 60 年代开始了有关涡轮基组合循环发动机的基础研究,这些发动机基本上是在高超声速飞行状态工作的双涵道涡喷发动机改进方案的基础上实现的,奠定了有关这类发动机的理论基础。

CIAM 在对涡轮基组合循环发动机的研究中,对可行的各种组合方案和发动机工作过程参数进行了理论研究。在试验研究方面,对不同类型足尺寸试验用涡轮基组合循环发动机完成了多个试验规划。试验用涡轮基组合循环发动机由已生产的燃气涡轮发动机部件组装而成(见图 2-29、图 2-30),主要改装自 20 世纪六七十年代批量生产的涡喷、加力涡喷和涡扇发动机。基于涡喷发动机的串联式涡轮基组合循环发动机的验证机由 R-11-300 系列加力涡喷发动机改装而成;基于涡扇发动机的串、并联式涡轮基组合循环发动机则利用了伊夫钦科 AI-25 涡扇发动机。试验台模拟的飞行条件相当于马赫数为 4.0～4.3。通过理论和试验研究,在以下诸多方面有了明确的认识和初步的结论:①从燃气涡轮发动机模态转换到冲压发动机模态的合理方式;②涡轮基组合循环发动机中的涡轮发动机的压气机风车状态下的性能特性和压力损失;③在从涡轮发动机向冲压发动机的工作模态转换中,涡轮冲压发动机推进系统稳定工作的条件;④在冲压发动机工作模态下,涡轮发动机处于风车状态所带来的益处;⑤在加力冲压燃烧室进口总压流场畸变情况下加力燃烧室的性能;⑥加力冲压燃烧室与空气冷却系统共同工作的条件和被冷却的加力冲压燃烧室的特性;⑦加力冲压燃烧室空气冷却对涡轮基组合循环发动机推力性能的影响。

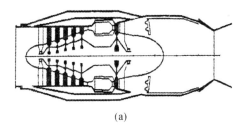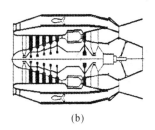

(a)　　　　　　　　　　　　　(b)

图 2-29　基于涡喷发动机的串、并联式涡轮基组合循环发动机

(a)串联式;　(b)并联式

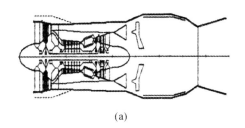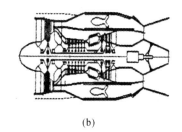

(a)　　　　　　　　　　　　　(b)

图 2-30　基于涡扇发动机的串、并联式涡轮基组合循环发动机

(a)串联式;　(b)并联式

图 2-31 所示为从 20 世纪 50 年代至今世界主要国家先后开展的涡轮基组合循环发动机研究计划。

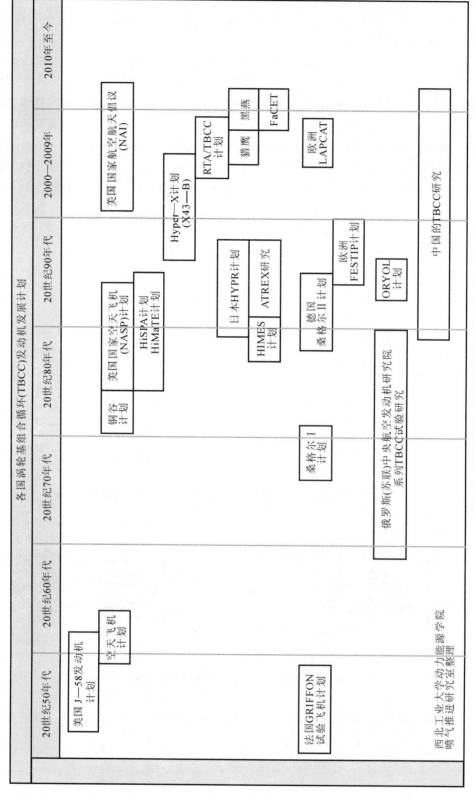

图2-31 世界各国主要的涡轮基组合循环发动机研究计划

西北工业大学动力能源学院
喷气推进研究室整理

2.2.3　涡轮基组合循环发动机的技术优势和关键技术

2.2.3.1　涡轮基组合循环发动机的技术优势

以涡轮基组合循环发动机作为动力的高超声速飞行器在以下方面具有明显的优势：

(1)可以实现真正意义上的水平起飞、水平着陆；

(2)是完全可重复使用的高超声速飞行器；

(3)不仅可以满足航天运输的需要，还可以满足高速远程攻击和运输的需要；

(4)有灵活的发射和着陆地点，不受发射和着陆地点限制，在一般的军民用机场即可起飞；

(5)可维护性好、维护成本低、使用寿命长；

(6)可以完成每年 1 000 次以上的飞行任务；

(7)飞行马赫数大于 4；

(8)推重比大于 10；

(9)发射成本低；

(10)可以使用常规的燃料和润滑剂。

2.2.3.2　涡轮基组合循环发动机的关键技术

高超声速飞行器的飞行范围为从大气层内到大气层外，飞行马赫数范围为 0～25，如此大的跨度和工作环境变化是目前现有的所有单一类型的喷气式发动机都不可能胜任的，从而也就使为高超声速飞行器机研制全新的组合发动机成为整个项目的关键。就涡轮基组合循环发动机来说，必须解决的关键技术包括：

(1)旋转部件：必须能够承受高飞行马赫数引起的高温气流的冲击；相比现在军用的涡轮发动机，涡轮基组合循环发动机中的涡轮发动机必须能够适应宽广的飞行范围；用于涡轮基组合循环发动机的涡轮发动机必须在尺寸和质量等方面有严格的限制。

(2)非旋转部件：系统必须能够适应亚声速、跨声速、超声速、高超声速飞行的要求；进气道不仅能够满足涡轮基组合循环发动机进气量的要求，还要保证进气道出口气流畸变度小；排气喷管必须保持高的性能。

(3)碳氢燃料：必须保证可靠点火和燃烧的稳定性。

(4)先进的材料：必须具有耐高温的能力；能够与先进的冷却方式兼容；必须发展耐高温的热涂层。

(5)发动机和机身一体化设计：当高超声速飞行器以 6 倍于声速以上的速度在大气层中飞行时，空气阻力将急剧上升，因此其外形必须高度流线化。亚声速飞机常采用的翼吊式发动机已不能使用，需要将发动机与机身合并，以构成高度流线化的整体外形。即让前机身容纳发动机吸入空气的进气道，让后机身容纳发动机排气的喷管，这就叫做"发动机与机身一体化"。在一体化设计中，最复杂的是要使进气道与排气喷管的几何形状能随飞行速度的变化而变化，以便调节进气量，使发动机在低速时能产生额定推力，而在高速时又可降低耗油量，还要保证进气道有足够的刚度和耐高温性能，以使它在再入大气层的过程中，能经受住高速气流和气动力热的作用，这样才不致发生明显变形，才可多次重复使用。

2.2.4　涡轮基组合循环发动机的应用前景

2.2.4.1　可以作为轨道飞行器的第一级推进系统

无论是较早的美国 NASP 计划,还是德国的 Sänger 计划,针对涡轮基组合循环发动机的研究都是为了满足可重复使用的天地往返运输系统的要求而开展的。随着新的空间军备竞赛的不断升温,建立太空军事基地已成为航天先进国家瞄准的方向,而建立太空军事基地的前提必须有快速、机动性强、具有可重复使用的高超声速飞行器,以满足高频率的运送任务。结合涡轮基组合循环发动机的技术优势分析,以涡轮基组合循环发动机为动力的高超声速飞行器在满足未来向太空军事基地运送有效载荷方面具有相当的优势。

2.2.4.2　可以作为低成本的高速飞行试验平台的动力装置

在高超声速飞行器的飞行试验过程中,高超声速飞行器的起飞一般是由火箭助推或飞机携带发射完成的。如果试验的高超声速飞行器在飞行试验过程中发生故障将无法返回,造成大的试验经费损失,并加大了试验周期。而采用涡轮基组合循环发动机做动力的飞行器具有能够水平起飞和着陆的特点,可以避免这类问题。用涡轮基组合循环发动机做动力的飞行器可以达到马赫数为 6 的飞行速度,基本能够完成新型高超声速飞行器的飞行试验。例如,可以作为类似美国 X—43A 高超声速飞行器的飞行试验平台的推进系统。美国空军对一种预冷却的涡轮基组合循环发动机(Steamjet)感兴趣的原因之一就是希望 Steamjet 能够作为小型高速飞行试验平台的动力装置。

2.2.4.3　可以作为高速巡航导弹的动力系统

目前,世界主战巡航导弹的动力装置主要是涡扇发动机。受涡扇发动机使用的限制,该类巡航导弹一般都是在亚声速条件下飞行的,很容易被防空导弹拦截,达不到有效攻击的目的,因此,提高巡航导弹的飞行速度成为必要。虽然超燃冲压发动机是现在研究的热点,而且其飞行马赫数可以达到 6 以上,但由于技术上实现的困难,距离作为巡航导弹的动力装置还有一段时间。鉴于涡轮基组合循环发动机的技术特点,它应该是高速巡航导弹动力装置的理想选择之一。

2.2.4.4　可以作为高速侦察机的推进系统

受科索沃战争、阿富汗战争、伊拉克战争的影响,各个国家对发展无人侦察飞机给予了前所未有的重视,目前许多高空无人侦察飞机的飞行马赫数都不超过 1,很容易遭受导弹的攻击。因此,发展高空高速无人侦察飞机是一个新的方向,而涡轮基组合循环发动机作为该类飞机的动力是理想的。

2.3　涡轮基组合循环发动机工作原理

从结构布局来看,涡轮发动机与冲压发动机主要有两种组合形式,一是串联式布局,二是并联式布局。并联式布局的结构如图 2-32(a)所示,涡轮发动机和冲压发动机有着相互独立的气流通道,两者各自都有燃烧室和尾喷管收敛段,但是喷管扩张段和进气道是两者共用的。在前体预压缩和进气道下游,发动机分为涡轮通道和冲压通道。涡轮通道设置气流调节阀门,阀门下游为涡轮发动机。冲压通道进口处不设气流调节阀门,下游是冲压燃烧室和喉部可调的尾喷管。涡轮发动机和冲压发动机的尾喷管都与公共的二元扩张喷管相连接。当涡轮发动机工作时,涡轮通道进气阀门打开,气流通过涡轮发动机燃烧做功,产生推力,此时为减小阻力,冲压通道并不关闭,而作为多余的空气放气通道,必要时还可以在冲压燃烧室内喷入少量燃料燃烧产生适当推力。当冲压发动机工作时,涡轮通道的进气阀门完全关闭,以避免高温空气进入通道烧蚀压缩部件。

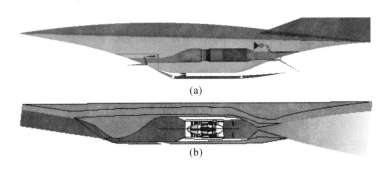

图 2 - 32　涡轮亚燃冲压发动机布局示意图
(a)并联式；　(b)串联式

串联式布局如图 2 - 32(b)所示,冲压发动机置于涡轮发动机后方,两种发动机共用进气道、加力燃烧室/冲压燃烧室和整个尾喷管。在进气道下游,设置空气调节阀门。在低速飞行时,涡轮发动机通道和冲压发动机通道的压差很大,要通过空气调节阀门将冲压发动机通道关闭,发动机完全以涡轮模态工作,此时发动机具有加力涡轮发动机的特性。同样,在高马赫数时,因为在冲压条件下气动加热对结构有着重大影响,为了避免涡轮发动机受到破坏,空气调节阀门将涡轮发动机通道关闭,使涡轮发动机通道与冲压发动机通道隔离,此时,发动机完全以冲压模态工作,具有冲压发动机的性能。由于涡轮、冲压两种模态转换过程无法在瞬间完成,发动机两个模态之间的转换采用逐渐过渡的方式。

从布局来看,串联式布局方式结构紧凑,附加阻力小。但是,由于这种结构采用加力/冲压燃烧室共用模式,因此,在模态转换过程,如何保证燃料在加力/冲压燃烧室稳定燃烧、如何防止气流从冲压管道回流、如何防止涡轮发动机出现气动不稳定等问题,使得从涡轮模态向冲压模态及冲压模态向涡轮模态转换成为这一布局的最大技术难点。并联式布局方式迎风面积大,但这种排列能够很大程度避免串联式布局结构所引起的模态转换对发动机稳定工作影响的难题。

2.4　涡轮基组合循环发动机性能计算与分析方法

数值模拟是开展涡轮基组合循环发动机技术研究的一个有效途径之一。根据建立的理论数学模型的复杂程度,可以将理论研究涡轮基组合循环发动机的方法分为"0 级""1 级""2

级"。在初步的推进系统性能评估中,针对大量的方案选择,可以采用"0级"模型。而在详细方案设计阶段,可以采用相对复杂的"1级"或"2级"模型。

本节详细给出了采用"0级"模型开展涡轮基组合循环发动机技术研究的总体思想,同时也介绍了基于CFD技术开展高超声速飞行器/涡轮基组合循环发动机一体化计算的"2级"模型。具体包括以下内容:

(1)涡轮基组合循环发动机总体性能计算流程;

(2)涡轮基组合循环发动机设计参数确定的准则;

(3)涡轮基组合循环发动机中涡轮工作模态性能的计算方法;

(4)涡轮基组合循环发动机中冲压工作模态性能的计算方法;

(5)高温条件下化学平衡对涡轮基组合循环发动机性能影响的计算方法;

(6)一体化性能计算中进气道/喷管附加阻力的计算方法;

(7)一体化性能计算中气动/推进界面的划分及力的合成方法;

(8)基于CFD技术的飞行器/涡轮基组合循环发动机一体化计算方法。

2.4.1 涡轮基组合循环发动机性能计算流程和参数确定准则

2.4.1.1 涡轮基组合循环发动机性能计算流程

为完成涡轮基组合循环发动机性能计算与分析,应该遵循以下顺序:

(1)结合飞行器任务、飞行器结构和气动载荷要求,选择合理的飞行轨迹;

(2)沿飞行轨迹,确定涡轮和冲压发动机的设计点;

(3)建立涡轮模态、冲压模态和涡轮冲压转换模态性能计算模型;

(4)实现进气道/涡轮基组合循环发动机/排气喷管后体一体化性能计算和分析。

首先从确定涡轮基组合循环发动机设计点参数开始。通过确定设计点的参数,如飞行高度、飞行马赫数、发动机质量流量、技术水平和几何尺寸等,也就确定了所要研究的涡轮基组合循环发动机。完成涡轮基组合循环发动机设计点计算后,需计算涡轮基组合循环发动机是否能够满足沿飞行轨迹其他非设计状态下高超声速飞行器的推力、比冲需要。为完成飞行轨迹其他点的涡轮基组合循环发动机性能计算分析,首先必须建立涡轮模态、冲压模态和涡轮冲压转换模态的性能计算模型。考虑到高超声速飞行器高度一体化的特点,还必须建立飞行器前体预压缩、不同进气道工作方式——有/无溢流或放气、附面层抽吸、后体阻力、进气畸变等——对一体化性能影响的计算模型。将涡轮基组合循环发动机性能计算模型和进气道、喷管特性计算模型耦合,就可进行一体化环境下涡轮基组合循环发动机性能的计算和分析。

2.4.1.2 涡轮基组合循环发动机设计参数的确定准则

涡轮基组合循环发动机设计和几何参数的确定是与飞行任务决定的飞行轨迹上关键点的性能要求密切相关的。因此,为了能够正确地选择涡轮基组合循环发动机的参数来满足相关的技术需要,首先必须确定飞行器的飞行轨迹,如图2-33所示。飞行轨迹的确定应该考虑以下几点:

(1)飞行轨迹的上限(最小动压)取决于载机在巡航或无动力返回时所要求的最大升阻比

限制和燃烧稳定性限制;

(2)飞行轨迹的下限(最大动压)取决于载机所能承受的气动力和气动热载荷;

(3)考虑到音爆的影响,飞行器过渡到超声速飞行的高度应选择在噪声标准所允许的飞行高度;

(4)超声速巡航高度必须选取得尽可能高,以减小对臭氧层的破坏。

一般地,高超声速飞行器最可能使用的等动压 q 值范围为 37.3~50 kPa。例如,以前英国的 HOTOL 航天飞机选取的 q 值为 37.3 kPa,德国的 Sänger 选取的 q 值为 49 kPa。

在确定了高超声速飞行器的飞行轨迹后,应该根据飞行轨迹关键点上的特殊要求确定涡轮基组合循环发动机的设计参数。

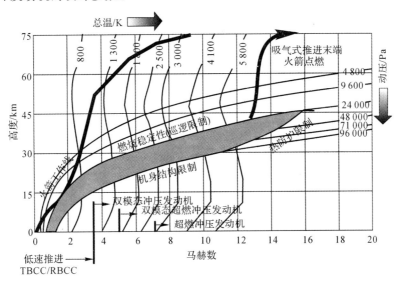

图 2-33 典型的高超声速飞行器飞行轨迹

高超声速飞行器在整个飞行范围内,净安装推力的平衡是影响发动机设计的主要因素。因此发动机的设计参数和工作模态的选择首先要保证在飞行轨迹的关键点上飞行器的安装推力足够大。

在起飞阶段,一方面,由于高的起飞质量,在初始加速段需要高的推力;另一方面,在起飞和亚声速加速过程中,发动机噪声也是一个敏感的问题。因此,对具有军事用途的高超声速飞行器,起飞和亚声速加速可以以加力形式完成,而民用的高超声速飞行器则应该考虑噪声问题,这决定了其起飞和亚声速加速要在不加力状态下完成。

在低超声速区,飞行器阻力和安装阻力都很大,但发动机推力很低,因此,推力减阻力合成后的净推力很小,这构成了涡轮发动机尺寸的设计准则。

在超声速区,即从涡轮模态到冲压模态转换的马赫数附近,转换马赫数取决于涡轮发动机内部温度以及进气道可能达到的压力恢复。一方面,进气道温度的升高,引起压气机换算转速下降,使涡轮发动机的推力下降;另一方面,由于冲压发动机燃烧室面积限制了通过冲压发动机的流量,其推力也很低。因此,该点决定了冲压燃烧室的面积大小。

飞行器超声速巡航高度必须选取得尽可能高,以减小对臭氧层的破坏(在离地 20~25 km 的范围内,臭氧层浓度很大),同时由于飞行马赫数越大,相应的热问题越严重。因此,巡航马赫数应该限制在 5 以下,巡航高度不低于 25 km。

接近最大马赫数,超声速飞行器加速或巡航所需的推力决定了进气道捕获面积。

2.4.2 涡轮基组合循环发动机涡轮模态和冲压模态性能计算方法

涡轮基组合循环发动机涡轮模态就是涡轮发动机的工作过程,因此,计算涡轮基组合循环发动机涡轮模态性能实际就是计算涡轮发动机的性能。

对涡轮发动机来说,其主要设计参数为涵道比(涡扇发动机)、增压比、涡轮前燃气的温度。当加力燃烧室工作时,加力温度也是一项主要设计参数。

涵道比的选择应考虑到发动机推力性能、燃料消耗率及质量、尺寸。低涵道比涡扇发动机有高的单位推力,但其低速条件下的燃料消耗率却不如高涵道比涡扇发动机,但是高涵道比涡扇发动机具有较大的质量。因此,涡扇发动机涵道比的选择应综合考虑飞行器的飞行任务,例如,对于以加速为主的空天飞行器,考虑到涡扇发动机在整个飞行范围内只起加速器的作用,使飞行器达到冲压发动机单独有效工作的飞行速度,在飞行过程的大部分时间里并不工作,质量和尺寸应尽可能小,而燃料消耗的增大是次要因素,因此,应该选择带加力的小涵道比涡扇发动机作为加速器。

涡轮前温度对加力涡扇发动机的单位推力的影响是单调函数关系,随着涡轮前温度的提高,单位推力增加的效果比较明显,如涡轮前温度从 900 K 提高到 1 600 K,则单位推力将提高到原来的 2.5～3.0 倍。在超声速飞行条件下,涡轮前温度的增加不仅可以改善单位推力,而且可以降低单位燃料消耗率,问题在于涡轮前温度将影响发动机的寿命和可靠性。随着航空发动机技术的发展,以及冷却技术和材料工程的进展,涡轮前温度可控制在 1 600～1 900 K 范围。

在一定涵道比和涡轮前温度条件下,单位推力与压气机增压比有一最佳关系,随着涡轮前温度提高,相应于最大单位推力的增压比增加。但是选取高增压比会带来发动机质量的增加,而且当飞行马赫数较高时,高增压比涡扇发动机的推力特性不如低增压比涡扇发动机的推力特性好。因此作为涡轮基组合循环发动机的低速推进系统,涡扇发动机的增压比不宜太高。

在燃料方面,目前使用的主要有航空煤油和液氢。两种燃料各有优、缺点。液氢燃料的热值为 120 117 kJ/kg,远远高于煤油的热值(43 200 kJ/kg),因此,以液氢为燃料的发动机比冲高。但是液氢的密度小于煤油的密度,燃料箱容积大,相应的飞行器升阻比(L/D)减小。此外,液氢的沸点为 -252.7 ℃,不容易保存。

计算过程可以采用一维、稳态的方法分析涡轮发动机循环,循环过程应考虑化学平衡的影响,设计的模型和软件应该适用碳氢燃料和氢燃料。

发动机在设计点的性能可以直接通过热力循环计算获得,因为此时发动机的主要工作过程参数如风扇/高压压气机的增压比、涡轮前燃气的温度、涵道比等热力循环参数是选定的,为已知参数,各部件的效率和总压恢复系数等也是根据部件的参数和当前的技术水平选定的。

然而非设计点性能计算却与设计点性能计算大不相同,当涡轮发动机工作条件偏离设计点值时,发动机的工作过程参数要发生变化,部件的效率和总压恢复系数也要变化,必须先确定出这些参数而后进行热力计算,这样才能计算得出涡轮发动机的推力和耗油率等性能参数。这些参数的变化取决于涡轮发动机各部件的相互约束程度,即各部件的共同工作,因此部件的共同工作是涡轮发动机特性计算的基础。特性计算的任务首先是确定部件的共同工作点,也就是解出满足流量平衡和功率平衡等约束关系的部件在其自身特性图上的工作点。

同样的,涡轮基组合循环发动机冲压模态就是冲压发动机的工作过程,因此,计算涡轮基组合循环发动机冲压模态性能实际就是计算冲压发动机的性能。可以采用一维热动力分析法计算冲压发动机性能。

详细的涡轮基组合循环发动机涡轮和冲压模态性能计算可参考《航空发动机原理》等书籍。

2.4.3　涡轮基组合循环发动机模态转换过程性能计算方法

在涡轮基组合循环发动机中,涡轮冲压模态转换过程的性能计算流程相对于涡轮模态和冲压模态的计算流程更为复杂。以串联式涡轮基组合循环发动机为例,模态转换过程是涡轮发动机和冲压发动机同时工作的过程,此时,流过涡轮涵道的燃气流和流过冲压涵道的纯空气流在加力/冲压燃烧室前的混合段进行混合。在这一模态转换区间,必须保证涡轮发动机的工作状态不受影响。另外,还必须保证混合段进口的涡轮涵道和冲压涵道的压力平衡关系。在模态转换过程热力循环参数和性能计算步骤如下:

(1)根据模态转换区间的高度和马赫数及给定的涡轮发动机控制规律,基于部件匹配关系,计算涡轮发动机热力循环参数。

(2)根据涡轮发动机涡轮部件出口的静压和进气道出口的总压,计算冲压涵道出口的速度。

(3)根据流量调节阀的开度和计算得到的冲压涵道出口速度,计算流过冲压涵道的纯空气流量。

(4)根据涡轮发动机涡轮部件出口参数和冲压涵道出口参数,计算混合段出口参数。计算方法如下:

取控制体,如图 2-34 中虚线所示,5 表示涡轮发动机涡轮出口气流,出口气流的参数 T_5^*,P_5^*,Wg_5 是已知的,25 表示冲压涵道气流,气流参数 T_{25}^*,P_{25}^*,Wg_{25} 是已知的,同时,C_{p5},C_{p25} 可通过温度求出,6 为混合后的气流。为了简单起见,认为壁面与气流之间的摩擦不计,并假设气流与外界没有热量交换,而且 $A_6 = A_5 + A_{25}$,对该控制体写出能量方程

$$Wg_5 C_{p5} T_5^* + Wg_{25} C_{p25} T_{25}^* = Wg_6 C_{p6} T_6^* \tag{2-1}$$

可求得 T_6^*。

由流量公式,得

$$q(\lambda_5) = \frac{Wg_5 \sqrt{T_5^*}}{K P_5^* A_5} \tag{2-2}$$

$$q(\lambda_{25}) = \frac{Wg_{25} \sqrt{T_{25}^*}}{K P_{25}^* A_{25}} \tag{2-3}$$

由气动函数,得 λ_5,λ_{25},Ma_5,Ma_{25}。

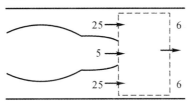

图 2-34　串联式涡轮基组合循环发动机气流混合段参数计算模型

对于所取控制体,沿轴向的动量方程可以写成

$$p_5 A_5 + p_{25} A_{25} - p_6 A_6 = W g_6 V_6 - (W g_5 V_5 + W a_{25} V_{25}) \qquad (2-4)$$

整理得

$$(p_5 A_5 + W g_5 V_5) + (p_{25} A_{25} + W a_{25} V_{25}) = (p_6 A_6 + W g_6 V_6) \qquad (2-5)$$

引入冲量函数 $z(\lambda)$,式(2-5)化为

$$W g_5 c_{\sigma_5} z(\lambda_5) + W a_{25} c_{\sigma_{25}} z(\lambda_{25}) = W g_6 c_{\sigma_6} z(\lambda_6) \qquad (2-6)$$

可求得 $z(\lambda_6)$,由气动函数,得 λ_6, Ma_6。

至此,可用 $f(\lambda)$ 函数求得总压 p_6^*。

$$p_5^* A_5 f(\lambda_5) + p_{25}^* A_{25} f(\lambda_{25}) = p_6^* A_6 f(\lambda_6) \qquad (2-7)$$

(5)根据混合段出口参数和加力/冲压燃烧室的供油规律,按照计算冲压/加力燃烧室出口和喷管出口参数的方法,计算得到加力/冲压燃烧室出口参数和喷管出口参数,并计算模态转换过程组合发动机的性能参数。

对于涡轮基组合循环发动机来说,最重要的设计是如何使发动机在涡轮模态、冲压模态两种工作模态之间平稳地转换,同时又能保持适当的性能以维持整个高超声速飞行器的飞行状态,这也是涡轮基组合循环发动机研究中最困难的所在。

在整个共同工作模态计算中,确定工作模态的转换点是最为关键的。转换点的确定需要遵循下述几个原则:

(1)保证涡轮通道与冲压通道混合室静压平衡。如果模态转换起始点的马赫数过低,冲压发动机通道静压很低,此时将涡轮/冲压两气流通道静压配平,其气流马赫数相差很大,气流掺混损失很高,甚至在极端情况下无法将两气流通道配平。能否实现涡轮/冲压两通道的静压平衡,是确定发动机工作模态转换起始点的重要限制条件。

(2)随着飞行马赫数的逐步提高,涡轮通道的进口气流总温不断增加,会给发动机部件的热防护造成相当大的困难,因此,发动机工作模态的转换过程不能够过迟。

(3)当工作模态转换即将结束时,由于涡轮发动机转速很低,致使流经涡轮发动机的空气丧失做功能力,发动机推力降低。为保证飞行器在飞行过程中不至于经历剧烈的推力变化,发动机工作模态转换结束点势必不能过于提前。

涡轮基组合循环发动机工作模态的转换,主要是通过控制涡轮发动机转速和加力/冲压燃烧室供油量实现的。在模态转换起始点,通过空气调节阀门将冲压发动机通道打开,冲压通道进气。冲压通道气流经混合室与涡轮发动机通道气流混合后,流入加力/冲压燃烧室,喷油燃烧后经喷管排出。模态转换结束点,通过空气调节阀门将涡轮发动机通道关闭,涡轮发动机中止供油、停止工作,涡轮基组合循环发动机的气流全部流经冲压通道,发动机以典型的冲压循环方式工作。

2.4.4　化学平衡对涡轮基组合循环发动机性能的影响

冲压发动机燃烧室的温度较高,从理论上讲,高温状态的燃气包含多种组分,这些组分及由它们组成的混合物性质是随过程的温度、压力变化而变化的。对发动机来说,这种变化的结果就是发动机推力和比冲的变化。由于计算组分和混合物性质是一件复杂的任务,需涉及物理化学和气动热力学的交叉,而物理化学专家只研究组分问题,因此,一般的冲压发动机气动

热力学计算是不考虑化学平衡效应的。但是当飞行马赫数较高时,不考虑化学平衡效应造成的误差有时高达 10%。因此,准确地计算冲压发动机的性能必须考虑化学平衡的影响。

鉴于涡轮基组合循环发动机常用的燃料为煤油和液氢,这里仅仅给出这两种燃料在高温时化学平衡效应的影响。

2.4.4.1　以煤油为燃料的化学平衡的影响

航空煤油的分子式为 C_8H_{16} 或 C_9H_{18},主要燃烧化学反应方程式为

$$C_8H_{16} + 12O_2 \rightarrow 8CO_2 + 8H_2O + 5\ 102\ 880\ \text{kJ/kmol} \tag{2-8}$$

在实际反应过程中,成分非常复杂,在计算中可以考虑以下几种成分: $H_2O, CO_2, CO, O_2, H_2, N_2, H, O, OH, NO$。实验证明,这 10 种成分是上述化学反应的主要成分。

对这 10 种组分,在高温下可能发生如下 6 种独立的化学反应:

$$\left.\begin{array}{l} CO + H_2O = CO_2 + H_2 \\ 2CO_2 = 2CO + O_2 \\ H_2 + O_2 = 2OH \\ H_2 = 2H \\ O_2 = 2O \\ O_2 + N_2 = 2NO \end{array}\right\} \tag{2-9}$$

以上 6 种化学反应的平衡常数可用各组分摩尔数 $\sigma_i (i=1,2,3,4,5,6,7,8,9,10)$ 表示为

$$\left.\begin{array}{l} k_1 = \dfrac{\sigma_2 \sigma_5}{\sigma_1 \sigma_3} \\[2mm] k_2 = \dfrac{\sigma_4 \sigma_3^2}{\sigma_2^2} \\[2mm] k_3 = \dfrac{\sigma_9^2}{\sigma_4 \sigma_5} \\[2mm] k_4 = \dfrac{\sigma_7^2}{\sigma_5} \\[2mm] k_5 = \dfrac{\sigma_8^2}{\sigma_4} \\[2mm] k_6 = \dfrac{\sigma_{10}^2}{\sigma_4 \sigma_6} \end{array}\right\} \tag{2-10}$$

其中, $\sigma_i (i=1,2,3,4,5,6,7,8,9,10)$ 表示 $H_2O, CO_2, CO, O_2, H_2, N_2, H, O, OH, NO$ 的摩尔数。

由 4 种组分 O,N,H,C 的摩尔数平衡,可得守恒方程为

$$\left.\begin{array}{l} \sigma_H = 2\sigma_1 + 2\sigma_5 + \sigma_7 + \sigma_9 \\ \sigma_O = \sigma_1 + 2\sigma_2 + \sigma_3 + 2\sigma_4 + \sigma_8 + \sigma_9 + \sigma_{10} \\ \sigma_N = 2\sigma_6 + \sigma_{10} \\ \sigma_C = \sigma_2 + \sigma_3 \end{array}\right\} \tag{2-11}$$

为了在发动机中考虑化学平衡效应,可用的方法很多,可以采用图表法、符号式热力计算法等等,但是,相比较而言,采用比焓相等的概念来考虑化学平衡效应是最简单的。

某物质在温度 T 时的比焓定义为

$$H_{m,T}^{\ominus} = (H_{m,T} - H_{m,T_0}) + \Delta H_{m_f,T_0}^{\ominus} = \int_{T_0}^{T} Cp\, dT + \Delta H_{m_f,T_0}^{\ominus} \qquad (2-12)$$

式中，$\Delta H_{m_f,T_0}^{\ominus}$ 表示基准温度为 T_0、压力为 101.325 kPa(1 atm) 时该物质标准生成热；H_{m,T_0} 表示该物质在基准温度为 T_0 时的显焓；$H_{m,T}$ 表示该物质在温度为 T 时的显焓。

燃烧过程的能量守恒表达式如下：

$$\sum_i (H_{m,T}^{\ominus})_i n_i = \sum_j (H_{m,T}^{\oslash})_j n_j \qquad (2-13)$$

等式左边表示燃烧反应前进口单位质量中包含的空气和燃油的总比焓，右边表示平衡后出口单位质量燃气的总比焓，n_i,n_j 分别为燃烧反应前后的混合气组分。

由于燃烧温度较高，因此燃烧过程的化学平衡主要表现在燃烧产物的离解。通常发动机性能程序在计算燃烧过程时，考虑的燃烧产物只有 CO_2 和 H_2O，实际上还应包含 CO,O_2,O,N_2,H_2,H,NO,OH 等其他组分，这些组分来自燃烧产物的离解。离解时要吸收一定的热量，因此燃烧的出口温度比规定的温度要低一些，为了达到规定的温度，必须加入更多的燃油。

2.4.4.2　以液氢为燃料的化学平衡的影响

以液氢为燃料时，燃气的主要成分是 H_2O,H_2,O_2,H,O,OH,N_2,NO 等。对这 8 种组分，在高温下可能发生如下 5 种独立的化学反应：

$$\left. \begin{array}{l} H_2 + \dfrac{1}{2}O_2 = H_2O \\[2mm] 2H = H_2 \\[2mm] H + O = OH \\[2mm] 2O = O_2 \\[2mm] O_2 + N_2 = 2NO \end{array} \right\} \qquad (2-14)$$

以上 5 种化学反应的平衡常数可用各组分的摩尔数表示为

$$\left. \begin{array}{l} k_1 = \dfrac{\sigma_1}{\sigma_2 \sigma_3^{\frac{1}{2}}} \\[3mm] k_2 = \dfrac{\sigma_2}{\sigma_4^2} \\[3mm] k_3 = \dfrac{\sigma_6}{\sigma_5 \sigma_4} \\[3mm] k_4 = \dfrac{\sigma_3}{\sigma_5^2} \\[3mm] k_5 = \dfrac{\sigma_8^2}{\sigma_3 \sigma_7} \end{array} \right\} \qquad (2-15)$$

其中，$\sigma_i(i=1,2,3,4,5,6,7,8)$ 表示 H_2O,H_2,O_2,H,O,OH,N_2,NO 的摩尔数。

由 3 种组分 N,H,O 的摩尔数平衡，可得守恒方程为

$$\left. \begin{array}{l} \sigma_N = 2\sigma_7 + \sigma_8 \\[2mm] \sigma_H = 2\sigma_1 + 2\sigma_2 + \sigma_4 + \sigma_6 \\[2mm] \sigma_O = 2\sigma_3 + \sigma_1 + \sigma_5 + \sigma_6 + \sigma_8 \end{array} \right\} \qquad (2-16)$$

以液氢为燃料燃烧时，燃烧室的温度比以煤油为燃料的燃烧室的温度还高，因此化学平衡的影响更显著，即燃烧产物的离解程度更大。离解时要吸收一定的热量，因此，在相同的当量

油气比时,燃烧室的出口温度比不考虑化学平衡效应时要低一些。

2.5　涡轮基组合循环发动机进气系统设计方法

进气道的性能对涡轮基组合循环发动机的性能起着至关重要的作用。特别是在冲压模态时,进气道的作用更加明显。同时,进气道又是高超声速飞行器的一个组成部分,进气道安装损失(附加阻力、进气道前部或外罩阻力、旁路阻力、附面层抽吸阻力等)应该小。因此,在涡轮基组合循环发动机进气道的设计过程中,要考虑:① 满足进气道与发动机的流量匹配;② 总压恢复系数尽可能高;③ 出口气流尽可能均匀;④ 阻力尽可能小;⑤ 非设计情况下也具有良好的性能;⑥ 结构质量尽可能轻;⑦ 在一定的马赫数范围具有自起动能力。

在进气道设计时,上述某些要求往往互相矛盾,例如,高的总压恢复系数与低的阻力之间,设计者需要折中考虑以保证高超声速飞行器和涡轮基组合循环发动机的总体性能。

2.5.1　进气道特性对推进系统性能的影响

衡量进气道性能的主要参数是总压恢复系数、流量系数和出口畸变指数。对于概念设计阶段的高超声速飞行器,更关心进气道的前两个性能指标,即总压恢复系数和流量系数。那么,进气道性能的好坏对推进系统和飞行器气动性能会产生怎样的影响,是设计涡轮基组合循环发动机进气道之前必须清楚的问题。

进气道的流量系数定义为

$$\varphi = \frac{\dot{m}_\infty}{\dot{m}_c} = \frac{A_\infty}{A_c} \tag{2-17}$$

式中,$\dot{m}_\infty$ 表示进入到进气道的空气质量流量;$\dot{m}_c$ 表示攻角和侧滑角为 0° 时最大的空气捕获流量,这一最大空气流量是出现在外压缩波全部交于进气道唇口处时;A_∞ 为入口气流在远前方的预流管沿垂直气流方向的截面积;A_c 为唇口处垂直自由流方向的截面积。

流量系数反映进气道入口前的流动特点,即流动是临界状态、亚临界状态还是超临界状态。推进系统的总推力与进气道空气质量流量是成正比的,因此,在整个飞行轨迹上,进入进气道的空气质量流量必须大于或等于发动机所能够通过的空气质量流量,才能保证推进系统产生足够的推力。进入进气道的多余空气流量可以通过旁路的方式排出或引入到喷管后体,起到引射喷管的作用。

进气道的总压恢复系数用来评定气流在滞止过程中气流动能的损失,定义为进气道出口平均总压与进气道入口前的自由流总压之比,以 σ 表示,即

$$\sigma = \frac{p_t}{p_{t\infty}} \tag{2-18}$$

式中,p_t 表示亚声速扩压器出口截面的平均总压;$p_{t\infty}$ 表示自由流总压。

理想等熵情况下,进气道总压恢复系数 $\sigma = 1$。但是,由于激波和附面层的存在,造成总压是有损失的,因此,进气道总压恢复系数 σ 是小于 1 的。而飞行器和推进系统的性能与 σ 是密切相关的。以冲压发动机为例,比冲 I_{sp} 可以表示为

$$I_{sp} = \frac{a_0 h}{g C_p T_0} Ma_0 \left[1 + \frac{\gamma - 1}{2} Ma_0^2 \right]^{-1} \frac{\zeta \sqrt{\tau_b} - 1}{\tau_b - 1} \qquad (2-19)$$

式中，$a_0 = \sqrt{\gamma R T_0}$ 表示自由流声速；g 表示重力加速度；h 表示单位燃料所放出的热量；Ma_0 表示自由流马赫数；τ_b 表示燃烧室出口与进口总温比。而 ζ 的表达式如下：

$$\zeta = \sqrt{1 - \frac{2}{\gamma - 1} \frac{1}{Ma_0^2} (\eta^{\frac{-(\gamma-1)}{\gamma}} - 1)} \qquad (2-20)$$

将比冲 I_{sp} 对总压恢复系数 σ 求偏导数，则有 $\frac{\partial I_{sp}}{\partial \sigma} > 0$。因此，总压恢复系数增加，推进系统的比冲就增加。若假设飞行速度 u_0 和飞行器的升阻比 $\frac{L}{D}$ 不变，则飞行器的比航程 R 可以表示为

$$R = u_0 I_{sp} \left(\frac{L}{D} \right) \lg \frac{M_g}{M_g - M_f} \qquad (2-21)$$

式中，M_g 表示飞行器的起飞质量；M_f 表示消耗的燃料量。可以看出，比航程与比冲呈线性关系。因此，进气道总压恢复系数 σ 增加，飞行器的比航程就增加。

2.5.2　超声速进气道的起动问题

超声速或高超声速进气道的起动问题是设计进气道过程中必须考虑的问题。超声速进气道的起动问题是指，如果进气道喉道面积不可调，喉道面积按设计马赫数 $Ma_{\infty d}$，根据 $\frac{A_t}{A_c} = q(Ma_\infty)$ 计算得到。当飞行马赫数 $Ma_\infty < Ma_{\infty d}$ 时，这时进口截面的流量为

$$\dot{m}_c = K \frac{P_\infty^*}{\sqrt{T_\infty^*}} A_c q(Ma_\infty) = K \frac{P_\infty^*}{\sqrt{T_\infty^*}} A_t \frac{q(Ma_\infty)}{q(Ma_{\infty d})} > K \frac{P_\infty^*}{\sqrt{T_\infty^*}} A_t = \dot{m}_t \frac{1}{n} \qquad (2-22)$$

说明，喉道面积为 A_t 的进气道对于马赫数为 Ma_∞ 的超声速气流来说，喉道面积显得太小了，进口截面流入的流量不能从喉道全部排出，因此，气体将在收缩段内聚集，气体压强升高，于是进口前产生脱体弓形波，超声速气流经过弓形波后变为亚声速气流，流线在进口前发生偏转，使喉部不能通过的气流以亚声速溢流出去。

脱体波的存在使得气流损失增大，此时即使将来流马赫数增大，达到设计马赫数 $Ma_{\infty d}$，也不能将激波吸入进气道，建立最佳流动状态。假设脱体弓形波前的自由流管截面积为 A_i，则根据进气道进口面积 A_c 与自由流管截面积的连续方程，有

$$A_i q(Ma_{\infty d}) = \sigma_{\infty d} A_c q(Ma_c) \qquad (2-23)$$

$$\frac{A_i}{A_c} = \frac{\sigma_{\infty d} q(Ma_c)}{q(Ma_{\infty d})} = \frac{q(Ma_c)}{\theta(Ma_{\infty d})} \qquad (2-24)$$

再对 A_c 和 A_i 截面运用连续方程 $A_c q(\lambda_c) = A_t$，代入式（2-24），并注意 $\frac{A_t}{A_c} = q(Ma_{\infty d})$，可得

$$\frac{A_i}{A_c} = \frac{\sigma_{\infty d} q(Ma_c)}{q(Ma_{\infty d})} = \frac{\dfrac{A_t}{A_c}}{\theta(Ma_{\infty d})} = \frac{q(Ma_{\infty d})}{\theta(Ma_{\infty d})} < 1 \qquad (2-25)$$

可见，当达到设计马赫数 $Ma_{\infty d}$ 时，$A_i < A_c$，即在进口处仍有溢流存在，脱体弓形波仍不能被吞入，也就建立不起最佳流动状态。为了使进气道能够建立起最佳流动状态，必须继续增大自由流马赫数，直到达到 $Ma_{\infty s}$ 时，$\theta_{\infty s} = q(Ma_{\infty d})$，才有 $A_i = A_c$，表示流线在进口前没有偏

转,激波被吞入口内,但此时由于 $Ma_{\infty s} > Ma_{\infty d}$,所以喉部马赫数 $Ma_t > 1$,为使 $Ma_t = 1$,还要再将马赫数降到设计马赫数,这时才能达到理想流动状态。

需要指出的是,用这种方法起动进气道,自由流马赫数要比设计马赫数大很多。在实际中常用的是增大喉道面积的方法来起动进气道。进气道的起动问题之所以存在,是由于进口前出现激波,气流总压有损失,减小了喉部的流通能力,放大后的喉道面积恰好能够弥补由于激波所造成的流通能力的减小。假设放大后的喉道面积为 A_{ts},建立进口处和喉道的质量方程

$$K\ \frac{P_{\infty d}^*}{\sqrt{T_{\infty d}^*}}A_c q(Ma_{\infty d}) = K\ \frac{P_{ts}^*}{\sqrt{T_{ts}^*}}A_{ts}q(Ma_{ts}) \qquad (2-26)$$

式中,$P_{ts}^* = \sigma(\lambda_{\infty d})P_\infty^*$;$T_{ts}^* = T_\infty^*$;$Ma_{ts} = 1$。因此式(2-26)可写成 $A_{ts} = A_c\ \frac{q(Ma_{\infty d})}{\sigma(Ma_{\infty d})}A_c\theta_{\infty d}$。

按照起动面积比设计喉道面积的内压进气道,起动后喉部气流不再是声速流,而是超声速流 $Ma_{ts} > 1$。根据流量关系,可得

$$q(Ma_{ts}) = \sigma(Ma_{\infty d}) \qquad (2-27)$$

进气道起动后,若正激波不靠近喉部,则波前马赫数很大,激波损失很大。为减少损失,最好使正激波处在喉部截面上,但这种流动不稳定,稍有扰动,激波就会被吐出。因此,实际应用中通常是将激波配置在喉部之后不远的截面上,这样工作的进气道,损失较小,且工作稳定。

对于几何不可调的进气道,除了上述两种方法可以改善其起动性能外,还可以通过在进气道的收缩段壁面开孔排气的方法来起动进气道。

2.5.3　Oswatitsch 的最佳波系理论

超声速进气道的总压损失与斜激波的数目、波系配置有关。1944 年,Oswatitsch 证明了对于一个二维波系,最大激波压力恢复是在各斜激波为等强度的条件下得到的。即在激波数目一定的条件下,存在一种最佳配置,使得总压恢复系数最大,这种最佳配置称为 Oswatitsch 最佳波系理论。

根据 Oswatitsch 最佳波系理论,对于前 $n-1$ 道斜激波,应有

$$Ma_1\sin\beta_1 = Ma_2\sin\beta_2 = \cdots = Ma_{n-1}\sin\beta_{n-1} \qquad (2-28)$$

即每道斜激波的强度相等。根据数值计算结果发现,对于 $1.5 \leqslant Ma_\infty \leqslant 5$,$n=2,3,4$,比热比 $k=1.4$ 的情况,最佳波系的结尾正激波前马赫数为

$$Ma_n \approx 0.94Ma_1\sin\beta_1 \qquad (2-29)$$

这说明结尾正激波的强度稍弱于斜激波。对于结尾正激波,其波前马赫数应满足下列条件:

$$y = \frac{1}{2}\left(1 + h + \sqrt{1 - \frac{k-1}{k}h + h^2}\right) \qquad (2-30)$$

式中

$$y = 1 + \frac{k-1}{2}Ma_1\sin\beta_1^2$$

$$h = \frac{(h-1)Ma_n^2 + \frac{5-k}{2}Ma_n^2 - 1}{\frac{3k+1}{2k}Ma_n^2 - 1}$$

利用上述计算公式,可以求出斜激波的法向分量 $Ma\sin\beta$ 和结尾正激波前马赫数 Ma_n,根据斜激波的关系式,求出每个压缩面的气流折转角及总压恢复系数等参数。

Oswatitsch 最佳波系理论要求各斜激波波前的法向马赫数相等,而且假设最后一道激波为正激波,仅适用于二元进气道。鉴于 Oswatitsch 最佳波系理论限制多、适用范围窄,Henderson 对其进行了改进。改进后的方法仅要求各道斜激波的激波强度相等,即

$$1+\frac{k-1}{2}Ma_i\sin^2\beta_i=1+\frac{k-1}{2}Ma_1\sin^2\beta_1 \quad (i=1,2,\cdots,n) \tag{2-31}$$

Henderson 改进后的配波方法不仅适用于二元进气道,对于三元进气道和轴对称进气道也同样适用,而且它并未对最后一道激波的形式做任何要求。外压激波数目和外压比选定后,根据 Henderson 最佳配波理论,即可获得外压缩型面的最佳压缩角分配方式,但通过该理论获得的第一外压缩角往往偏小,导致第一压缩面的长度过长。

2.5.4　涡轮基组合循环发动机进气道形式和设计点确定准则

涡轮基组合循环发动机进气道设计的关键技术包括工作模态转换过程进气道的适应性、低能量附面层控制、进气畸变、进气道起动和宽马赫数范围保持高性能等多方面的问题。涡轮基组合循环发动机进气道设计的另一个重要问题是设计马赫数的确定问题。对于以巡航状态长时间工作的高超声速飞行器,进气道的设计马赫数宜放在飞行器巡航马赫数。如果是作为加速用的高超声速飞行器(例如两级入轨飞行器的第一级),进气道的设计必须能够兼顾宽范围马赫数涡轮基组合循环发动机工作的要求,变几何进气道是理想的选择。

对于高超声速飞行器,机体大多是楔形体,在超声速飞行时会产生激波,起到了对气流压缩增压减速的作用;其次,对于高超声速飞行器,如果其进气道的布置形式与一般的超声速飞行器布置形式相同,则在高超声速飞行区间将产生大的阻力,消耗了发动机的有效推力。而且,在高超声速飞行时,如果仅仅依靠进气道对气流减速增压,会使进气道的收缩比增加,减小了进气道自起动的马赫数工作范围。因此,在设计高超声速进气道时,必须采用一体化设计方法,考虑高超声速飞行器前体的预压缩作用,将飞行器下表面作为压缩面,即进气道的一部分,如图2-35所示。这样,既可以减小飞行器的阻力,又可以增加发动机的安装推力,增大发动机的比冲。

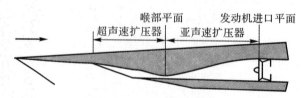

图 2-35　高超声速飞行器前体／进气道一体化设计

前面已经指出,高超声速进气道必须做成几何可调的,以达到在整个飞行范围内进气道和发动机良好的性能匹配。进气道的一些基本特征参数的选取遵循以下原则。

(1)进气道捕获面积根据给定的设计点流量确定。

(2)在给定总的气流折转角的前提下,外压缩斜板几何角度和长度可根据 Oswatitsch 等人的最佳波系理论确定。

（3）设计点进气道喉部马赫数 Ma_{th} 不小于 1.3。尽管喉部马赫数高，即正激波前马赫数高，总压损失增大，但是为了避免进气道不起动现象出现，喉部马赫数应该控制在 1.3 以上。当进气道喉部面积太小时，会出现不起动现象。而且，一般地，进气道喉部马赫数小于 1.2 时，是很难稳定工作的。因此，确定设计点进气道喉部马赫数 $Ma_{th} \geqslant 1.3$。

一般地，进气道设计时采用激波封口的方式，即设计状态为额定状态。这样做的好处是在设计状态时，进气道无溢流发生，在满足进气道流量要求的条件下，进气道的几何尺寸最小，质量也就最轻；而且，由于激波封口，进气道没有附加阻力产生，使得发动机的阻力降低。但是这种形式的进气道存在的问题是，当飞行马赫数大于设计马赫数时，进气道将进入超额定状态，激波会打到唇口内壁，产生反射波，影响气流在进气道内的正常流动状态，并造成额外的总压损失。因此，如果将进气道设计点的飞行马赫数选择在飞行器的最大飞行马赫数，或比较接近飞行器的最大飞行马赫数，这种确定方法是可行的。

2.5.5　涡轮基组合循环发动机进气道设计步骤

根据 Oswatitsch 的最佳波系理论，设计涡轮基组合循环发动机混压式进气道时，可以按照下列步骤进行：

1. 根据高超声速飞行器和涡轮基组合循环发动机总体设计要求，确定外部压缩波系数目和内部压缩波系数目

设计波系时，主要工作就是对总折转角进行分配。分配时，既要考虑到外压缩波系的总压恢复，同时还要考虑到内压缩波系的激波脱体问题，实际上就是内压缩部分的起动问题。由于经过外压缩波系压缩后的气流马赫数较低，能够产生附体激波的最大折转角较小，所以当飞行器的飞行马赫数范围较大时，设计状态时的内压缩波系可以考虑采用 2 道或 2 道以上激波的波系结构，这样既可以提高总压恢复系数，又可以扩大进气道的工作马赫数范围。

2. 预先给定来流在进气道压缩过程中允许的最大折转角 $\delta_{\sum} = \sum \delta$ 和进气道设计状态时的喉部马赫数 $(Ma_{th} > 1)$

3. 进行外压缩波系设计

气流在经过激波时造成的总压损失与波前马赫数 Ma_1 和激波角 β 有关，其关系式如下：

$$\sigma = \frac{P_2^*}{P_1^*} = \frac{\left[\dfrac{(K+1)\,Ma_1^2\,\sin^2\beta}{2+(K-1)\,Ma_1^2\,\sin^2\beta}\right]^{\frac{k}{k-1}}}{\left(\dfrac{2k}{k+1}Ma_1^2\,\sin^2\beta - \dfrac{k-1}{k+1}\right)^{\frac{1}{k-1}}} \tag{2-32}$$

式中，k 为比热比。

由式（2-32）可以看出，激波前法向马赫数 $Ma_1\sin\beta$ 越大，通过激波的总压损失越多。在折转角一定的情况下，激波角与波前马赫数的关系如下：

$$\tan\delta = \frac{Ma_1^2\,\sin^2\beta - 1}{\left[Ma_1^2\left(\dfrac{k+1}{2} - \sin^2\beta\right) + 1\right]\tan\beta} \tag{2-33}$$

一般情况下，在进气道中产生的附体激波通常总是弱激波，而在弱激波的范围内，当折转角和马赫数一定时，式（2-33）只有唯一的解，并且激波前马赫数越大，激波越强，因此造成的

总压损失也越大。当激波前马赫数一定时,折转角越大,激波角越大,激波也就越强。另外经过激波的气流马赫数要降低,因此在分配总折转角时,应该保持折转角逐渐增大的原则。下式表示了斜激波前后马赫数的关系:

$$Ma_2^2 = \frac{Ma_1^2 + \dfrac{2}{k-1}}{\dfrac{2k}{k-1}Ma_1^2\sin^2\beta - 1} + \frac{Ma_1^2\cos^2\beta}{\dfrac{k-1}{2}Ma_1^2\sin^2\beta + 1} \qquad (2-34)$$

在实际设计中,可以借鉴 Oswatitsch 的最佳波系理论(亦可借鉴 Henderson 的最佳波系理论)。为获得最大的总压恢复系数值,对外压缩波系采用等激波强度设计,即气流经过激波所造成的总压损失相等。具体步骤如下:

(1)对于给定的设计马赫数 Ma_1,假设一个激波角 β_1 略大于对应于 Ma_1 的马赫角 $\mu\left(\mu = a\sin\dfrac{1}{Ma_1}\right)$,求出法向马赫数 $Ma_1\sin\beta_1$;

(2)根据式(2-33),可求出二维压缩面的折角 δ_1,再通过式(2-32)和式(2-34)求出总压恢复 σ_1 和波后马赫数 Ma_2;

(3)按照 Oswatitsch 的最佳波系理论表示的等强度关系,求出 β_2;

(4)重复(2)(3)步骤,计算 σ_2 和 Ma_3,直至求出 σ_{n-1} 和 Ma_n,其中 Ma_n 即为内压区进口马赫数;

(5)此时可得到总折转角 $\delta_\Sigma = \sum\limits_{i=1}^{n-1}\delta_i$。

(6)判断总折转角 δ_Σ 是否满足设计要求,如果不满足,改变 β_1,重复(2)~(5)步,直至得到满足总折转角范围要求的激波系结构。

4. 进行内压缩波系设计

对于内压缩波系的设计,主要考虑进气道出口马赫数和非设计状态下的起动问题。由于进气道进、出口气流方向平行,所以气流经过内压缩波系的总折转角与气流经过外压缩波系的总折转角相等。而在经过了外压缩波系的压缩后,内压缩波系进口的气流马赫数和总压较低,流通能力相应降低。为了在满足出口马赫数的前提下获得较高的总压恢复系数以及缓解非设计状态下的起动问题,可以考虑采用 2 道以上斜激波的波系结构。具体设计步骤如下:

(1)以外压缩波系的计算结果 Ma_n 作为内压缩波系的进口马赫数,以及进气道唇口与自由来流平行的条件,计算得到激波后的马赫数 Ma_{n+1} 和激波角 β_n。

(2)判断低马赫数下内压缩波系第一道激波是否脱体。判断激波是否脱体的依据是,对于一定来流马赫数,气流折转角 δ 有一个最大值 δ_{max},称为该来流马赫数下的最大折转角,表示在该来流马赫数下所能产生附体激波的最大折转角,对应于它的激波角就是以下式所表示的最大激波角:

$$2kMa^4\sin^4\beta_{max} - \left[(\gamma+1)Ma^4 - 4Ma^2\right]\sin^2\beta_{max} - (\gamma+1)Ma^2 + 2 = 0 \qquad (2-35)$$

如果用 β_{max} 根据式(2-32)计算得到的折转角大于实际折转角,则激波附体,否则将产生脱体激波。

(3)依此类推,可以计算得到气流经过内压缩波系压缩后的气流参数,即进气道喉部参数,如马赫数 Ma_{th},气流经过外部压缩和内部压缩后的总压恢复系数 σ 等参数。

(4)判断计算的喉部马赫数是否高于设计点要求的马赫数,如果不能满足要求,则需要返回到外压缩波系计算部分,重新进行压缩波系的匹配计算,直到满足所有设计要求为止。

5. 计算进气道压缩斜板和喉部几何参数

由上述步骤计算得到进气道捕捉面积和斜板压缩角,根据给定的进气道宽高比,按照设计状态外压缩波系激波封口的原则,即外部压缩波系交于进气道唇口位置,根据三角几何关系,即可确定各级压缩斜板的长度及斜板间的连接位置。

对于混压式进气道,其内管道在紧接进口之后有一个最小截面,称为喉道,喉道后接扩压器。为了提高结尾正激波在喉部处的稳定性,往往把喉道设计成为具有一定长度的等截面积喉道区。喉道面积在内管道设计中非常重要。在超声速工作状态下,喉道面积必须满足起动要求;在亚声速、跨声速工作状态下,喉道面积必须在满足发动机流量要求的条件下不出现堵塞现象,并使内管道总压损失尽可能小。

超声速工作状态下,当飞机减速时,不能因喉道面积 A_{th} 过小而把结尾正激波推出进口之外,即喉道必须能够自动起动。为了使进气道在给定马赫数下能够起动,喉道面积必须满足下式要求:

$$A_{th} \geqslant \frac{\varphi_{Imax} q(Ma_0) A_c}{0.98 \sigma_s} \tag{2-36}$$

式中,σ_s 是包括进口前斜激波和进口处正激波的总压恢复系数;系数 0.98 是考虑喉道处附面层的影响。当在计算最小起动喉道面积时,结尾正激波应该正好位于进口平面上,此时,只要设计喉道面积等于或大于此最小起动喉道面积,进气道就能自动起动。

在亚声速、跨声速状态下,喉道面积应该满足发动机的流量要求。发动机需要的喉道面积为

$$(A_{th})_{rep} = \frac{K_1 \sigma_d W_{a,c} \sqrt{T^*}}{P^* q(Ma_{th})} \tag{2-37}$$

式中,K_1 表示考虑喉道附面层抽吸和冷却流量的放大系数;σ_d 表示喉道后亚声速扩压器中总压恢复系数,可近似取 0.95;$q(Ma_{th})$ 表示喉道处的平均密流函数,理论上可为 1.0,但考虑到喉道附面层的影响,一般取 0.98。

6. 进气道几何型面修正

考虑到实际附面层的影响,必须对基于一维流理论设计的高超声速进气道型面进行修正,即由于附面层内的流体受到阻滞,所以通过的流量减小,相当于理想绕流中外流从物面上向外推移了一个距离,绕流物体的形状变成原几何形状再加位移厚度。一般地,层流附面层中位移厚度 $\delta^* = \frac{\delta}{3}$,湍流附面层中位移厚度 $\delta^* = \frac{\delta}{8}$。因此,为了对进气道型面进行修正,首先需要计算附面层的厚度。附面层厚度的定义为,从物面开始,沿法线方向至速度与当地自由流速度 U 相等(严格地说是等于 0.99U 或 0.995U)的位置之间的距离,记为 δ。从物体前缘,边界层厚度从零开始沿流动方向逐渐增厚。对于高超声速进气道前体来说,压缩斜板前方自由流的速度为常数,斜板末端的边界层厚度达到最大值。边界层厚度 δ 的计算方法为

$$\delta = \frac{(1.3 + 0.43 Ma_\infty^2) \delta_b}{10.4 + 0.5 Ma_\infty^2 (1 + 2 \times 10^{-8} Re)^{\frac{1}{3}}} \tag{2-38}$$

式中,$\delta_b = S \left\{ 0.37 Re^{-0.2} \left[1 + \left(\frac{Re}{6.9 \times 10^7} \right)^2 \right]^{0.1} \right\}$;$S$ 表示从前缘开始沿物面的距离;Re 表示雷

诺数(以 S 为特征尺寸)。

　　根据上述公式求出斜板末端的位移厚度后,用该厚度作为弧长除以斜板长度,斜板绕前缘转过的弧度 $\theta = \dfrac{\delta^*}{S}$,这样就可以根据斜板前缘坐标求出修正过的斜板末端坐标。根据这种方法对所设计的进气道型面进行修正。

7. 涡轮基组合循环发动机进气道设计流程图

　　上述涡轮基组合循环发动机用高超声速进气道设计流程如图 2-36 所示。

　　图 2-37 表示了采用上述方法设计的涡轮基组合循环发动机进气道型面和设计状态下的流场结构图。

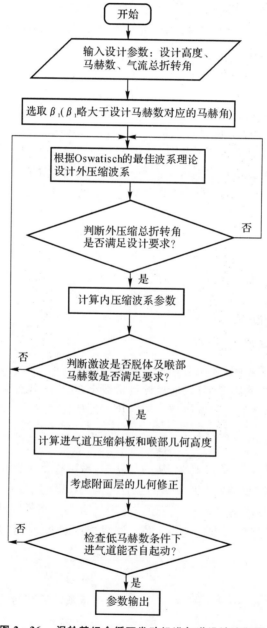

图 2-36　涡轮基组合循环发动机进气道设计流程图

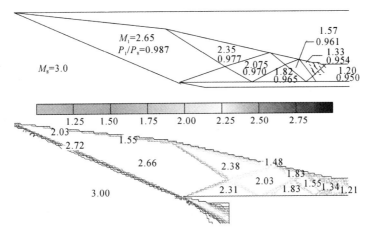

图 2 - 37 涡轮基组合循环发动机进气道型面和流场结构图

2.6 涡轮基组合循环发动机扩压器设计方法

2.6.1 涡轮基组合循环发动机扩压器内流动分析

扩压器的功能是把速度能变成压力能。在理想状态下,扩压器进口(喉部)来流马赫数恰好为1,进入扩张型扩压器后,气流速度降低,压力升高,既使扩压器流量达最大,又使压缩过程成为等熵压缩(忽略黏性作用力)。

这种理想状态的好处是下游的微小扰动不会影响进气道喉部之前的流动,但是扩压器几乎从不会工作在上述的理想状态。一方面,若来流出现微小扰动,就会使扩压器脱离临界工作状态,喉部流量减小,使前方来流不能全部通过进气道喉部,此时,气流就会在喉部激波前产生积累,从而引起流场结构的改变,声速线迅速前移,扩压器进入堵塞状态,而且流场结构一旦改变,即使前方扰动撤销,也不能自动恢复至原始状态,也就是说该过程是不可逆的;另一方面,一个具有实用意义的飞行器也不可能自始至终工作于设计点。

实际应用中,要在扩压器中建立亚声速流动,必须有一道正激波位于喉部下游。因此,正激波所引起的损失也将成为扩压器损失的重要组成部分。

若扩压器进口条件确定,扩压器中形成稳定流动,则就有一个对应于扩压器进口面积的喉部面积,使正激波能够通过喉部进入扩压器扩张段。若取满足上述流动状态的最小喉部面积,就可以使喉部马赫数接近1。这个最小面积可以由一维气动理论计算得到,所涉及的扩压器性能参数为最大收缩比,所谓最大收缩比是指超声速气流等熵压缩至马赫数为1时的收缩比与气流经过正激波的总压恢复系数之积。在理想状态下,扩压器进口马赫数为1时,最大收缩比的计算方法如下:

单位截面面积上通过的流量为

$$\frac{\rho V}{\rho_0 a_c} = Ma \left(1 + \frac{k-1}{2} Ma^2\right)^{-\frac{1}{2}\frac{k+1}{k-1}} \tag{2-39}$$

式中,k 为比热比;ρ_0 为扩压器进口密度;a_c 为临界声速。

等熵压缩的超声速气流,使其达到当地声速时的面积收缩比为

$$\frac{(\rho V)_{Ma=1}}{(\rho V)_{Ma}} \qquad (2-40)$$

式中,ρV 由式(2-39)计算得出。

气流经过激波时,它的总温保持不变。当总温不变时,在既无热量损失也没有加热的条件下,马赫数为 1 的截面上,单位面积上通过的流量与总压成正比:

$$\frac{\dot{m}}{A} = K\frac{P^*}{\sqrt{T^*}} \qquad (2-41)$$

式中,$K = \sqrt{\dfrac{k}{R}\left(\dfrac{2}{k+1}\right)^{\frac{k+1}{k-1}}}$,对于给定气体,$k$ 和 R 一定,故 K 是常数,例如对于空气,$k=1.4$,$R=287.06\ \text{J}/(\text{kg}\cdot\text{K})$,则 $K=0.040\ 4$。

因此,由理想气体状态方程和式(2-39),计算得出单位面积上流量减小的流量与通过激波的总压损失成正比。激波后总压 P_2^* 与扩压器进口总压 P_1^* 之比为

$$\frac{P_2^*}{P_1^*} = \frac{\left[\dfrac{(k+1)Ma^2}{2+(k-1)Ma^2}\right]^{\frac{k}{k-1}}}{\left(\dfrac{2k}{k+1}Ma^2 - \dfrac{k-1}{k+1}\right)^{\frac{1}{k-1}}} \qquad (2-42)$$

方程式(2-42)与式(2-40)之积为

$$\frac{(\rho V)_{Ma=1}}{(\rho V)_{Ma}} \frac{\left[\dfrac{(k+1)Ma^2}{2+(k-1)Ma^2}\right]^{\frac{k}{k-1}}}{\left(\dfrac{2k}{k+1}Ma^2 - \dfrac{k-1}{k+1}\right)^{\frac{1}{k-1}}} \qquad (2-43)$$

即为保证跨声速扩压器起动的最大收缩比。一般地,内收缩比不宜大于 1.51。

扩压器进入起动状态后,减小喉部面积,或者通过暂时地加大进口马赫数使扩压器起动,都可以使激波强度减弱,总压损失也较小。但是激波强度的控制会受到稳定性因素的影响,也就是说,激波强度越小,扩压器的稳定性会越差。固定几何扩压器(特别是喉部面积固定)不能通过提高进口马赫数进行起动。

如前所述,扩压器将前方来流转化为压力能,它在飞行器中的作用就是将气流稳定地引导至发动机进口,并满足气动要求,即较小的总压畸变和总压损失。扩压器的损失对整个推进系统性能的影响很大。例如,扩压器总压恢复系数降低 1%,发动机安装推力就会下降 0.5%,单位推力的耗油量增加 0.5%。由此可见,扩压器的设计既要考虑几何方面的影响,与进气道和发动机的协调;又要兼顾到气动参数如最大收缩比、总压恢复系数、出口总压畸变等。

2.6.2　涡轮基组合循环发动机扩压器设计原则和步骤

在扩压器前段,由于附面层内气流速度分布饱满,抗分离能力强,扩压器中心线曲率可取的大一些,扩压程度也可较大。此外,在具有较大气流速度的前段,还可以减少流动的摩擦损失。而在扩压器后段,气流品质差,气流易分离,中心线转弯应缓和,扩压程度也应减小。另外,设计扩压器长度时,并非扩压器内气流不分离其性能就好,扩压器的最佳性能往往出现在

大部分通道接近分离或刚分离的状态下。扩压器面积分布规律有以下几种可能的选择：

（1）面积变化梯度等于常数的规律，即 $\dfrac{\mathrm{d}A}{\mathrm{d}x}=$ 常数。对于管道较长的进气道,通常采用这种分布规律,其扩散度不大,没有气流分离,流场均匀,性能较好。

（2）马赫数变化梯度等于常数的规律,即 $\mathrm{d}Ma/\mathrm{d}x=$ 常数。其特点是扩压器进口壁面曲率缓和,初始扩散率小。扩散率沿着扩压器下游逐渐加大,扩压器扩压比大,往往在扩压器出口造成气流分离。

（3）压力变化梯度等于常数的规律,即 $\mathrm{d}P/\mathrm{d}x=$ 常数。试验证明,对设计滞止程度很强的短通道扩压器,应用这种规律是较好的。但对于较长进气道的亚声速扩压器,却不宜采用这种规律,因为这种曲壁扩压器在开始段扩散率很小,而后扩散率迅速增大,易引起气流分离。

（4）面积按二次曲线变化的规律。整个扩压器壁面形状符合二次曲线规定的面积分布要求。这种扩压形式的扩压器的初始扩散度大,沿流程扩散度逐渐减小,进口壁面曲率大,摩擦力很快下降到很低的值,达到最小的能量消耗。但表面摩擦因数接近于零时,扩压器对气流扰动和畸变很敏感,很易引起气流分离。然而,这种形式的扩压器能在最小长度上达到最大的扩压值。

基于以上考虑,以及涡轮基组合循环发动机安装特点,以进口为矩形,出口为圆形的扩压器为例说明其设计步骤。

（1）沿扩压器轴线方向,扩压器宽度保持不变,都等于发动机进口直径,如图 2-38 所示。

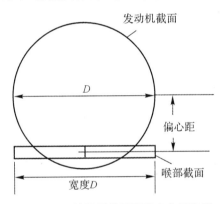

图 2-38　扩压器截面面积变化示意图

（2）设计过程中,将扩压器分为三部分,即二维扩压段、方转圆过渡段、扩压器和发动机转接段（面积不变的圆管道）,如图 2-39 所示。

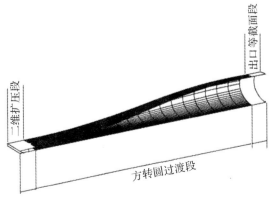

图 2-39　扩压器外形和分段示意图

（3）二维扩压段作为内调节斜板。该调节斜板与水平线的夹角在设计状态达到最大，即进气道喉部面积最小时所对应的几何位置。在设计过程中，通过输入二维扩压段的长度，即可以确定二维扩压段的出口截面位置。二维扩压段长度确定的原则是，在设计状态，一般地，二维扩压段与水平轴线的夹角不大于 8°，出口高度等于进气道第二、三级斜板与第一级斜板处于同一直线时，第三级斜板的末端高度，即此时的进气道喉部高度。轴向上，喉部高度调节至最大时，第三级斜板末端与内调节斜板前缘恰好相交，以便节省空间。二维扩压器基本形状如图 2 - 40 所示。

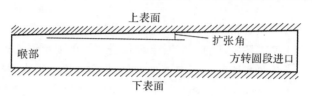

图 2 - 40　二维扩压段结构图

（4）如图 2 - 41 所示，三维方转圆过渡段实现了扩压器从进口矩形截面到出口圆形截面的过渡。每一截面形状的变化由超椭圆方程确定。设计过程采用双坐标系统描述各个截面中心点连线和各个截面形状的变化。二维扩压段出口截面即三维过渡段的进口（初始）截面。笛卡儿坐标系 $x/R, y/R, z/R$ 描述了过渡段中心线的变化，可采用五次多项式表示，即

$$cl\left(\frac{x}{R}\right) = a_3\left(\frac{x}{R}\right)^3 - a_4\left(\frac{x}{R}\right)^4 + a_5\left(\frac{x}{R}\right)^5 \tag{2-44}$$

式中，$cl(x/R)$ 为扩压器中心线函数；常数 a_3, a_4, a_5 是根据给定的进出口偏心距、进出口处一阶、二阶导数为零确定的，目的是减小气流方向的折转角，提高扩压器的总压恢复系数，同时，减小扩压器的总压畸变。

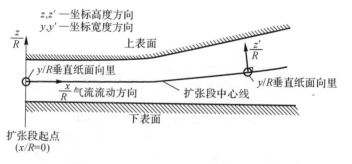

图 2 - 41　扩压器方转圆过渡段结构图

扩压器超椭圆截面通过垂直于式（2 - 44）确定的过渡段中心线的二维坐标系统确定。如果以 $y'/R, z'/R$ 表示垂直中心线的坐标，则过渡段每一截面的形状可以用下面的方程描述：

$$\frac{z'}{R} = b_0\left[1.0 - \left(\frac{y'}{R}\right)^n\right]^{\frac{1}{n}} \tag{2-45}$$

式中，b_0 和 n 也用五次多项式表示，即

$$b_0\frac{x}{R} = a_0 + a_3\left(\frac{x}{R}\right)^3 - a_4\left(\frac{x}{R}\right)^4 + a_5\left(\frac{x}{R}\right)^5 \tag{2-46}$$

$$n\frac{x}{R} = b_0 - b_1\frac{x}{R} + b_2\left(\frac{x}{R}\right)^2 - b_3\left(\frac{x}{R}\right)^3 - b_4\left(\frac{x}{R}\right)^4 + b_5\left(\frac{x}{R}\right)^5 \tag{2-47}$$

在表达式中,常数 n 的确定方法是,选择扩压器过渡段的面积分布规律,得到沿扩压器中心线的每一个垂直中心线截面的面积。由于扩压器宽度是确定的,所以,根据超椭圆方程式 (2-45),沿扩压器中心线指数 n 的变化,得到 z' 坐标,并得到相应的面积,将这一面积与由给定的扩压器过渡段面积分布规律确定的面积进行比较,迭代得到指数 n,并拟合成多项式形式。

在超椭圆方程中,常数 b_0 的作用是使扩压器下表面保持水平,n 的作用是控制截面的形状。当 n 的值比较大时(例如,$n=50$),以超椭圆方程描述的截面就是矩形截面;当 $n=2$ 时,以超椭圆方程描述的截面就是圆形截面;当 n 从无穷大向 $n=2$ 变化时,就实现了扩压器过渡段截面形状从进口矩形向出口圆形的过渡。

(5)扩压器和发动机转接段是一段面积与扩压器出口截面面积相等的圆管道,实现扩压器和发动机进口的连接。

2.6.3　涡轮基组合循环发动机扩压器性能改进方法

实际应用中,任何一种扩压器的工作状态都不可能达到最大,特别是对于涡轮基组合循环发动机用的扩压器,为节省空间,其长度短而且扩张角又较大,由于附面层分离、扩压器出口压力波动都会使其性能下降。为此,改善扩压器的性能也显得至关重要。

首先可以通过对型面进行优化设计,其次可以通过控制附面层提高扩压器的性能。这一方式包括:① 抽吸附面层,将附面层中的低能量气体抽走;② 使用旋涡发生器,加速附面层气体与主流气体的混合;③ 提高气流湍流度;④ 采用壁面圆周线控制;⑤ 通过在分离点喷射高速气体,增加附面层气体的动能;⑥ 使用脉冲气流将大分离涡(见图 2-42)分解为小旋涡。

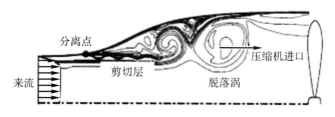

图 2-42　分离(脱落)涡示意图

其中使用较为成熟的提高扩压器性能的方式有三种:① 用动量较高的气体通过缝隙或者喷嘴加速附面层中的低能量气体;② 通过附面层抽吸缝抽走低能量气体;③ 采用旋涡发生器消除附面层厚度增长,使附面层气体与主流气体混合。

采用第一种方式的特点:① 发动机可以提供现成的高压气体,无需额外的能量转化;② 吹入缝或孔不易堵塞(这是采用抽吸方式时所遇到的问题);③ 不需要加大进气系统的尺寸。

采用第二种方式的特点:① 抽吸系统易于布置;② 抽吸量容易控制;③ 有一部分气体被抽走,因此设计进气道时要有一定的余气量,加大了进气道的尺寸,且耗费掉一部分高压气流。

采用第三种方式的特点:① 不需要机械控制装置;② 使附面层阻力增加;③ 当不需要产生旋涡时也不能撤除。

Ball(1983 年)和 Tindell(1987 年)分别对吹入高能量气体加速附面层中的气流和附面层抽吸两种附面层分离控制方式进行了研究。他们发现采用这两种方法可以显著地改善扩压器的性能。

上述附面层控制方式也可以组合使用,常用的有附面层抽吸与旋涡发生器的组合和吹入高能量气体与旋涡发生器的组合。如 Ball 在 1984 年对 7 种吹入结构进行了对比,发现第 2 种组合方式效果最好,当吹入量为扩压器流量的 0.4% 时,总压恢复系数提高 1.0%。

涡轮基组合循环发动机扩压器中存在着正激波和来自发动机的压力波动。为了减弱压力波动对进气道的影响,可将喉部壁面设置为多孔壁(亦可将多孔壁分隔为多个多孔面),多孔壁外是一个相互连通的空腔,压力波动时,气流在扩压器和空腔之间不断交换,减弱了压力波动的影响。多孔壁外空腔的设置非常重要,根据 M. Yaga(日本)等人的研究发现,若去掉此空腔,则多孔壁几乎起不到任何减弱波动的作用(见图 2-43)。

图 2-44 所示为采用上述设计方法和设计流程得到的涡轮基组合循环发动机的扩压器型面。

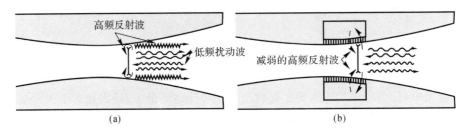

图 2-43　压力波动对比图

(a) 无孔壁时压力波动示意图;　(b) 多孔壁压力波动示意图

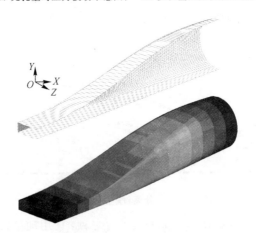

图 2-44　涡轮基组合循环发动机扩压器型面

2.7　涡轮基组合循环发动机排气系统设计方法

2.7.1　排气喷管的基本设计要求

排气喷管的功用就是在宽广的飞行范围将发动机排出的高压燃气经过加速膨胀,转化为动能,以很高的速度排向大气,为飞行器提供强大的动力。飞行器动力装置的净推力效率受到喷管推力及排气系统的阻力之差的制约。在理想状态下,推力是喷管性能参数的函数,而阻力则是绕过机身外表面的气流参数的函数。但实际上,对于安装在飞行器上的推进系统而言,由于外流同喷气流之间发生相互干扰,推力和阻力之间存在一定的相互关系。尤其是对于高度一体化的高超声速飞行器的排气系统,由于外流和喷气流强烈的相互干扰作用,在飞行器后体/喷管附近的物理现象非常复杂,如图 2-45 所示。喷管的高压射流和外流相互干涉,对飞行器后体的压力场产生一定的影响。在某些情况下,喷管边界层发生分离。更为经常的现象是,由于激波干涉或者逆压力梯度的影响,后体表面的边界层分离,引起推力的严重损失,所以说,推力和后体阻力的平衡是十分复杂的。因此,排气系统设计的好坏直接影响到整个飞行器和推进系统的性能。例如,在飞行马赫数为 6 时,排气系统产生的推力甚至可达推进系统总推力的 70% 左右,也就是说,对于高度一体化的高超声速飞行器,飞行器和推进系统的性能与排气系统的内部特性、外部特性有着紧密的联系。

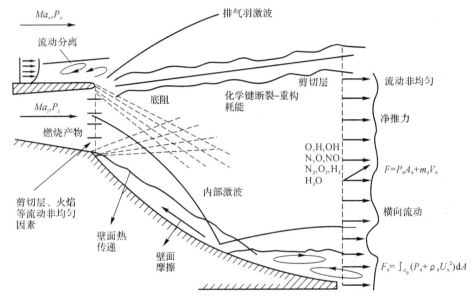

图 2-45　高超声速飞行器排气系统的复杂流动

　　由于超声速及高超声速飞行器具有宽广的飞行包线,所以为了达到最好的喷管内部性能,要求喷管的膨胀比达到数百甚至上千,面积比达到几十。传统的轴对称喷管存在膨胀面的机械限制和密封机制等问题,这使得喷管的最大膨胀比无法达到上述要求。为了解决这一问题,高超声速飞行器排气系统常常采用单膨胀斜面喷管(Single Expansion Ramp Nozzle, SERN)。SERN 的独特优势在于,飞机后体的下表面可以作为 SERN 的外膨胀斜面,从而获得非常高的膨胀比,由于 SERN 的下斜板相对较短,使得 SERN 与飞行器机体高度一体化的特点体现得更充分,并且可以大大减小推进系统的质量,如图 2-46 所示。

　　为了使涡轮基组合循环发动机在宽广的飞行马赫数范围内都能有效工作并且具有高的性能,必须对高超声速飞行器排气系统进行优化设计,计算分析其内外特性,保证排气系统和涡轮基组合循环发动机气动性能和结构布局能够匹配。

　　在高超声速飞行器的喷管设计过程中,应注意以下几个方面:

　　—— 减小安装阻力;

　　—— 喷管总压损失尽可能小;

—— 充分利用飞行器后体作为喷管的延伸膨胀面,减小飞行器质量。

本节主要介绍特征线法在涡轮基组合循环发动机排气系统设计中的应用。

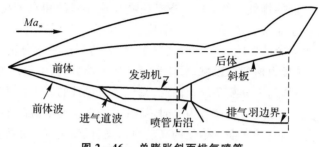

图 2 - 46　单膨胀斜面排气喷管

2.7.2　特征线法在单膨胀斜面喷管设计中的应用

2.7.2.1　特征线法的基本原理

在超声速／高超声速飞行器用单膨胀斜面喷管设计中,扩张段的作用是使气流等熵加速膨胀至喷管出口达到所要求的马赫数,使气流的势能转化为动能,为发动机提供推力。喷管设计要求的落压比决定了出口所要求达到的马赫数,而喷管的型面则影响出口气流的均匀程度以及推力矢量角。

超声速喷管可分为二维和三维两种形式,二维喷管有两个平行的壁面,另两个壁面则是二维型面,喷管内的流场基本是二维的。三维喷管的横截面是圆形或方形,喷管内流场是三维的。

超声速喷管一般是根据特征线理论设计的。从物理观点来讲,特征线定义为一个物理扰动的传播轨迹。在超声速流场中扰动是沿着流动的马赫线传播的。可以证明,马赫线就是超声速流场中的特征线。从数学的观点来看,特征线定义为这样的一种曲线,沿这种曲线可以把偏微分控制方程改变成全微分方程。穿过这条曲线,物理参数的导数可以是不连续的,而物理参数本身却保持连续。那样,沿着特征线就可以把这样一些流动区域连接在一起,即使在每一个区域中特性参数和参数的导数是连续的,而在它们的交界面上导数是不连续的。例如,沿着马赫线可以把普朗特-迈耶扇形膨胀区与均匀的上游和下游流动区域连接起来。但是,特征线法不适合用于亚声速情况,只能从喷管喉道的声速流动开始。

2.7.2.2　特征线法的基本方程

特征线法在超声速／高超声速喷管型面设计中得到了广泛的应用。它可以用于计算平面无旋和有旋流动的超声速流场,也可以用于求解轴对称无旋和有旋流动的超声速流场。

定常二维平面和轴对称无旋流动的气体动力学方程为

$$(u^2 - c^2)u_x + (v^2 - c^2)v_y + 2uvu_y - \frac{\delta c^2 v}{y} = 0 \qquad (2-48)$$

式中,$\delta = 0$ 为平面流动;$\delta = 1$ 为轴对称流动。

沿着特征线可将方程式(2-48)化为以下 4 个常微分方程:

$$\frac{\mathrm{d}y}{\mathrm{d}x} = \tan(\theta \pm \mu) = \lambda_{\pm} \tag{2-49}$$

$$(u^2 - c^2)\mathrm{d}u_{\pm} + \left[2uv - (u^2 - c^2)\lambda_{\pm}\right]\mathrm{d}v_{\pm} - \delta c^2\frac{v}{y}\mathrm{d}x_{\pm} = 0 \tag{2-50}$$

式中,声速公式为

$$c = c(V) = c(u, v) \tag{2-51}$$

在设计喷管时,对于壁面,利用壁面函数

$$\frac{\mathrm{d}y}{\mathrm{d}x} = \tan\theta = \frac{v}{u} \tag{2-52}$$

对于对称轴线上的点利用对称条件

$$y_4 = v_4 = \theta_4 = 0 \tag{2-53}$$

自由边界上满足压强相等的条件

$$P_e = P_a \tag{2-54}$$

对超声速或高超声速喷管满足

$$Ma_e = Ma_d \tag{2-55}$$

即喷管出口马赫数等于设计马赫数 Ma_d。

2.7.2.3　初值线的生成

为了用特征线方法求解二维超声速流场,必须根据喷管喉道区域的流场情况建立一条初值线,在该初值线上各处马赫数应大于1,从而可以由该初值线开始计算喷管下游的流场。这里介绍使用 Sauer 分析法确定该初值线的方法,即图 2-47 中所示的 TJ,下面详细介绍初值线的确定过程。

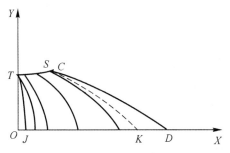

图 2-47　喷管设计的初始膨胀区示意图

对于二维或轴对称的无旋流动,其扰动方程可以写成

$$(1 - Ma_\infty^2)u_x + v_y + \delta v/y = Ma_\infty^2(\gamma + 1)(u/v_\infty)u_x \tag{2-56}$$

对于平面流动,$\delta = 0$;对于轴对称流动,$\delta = 1$。

因为喷管喉道区流动基本是一维的,而且速度基本为声速,所以未扰动自由流速度 v_∞ 取临界声速 a^*,这样对应的马赫数 $Ma_\infty = 1$,式(2-56)可写为

$$(\gamma + 1)(u/a^*)u_x - v_y - \delta v/y = 0 \tag{2-57}$$

取　　　　　　　　　　　$u' = u/a^*$　　和　　$v' = v/a^*$

式中,u' 和 v' 为无量纲扰动速度分量。则式(2-57)变为

$$(\gamma + 1)u'u'_x - v'_y - \delta v'/y = 0 \tag{2-58}$$

引入无量纲扰动速度势 $\phi'(x, y)$,则式(2-58)变为

$$(\gamma + 1)\phi'_x\phi'_{xx} - \phi'_{yy} - \delta\phi'_y/y = 0 \tag{2-59}$$

式(2-59)为跨声速流的无量纲扰动速度势控制方程。

应用幂级数解法,求得

$$u'(x, y) = \alpha x + \frac{(1+\gamma)\alpha^2 y^2}{2(1+\delta)} \tag{2-60}$$

$$v'(x, y) = \frac{(1+\gamma)\alpha^2 xy}{1+\delta} + \frac{(1+\gamma)\alpha^3 y^3}{2(1+\delta)(3+\delta)} \tag{2-61}$$

这两个方程给出了对线性轴向扰动速度分布的无量纲扰动速度,a 为常数,称为线性无量纲轴向扰动速度的系数。

$Ma = 1$ 和 $(\tilde{u}^2 + \tilde{v}^2) = a^{*2}$ 的临界曲线可像下面这样来确定。

因为

$$\tilde{u}^2 + \tilde{v}^2 = a^{*2} = (a^* + u)^2 + v^2 = a^{*2}[(1 + u')^2 + v'^2] \tag{2-62}$$

根据式(2-62)得到

$$(1 + u')^2 + v'^2 = 1 \tag{2-63}$$

将式(2-60)和式(2-61)代入式(2-63),得到

$$x = -\frac{(1+\gamma)\alpha y_t^2}{2(1+\delta)} \tag{2-64}$$

在 $x = \varepsilon$ 和 $y = y_t$ 处,$\tilde{v} = v = v' = 0$,把这些条件代入方程式(2-61)得到

$$\varepsilon = -\frac{(1+\gamma)\alpha y_t^2}{2(3+\delta)} \tag{2-65}$$

这个方程确定了喷管喉道的坐标系的原点。

从声速线发出的马赫线与壁面交在喷管喉道上游。在喷管喉道处壁面上,壁面的斜率与 $\tilde{v}$ 都是零,因此流动速度与壁面平行。在沿壁面的其他点上,由于分析中的近似,壁面角和流动角之间有某个小偏差,因此,$\tilde{v} = 0$ 是精确地满足固壁边界条件的。

$\tilde{v} = 0$ 的轨迹线的方程可由下式求出:

$$x = \frac{(1+\gamma)\alpha y^2}{2(3+\delta)} \tag{2-66}$$

至此,初值线已确定。

2.7.2.4　喷管型线设计

在初值线给定以后,需要给出喉道下游处的壁面型线。对于上壁面,凭经验选取一段圆弧,称为上壁面初始膨胀线,即图2-47中所示的 TC;对于下壁面,设计为水平壁面。采用逆置壁面点法求出上壁面初始膨胀线 TC 上各点的流动参数,从各点分别发出一条右行特征线,该特征线一直延伸到与下壁面相交,由该右行特征线与水平下壁面可以确定与下壁面交点的流动参数。对型线 TC 上每一个后续预定的壁面点重复进行上述过程,直到求解出由 TC 所确定的区域为止。图2-48所示为一定计算条件下的特征线网格。

在使用上述方法求解初始膨胀流场之后,下壁面上各交点的流动参数已定,假定在下壁面 K 点马赫数达到设计出口马赫数 Ma_d,SK 为产生 Ma_d 的右行特征线,SK 线的流动参数可以由该线上下游的两条特征线的流动参数内插得到。此时下壁面设计已完成,即为型线 OK。剩下的问题就是确定上壁面型线 SF(见图2-49)。

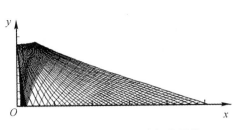

图 2-48 初始段特征线网格

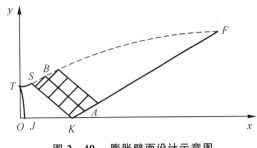

图 2-49 膨胀壁面设计示意图

S 点下游的上壁面喷管型线的设计,应该使入射到壁面上的膨胀波不产生反射波,以便在喷管出口获得一个平行均匀的流动,即满足出口处马赫数为 Ma_d,方向平行于下壁面,此时喷管内气流完全膨胀,从而产生最大推力。这里由 K 点引出的最后一条左行马赫线应该是角度为 $\mu_d = \arcsin(1/Ma_d)$ 的直线,它与上壁面的交点 F 的位置可以由质量守恒关系确定,即通过 KF 的流量应该等于通过初值线 TJ 的已知流量,KF 即为整个喷管的出口。

F 点位置确定以后,应用内点的单元过程计算区域 SKF 的流场来设计喷管型线 SF。壁面点 B 通过质量守恒关系确定,即通过 AK 线和 AB 线的流量之和应等于通过初值线 TJ 的流量。应用这种方法即可得到型线 SF。

2.7.2.5 实际应用特征线法设计 SERN 型面时的特殊考虑

由于特征线法的特殊性,在计算中有可能出现特征线相交的问题。假如出现相交问题,在数值计算时可采用以下措施:

(1) 允许特征线相交,在解平面产生一个重叠区,出现多值解。

(2) 当特征线相交时终止特征线,对速度修正,直到特征线出了重叠区。

(3) 对于交叉的特征线,删除后面的那条特征线交叉的下游部分,根据后面的特征线的上游部分与前面特征线的下游部分继续求解。其中有两种特殊情况需特别指出。

(a) 当斜激波强烈时由逆置壁面点计算得到的第一个内点即可能产生交叉特征线,这时的处理方法与普通交叉特征线相同。

(b) 当利用逆置壁面点计算内点时,左行特征线向前发展,最后与壁面相交无法计算,此时应跳过此内点,利用下一内点计算。

经过试算,以上三种方法都能得到合理的结果,但是(1)(2)两种方法应用不方便,有较大的人为因素。方法(3)使用简单、方便,并且能得到满意结果。

此外,在计算中,特征线还可能出现斜率接近无穷大和接近 0 的情况,这时应适当选取初值线上的网点数及初始膨胀壁面的半径,使得特征线走向恢复正常。

2.7.3 单膨胀斜面喷管收缩段和转接段设计

2.7.3.1 喷管收缩段设计

喷管收缩段是喷管的重要部分,它的作用是在最短的长度下均匀加速气流,保证气流不发生分离。收缩段壁型已有多种常规设计方法,但均有不完善之处,有的由于在较大收缩比时壁面型线变化较剧烈以至于出现气流分离,有的设计比较繁杂,有的由于对流态假设与实际情况偏离较大而效果不佳。为保证所设计喷管的整体性能,根据国内外关于壁型的研究经验,结合单膨胀斜面喷管的具体要求,对已有的喷管收缩段壁型进行了全面的技术比较。

(1)收缩段的长度。收缩段的长度通常不宜过长,这主要是从喷管的质量和造价来考虑的。收缩段的长度也不能过短,以避免气流出现不均匀甚至分离。在保证收缩段的性能的前提下,通常多为 $l \approx (0.5-1.0)D_0$,D_0 为收缩段的入口直径。

(2)收缩段型面曲线设计方法。统计数据表明,收缩段的收缩型面均设计为平滑过渡的曲线型面。只有在收缩比小于 3 的情况下,其流动才不会出现明显的分离。

一般收缩段曲线有以下几种选择方法。

维托辛斯基公式,其公式为

$$r = \frac{r_e}{\sqrt{1 - \left[1 - \left(\frac{r_e}{r_0}\right)^2\right] \frac{\left(1 - \frac{x^2}{l^2}\right)^2}{\left(1 + \frac{x^2}{3l^2}\right)^3}}} \tag{2-67}$$

式中,各参数的意义如图 2-50 所示,其中 l 是选定的($l > r_0$),它可以在宽广的范围内变动。而 r_0 是给定的尺寸,r_e 是喷管的喉部。喷管进口面积 A_0 与出口面积 A_e 之比为喷管的收缩比。如果喷管收缩比过大时,则曲线前部分收缩很陡,而后段却很近似平直,这样对得到均匀的气流是不利的。

双三次曲线,其公式为

$$\frac{D - D_1}{D_1 - D_2} = \begin{cases} 1 - \frac{1}{x_m^2}(x/L)^3, & (x/L) \leqslant x_m \\ 1 - \frac{1}{x_m^2}[1 - (x/L)]^3, & (x/L) > x_m \end{cases} \tag{2-68}$$

式中,x_m 为两曲线连接点;L 为收缩段长度;D 为轴向距离为 x 处的截面半径;D_1 为进口段半径;D_2 为出口段半径。

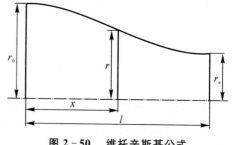

图 2-50　维托辛斯基公式

五次曲线,其公式为

$$\frac{D - D_1}{D_1 - D_2} = 1 - 10(x/L)^3 + 15(x/L)^4 - 6(x/L)^5 \tag{2-69}$$

(3)收缩段型面曲线的选择和优化。收缩段型面曲线设计的主要要求是前部不分离,后部流场均匀。所谓优化就是在有限长度内对前后两段作恰当安排,使之能兼顾上述要求。

收缩段进出口尺寸和长度给定后,维氏曲线和五次曲线形状即已确定,不可能进行优化。维氏曲线出口速度场十分均匀,但入口却存在严重的逆压力梯度和气流分离,五次曲线入口准则满足较好,但出口速度均匀性较差,不能很好地满足设计要求。

双三次曲线是具有参数 x_m 的曲线族,可进行优化。一般取 $x_m/L = 0.52$,并适当加长,使其留有一定安全余量。

也可以采用"加 R"移轴的办法来计算型面,即将公式中的 r_0,r_e 同时加一适当大小的 R,

而把加大的两个 r'_0，r'_c 计算出来的曲线坐标用到实际中去时，再把全部半径减去 R，这样所得到的是一条比较满意的曲线。对 R 值应该采用多大，原则是所选的值应该保持收缩比在小于 3 的范围内。

当没有真正的三维优化方法时，可用双三次曲线和"加 R"移轴方法得出较好的三维收缩曲线。

经验表明，用维托辛斯基"加 R"公式来计算壁面的型线，在宽广速度的范围内，喷管后的速度场是足够均匀的。

图 2-51 所示为采用两种维托辛斯基公式得到的喷管收缩段的型面曲线。可以看到，维托辛斯基"加 R"方法得到的型面比原始的维托辛斯基公式得到的型面变化更平缓。

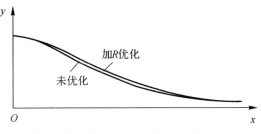

图 2-51　两种维托辛斯基公式的对比

2.7.3.2　喷管转接段设计

由于喷管采用二维单膨胀斜面喷管，在燃烧室出口圆筒和喷管矩形进口之间必须安装圆转方转接段，转接段由超椭圆方程实现圆形到方形的过渡。超椭圆方程的形式如下：

$$\left(\frac{y}{a}\right)^{\eta} + \left(\frac{z}{b}\right)^{\eta} = 1 \qquad (2-70)$$

式中，以 Ox 方向为圆转方轴向，Oy 方向为横截面宽度方向，Oz 方向为横截面高度方向。在圆截面处 $a=b$，$\eta=2$，在矩形截面处 $\eta \to \infty$。

通常由燃烧室出口圆筒过渡到喷管矩形截面，可以是等面积过渡，也可以是变面积过渡。为了便于多台发动机的并排安装，一般设计圆转方各截面两侧最大宽度保持不变，即式（2-70）中 $a(x)$ 线为平行于 Ox 轴的一条直线。设计各截面高度方向最高点所连成直线 $b(x)$ 由五次方程确定，可保证直线 $b(x)$ 在初始点和最终点的一阶、二阶导数都为零。各截面上指数 $\eta(x)$ 的变化由三次方程确定，可保证 $\eta(x)$ 在初始点和最终点的一阶导数为零。设计过渡段长度与燃烧室出口直径相等，这样不至于引起明显的推力损失。

2.7.3.3　附面层对单膨胀斜面喷管型面影响的修正

由于空气黏性的作用，喷管内实际流场与无黏流场不同。空气黏性对喷管流场的影响表现如下：

（1）喷管壁面附近气流形成附面层，如图 2-52 所示。附面层厚度沿喷管壁面的分布影响了喷管的实际流动。

（2）喷管内波系与喷管壁面上的附面层发生相互干扰。这种干扰不但对边界层内的流动有影响，而且改变了喷管壁面上的波系的发生和反射。因此，不能实现位流设计中完全消除膨胀波反射的要求。

如果喷管型面直接用位流设计的型面坐标，那么在实际应用中，不仅出口马赫数与设计值有差别，而且气流的方向也达不到设计要求。因此，喷管设计时必须把位流型面坐标进行附面层修正，以得到正确的喷管型面的物理坐标。考虑喷管附面层修正时，一般是考虑修正附面层对喷管流量的影响。

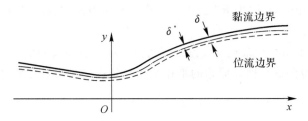

图 2 - 52 　黏性流和位流截面积比较

喷管壁面上附面层厚度引起的喷管横截面的改变，可用位移厚度 δ^* 的分布来表示。如图 2 - 53 所示的位移厚度定义为

$$\delta^* = \int_0^\delta \left(1 - \frac{\rho u}{\rho_1 u_1}\right) \mathrm{d}y \tag{2-71}$$

式中，ρ_1，u_1 为附面层边界处的 ρ，u。为了消除 δ^* 对喷管厚度面积的影响，应当把喷管位流型面壁沿壁面法向向外偏移一个 δ^* 厚度。喷管的附面层修正通常是在喷管的型面壁上进行的，其附面层修正公式如下：

$$\left.\begin{array}{l} x = x_{位} - \delta^* \sin\theta \\ y = y_{位} + \delta^* \cos\theta \end{array}\right\} \tag{2-72}$$

式中，$x_{位}$，$y_{位}$ 为位流坐标；θ 为位流壁面对 Ox 轴的倾斜角。

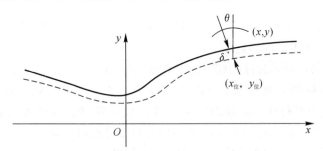

图 2 - 53 　位流坐标的附面层修正

喷管壁面上的 δ^* 的增长规律与黏性流动的特点有关，喷管内气流沿轴向加速时，壁面上附面层一般处于顺压力梯度。附面层厚度 δ^* 的分布可以用理论方法、经验方法和数值方法来确定。在型面设计时一般用前两种方法，在喷管流场分析时用数值方法。

这里用 Tucker 法计算顺压力梯度下的可压缩湍流附面层厚度增长。假定已给定喷管位流型面壁，且已知壁面上附面层的外流条件，并假定：

（1）喷管壁面绝热；

（2）$Pr = 1$；

（3）不考虑二次流效应；

（4）用沿喷管轴向距离 x 代替沿型面壁距离 S。

附面层动量形式的基本方程如下：

$$\frac{\mathrm{d}}{\mathrm{d}x}(\rho_1 u_1^2 \theta) + \rho_1 u_1 \delta^* \frac{\mathrm{d}u_1}{\mathrm{d}x} = \tau_\mathrm{w} \tag{2-73}$$

式中，θ 表示位流壁面对 Ox 轴的倾斜角。

选取指数型的速度型，取 $N = 7$：

$$\frac{u}{u_1} = \left(\frac{y}{\delta}\right)^{\frac{1}{7}} \tag{2-74}$$

$$\frac{\tau_\mathrm{w}}{\rho_1 u_1^2} = 0.013\,1 \left(\frac{v_1}{u_1 x}\right)^{\frac{1}{7}} \tag{2-75}$$

空气特性基于参考温度 $T_\mathrm{am} = \dfrac{1}{2}(T_1 + T_\mathrm{w})$ 选取，即

$$\frac{\tau_\mathrm{w}}{\rho_1 u_1^2} = \frac{\tau_\mathrm{w}}{\rho_\mathrm{am} u_1^2} \frac{\rho_\mathrm{am}}{\rho_1} = 0.013\,1 \left(\frac{v_\mathrm{am}}{u_1 x}\right)^{\frac{1}{7}} \frac{\rho_\mathrm{am}}{\rho_1} \tag{2-76}$$

代入式（2-71）积分，设 $\dfrac{\mathrm{d}Ma}{\mathrm{d}x}$ 和 $\bar{x} = \dfrac{1}{2}(x_\mathrm{b} - x_\mathrm{a})$ 为常数，可得附面层的增长公式为

$$\delta_{Ma_\mathrm{b}} = \underline{E}_{Ma_\mathrm{b}} \frac{K \dfrac{\mathrm{d}x}{\mathrm{d}Ma}}{\bar{x}^{-\frac{1}{7}}} (\underline{I}_{Ma_\mathrm{b}} - \underline{I}_{Ma}) + \delta_{Ma} \, \underline{E}_{Ma_\mathrm{b}} \, \underline{E}_{Ma} \tag{2-77}$$

式中，$K = 0.013\,1 \left(\dfrac{u_0}{\rho_1 a_0}\right)^{\frac{1}{7}}$；$\underline{I}, \underline{E}, \underline{F}$ 均为 N 及 Ma 的函数。

利用此方法得到的 δ^* 分布与试验结果基本一致，只是稍稍低估了喷管内的 δ^* 数值，测得的平均马赫数比设计值低 $0.03 \sim 0.05$。

各种经验估计法的出发点都是根据对理论和试验数据的分析，发现喷管超声速段型面上附面层厚度随 x 增长的规律近似于线性关系。因此，设计时可用附面层厚度的平均增长率近似代替实际增长率。虽然经验方法所考虑的影响因素不全面而使准确性有所降低，但是能很方便而且迅速地得到附面层修正量。

用经验估计算法时，所需要确定的只是 $\delta^*_{\text{喉道}}$ 和 $\dfrac{\mathrm{d}\delta^*}{\mathrm{d}x} = \tan\varepsilon$ 两个参数。对于超声速／高超声速喷管，取

$$\left.\begin{aligned} \delta^*_{\text{喉道}} &= 0 \\ \frac{\mathrm{d}\delta}{\mathrm{d}x} &= \frac{0.29}{(Re_\mathrm{L})^{\frac{1}{5}}} \end{aligned}\right\} \tag{2-78}$$

式中，Re_L 为以喷管出口处条件和喷管超声速段长度计算得到的雷诺数。

另外也有人认为，可按照表 2-1 给出的角度来进行附面层修正。

表 2-1　附面层修正角度 ε 与 Ma 关系

Ma	2	4	6	8	10
$\varepsilon / (°)$	0.5	0.5	0.7	1.5	2.0

尽管以上两种方法所得到的值在一定范围内是一致的，但对于高超声速附面层来讲，任一

空间点处的速度、压力和密度,在任何情况下都不是常量,而是显示出极不规则的高频脉动。因此,采用经验公式法,合理选取经验系数,使得所设计型面达到出口马赫数要求是较好的方法。

图2-54和图2-55所示为采用上述方法得到的涡轮基组合循环发动机排气喷管型面。图2-56所示为喷管流场参数分布。

图 2-54　喷管圆转方型面

图 2-55　完整的排气喷管型面

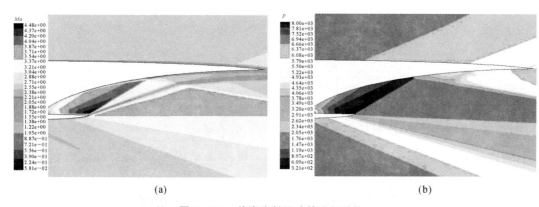

(a)　　　　　　　　　　　　　　　　　(b)

图 2-56　单膨胀斜面喷管流场结构

(a) 马赫数分布;　(b) 压力分布

2.8　涡轮基组合循环发动机进排气系统安装性能计算方法

对于涡轮基组合循环发动机进气系统,安装损失主要包括溢流阻力、附面层抽吸阻力和旁路放气阻力,而对于其排气系统,主要安装损失是后体阻力。

2.8.1　进气系统溢流阻力

当进气道捕获面积截取的空气量大于涡轮基组合循环发动机所需的空气量时,多余的空气就要转折绕过进气道或者叫做"溢流"。溢流阻力就是使这股空气偏离飞行器航向所需要的力。这个力来源于飞行器,并且使净推进力减小。

作超声速或高超声速飞行但进气道来流马赫数小于设计点马赫数时,由于斜激波前移,进气道捕获的空气质量流量比小于 1.0(一般地,在设计点马赫数时,进气道空气质量流量比是 1.0),进气道会出现溢流现象,而且将会在跨声速区达到最大,由于溢流的出现,必然产生溢流阻力。

对于溢流阻力,可以表示为

$$D_A = \int_{A_0}^{A_C} (P - P_\infty) \mathrm{d}A \tag{2-79}$$

式中,A_0 表示自由流管面积;A_C 表示进气道捕获面积;P 表示空气流管表面上的压力;P_∞ 表示自由流压力。

按具体激波系结构计算出沿进气道的空气流管表面上的压力分布,即可按式(2-79)积分,计算出溢流阻力。这种方法用于二元进气道在超声速工作时的溢流阻力计算是十分方便的。

以下是超声速状态下的二元超声速进气道溢流阻力计算公式。

第 i 道激波的激波角 β_i 计算公式为

$$\tan\delta_i = \frac{Ma_i^2 \sin^2\beta_i - 1}{\left[Ma_i^2 \left(\frac{k+1}{2} - \sin^2\beta_i \right) + 1 \right] + \tan\beta_i} \tag{2-80}$$

式中,δ_i 为斜板角。

激波前后马赫数的关系式为

$$Ma_{i+1}^2 = \frac{Ma_i^2 + \frac{2}{k-1}}{\frac{2k}{k-1} Ma_i^2 \sin^2\beta_i - 1} + \frac{2Ma_i^2 \cos^2\beta_i}{(k-1)Ma_i^2 \sin^2\beta_i + 2} \tag{2-81}$$

激波前后总压、静压的关系式为

$$\frac{P_{i+1}^*}{P_i^*} = \frac{\left[\frac{(k+1)Ma_i^2 \sin^2\beta_i}{2 + (k-1)Ma_i^2 \sin^2\beta_i} \right]^{k/(k-1)}}{\left(\frac{2k}{k+1} Ma_i^2 \sin^2\beta_i - \frac{k-1}{k+1} \right)^{1/(k-1)}} \tag{2-82}$$

$$\frac{P_{i+1}}{P_i} = \frac{2k}{k+1} Ma_i^2 \sin^2\beta_i - \frac{k-1}{k+1} \tag{2-83}$$

利用静压计算溢流阻力

$$D_A = (P_1 - P_\infty)A_1 + (P_2 - P_\infty)A_2 + (P_3 - P_\infty)A_3 \tag{2-84}$$

$$q = \frac{1}{2}\rho_\infty V_\infty^2 = \frac{1}{2} k Ma_\infty^2 P_\infty \tag{2-85}$$

基于捕获面积 A 的溢流阻力系数为

$$C_{D_A} = \frac{(P_1 - P_\infty)A_1 + (P_2 - P_\infty)A_2 + (P_3 - P_\infty)A_3}{qA} \tag{2-86}$$

代入动压公式,得

$$C_{D_A} = \frac{2}{k Ma_\infty^2} \left[\left(\frac{P_1}{P_\infty} - 1 \right) \frac{A_1}{A} + \left(\frac{P_2}{P_\infty} - 1 \right) \frac{A_2}{A} + \left(\frac{P_3}{P_\infty} - 1 \right) \frac{A_3}{A} \right] \tag{2-87}$$

对于亚声速情况,进气道斜板表面压力为

$$P_R = (P_\infty + P_{\mathrm{LIP}})/2 \tag{2-88}$$

由此可以得到

$$D_R = A_R(P_R - P_\infty) \tag{2-89}$$

则由动量方程可得理论溢流阻力为

$$D_A = A_{LIP}\cos\alpha[kMa_{LIP}^2 + (P_{LIP} - P_\infty)] + D_R - kA_\infty Ma_\infty^2 P_\infty \tag{2-90}$$

式中，α 为进气道外罩倾斜角。

对于跨声速情况，即产生初始脱体激波时，理论附加阻力的计算实际上同亚声速情况类似，只不过在计算 P_R 的时候略有不同，其公式为

$$P_R = (P_{NS} + P_{LIP})/2 \tag{2-91}$$

2.8.2　进气系统旁路阻力

高超声速进气道和涡轮基组合循环发动机的流量匹配是非常重要的，匹配不好会使内流损失增大或引起进气道工作不稳定，当进气道流量系数小于 1.0 时溢流阻力显著增加。为了协调进气道与发动机在流通能力上的矛盾，保持进气道有良好的外流特性，应对多余的空气有一个最有利的处理。一种极端的情况是不放气，多余空气量全部溢流，这样做其后果是溢流阻力很大。另一种情况是溢流流量为零，全部多余气量进入进气道后由旁路系统放出，显然这种情况是放气阻力很大。因此恰当地选择放气量和溢流量可使总阻力最小。放气门的调节不仅可使进气道外阻力最小，而且当发动机需用流量过小，进气道发生喘振时，打开放气门可以使进气道退出喘振，利用旁路放气调节进气道是一个常用的手段。

旁路放气阻力由两部分组成，一部分是由被放出空气的速度大小和方向都与来流不同造成的动量变化引起的，另一部分是由于放气门打开，在放气门上形成的压差阻力。

对于旁路放气系统，喷口有两种假设。

（1）放气出口为声速喷管，则出口气流马赫数

$$Ma_E = 1.0 \tag{2-92}$$

（2）放气出口为完全膨胀喷管，则出口静压

$$P_E = P_\infty \tag{2-93}$$

出口气流马赫数

$$Ma_E = \sqrt{\frac{2}{k-1}\left[(P_{tE}/P_\infty)^{\frac{k-1}{k}} - 1\right]} \tag{2-94}$$

第一个假设普遍地用于各种计算旁路放气和附面层放气的模型中，但如果希望应用完全膨胀假设，在某些情况下也是可以的。

旁路放气阻力的计算公式推导如下。

旁路放气的推力

$$T = (\dot{m}_E V_E + P_E A_E - P_\infty A_E)\cos\theta_E - \dot{m}_{BP}V_\infty \tag{2-95}$$

式中，E 表示旁路放气的出口参数，另外，根据流量连续，有

$$\dot{m}_E = \dot{m}_{BP} \tag{2-96}$$

基于捕获面积的阻力系数是

$$C_D = -C_T = \frac{\dot{m}_{BP}V_\infty - (\dot{m}_E V_E + P_E A_E - P_\infty A_E)\cos\theta_E}{qA} \tag{2-97}$$

$$\frac{F}{P} \equiv \frac{\dot{m}V + PA}{P} = A(1 + kMa^2) \tag{2-98}$$

$$\frac{f}{p} = \frac{F}{PA} = (1 + kMa^2) \tag{2-99}$$

式中，F 是流质推力；A 是面积；P 是静压。

动压的定义是

$$q = \frac{1}{2}\rho_\infty V_\infty^2 = \frac{1}{2}kMa_\infty^2 P_\infty \tag{2-100}$$

利用 f/p 的定义，推力系数可以表示为

$$C_T = \frac{\cos\theta_E}{(1/2)kMa_\infty^2}\left(\frac{f}{p}\right)_E \frac{P_E}{P_{tE}}\frac{P_{tE}}{P_{t\infty}}\frac{P_{t\infty}}{P_\infty} - \left[\frac{2A_E\cos\theta_E}{kMa_\infty^2 A} + \frac{A_{BP}}{(1/2)A}\right] \tag{2-101}$$

又

$$\dot{m}_{BP} = \rho_\infty A_{BP} V_\infty = \rho_E A_E V_E \tag{2-102}$$

$$\frac{1}{P_\infty} = \frac{P_E}{P_{tE}}\frac{P_{tE}}{P_{t\infty}}\frac{P_{t\infty}}{P_\infty}\frac{1}{P_E} \tag{2-103}$$

$$\left(\frac{f}{p}\right)_E = \frac{\dot{m}_E V_E + P_E A_E}{P_E A_E} = (1 + kMa_E^2) \tag{2-104}$$

依据能量守恒，有

$$T_{t\infty} = T_{tE} \tag{2-105}$$

则

$$WFF(M) = Kq(\lambda) = 0.92Ma\left(\frac{1}{1 + 0.2Ma^2}\right)^3 = \frac{W_a\sqrt{T_t}}{P_t A} \tag{2-106}$$

$$\frac{A_E}{A_{BP}} = \frac{0.92Ma_\infty\left(\dfrac{1}{1 + 0.2Ma_\infty^2}\right)^3 P_{t\infty}}{0.92Ma_E\left(\dfrac{1}{1 + 0.2Ma_E^2}\right)^3 P_{tE}} = \frac{Ma_\infty}{Ma_E}\left(\frac{1 + 0.2Ma_E^2}{1 + 0.2Ma_\infty^2}\right)^3 \frac{P_{t\infty}}{P_{tE}} \tag{2-107}$$

将式（2-107）代入式（2-101），得

$$C_T = \frac{\cos\theta}{(1/2)kMa_\infty^2}\frac{A_{BP}}{A_C}\left\{\frac{P_{t\infty}}{P_{tE}}\frac{Ma_\infty}{Ma_E}\left(\frac{1 + 0.2Ma_E^2}{1 + 0.2Ma_\infty^2}\right)^3\left[\left(\frac{f}{p}\right)_E\frac{P_E}{P_{tE}}\frac{P_{tE}}{P_{t\infty}}\frac{P_{t\infty}}{P_\infty} - 1\right]\right\} - 2\frac{A_{BP}}{A} \tag{2-108}$$

将式（2-108）、式（2-104）代入式（2-97），得

$$\frac{C_D}{A_{BP}/A} = \frac{2\cos\theta_E}{kMa_\infty Ma_E(P_{tE}/P_{t\infty})}\left(\frac{1 + 0.2Ma_E^2}{1 + 0.2Ma_\infty^2}\right)^3 - \frac{2\cos\theta_E(1 + kMa_E^2)}{kMa_\infty Ma_E}\left(\frac{1 + 0.2Ma_\infty^2}{1 + 0.2Ma_E^2}\right)^{0.5} + 2 \tag{2-109}$$

假设进气道旁路气流的总压恢复系数是进气道总压恢复系数的函数，则有

$$\frac{P_{tE}}{P_{t\infty}} = K\frac{P_{tEF}}{P_{t\infty}} \tag{110}$$

式中，$0.3 \leqslant K \leqslant 0.7$。

对于旁路放气阻力计算，有

$$\frac{P_{tE}}{P_{t\infty}} = 0.7\frac{P_{tEF}}{P_{t\infty}} \tag{2-111}$$

2.8.3 进气系统附面层抽吸阻力

附面层控制是高超声速进气道设计中一个主要的设计考虑。附面层产生在外压式进气道和混压式进气道的外部压缩表面上以及管道内表面上,因为在高超声速进气道中存在逆压力梯度(静压沿气流流动方向递增)。当逆压力梯度太陡(如进气道设计得非常短),或者激波与附面层之间相互作用时,附面层很容易分离。对于混压式进气道,激波/附面层的相互作用可以导致进气道的不起动;另一方面,足够厚的附面层,也会造成发动机性能的损失。为了防止这些问题,在超声速进气道设计中使用主动附面层抽吸系统来除去激波相互作用区之前的大部分附面层。一般常用的附面层控制方法是将附面层内低能量的气流经多孔壁或附面层泄除缝隙排入大气,如图 2-57 所示。

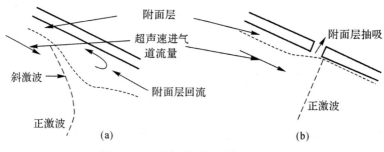

图 2-57 进气道附面层抽吸示意图

(a) 没有抽吸的情况; (b) 有抽吸的情况

由于附面层放气与旁路放气的阻力性质来源相同,所以附面层放气阻力的计算方法与旁路放气阻力的计算方法是相同的。

在普通计算中,附面层抽吸流量比 A_{BL}/A_C 可以参考相关参考相关文献中给出的典型值,如图 2-58 所示。

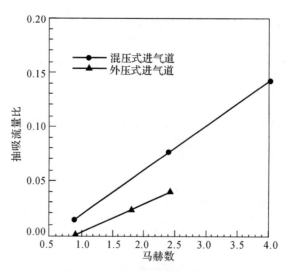

图 2-58 进气道附面层放气比

2.8.4　高速排气系统安装阻力

对于尾喷管,安装阻力主要是底部阻力。和进气道一样,假设喷管的外部黏性(摩擦)阻力记入飞行器阻力中。下面以图 2-59 所示的喷管模型为例对喷管底部阻力的计算方法进行说明。

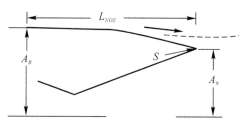

图 2-59　单斜面膨胀喷管模型

由图 2-59 可知在 S 点周围总是有一个分离气流区,要是没有分离,S 点会是外流的滞止点。外流附面层分离引起压力阻力或"底部"阻力,这种阻力构成喷管阻力的绝大部分。喷管阻力的情况与进气道完全类似,即分离使 S 点附近达不到高的压力,这种高压可以抵消表面上的负压并导致零压总阻力。

喷管阻力的一种简易计算方法如下:

基于 A_B 的阻力系数为

当自由流马赫数 $Ma_\infty \leqslant 0.95$ 时

$$C_{D\beta} = 0.010\,2\left(\frac{\beta}{16}\right)\frac{1}{1-Ma_\infty^{1.5}} \tag{2-112}$$

当 $Ma_\infty \geqslant 1.0$ 时

$$C_{D\beta} = \frac{1.4\tan\beta}{Ma_\infty^{1.53}}\left(1-\frac{A_9}{A_B}\right) \tag{2-113}$$

在上两式中

$$\beta = \frac{A_B - A_9}{L_{NOZ}} \tag{2-114}$$

当 $0.95 < Ma_\infty < 1.0$ 时,$C_{D\beta}$ 由式(2-112)与式(2-113)两式插值得出。

此时的阻力系数是基于喷管落压比 2.5 时的,对于其他落压比的情况,有如下修正:

若 $NPR \leqslant 3$,则

$$\Delta C_{D\beta} = 0 \tag{2-115}$$

若 $3 < NPR \leqslant 4$,则

$$\Delta C_{D\beta} = 0.005(NPR-3) \tag{2-116}$$

若 $4 < NPR \leqslant 8$,则

$$\Delta C_{D\beta} = 0.01(NPR-4) + 0.005 \tag{2-117}$$

若 $8 > NPR$,则

$$\Delta C_{D\beta} = 0.045 \tag{2-118}$$

修正后的阻力系数为

$$C_{D\beta} = C_{D\beta2.5} - \Delta C_{D\beta} \qquad (2-119)$$

基于动压与捕获面积的阻力系数为

$$C_{DBT} = C_{D\beta}\left(\frac{A_B}{A_C}\right) \qquad (2-120)$$

当 $C_{DBT} \leqslant 0$ 时,设定 $C_{DBT} = 0$。则喷管阻力为

$$D_{BT} = C_{DBT}qA_C \qquad (2-121)$$

2.9　一体化性能计算中气动／推进界面划分及力的合成方法

推进系统是由进气道、发动机、喷管三大部件组成的。考虑了进气道和喷管的内流损失和外流阻力后的推力及耗油率等性能称为推进系统的安装性能。进气道和喷管的内流、外流特性除与它们本身的几何形状和飞行马赫数有关外,还与发动机工作状态有关。因此其外流特性不能靠简单的风洞吹风试验确定,这是问题的一方面;问题的另一方面是进气道和喷管又是飞行器机体的组成部分,特别是对于高超声速飞行器,进气道、飞行器前体是一个有机的整体,很难区分开进气道从哪里开始。同时,飞行器后体又作为喷管膨胀面的延伸部分,因此通常把这种高度一体化的飞行器看成一台带翼的飞行推进装置。正是这种高度一体化的特性,造成了计算时气动和推进界面的划分常常模糊不清,在力的合成过程中,有时出现阻力被遗漏,也有时被重复计算,其结果是飞行性能估算不准。因此对高度一体化的飞行器进行气动和推进界面的划分和力的合成方法说明是必要的。

气动和推进的分界面称为气动／推进界面(简称 API),图 2-60 所示是一个典型的例子,推进分析应负责确定作用于斜板内表面、后体膨胀面的力和力矩,而前体力和力矩由气动分析完成。图 2-60 所示只是一种二维情况,若是三维情况(带宽度),则 API 的划分要复杂得多。对三维情况,若是 API 包括前体和后体膨胀面,则 API 和飞行条件是有密切关系的,即和飞行马赫数、攻角和发动机流量密切相关。此外,为了确定发动机产生的推进力,还需要规定一个控制容积,即规定控制体的进出口截面(简称 EAI),如图 2-61 所示。

气动分析
推进分析

控制体

图 2-60　气动／推进界面的划分 1　　　　图 2-61　发动机-飞行器机体界面划分

API 的选择应根据两个因素来决定:① 系统的结构;② 分析研究的目的。若分析的目的是确定飞行性能对气动参数的敏感性,应选择图 2-62(a) 或(b) 所示的 API。这样,主要升力面都由气动分析来计算。

若研究的重点是确定推进参数的敏感性,推进分析要了解前体压缩对推进循环的影响,则应选择图 2-63 所示的 API。

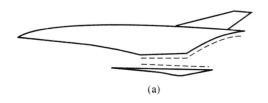
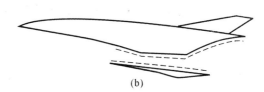

(a)

(b)

图 2 - 62　气动 / 推进界面的划分 2

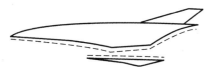

图 2 - 63　气动 / 推进界面的划分 3　　　图 2 - 64　气动 / 推进界面的划分 4

　　若是飞行器处于研究阶段,气动分析和推进分析应紧密配合,则应选择图 2 - 64 所示的 API。但由于在初始概念研究阶段,经常是气动分析不能提供推进分析所需的数据,因此,进行气动 / 推进力计算时,选择图 2 - 63 所示的 API 更合理。而对于 EAI 的选择,由于推力数据不必由发动机公司直接提供,而是可以由发动机合成程序模拟得到,所以选择自由流至喷管出口的 EAI 较为合理,如图 2 - 65 所示。

　　在某种情况下,推进系统工作可能对飞行器气动表面流场产生影响,这些影响来自于发动机节流和变几何,它们改变了前体 / 进气道压缩波的强度和喷管尾流膨胀特性,这样就影响了飞行器外表面的压力分布。由于气动分析(CFD 计算和风洞试验)并不考虑推进系统的影响,所以规定一个气动基准状态。在规定了气动基准状态之后,气动分析可以脱离推进系统影响分开进行,基准状态下的阻力由气动分析考虑,其他工作状态与基准状态的阻力之差或称为阻力的增量计入推进系统的阻力,计算推进系统推力时从发动机推力中扣除,即采用非基准修正的方法考虑。力分析以及非基准修正(见图 2 - 66)用下式表示:

$$F_{NP} = F_G - F_{RAM} - F_{FOREBODY}^{ADD} - \sum_1^N F_{RAMPS}^{ADD} - \Delta\mathfrak{S}_{COWL}^{INLET} + \Delta\mathfrak{S}_{COWL}^{NOZZLE} \qquad (2 - 122)$$

式中,$\mathfrak{S} = \int_S (P - P_\infty) dS + \tau dS$ 表示表面上作用的阻力;$F_{ADD} = \int_{Streamtube} (P - P_\infty) dS$ 表示附加阻力;$\Delta\mathfrak{S} = \mathfrak{S}_{OPERATING} - \mathfrak{S}_{REFERENCE}$ 表示非基准修正。

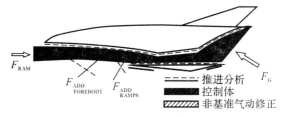

图 2 - 65　发动机-飞行器机体界面的划分　　　图 2 - 66　力合成时气动界面的划分

2.10　涡轮基组合循环发动机方案设计和参数分析实例

以小型涡喷发动机为基础组合成涡轮基组合循环发动机。本节基于前述的涡轮基组合循环发动机参数确定准则和性能计算流程,分析了小型涡轮基组合循环发动机沿飞行轨迹的参数变化规律和保持推力连续的前提下模态转换过程参数调节规律。其中,飞行轨迹参考STARRUNNER 概念机(高超声速飞行器概念机)沿等动压飞行轨迹,在计算时选取动压为100 kPa 等 q 线进行计算分析。

2.10.1　进气道基本形状和总压恢复系数计算方法

这里,研究涡轮基组合循环发动机初步方案时,暂不考虑进气道、发动机的流量匹配关系。涡轮基组合循环发动机性能计算时,进气道总压恢复系数可以采用下面的某一计算方法给出。

(1)AIA 标准总压恢复系数计算公式为

$$\left.\begin{aligned}
\sigma = \frac{P_2^*}{P_1^*} = 1.0 \qquad & Ma_\infty \leqslant 1.0 \\
\sigma = \frac{P_2^*}{P_1^*} = 1.0 - 0.1(Ma_\infty - 1.0)^{1.5} \quad & Ma_\infty > 1.0
\end{aligned}\right\} \qquad (2-123)$$

(2)美国军标 MIL — 5008B 计算公式为

$$\left.\begin{aligned}
\sigma = \frac{P_2^*}{P_1^*} = 1.0 \qquad & Ma_\infty \leqslant 1.0 \\
\sigma = \frac{P_2^*}{P_1^*} = 1.0 - 0.075(Ma_\infty - 1.0)^{1.35} \quad & Ma_\infty > 1.0
\end{aligned}\right\} \qquad (2-124)$$

(3)直接根据正激波公式来计算:

$$\left.\begin{aligned}
\sigma = \frac{P_2^*}{P_1^*} = 1.0 \qquad & Ma_\infty \leqslant 1.0 \\
\sigma = \frac{P_2^*}{P_1^*} = \left(\frac{6Ma_\infty^2}{Ma_\infty^2 + 5.0}\right)^{3.5}\left(\frac{6}{7Ma_\infty^2 - 1.0}\right)^{2.5} \quad & Ma_\infty > 1.0
\end{aligned}\right\} \qquad (2-125)$$

(4)根据试验数据,建立总压恢复系数和自由流马赫数的关系。

其中,(1)(2)(3)计算的总压恢复系数和马赫数的关系如图 2-67 所示。

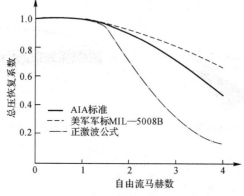

图 2-67　进气道总压恢复系数和自由流马赫数的关系

2.10.2　小型涡喷发动机沿飞行轨迹的性能参数

根据前面的涡轮基组合循环发动机涡轮模态性能计算方法,计算了小型涡喷发动机沿等动压 100 kPa 飞行轨迹的性能。图 2-68 至图 2-75 所示为沿飞行轨迹(100 kPa)发动机性能和热力循环参数的变化(说明:下面的图中给出的数值均采用无量纲化)。

图 2-68 所示的进气道总压恢复系数是按照 AIA 标准总压恢复系数计算公式计算得出的,仅仅是自由流马赫数的函数,与飞行高度没有关系。图 2-69 所示的发动机推力表示加力状态的发动机推力。可以看到,沿飞行轨迹涡喷发动机推力单调降低。图 2-70 所示为沿飞行轨迹涡喷发动机转子物理转速的变化。图 2-71 所示为压气机出口、涡轮出口、加力燃烧室出口温度的变化。可以看到,在给定的计算范围,压气机出口温度一直保持最大温度限制值。沿飞行轨迹,压气机进口温度是逐渐增加的,相应的压气机出口超温程度越来越严重,因此,沿给定的飞行轨迹,必须降低发动机的供油量,亦即意味着发动机的折合转速和物理转速沿飞行轨迹是逐渐降低的,而且由于供油量的减小,发动机的推力也是逐渐降低的。

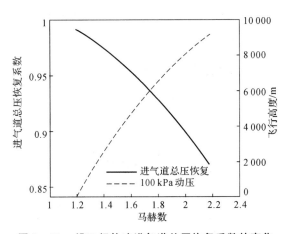

图 2-68　沿飞行轨迹进气道总压恢复系数的变化

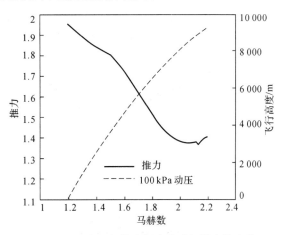

图 2-69　沿飞行轨迹涡喷发动机推力的变化

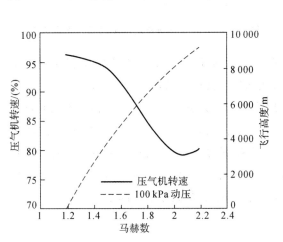

图 2-70　沿飞行轨迹涡喷发动机转子转速变化

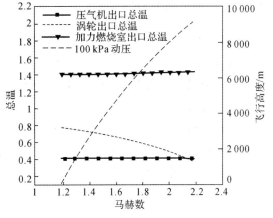

图 2-71　沿飞行轨迹涡喷发动机截面温度变化

相应地,图 2-72 和图 2-73 分别给出了沿飞行轨迹涡喷发动机比冲和燃油消耗率的变化。

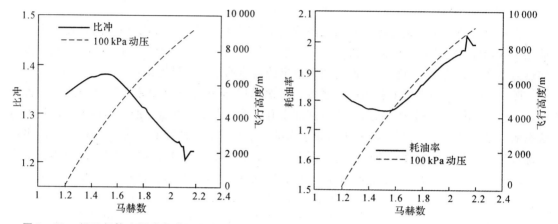

图 2-72　沿飞行轨迹涡喷发动机比冲的变化　　图 2-73　沿飞行轨迹涡喷发动机的燃油消耗率的变化

图 2-74 所示为沿飞行轨迹流过发动机的空气质量流量和燃油量的变化。流过发动机的空气质量流量沿飞行轨迹的变化规律将是进气道设计和流量调节的基础。

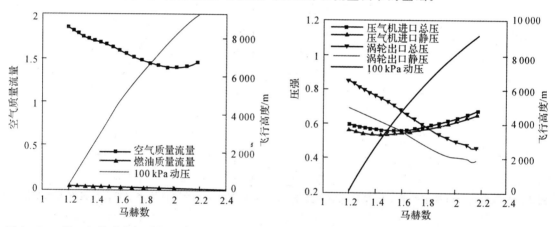

图 2-74　沿飞行轨迹空气质量流量和燃油流量变化　　图 2-75　沿飞行轨迹涡喷发动机截面压力变化

图 2-75 所示为沿飞行轨迹涡喷发动机关键截面总、静压的变化。可以看出,沿给定的飞行轨迹,压气机进口的总压、静压呈现出先减小后增加的趋势,而涡轮出口的总、静压则呈现出逐渐减小的趋势。这里,必须注意的是,当马赫数低于某一数值时,涡轮出口的总、静压明显高于压气机进口的总、静压。只有当马赫数增加到某一数值时,才会出现压气机进口总、静压大于涡轮出口总、静压。正是这两个关键截面压力的上述变化规律,才使得在进行涡轮发动机和冲压发动机匹配时必须仔细考虑从涡轮模态向冲压模态转换时的压力是否平衡、是否会出现回流、压气机工作是否稳定、冲压 / 加力燃烧室是否能够稳定燃烧等诸多问题。

2.10.3　小型涡轮基组合循环发动机参数匹配分析

在对沿飞行轨迹小型涡喷发动机性能和热力循环参数变化规律分析的基础上,需要重点对涡轮基组合循环发动机匹配性进行分析。而涡轮基组合循环发动机匹配性分析的前提是准确确定涡轮基组合循环发动机的涡轮工作模态向冲压工作模态转换的飞行马赫数。因此,有必要对图 2-75 进行仔细分析。

从图 2-75 可以看出,沿给定的飞行轨迹,随飞行马赫数的增加,涡轮出口总压、静压逐渐降低,压气机进口(进气道出口)总压、静压逐渐增加,就这里给定的飞行轨迹而言,当马赫数小于 1.63 时(对应高度为 5 000 m),涡轮出口静压大于压气机进口(进气道出口)总压,若在此工作阶段打开如图 2-76 所示(设想的涡轮基组合循环发动机布局方式)的冲压涵道上的流量调节阀门,则涡轮后的高温燃气会经过冲压涵道回流到压气机进口,即形成了燃气倒流现象。因此,为防止模态转换起始阶段出现燃气倒流现象,必须准确确定沿飞行轨迹的最小模态转换马赫数。

根据涡轮涵道和冲压涵道的静压平衡关系,随着飞行马赫数的增加,压气机进口(进气道出口)的总压逐渐增加到大于涡轮出口静压时,冲压涵道的气流从前至后的流动就会建立起来,此时,流量调节阀门的开度起到控制冲压涵道流量的作用,即通过控制流量调节阀的开度,控制冲压涵道的流量,实现模态转换过程关键性能参数的连续变化(如保证推力或流量的连续变化)。

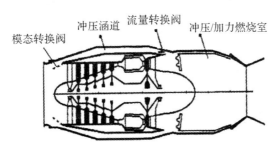

图 2-76　涡轮基组合循环发动机结构

根据部件匹配关系,为保证模态转换过程涡轮发动机的部件平衡工作关系不受影响,在冲压涵道阀门打开时,应该预打开喷管喉道面积,保证涡轮涵道和冲压涵道的气流能够通过喷管而不至于发生堵塞现象。

为防止冲压涵道出现气流堵塞,冲压涵道的几何尺寸的确定应该是保证在飞行轨迹的任一工作点冲压涵道的最小几何截面处的马赫数不大于 1.0。

为使涡轮发动机能够在模态转换过程结束时平稳退出工作,在模态转换过程,应逐渐减小涡轮发动机主燃烧室的供油量,降低发动机转子转速,直至涡轮发动机处于慢车状态,并通过关闭进口流量调节阀,使涡轮发动机退出工作。

因此,模态转换过程是涡轮基组合循环发动机最为关键的工作过程,在这一工作过程,必须防止燃气倒流,保证涡轮发动机平稳工作,以及涡轮发动机能够平稳退出工作状态。

就所给定的 100 kPa 等动压飞行轨迹,根据图 2-75 所示的压气机进口(进气道出口)和涡轮出口的总、静压计算结果分析,可以看到,当马赫数达到 1.63 时,压气机进口(进气道出口)总压大于涡轮出口静压,因此,模态转换区间的最小马赫数不应低于 1.63(对应高度为 5 000 m)。考虑到气流在冲压涵道的流动损失,确定模态转换区间的最小马赫数为 1.65(对应高度为 5 200 m)。而最大马赫数的确定则是根据现有涡轮发动机的极限工作能力确定的。由于受压气机出口温度的限制,当马赫数达到 2.08 时(对应高度为 8 500 m),最大状态涡轮发动机的推力已经接近零,此时,燃烧室进、出口温度基本相等,基于小型涡轮发动机的工作极限考虑,确定模态转换区间的最大马赫数为 2.0(对应高度为 8 000 m),并且涡轮发动机始终以加力状态工作。

在初步确定了涡轮基组合循环发动机的模态转换区间后,有必要分析沿飞行轨迹的涡轮基组合循环发动机气动热力循环参数的变化,尤其是模态转换过程的参数变化。这里,在计算分析涡轮基组合循环发动机模态转换过程的参数变化时,采用了保持推力基本连续变化的控制准则(当然,也可以试试采用流量连续的调节准则)。

图 2-77 所示为沿飞行轨迹的涡轮和冲压发动机的推力,在模态转换区间的起点和终点,推力梯度是比较大的,如果保持模态转换过程推力的连续变化,必须调节流量调节阀和喷管喉道面积。

为了分析确定实现推力平稳过渡的流量调节阀开度,如图 2-78 所示,给出了不同流量调节阀开度(对应冲压涵道出口截面积)时组合发动机的推力。可以看出,不同的流量调节阀开度所对应的推力是不同的。因此,正如前面的分析,通过调节流量调节阀开度,可以实现从涡轮发动机向冲压发动机的平稳过渡。经过大量的数值计算分析,最终确定模态转换区间流量调节阀的开度(冲压涵道出口面积)变化规律如图 2-79 所示。根据这一控制规律,可以实现从涡轮发动机推力向冲压发动机推力的平稳过渡,如图 2-80 所示。

与推力变化相对应的是比冲和耗油率变化规律,图 2-81 所示为涡轮基循环组合发动机比冲沿飞行轨迹的变化,图 2-82 所示为涡轮基组合循环发动机燃油消耗率沿飞行轨迹的变化。

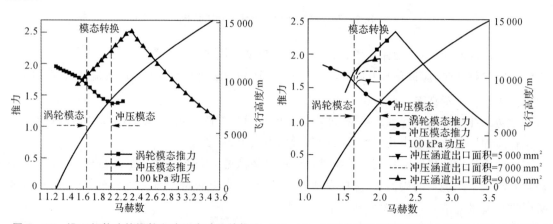

图 2-77 沿飞行轨迹的涡轮和冲压发动机的推力 图 2-78 不同流量调节阀开度(冲压涵道面积)对应的推力

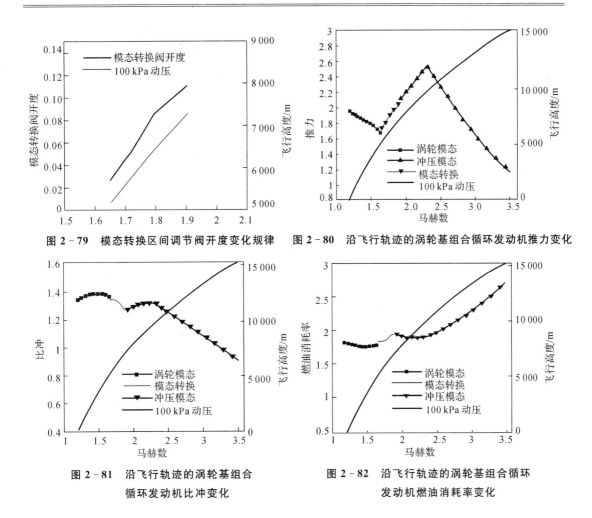

图 2-79 模态转换区间调节阀开度变化规律　　图 2-80 沿飞行轨迹的涡轮基组合循环发动机推力变化

图 2-81 沿飞行轨迹的涡轮基组合　　　　图 2-82 沿飞行轨迹的涡轮基组合循环
循环发动机比冲变化　　　　　　　　　发动机燃油消耗率变化

　　与沿飞行轨迹涡轮基组合循环发动机推力的连续变化不同的是,比冲和耗油率的变化在模态转换的起始和结束点出现了不连续的现象,这也意味着燃料消耗量的不连续变化。而引起燃油流量不连续变化的原因是,计算涡轮基组合循环发动机性能是通过控制冲压/加力燃烧室的当量比来控制供油量的,即在计算过程中,冲压/加力燃烧室的油气比保持不变。因此,引起上述诸多参数的不连续变化的原因应该是流过涡轮基组合循环发动机的空气质量流量的不连续变化。从图 2-83 所示的沿飞行轨迹空气质量流量可以看出,在涡轮发动机工作模态,沿飞行轨迹发动机吸入的空气质量流量是逐渐减少的。而在冲压发动机工作模态,当马赫数在2.2 以下时,沿飞行轨迹流入发动机的空气质量流量是增加的,而当马赫数大于 2.2 时,由于受进气道限制(冲压发动机进气道设计马赫数为 2.2),流过发动机的空气质量流量是减少的。在模态转换阶段,由于流量调节阀的逐渐开大,空气质量流量(涡轮涵道＋冲压涵道)是逐渐增加的。在从涡轮模态向冲压模态转换的起始点,由于冲压涵道有空气流过,涡轮涵道的燃气流和冲压涵道的空气流在涡轮后的混合段混合必然引起掺混损失,使发动机推力降低,因此,为保证推力的连续变化,冲压涵道的空气质量流量会有一个突然增加的过程,产生了模态转换起始段流量的不连续。从涡轮冲压共同工作模态向冲压模态转换时的不连续则是由于涡轮发动机在此时仍然产生推力,与涡轮发动机完全不工作时相比,相同的空气质量流量流过冲压燃烧室所产生的推力大,为保证推力的连续变化,则在模态转换结束点流过涡轮涵道的燃气质量流量和冲压涵道的空气质量流量之和应该小于涡轮发动机不工作时流过冲压涵道的空气质量流量,因此,在模态转换结束段也产生了推力不连续。正是由于为保证模态转换段推力的连续变化,使得流过发动机的空气质量流量不连续变化,同时由于控制当量比等于常数的假设,因而冲压/加力燃烧室的供油量、比冲、耗油率产生不连续变化。

为保证涡轮基组合循环发动机模态转换的平稳实现,相应的关键截面几何的调节也是必须清楚的。图 2-84 所示为保证模态转换过程的平稳实现,涡轮基组合循环发动机喷管喉道面积的变化规律。可以看出,与流过涡轮基组合发动机空气质量流量的变化规律是一致的,喷管喉道面积在模态转换的起始点也出现不连续变化的现象,即在打开流量调节阀之前,必须预打开喷管喉道到所要求的面积。在模态转换阶段,随着总的空气质量流量增加,喷管喉道面积逐渐增加,当喷管喉道面积增加到冲压发动机的最大喉道面积时,则保持此面积不变。

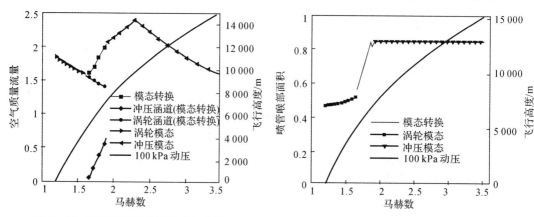

图 2-83　沿飞行轨迹的涡轮基组合循环
发动机空气质量流量变化

图 2-84　沿飞行轨迹的涡轮基组合循环
发动机喷管喉部面积变化

根据以上的计算和分析,可以初步确定基于小型的涡喷发动机和冲压发动机设计涡轮基组合循环发动机的基本要求和气动、几何参数如下:

(1)涡喷发动机以最大状态工作时,由于受压气机出口温度的限制,在高马赫数时推力很低,甚至当马赫数为 2.10 时推力已经接近零,无法实现涡轮模式向冲压模式的转换,因此,涡轮发动机需要始终以加力模式工作。

(2)模态转换过程,必须保证某一参数的连续变化。一般地,都是要求推力连续变化。而实现推力的连续变化则可以通过冲压涵道的流量调节阀实现。

(3)模态转换过程,喷管喉道面积必须是可调节的,以防止由于冲压涵道空气质量流量的流入,而喷管喉道面积过小,影响涡轮发动机的稳定工作。

(4)为保证模态转换过程组合发动机总空气质量流量的连续变化,必须使涡喷发动机处于风车状态。相应地,大的流动损失会引起推力和比冲等参数的不连续变化。而且,喷管喉部面积在风车状态放大较大。

(5)关键截面的几何参数如图 2-85 所示,即冲压/加力燃烧室进口直径为 1.030 3,涡轮发动机最大外径为 1.000 0,冲压涵道外壁最大内径不小于 1.166 7(注:尺寸采用无量纲化方式表示)。

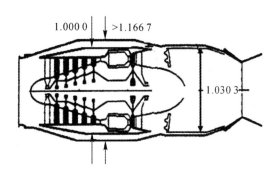

图 2 - 85　初步确定的涡轮基组合循环发动机几何参数

2.11　涡轮基组合循环发动机试验方法简介

在涡轮基组合循环发动机研究中,试验是必不可少的手段。通过试验,可以对涡轮基组合循环发动机沿程参数变化规律和性能参数进行分析,为建立气动、几何参数间的关联关系、评定发动机性能、优选设计方案等提供依据。由于涡轮基组合循环发动机的特殊性和技术的复杂性,目前国内针对该类发动机的专用试验台很少。从开展涡轮基组合循环发动机机理性研究的角度,本节将重点介绍美国海军研究生院开展小型涡轮基组合循环发动机试验研究的方案和国内建设的小型串联式涡轮基组合循环发动机试验测试系统。

2.11.1　美国海军研究生院小型涡轮基组合循环发动机试验系统

美国海军研究生院 Garth V. Hobson 教授领导的课题组,多年来一直从事涡轮基组合循环发动机技术的研究。Garth V. Hobson 教授以小型涡喷发动机 Sophia J450 作为基础,通过加装自行设计的外罩式引射加力冲压燃烧室,将其改造为涡轮基组合循环发动机,并建立了完整的试验测试系统,如图 2 - 86 至图 2 - 89 所示。

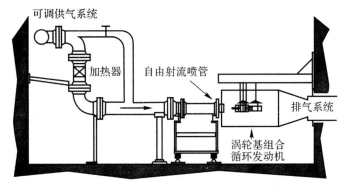

图 2 - 86　涡轮基组合循环发动机试验平台

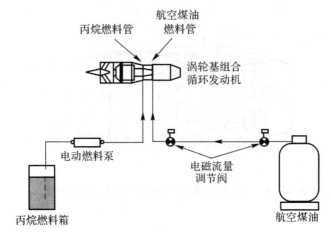

图 2 - 87   涡轮基组合循环发动机及燃油供给

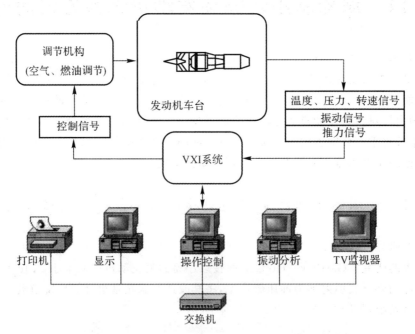

图 2 - 88   涡轮基组合循环发动机试验测控系统

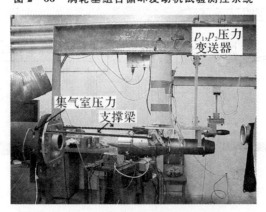

图 2 - 89   涡轮基组合循环发动机试验

整个试验装置为自由射流式发动机试验台,以美国海军研究生院气体动力学实验室的压缩空气为试验气源。发动机进口处装有喇叭口,用于测量发动机空气流量,通过使用 4 个压力传感器测量发动机进口平均压力,计算得出发动机的空气流量。

作为涡轮基组合循环发动机研究的重要组成部分,需要研制外罩式引射加力/冲压燃烧室。该燃烧室在低速条件下作为引射器使用,在高飞行马赫数条件下,当冲压程度较大时,作为冲压燃烧室使用。

为了摸清涡轮基组合循环发动机的加力性能和不同涵道尺寸时的性能,研究了带面积不可调引射器的 Sophia J450 的静态性能。将结果与 Rivera 测量的基准发动机数据比较,以此评估推力的变化,并将此引射器作为涡轮基组合循环发动机引射式加力冲压燃烧室的基础。

此后,测试了 Sophia J450 发动机加装未经优化的简单几何形状外罩式引射器后的推力变化。在此过程中,对外罩式引射冲压燃烧室的压力分布进行了测量。在该试验中,一共测试了长、中、短三种不同的引射器结构,并分别测量了带与不带喷管的推力、耗油率等性能。试验结果显示,不管是推力还是耗油率,短外罩式引射器在这三种结构中是最好的。

随后,还为弹用涡轮基组合循环发动机重新设计了单锥角外压式固定进气道。其设计点在马赫数为 2.0,高度为 3 048 m 之处。研究发现,进气道出口马赫数降到 0.5 时,发动机性能最优。并通过比较各不同锥角进气道的总压恢复系数,选定进气锥角为 15°。

在外罩式引射器的基础上,依据 J. D. Mattingly 在 *Aircraft Engine Design* 中阐述的方法,确定了冲压燃烧室的直径、长度等几何参数。并且设计了半角 15° 的 V 形火焰稳定器,阻塞比为 0.3。由于在初步的试验中,未能正常点火,所以又提出了丙烷预燃的方案,虽然静推力有所损失,但仍然在地面加力试车中取得了成功,并且将正推力一直保持到马赫数为 0.2。

在此基础上,该研究组还进一步改进了涡轮基组合循环发动机试验台,在冲压燃烧室供油系统中增加燃油预热部件,并且研究了不同的燃油喷嘴分布和燃油喷射角度对性能的影响。

通过公开资料分析,由于试验条件的限制,该研究组并未进行高速条件下发动机试验,尤其是涡轮/冲压模态转换试验,仅采用 GASTURB 9.0 软件分别进行了马赫数为 0~0.8,马赫数为 0~2.0 的涡轮发动机性能模拟,并使用计算流体力学软件 OVERFLOW 对不同马赫数条件下的涡轮基组合循环发动机内流场进行了分析。

2.11.2　国内的小型串联式涡轮基组合循环发动机试验测试系统

西北工业大学建设的小型涡轮基组合循环发动机试验台主要用于小型涡轮基组合循环发动机模态转换与点火等过程的试验研究,主要由气源、发动机、测控系统、供油系统等几部分构成。该试验台可进行涡轮基组合循环发动机整机试验,主要针对涡轮基组合循环发动机内部流动机理、整机性能匹配、总体性能参数测量进行研究,也可以进行部件设计技术验证试验,包括进气道性能、涡轮/涡扇发动机部件性能、加力/冲压燃烧室性能和排气装置性能试验。

涡轮基组合循环发动机试验可以采用直连式或自由射流式两种试验方案。

直连式涡轮基组合循环发动机试验台结构简图如图 2-90 所示。试验舱用隔板分成前舱和后舱两部分。在前舱按照所模拟的飞行状态下发动机进气道出口流动状态,确定来流空气的总压和总温,给涡轮发动机通道供气。后舱按照要模拟冲压工作状态,确定进气参数。涡轮发动机通道以膨胀节与进气管道连接,冲压通道采用软管连接。主要特点为,涡轮、冲压二涵道分别进气,发动机内部取消阀门调节机构,便于空气流量调节,能模拟涡轮基组合循环发动机分别工作与共同工作的状态,但不能完全模拟组合循环发动机全截面工作参数,尤其是进气道与发动机的匹配问题。

半自由射流式涡轮基组合循环发动机试验台如图 2-91 所示。压缩空气由空气电加热器加热后,经调压阀、稳压箱、射流喷口,形成均匀、稳定的高温、高压空气流场。涡轮基组合循环发动机进气道与进气管道采用探入非接触式连接。其主要特点为,组合循环发动机内部设置阀门调节涡轮、冲压两通道流量分配,对供气系统调节要求较小,环绕进气道流动限制较小,容易建立超声速气流,反射波等干扰比直连式小得多,便于推力等参数测量,并能够全面模拟涡轮基组合循环发动机工作。

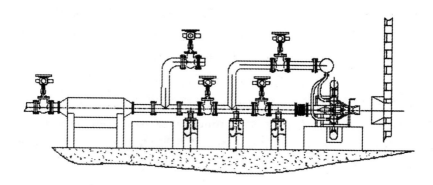

图 2-90　直连式涡轮基组合循环发动机试验台简图

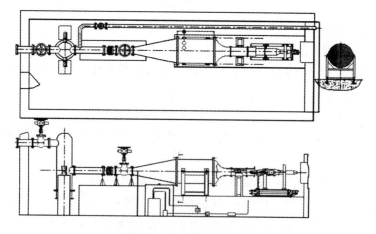

图 2-91　半自由射流式涡轮基组合循环发动机试验台

直连式涡轮基组合循环发动机试验台外观如图 2-92 所示,可以模拟的参数范围见表2-2。

图 2 - 92 涡轮基组合循环发动机试验台

表 2 - 2 涡轮基组合循环发动机试验台模拟条件

参 数	数 值
模拟马赫数	0~2
最大来流压力	1.0 MPa
最大来流温度	500 K
最高排气温度	750~1 050 K
最大流量	≤1.5 kg/s
推力范围	≤1 000 N
连续工作时间	≥180 s

不论是射流式还是直连式试验台,都采用集成式测控系统。测控系统硬件结构如图2-93所示。

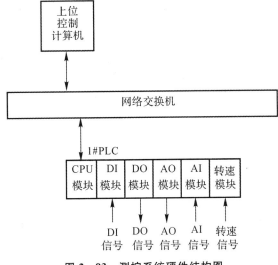

图 2 - 93 测控系统硬件结构图

上位控制计算机是测控系统人机交互界面,通过它可以实现系统中的阀门调节,监视测试、控制参数,完成参数限制设置、超限报警,实现安全保护。网络交换机是上位控制计算机和控制器之间进行信息交互的桥梁和纽带。PLC 由 CPU 模块、DI 模块、DO 模块、AI 模块、AO 模块和转速模块组成,它是控制系统的核心部分,能够实时接收上位控制计算机或手动控制按钮的控制命令,同时实时把测、控状态反馈给上位控制计算机,PLC 主要完成试验状态的调节控制和监视,并实现安全保护功能。PLC 控制器的测、控信号来自传感器或变送器。涡轮基组合循环发动机试验测控台如图 2-94 所示。

对于机理性研究用的小型涡轮基组合循环发动机,可以采用类似 Jetcat P200(见图 2-95)的涡喷发动机进行设计。通过加装自行设计的外罩式加力/冲压燃烧室,将其改造为涡轮基组合循环发动机。

图 2-94　涡轮基组合循环发动机试验测控台

图 2-95　Jetcat P200 发动机

Jetcat P200 型发动机的主要参数见表 2-3。

表 2-3　Jetcat P200 型发动机参数

参　数	数　值
最大转速/(r · min)	112 000
最大推力/N	230
排气温度/℃	480~750
增压比	4
空气质量流量/(kg · s^{-1})	0.45
燃油消耗率/(kg · daN^{-1} · h^{-1})	1.5
直径/mm	132
长度/mm	350
喷管直径/mm	60

涡轮基组合循环发动机主要由小型涡轮发动机和外罩式加力冲压燃烧室构成。如图2-96所示,加力冲压燃烧室在低速条件下可作为涡轮发动机加力燃烧室使用,在高马赫数条件下,当冲压作用比较明显时,作为冲压燃烧室使用。涡轮发动机进口设置旋转进气阀,对进气道后的空气进行流量分配,通过与涡轮发动机转速进行联合匹配控制,从而实现发动机由涡轮模态向冲压模态的平稳转换。加工组装的小型涡轮基组合循环发动机实物如图 2-97 所示。

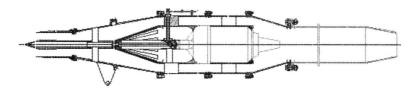

图 2 - 96　涡轮基组合循环发动机结构图

图 2 - 97　涡轮基组合循环发动机实物图

思　考　题

1. 高超声速飞行器为什么要采用组合动力？
2. 不同结构形式的涡轮基组合发动机的优、缺点各是什么？
3. 如何实现进气道和涡轮基组合循环发动机的合理流量匹配？
4. 燃烧过程化学平衡如何影响涡轮基组合发动机的性能？
5. 在进行高速飞行器/涡轮基组合发动机一体化计算与分析时需要注意哪些问题？

参 考 文 献

[1]　Timothy Kokan, John R Olds, Virgil Hutchision, et al. Aztec：A TSTO Hypersonic Vehicle Concept Utilizing TBCC and HEDM Propulsion Technologies [R]. AIAA 2004 - 3728,2004.

[2]　Paul A Bartolotta, Nancy B McNelis. Development of a Turbine Accelerator(RTA)for Space Access[R]. AIAA 2003 - 6943,2003.

[3]　Hallion Richard P. America and in Twentieth Century：Echoes and Pesonances[R]. AIAA 2003 - 1361,2003.

[4]　Jaremenko I M. 19th Century Powered Flight in Ukraine [R]. AIAA 2003 - 1358,2003.

[5]　Keiichiro Fujimoto. CFD Prediction of the Aerodynamic Characteristics of Capsule-

Like for the Future SSTO Development[R]. AIAA 2003 – 0912,2003.

[6] Thomas M Krivanek. Direct-Connect Ejector Ramjet Combustor Experiment[R]. AIAA 2003 – 0016,2003.

[7] Marty K Bradley. Revolutionary Turbine Accelerator (RTA) Two-Stage-To-Orbit (TSTO) Vehicle Study[R]. AIAA 2002 – 3902,2002.

[8] Kobayashi H,Tanatsugu N. Optimization Method TSTO Spaceplane System Powered Air breather[R]. AIAA 2001 – 3965,2001.

[9] Tetsuya Sato,Nobuhiro Tanatsugu, Hiroshi Hatta,et al. Development Study of the ATREX Engine for TSTO Spaceplane[R]. AIAA 2001 – 1839,2001.

[10] Kousuke Isomura,Junsuke Omi,Takeshi Murooka. A Feasibility Study of an ATREX Engine at Approved Technology Levels[R]. AIAA 2001 – 1836,2001.

[11] McClinton C R,Andrews E H,Hunt J L. Engine Development for Space Access: Past,Present and Future[R]. ISABE 2001 – 1074,2001.

[12] Martin Sippel. Parametrical Analysis of Near-Term Air-Breathing Engine Concepts for First Stage Space Plane Acceleration Missions[R]. AIAA 2000 – 3713,2000.

[13] Azurite Mizobata. Conceptual Feasibility of Reusable Launch Vehicles Based on the ATREX Engine[R]. AIAA 99 – 4829,1999.

[14] Yamayaki S,Ohkita Y,Kodama H,et al. CFD Contribution to Development of HYPR Engine[R]. AIAA 99 – 0886,1999.

[15] Makoto Okazaki,Kazuo Miyazawo, Lazuhiko Ishizawa. Engineering Research for Super/Hyper-sonic Transport Propulsion System[R]. ISABE 99 – 7004,1999.

[16] Tanatsugu N. Development Study on ATREX Engine[R]. AIAA 96 – 4553,1996.

[17] Sippel M. Evaluation High Speed Turbojet/Turbofan Engine Concepts on the Performance of the DSL STS-Booster-Stage[R]. AIAA 95 – 2750,1995.

[18] Itahara H,Kohara S. Turbo Engine Research in Japanese HYPR Project for HST Conbined Cycle Engines[R]. AIAA 94 – 3358,1994.

[19] Weingartner S. SAENGER — The Reference Concept of the German Hypersonics Technology Program[R]. AIAA 93 – 5161,1993.

[20] Hirschel E. The Hypersonics Technology Development and Verification Strategy of the German Hypersonics Technology Programme[R]. AIAA 93 – 5072,1993.

[21] Itahara H,Kohara S. Research and development of Turbo-Accelerator for Super/Hypersonic Transport[R]. ISABE 93 – 7066,1993.

[22] Francis M Curran,Gary L Bennett. An Overview of the NASA Advanced Propulsion Concepts Program[R]. AIAA 92 – 3216,1992.

[23] Keith Numbers. Hypersonic Propulsion System Force Accounting[R]. ISABE 91 – 7030,1991.

[24] Anthony C Midea. Mach 6. 5 Air Induction System Design for Beta Ⅱ two Stage to

Orbit Booster Vehicle[R]. AIAA 91 – 3196,1991.

[25] Robert M Plencner. Overview of the Beta Ⅱ two Stage to Orbit Vehicle Design [R]. AIAA 91 – 3175,1991.

[26] Koelle D. Saenger Advanced Space Transportation System — Progress Report 1990 [R]. AIAA 90 – 5200,1990.

[27]　Zellner B. Integration of Turbo-Expander and Turbo — Ramjet Engines in Hypersonic Vehicles[R]. ASME 90 – 116,1990.

[28]　Bruce J Werdt. The Performance of a Subsonic Diffuser Designed for High Speed Turbojet Propelled Flight[R]. NASA CR – 2004 – 213410,2004.

[29] 梁春华.美国航空航天平台与推进系统的未来发展及启示[J].航空发动机,2013,39 (3):6 – 11.

[30] 刘增文.涡轮冲压组合发动机一体化数值模拟[D].西安:西北工业大学,2007.

[31] 刘增文.高超声速飞行器/涡轮基组合循环发动机一体化设计研究[D].西安:西北工业 大学,2011.

[32] 张建东.TBCC 发动机进气系统设计技术研究[D].西安:西北工业大学,2007.

[33] 王占学.涡轮基组合循环发动机技术发展趋势和应用前景[J].航空发动机,2013,39 (3):12 – 17.

[34] 王占学.基于流量连续准则的小型涡轮冲压组合发动机模态转换过程分析[J].西北工 业大学学报,2010,28(2):234 – 239.

[35] 刘淑艳.高超声速进气道设计及性能研究[D].西安:西北工业大学,2006.

[36] 刘爱中.亚燃冲压发动机进气道起动特性和反压特性的影响因素研究[D].南京:南京 航空航天大学,2007.

[37] 李记东.超音速/高超音速喷管变比热型面设计与数值模拟[D].西安:西北工业大 学,2004.

[38] 杜刚.单膨胀斜面喷管研究综述[C].中国航空学会推进系统气动热力学专业第十一届 学术交流会议论文集,2007.

[39] 邹宁.超声速喷管设计及其数值模拟和实验研究[D].南京:南京航空航天大学,2009.

[40] 张艳慧.非对称大膨胀比喷管设计及性能分析[D].南京:南京航空航天大学,2006.

第3章　脉冲爆震发动机

3.1　概　　论

3.1.1　引言

脉冲爆震发动机(Pulse Detonation Engine,PDE)是一种利用脉冲式、周期性爆震波所产生的高温、高压燃气来产生推力的全新概念发动机。与一般喷气发动机(等压稳态燃烧)中的爆燃波不同,脉冲爆震发动机(等容非稳态燃烧)中的爆震波(由激波后紧跟一道燃烧波组成)是以高超声速传播的,因此它能够产生极高的燃气压力($13 \sim 55$ atm)、燃气温度(大于2 300℃)及传播速度(爆震波速为2 000 m/s左右)。由于爆震波传播的速度很快,其燃烧过程可以近似认为是等容过程。因而与以等压燃烧方式工作的一般喷气发动机相比,脉冲爆震发动机具有以下几个特点:

(1)热循环效率高(等压热循环效率为0.27,等容热循环效率为0.47,爆震热循环效率为0.49)。

(2)由于爆震波能较大地提高可燃气体的压力,因此可以不要压气机和涡轮等转动部件或大大减少压气机和涡轮的级数,简化发动机结构,减轻发动机质量,获得更高的推重比(大于20)或比冲(大于2 100 s)。

(3)单位燃油消耗率SFC低(小于1 daN/(kg·h),当$Ma=1$时,等容循环的SFC为等压循环的36%,爆震循环的SFC为等压循环的29%)。

(4)工作范围宽,可在$Ma=0 \sim 10$,飞行高度$H=0 \sim 50$ km飞行。推力可调,推力范围为$0.5 \sim 50\ 000$ kgf。与冲压发动机不同,它可在地面起动,且起动和加速性能较好。

(5)适用范围广。用自由来流或机载氧化剂,能分别以吸气式发动机或火箭发动机方式工作。

(6)不同于脉动式吸气发动机。脉动式吸气发动机中火焰以亚声速传播,燃烧室压力较低,比冲较小,单位燃料消耗率高。

(7)低污染。由于爆震燃烧快,效率高,产物在高温区停留时间短,因而污染物,特别是氮的氧化物少。

由于脉冲爆震发动机具有以上特点,使其有可能成为在一些领域替代涡喷发动机和液体火箭发动机的一种低成本发动机,并在军事领域有着广泛的应用前景。如其可以作为无人驾驶飞机、靶机、火箭、靶弹、远程导弹、战略飞机、航天飞机等的动力装置。

因此,对脉冲爆震发动机进行探索性研究,掌握脉冲爆震发动机的性能分析、总体结构设计、试验、非稳态参数测量及控制等方面的关键技术,建立一定的技术储备,对于我国在该领域跟踪并赶超世界先进水平，为航空、航天飞行器提供新型动力装置具有重要的理论、工程实践及战略意义。

3.1.2　脉冲爆震发动机研究发展的历史与现状

脉冲爆震发动机的概念在 1940 年由德国的 Hoffmann 等人提出，在过去 70 多年的时间里，世界各国投入了相当多的人力和物力进行爆震燃烧应用于推进系统的可行性研究。

1940 年，德国的 Hoffmann 对间歇爆震进行过试验研究。试验是在一根安装在实验台上的细长管子上进行的，使用乙炔氧气和苯氧气混合气。试验时，将混合气连续喷入爆震室，以不同频率起爆，结果只能在较窄起爆范围内产生间歇爆震，爆震频率受混合气体到达起爆器的时间、从爆燃到爆震的过渡时间和爆震产物的膨胀时间的控制。后来由于第二次世界大战，这项研究中断了。

1957 年，美国密西根大学 Nicholls 等人在脉冲爆震研究方面进行了有价值的工作。他们采用氢气氧气，氢空气，乙炔氧进行了一系列单次和多次循环爆震试验，用抛物摆方式测量冲量，工作频率达到了 35 Hz，在氢气空气混合物中获得了令人鼓舞的结果：以燃料为基础的比冲达到了 2 100 s。

1962 年，Krychi 应用与 Nicholls 相似的试验设备，用逆流喷嘴将丙烷空气混合物连续喷入爆震室头部，采用汽车火花塞点火，工作频率达到了 60 Hz。当频率为 60 Hz 时爆震室大部分燃烧过程为爆燃，因而他在试验报告中得出"脉冲爆震发动机用于推进器并没有什么优势"的错误结论。在此后的很长一段时间内关于脉冲爆震发动机概念的大多数试验研究工作都停止了，但是脉冲爆震装置用于非推进领域的研究却取得了进展，如爆震喷涂、碎石机械等。

1986 年，美国海军研究生院 Helman 等人用试验方法重新检验了脉冲爆震发动机概念。在一个较小内径的管子中用乙烯和氧气产生的爆震来引爆较大管径主爆震管中的乙烯空气混合物，解决了小能量起爆的问题。试验时，发动机以自吸气模式工作，最高频率达到了 25 Hz。根据试验结果，他们认为实际脉冲爆震发动机中频率可能达到 150 Hz，比冲达到 1 000~1 400 s，得出了脉冲爆震发动机不仅可以设计成不同推力水平，而且能够研制成推力可调的实用推进发动机的结论。

自从 Helman 等人的研究工作进行以后，人们对于脉冲爆震发动机用于先进推进系统的兴趣日益增加。美国、法国、加拿大、俄罗斯、日本、中国、比利时、瑞典、以色列等都制定实施了脉冲爆震发动机的研究计划，开展了大量的关于爆震波及其控制和约束的研究，大学和工业界的合作团队的形成有力地证明了这一点。针对 PDE 的专门的技术会议和小型研讨会在燃烧相关的学术会议上变得非常频繁。不少综述性文献已经在各种会议上出现并发表。

20 世纪 90 年代初，美国 NASA，AMES 研究中心，美国国际科学应用公司（SAIC）对脉冲爆震发动机的热力循环、内外流场进行了数值模拟，用以对脉冲爆震发动机进行设计、分析和评估。

1994 年，美国 Adroit System Inc.（ASI）受美国空军委托研制几种不同用途的 PDE 发动机，申请到几项脉冲爆震发动机专利。

在 1996 年 7 月第 32 届 AIAA/ASME/SAE/ASEE 联合推进会议上美国 NASA Langley Researsh Center 和 Lockheed Martin Tactical Aircraft Systems 公司提出了用 PDE 代替涡轮

冲压发动机的方案。马赫数为 3,飞行高度 $H=16$ km,静推力为 55 000 kgf。PDE 装在 F—15B 研究型飞机作冷流试验,试验的重要部件有进气道、空气吸气阀、喷管等,它将装在 SR—71 黑鸟高空侦察机上飞行,马赫数为 3,计划在 2002 年进行飞行试验。

1997 年,美国 ASI 公司以氢气为燃料,以氧气为氧化剂,在内径 0.955 in(1 in = 2.54 cm),长 36 in 的爆震管中,采用旋转阀控制混合物的填充,实现了 100 Hz 的爆震循环,同时还给出了 145 Hz 的压力曲线,推力壁压力峰值平均为 15 atm,确实产生了高频爆震。美国海军研究生院采用有阀结构在乙烯氧气混合物中获得了超过 100 Hz 的工作频率,并以此作为起爆管实现了 JP—10 和空气无阀工作,目前工作频率达到了 32 Hz。

1999 年 5 月,美国海军研究办公室(Office of Naval Researsh,ONR)起动了为期 5 年的有关 PDE 的核心研究计划和大学多学科研究创新计划(Multidisciplinary University Research Initiative Program,简称 MURI 计划)。参加这项研究计划的有海军空战中心(NAWC)、海军研究生院(NPS)、海军研究实验室(NRL)、加州理工学院、斯坦福大学、宾州大学、普林斯顿大学等。该项目研究的主要内容有:①爆震机理;②燃料/氧化剂喷射、混合、点火;③进气道-爆震室-尾喷管匹配;④多循环工作;⑤发动机故障诊断与测试传感器开发;⑥动力学和控制;⑦发动机工作循环计算机模拟。

普·惠公司和波音公司在 PDE 的研制上也投入了大量精力,在美国海军研究办公室的资助下,两家公司合作进行了一个为期 3 年的风险减小计划,2004 年推出了以飞行马赫数为 2.5 的攻击导弹为应用平台的脉冲爆震发动机样机 ITR—2(见图 3-1)。

图 3-1　普·惠公司 5 管脉冲爆震发动机试车图片

ITR—2 是第一台在飞行尺度、飞行频率、飞行条件下进行系统集成试验的脉冲爆震发动机,有 5 个爆震室,采用预爆震点火系统,单管工作频率为 80 Hz 时,实际测量的净推力与单位燃油消耗率与预测结果非常接近,推力达到了 202 3～266 9 N。图 3-1 所示为普·惠公司 5 管脉冲爆震发动机试车图片。

2004 年秋天,美国在 N90EZ 飞机上成功完成了世界上第一架以脉冲爆震发动机为动力的有人驾驶飞机的地面声学和振动试验,试验的初步结果显示,该飞机的声学水平与 B—1B 轰炸机相当。目前,该项目的飞行验证正在进行之中。

美国空军技术研究中心(AFRL)与 ISSI 公司合作,将普通 4 缸 4 冲程发动机与爆震管相结合,采用螺旋障碍物促进爆震形成,成功地进行了多循环试验。该组合发动机在产生推力(最大 222.5 N)的同时能够输出定量的轴功率(14.71 kW),从而为爆震发动机功率提取开创了一条道路。2004 年 4 月,活塞组合脉冲爆震发动机在加州安排了飞行试验,如图 3-2(a)所示,试验结果没有公布,可能没有取得成功。时隔 4 年,在 2008 年 1 月 31 日,AFRL 和 ISSI 首次成功地进行了以 PDE 为动力的飞行试验,如图 3 - 2(b)(c)所示。试验在加利福尼亚州的 Majove 发射场进行,采用 Long — EZ 飞机为载体,配备的 PDE 由 4 管组成,单管频率为 20 Hz,总的工作频率为 80 Hz,燃料为精炼的辛烷,平均推力为 890 N。试验时,首先由小型火箭发动机助推,然后关闭其他动力,脉冲爆震发动机工作 10 s 左右,飞行了 100 ft 的距离。试验结果表明,在 195～200 dB 情况下飞行器和 PDE 能够协调工作,并且没有带来结构方面的问题。

(a)　　　　　　　　　　　　(b)　　　　　　　　　　(c)

图 3 - 2　美国 ISSI 公司的 PDE 飞行试验

2004 年,法国装备部支持了一项无阀吸气式脉冲爆震发动机的研究,其使用预爆震点火技术,在半自由流场中模拟了马赫数为 0.3～0.75 亚声速飞行条件,实现了多循环稳定工作。虽然由于燃料喷注阶段的浪费,实际测量比冲不高,但是该模型达到的推力水平仍然有望设计出较高推重比的 PDE。他们认为 PDE 可以满足 100～1 000 km 航程的巡航飞行,飞行马赫数范围为 0.3～2.5,并且制定了一项为期 10 年的致力于中远程巡航 PDE 的研究计划。

日本在爆震发动机研究方面取得了快速发展。2003 年,日本名古屋大学 F. Y. Zhang 等人在氢气空气混合物中得到了 32 Hz 的爆震循环。日本广岛大学研制了 4 管 PDE 原理样机,他们以 H_2 为燃料,采用高速电磁阀进行控制,单管内径为 29.8 mm,长 1 165 mm,其中 300 mm 布置了 Schelkin 螺纹,4 管爆震室与共用尾喷管相连(见图 3 - 3),预期工作频率为 120 Hz,主要用于研究共用尾喷管的设计、多管之间的相互作用以及增加燃气的均匀性,将来的应用对象为脉冲爆震与燃气涡轮组合发动机。筑波大学等多家单位于 2004 年联合进行了 10～12.5 Hz 脉冲爆震火箭发动机(Pulse Detonation Rocket Engine,PDRE)的发射试验(见图3 - 4)。

图 3 - 3　日本的 4 管 PDE 原理样机　　　　图 3 - 4　筑波大学 PDRE 发射试验

2003 年,美国空军实验室将爆震室与涡轮增压器组合试验(见图 3-5),采用氢气空气可燃混合物,爆震室工作频率达 40 Hz,验证了爆震室驱动涡轮时功率提取及实现自吸气的可能性问题。经过 25 min 的运转,试验系统达到了热平衡,向心涡轮没有任何损坏。

2005—2006 年,GE 全球研究中心对 8 管 PDC 驱动轴流涡轮进行了试验研究(见图 3-6)。采用化学恰当比的乙烯/空气可燃混合物,最高点火频率达 30 Hz,试验状态流量达 8 lb/s(1 lb=0.453 6 kg),转速为 18 500 r/min,功率为 350 hp。整个试验涡轮经历了几乎 100 万次爆震波冲击后仍完好无损。同时,该公司还对组合系统的波衰减和相互作用进行了试验研究,发现经过单级轴流涡轮时,爆震压力有超过 20 dB 的峰值压力衰减和 10 dB 的宽带噪声衰减。另外,对爆震燃烧冲击下的涡轮部件静子叶片的机械响应也进行了测量。

图 3-5　美国空军实验室爆震室与涡轮增压器组合试验装置

图 3-6　GE 全球研究中心 8 管 PDC 驱动轴流涡轮试验器

2006—2007 年,辛辛那提大学将 6 个 PDC 与联信 JFS—100—13A 型号的动力涡轮组合(见图 3-7),燃料是乙烯,气态氧气为氧化剂,试验研究了组合系统的性能特性,发现涡轮的单位功率输出和涡轮效率随填充系数和当量比的增加而增加。将采用 PDC 驱动和传统稳流燃烧室驱动下的涡轮功率输出和涡轮效率进行对比试验研究,发现在涡轮工作图内从低负荷到大约 67% 额定功率下,两者具有可比性。

2007 年,日本东京大学对涡轮叶片几何形状对 PDC 的气动影响进行了数值计算研究。

2009 年,美国国防高级研究计划局(DARPA)开展了为期 5 年的火神发动机计划,其设计马赫数为 0~4,马赫数为 0~2 时采用涡喷发动机,马赫数为 2~4 时采用等容燃烧(CVC)发动机。2009 年 9 月,阿联特技术公司、GE 公司、普·惠公司和罗·罗公司已经完成火神发动机系统和 CVC 发动机的概念设计和关键技术开发。该项目负责人指出脉冲爆震推进是等容燃烧发动机中最成熟的技术。

图 3 - 7　辛辛那提大学 PDC/动力涡轮组合试验器

在民用方面,美国、日本等国家的研究机构也正在对脉冲爆震/涡轮组合发动机应用于发电进行理论和试验研究工作。

我国对 PDE 的研究起步较晚,1994 年,在严传俊教授的领导下,西北工业大学在国内率先开展了脉冲爆震发动机的研究工作。在过去 20 年的时间内进行了大量的理论和试验研究工作。用热力学与爆震波理论,科学地阐明了 PDE 工作原理;建立了 PDE 工作循环及性能分析方法;掌握了两相爆震波的起爆、多管爆震室结构设计与控制、爆震波相关非稳态参数测试与诊断等关键技术;选择汽油、航空煤油作为燃料,空气为氧化剂,采用自适应控制供油、供气系统,获得了充分发展的高频爆震波,并先后研制了多种尺寸单管/多管基本型脉冲爆震发动机、脉冲爆震涡轮发动机、脉冲爆震火箭发动机模型机。

3.1.3　脉冲爆震发动机关键技术

尽管脉冲爆震发动机的研究在过去的几十年里获得了众多的突破与进展,但是要使脉冲爆震发动机真正在实际中得到应用,还有许多关键技术需要突破和解决。

3.1.3.1　稳定、可靠的起爆

爆震波的有效起爆是脉冲爆震发动机的关键问题。爆震起爆有两种方式:一是直接起爆,另一个是经过由爆燃向爆震转变(DDT)的过程。直接起爆的能量和功率的要求很大,是可爆震混合物的胞格尺寸或宽度的函数。在过去 50 多年里有关爆震波起爆和爆燃向爆震转变的大量试验研究工作见诸报道,但这些结果大多是在静止气体中获得的。所报道的数据与试验参数有关,很难用于 PDE 的研究。要发展实用的 PDE,必须进行大量试验与理论研究,减小起爆能量,缩短 DDT 距离。

3.1.3.2　液体燃料的喷射、混合及其雾化

在实际应用中,PDE 的体积和质量是有限的,因而必须使用液体燃料。对于液体燃料,需要考虑液体燃料的雾化、蒸发及其与空气的混合。脉冲爆震发动机工作的非稳态本质决定了

其在每一次工作循环中喷射和混合反应物的时间相对较短,因此,具有快速反应时间、大质量流率和有高度可控性的喷射系统对满足脉冲爆震发动机的高频运行十分重要。而液滴的尺寸与分布对 PDE 的成功起爆、工作性能等的影响更需详加研究。

3.1.3.3 爆震过程的精确控制

对于旋转阀来说,要求采用先进的同步系统以保证阀门可在精确的时间打开和关闭,完成燃料的填充并起爆燃油/空气,时间过早或过晚都将失败。对于无阀的装置,要求燃料/氧化剂供应、点火、爆震波的生成与传播这三个过程能精确地匹配,以实现自适应控制。

3.1.3.4 爆震现象的精确理论分析方法和试验技术

100 年前 Chapman 和 Jouguet 建立起来的 C-J 模型现在仍然在广泛应用,20 世纪 40 年代 Zeldovich,Von Neumann 和 Doring 等人对 C-J 模型进行了推广,形成了 ZND 模型。这两种模型均假设爆震波为一维结构运动的强激波,而实际观察到的爆震波非常复杂,还需大量的试验研究和计算研究来深入了解爆震燃烧的机理,发展更为成熟的理论模型。

由于 PDE 的非稳态工作特性,PDE 的试验技术与传统发动机不同,需要建立和发展全新的试验与诊断技术,特别是多循环 PDE 工作过程中瞬时推力与平均推力的准确测量技术。虽然国内外许多机构在多年的研究中先后提出了诸如力传感器直接测量法、推力壁压力曲线积分法、抛物摆法等测量方法,但由于不同方法自身的局限性,无论采用哪一种方法,都很难直接获得多循环 PDE 的瞬时推力与平均推力,因此对这一问题进行更深入的研究是十分必要的。

3.1.3.5 爆震管的热固耦合结构疲劳强度分析方法

当脉冲爆震发动机在多循环工况下长时间工作时,爆震管内外壁温度是很高的,在每个爆震循环中,爆震管内壁面的温度都会经历一定的升高与下降过程,与此同时还要受到随时间、位置变化的内部气流压力的作用,既有热疲劳问题,也有循环、移动冲击载荷作用下的结构强度与疲劳问题,属于热固耦合结构疲劳强度问题。要解决这一问题,需要对脉冲爆震发动机工作过程中内流参数的变化规律有精确的认识,但由于发动机内流参数变化数值模拟与测量(特别是温度的测量)非常困难,目前对该问题的研究主要集中在对移动冲击载荷作用下的结构强度、疲劳问题的计算分析与试验方面,尚未考虑温度对发动机强度的影响。美国 SAIC Mclean VA 22102/Enigmatics Inc 的 Shmuel Eidelman 等人对不同工作频率、不同飞行马赫数下,发动机外表面温度分布进行了数值模拟,得到了一定的结论,但并没有进行试验验证。因此发展 PDE 壁温分布数值模拟技术并对多循环下 PDE 壁温分布进行试验测量将有助于解决爆震管的热固耦合结构疲劳强度问题。

3.1.3.6 进气道和尾喷管的设计

脉冲爆震发动机的进气道对减少推力损失非常重要,也是最困难的研究领域之一。进气道研究的重点是反压的振荡及其对进气道工作的影响。如果多个爆震管共用一个进气道,需要了解气流从一个关闭的爆震管泄漏到临近爆震管所带来的影响,同时要研究进气与爆震过程的干涉现象。脉冲爆震发动机的喷管以非稳态的模式工作,需要设计一种适合多方向爆震波传播的喷管形状。对于多个爆震管共用一个喷管的情况,需要研究其与爆震过程的干涉作用。

3.1.3.7　脉冲爆震燃烧室与风扇/压气机、涡轮匹配技术

在采用脉冲爆震燃烧加力燃烧室的涡喷发动机、采用脉冲爆震主燃烧室的涡喷/涡扇发动机、采用脉冲爆震外涵加力燃烧室的涡扇发动机中,脉冲爆震燃烧室与风扇/压气机气动热力参数耦合匹配技术及风扇/压气机结构强度分析技术目前在国内外均未开展。国内外已进行了较多的脉冲爆震燃烧室与涡轮匹配的计算和试验研究工作,但仍存在涡轮功率提取效率低、匹配工作频率不高、排气导管结构设计不明确等问题,需进一步突破。

3.1.3.8　减振、降噪技术

脉冲爆震发动机的振动和噪声问题是由它的工作特性所决定的。高强度循环脉冲爆震波会对发动机主体产生很大的冲击力,引起发动机结构振动。另外,高温、高压燃烧产物从喷口高速排出会产生巨大的噪声,包括冲击噪声和湍流噪声。由于脉冲爆震发动机目前还处于原理性研究阶段,国内外对该问题的研究几乎是空白的。但如果要将脉冲爆震发动机投入应用,就必须对脉冲爆震发动机的减振、降噪技术进行研究。

3.2　爆　震　燃　烧

3.2.1　引言

脉冲爆震发动机实现的关键是能否实现可燃混合物以爆震燃烧的方式进行能量的释放。爆震燃烧作为一种燃烧方式,和缓燃一样一直得到人类的关注。日常生活中常见的燃烧方式基本都是缓燃,例如,做饭时的天然气燃烧,乙炔气焊的燃烧,等等。爆震燃烧具有和缓燃根本不同的特点,它在日常生活中给人的印象是一种灾难的象征。爆震燃烧是一种伴随剧烈的能量释放的物理化学过程,也是一种很难驾驭的能量释放方式。在日常生活中,往往需要防范爆震燃烧,例如防止天然气管道爆炸,内燃机的防爆。但是研究发现,爆震燃烧具有许多缓燃不可比拟的优点,例如,释热效率高,爆震燃烧波后产物的压力大幅度升高,爆震燃烧过程熵增小(从而可以将更多的热能转换为有用功),这表明如果将爆震燃烧应用于推进技术,则有望能够在推进技术领域里引起一场革命,制造出性能大大提高的新概念推进系统。因此,要利用爆震燃烧为人类服务,就必须了解爆震燃烧的过程及其机理。

3.2.2　爆震燃烧机理(特征与结构)

3.2.2.1　爆震燃烧的特征

研究传播到预混可燃气体混合物中去的运动波之后的化学反应现象是燃烧学中的一个经典课题,这种波驱动的化学反应称为燃烧波。在一装有预混可燃气体混合物的长管内,假如在

管子左端点火,一个平面燃烧波向右传播到未燃烧的反应物中去,并将燃烧产物留在它的后面。试验观察到两种不同类型的燃烧波:以亚声速在可燃气相混合物中传播的燃烧波叫爆燃波;而以超声速在可燃气相混合物中传播的燃烧波叫爆震波,爆震波又称为爆轰波。

爆震现象最早是在 1866 年由英国化学家 Frederick Augustus Abel 在固态和液态燃料燃烧时发现的。后来 Berthelot 和 Vieille,Mallard 和 Le Chatelier 分别于 1870 — 1883 年间在充满易燃混合气体的激波管内发现了爆震现象。Rankin,Hugoniot,Mikhelson(1890 年),Chapman(1899 年),Jouguet(1904 年)根据激波理论,分别给出了爆震波参数的理论预测方法,其假设爆震波是一维平面稳态传播,并处理成强间断面,当气流流过该截面时放热立刻发生,因此可以采用一维燃烧波模型来分析爆震燃烧前、后气体状态变化,通常称这种理论为爆震波的 C-J 理论。

对图 3-8 所示的一维燃烧波,将参考坐标固定在燃烧波上,这样就可以将非定常问题变为定常问题。假设未燃气体和已燃气体是均匀分布的,并忽略所有输运(热传导、黏性应力及质量扩散)的影响,由燃烧波前后关系可以建立质量、动量及能量守恒方程如下:

$$\rho_u u_u = \rho_b u_b \tag{3-1}$$

$$P_u + \rho_u u_u^2 = P_b + \rho_b u_b^2 \tag{3-2}$$

$$h_u + u_u^2/2 + q = h_b + u_b^2/2 \tag{3-3}$$

以上各式中下标 u 和 b 分别代表爆震波上游未燃反应物和下游已燃产物;ρ,P,u,h 及 q 分别为密度、压力、速度、显焓及燃烧放热量。基于以上方程进一步可以得到 Rankine 关系式

$$\frac{\gamma}{\gamma-1}\left(\frac{P_b}{\rho_b} - \frac{P_u}{\rho_u}\right) - \frac{1}{2}(P_b - P_u)\left(\frac{1}{\rho_u} + \frac{1}{\rho_b}\right) = q \tag{3-4}$$

及 Rayleigh 线关系式

$$\rho_u^2 u_u^2 = \frac{P_b - P_u}{1/\rho_u - 1/\rho_b} \tag{3-5}$$

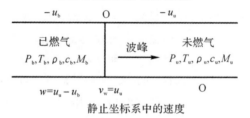

坐标系建立在波峰上的速度

已燃气   波峰   未燃气

$P_b, T_b, \rho_b, c_b, M_b$ $P_u, T_u, \rho_u, c_u, M_u$

$w = u_u - u_b$ $v_w = u_u$

静止坐标系中的速度

图 3-8 一维燃烧波及爆震燃烧前、后气体状态

燃烧波前后守恒方程已变为两个关系式,即 Rayleigh 线关系式和 Hugoniot 关系式。Rayleigh 线是质量守恒和动量守恒的结合,与释热无关,可以用于任何气体;Hugoniot 曲线是基于能量守恒方程的,它在 $P-v$ 平面的位置取决于 q 的值,它给出了已知燃烧波前状态及放热量下燃烧波后状态所有可能的解。图 3-9 所示为 $P-v$ 平面上的 Rayleigh 线和 Hugoniot 曲线。Rayleigh 线只能存在于以初始状态特征值为中心的 4 个象限中的两个;对于无化学反应的混合物,$q=0$,Hugoniot 曲线通过初始状态点;对于有反应的混合物,$q>0$,Hugoniot 线向右上方移动。由于这两条曲线表示了守恒律,与初始状态有关的最终状态决定于 Rayleigh 线和 Hugoniot 曲线的交点,把初始状态(未燃烧的)与最终状态连在一起的 Rayleigh 线的斜

率给出燃烧波的速度。

　　如图 3-9 所示,也描绘了爆震区(Ⅰ,Ⅱ)和爆燃区(Ⅳ,Ⅴ)中新的分区法。这新的分区是建立在每一个区内的 Rayleigh 线和 Hugoniot 曲线的切点上,即所谓 Chapman-Jouguet 点或 C-J 点。上 C-J 点 U,给定了爆震波速度的最小值,比上 C-J 点更大的速度值对应于两个交点,这两个交点可想象为强爆震(Ⅰ)和弱爆震(Ⅱ)。

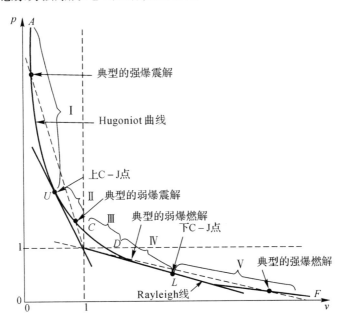

图 3-9　P-v 平面上的 Hugoniot 曲线(曲线上不同的区段对应于不同的燃烧解域)

　　在缓燃区,下 C-J 点 L,给定了最大的缓燃速度,因为更陡的 Rayleigh 线将不会与 Hugoniot 曲线相交,比下 C-J 点更低的速度值对应于两个交点,这两个交点可想象为弱缓燃(Ⅳ)和强缓燃(Ⅴ)。

　　由 Rayleigh 线和 Hugoniot 曲线在 C-J 点相切的事实为完全确定这些点上的解提供了补充的关系式,可以证明在 C-J 点上已燃气体相对于燃烧波的马赫数等于 1,即在燃烧波后的流动是热堵塞的。对于弱爆震区(Ⅱ),已燃气体相对于爆震波的马赫数大于 1,这意味着弱爆震由激波后的亚声速马赫数稳定地转变为已燃气体中的超声速,这是违反热力学第二定律的;对于强缓燃区(Ⅴ),已燃气体相对于缓燃波的马赫数大于 1,因为所有的膨胀波都是以亚声速传播的,而已燃气体相对于缓燃波的相反方向运动,所以对强缓燃,已燃气体相对于管壁的速度必须是超声速的,这也违反了热力学第二定律。因此强缓燃不会发生。

　　由以上分析可见:只有强爆震、C-J 爆震、弱缓燃和 C-J 缓燃是可能的,这就是 Chapman-Jouguet 假说。C-J 爆震波和强爆震波波前是超声速,强爆震波波后是亚声速,弱缓燃波和 C-J 缓燃波波前是亚声速,弱缓燃波波后也是亚声速。

　　基于前述的守恒方程、已知反应物状态及热化学平衡计算,可以得到 C-J 爆震点的相关状态参数,其中 C-J 理论最主要的是对爆震波传播速度 U_{CJ} 的计算,比较常用的计算机程序有 Gordon 和 McBride 发展的 CEA 程序和 Reynolds 发展的 STANJAN 程序。表 3-1 给出了 Lewis 和 Friauf 在 $P_u=1$ atm，$T_u=298$ K 条件下测量的氢氧混合物的爆震波速度与依据 C-J 理论所得计算值的比较。除了氢气很过量外，计算的爆震波速度与试验值符合良好。

表 3-1　Lewis 和 Friauf 测量的爆震波速度与依据 Chapman-Jouguet 理论所得计算值的比较

可爆震混合物	P_b/atm	T_b/K	$\dfrac{u_u(计算)}{m \cdot s^{-1}}$	$\dfrac{U_u(实验)}{m \cdot s^{-1}}$	离解(摩尔分数) %
$(2H_2+O_2)$	18.0	3 853	2 806	2 819	32
$(2H_2+O_2)+O_2$	17.4	3 390	2 302	2 314	30
$(2H_2+O_2)+N_2$	17.4	3 367	2 378	2 407	18
$(2H_2+O_2)+5N_2$	14.4	2 685	1 850	1 822	2
$(2H_2+O_2)+6N_2$	14.2	2 650	3 749	3 532	1

后来的大量试验和计算对比表明：用经典的 C-J 理论给出的爆震波总体性质与试验结果是非常符合的，表 3-2 给出了爆震波与缓燃波的一般特征。但是，当初始压力、混合物成分和管子尺寸接近产生恒定传播速度的爆震波时，两者有些差别。通常认为这种差别是由于爆震波的多维横向结构引起的。当接近极限条件时，多维横向结构的影响更为明显。这类爆震波称为极限波。极限爆震波的平均速度只有 C-J 爆震波速度的 85%~90%。

表 3-2　爆震波与爆燃波参数的比较（$C=$声速）

参　数	爆震波	爆燃波
$V_1 : C_1$	5~10	0.000 1~0.03
$V_2 : V_1$	0.4~0.7(减速)	4~16(加速)
$P_2 : P_1$	13~55（压缩）	0.98(稍有膨胀)
$T_2 : T_1$	8~21(加热)	4~16(加热)
$\rho_2 : \rho_1$	1.7~2.6	0.06~0.25

3.2.2.2　爆震波的结构

C-J 理论把化学反应区假设为一个强间断面，认为反应区厚度为零，与实际情况有一定的差别。1940 年，Zel'dovich 发展了一种爆震波结构和可爆极限的理论，其理论的核心是前导激波和有限速率化学反应必须满足强耦合关系。稍后，Von Neumann（1942 年）和 Doering（1943 年）也各自提出了类似的模型：爆震波由一个前导激波跟随一个反应前锋构成，考虑了有限速率化学反应，就是现在常说的 ZND 一维爆震波模型。

根据 ZND 模型，前导激波对新鲜的可燃混合物进行绝热压缩加热，压缩后的混合气经过一定的诱导时间（微米量级）自动着火，并为前导激波的定常速度传播提供能量支持。图 3-10 所示为热力学参数在一维 ZND 爆震波内的变化情况。位置 1 是前导激波，紧靠激波后缘，位置 $1'$ 为 Von-Neumann 峰值点，其压力、温度和密度的值与气体混合物中已发生的化学反应百分数有关，当不考虑激波区的化学反应时，峰值点压力是 C-J 压力的两倍。如果反应速率满足阿累尼乌斯定律，则在紧靠激波后缘的一个区域内，由于温度不高，反应速率仅缓慢地增加，因此压力、温度和密度的变化相对较为平坦，这个区域称为感应区。经过一段时间以后，反应速率变得很大，气体参数发生剧烈的变化。图 3-10 中位置 $1''$ 为燃烧锋面，燃烧放热升温的同时，压力和密度开始下降，当化学反应接近完成时，热力学参数趋于它们的平衡值，为 C-J 平面（见图 3-10 中位置 2）。

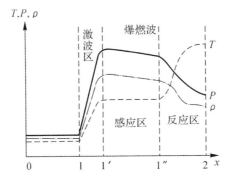

图 3－10　气体热力学参数经过一维爆震波的变化

爆震波中的前导激波与化学反应区的强耦合必然导致其固有的不稳定特性。由于化学反应速率对激波后的温度变化极为敏感,因此,任何微小的扰动引起的前导激波强度变化,都进而会大大影响激波后反应区的燃烧速率,燃烧速率的变化又将进一步影响前导激波的强度,这种反馈机制使得爆震波的结构并不是 ZND 模型所描述的一维结构,而是复杂的三维非定常结构。

图 3－11 所示为自持爆震波的胞格结构,图 3－11(b)是用烟灰膜记录下来的。多维爆震波的结构特征是存在一个非平面的前导激波,这个前导激波由许多向来流方向凸出的弯曲激波组成。弯曲激波面以很高的速度向各个方向传播。当两个前凸的激波相交时,为了保持平衡,在相交线上必然产生第三个激波,并伸向处于反应状态的气流中。因为爆震波前的激波由三个波系组成,三个激波交线上形成三波点,三波点的运动轨迹形成图 3－11(b)中所示的胞格结构。长度尺度 λ 称为胞格尺寸,胞格尺寸表征混合物反应能力的大小,混合物反应能力越大,胞格尺寸越小。

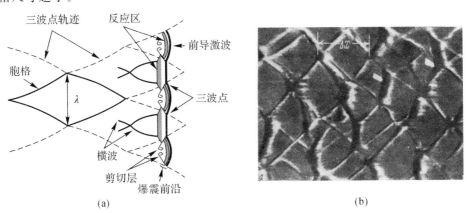

(a)　　　　　　　　　　　　　　　　(b)

图 3－11　多维爆震波的胞格结构

3.2.2.3　ZND 爆震波在管中的转播

图 3－12 所示为爆震波在一端封闭、一端敞开的爆震管中传播的示意图,这也是目前脉冲爆震发动机燃烧室的基本形式。最初,爆震管充满预混可爆震混合物。在爆震室封闭端起爆爆震波后,爆震波向敞口段传播。接在爆震波后是中心膨胀波,即所谓 Taylor 膨胀波,它从封闭端发出,由于 Taylor 波,使得封闭端压力 P_3 低于爆震波后压力 $P_2(P_{CJ})$;另一方面为满足封闭端速度为零的条件,Taylor 波末端和封闭端间存在均匀区,其长度近似等于爆震波峰与封

闭端之间距离的一半。

当已知爆震波传播马赫数 Ma_{CJ} 时,可以根据以下两式计算爆震波压力 P_{CJ} 和温度 T_{CJ}:

$$P_{CJ} = P_1 \frac{1 + \gamma_1 Ma_{CJ}^2}{\gamma_2 + 1} \tag{3-6}$$

$$T_{CJ} = T_1 \frac{\gamma_2 R_1 (1 + \gamma_1 Ma_{CJ}^2)^2}{\gamma_1 R_2 (1 + \gamma_2)^2 Ma_{CJ}^2} \tag{3-7}$$

式中,γ_1 和 γ_2 分别为可爆混合物和燃烧产物的绝热指数;R_1 和 R_2 分别为可爆混合物和燃烧产物的气体常数。

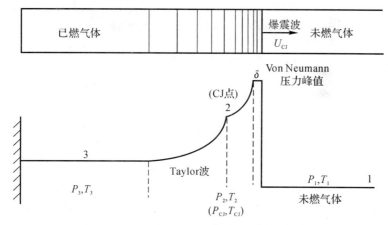

图 3-12　在一端封闭、一端敞开爆震管中的 ZND 爆震波及压力分布

进一步对于 Taylor 波区,根据 Riemann 不变量关系式,可以得到封闭端的压力和温度:

$$P_3 = P_{CJ} \left(1 - \frac{\gamma_2 - 1}{2} \frac{\gamma_1 Ma_{CJ}^2 - \gamma_2}{\gamma_2 (1 + \gamma_1 Ma_{CJ}^2)}\right)^{2\gamma_2/(\gamma_2 - 1)} \tag{3-8}$$

$$T_3 = T_{CJ} \left(1 - \frac{\gamma_2 - 1}{2} \frac{\gamma_1 Ma_{CJ}^2 - \gamma_2}{\gamma_2 (1 + \gamma_1 Ma_{CJ}^2)}\right)^2 \tag{3-9}$$

3.2.3　爆震波的形成与传播

爆震波可以通过直接起爆或由爆燃向爆震转变(Deflagration to Detonation Transition,DDT)的方式产生。前一种方式是依赖一个点火源驱动一股足够强劲的爆炸波,使点火器直接起爆爆震;后一种方式则是以某个相对低能量的点火源引发爆燃开始,该爆燃波通过与周围环境的相互作用加速,从而形成一个紧密耦合的激波反应区结构,这就是爆震波的特征结构。前者需要巨大的点火能量,对于一般碳氢燃料,需 $10^5 \sim 10^6$ J 的能量;后者通过用较小的点火能量点燃爆燃波,在可燃混合物内不断加速转变为爆震波。这是比较常用的爆震波形成方法。

在可燃混合物内,以几米每秒速度传播的爆燃波,如何向以几千米每秒速度传播的爆震波转变,早在 20 世纪 40 年代就有人进行过这方面的试验研究和理论研究。直到 20 世纪 60 年代,对其转变机理才有了比较一致的认识。在一根装有预混可燃气体混合物的管子里,如果一端封闭,在靠近封闭端处点火,就会形成爆燃波,爆燃波从封闭端向另一端传播。由于波后的燃烧产物被封闭端限制,从而使爆燃波后压力和温度不断升高,使火焰加速。由此在波前形成压缩波,它以波前局部声速向前传播。由于爆燃波后的温度和压力不断提高,后面的压缩波赶上前面的压缩波,经过一定时间和距离形成激波间断。激波诱导气流二次运动,使层流火焰变成湍流火焰,形成许多局部爆炸中心。当一个或若干个局部爆炸中心达到临界点火条件(即所谓爆炸中的爆炸)时,产生小的爆炸波向周围迅速放大,并与激波反应区结合形成自持的超声速爆震波。爆震波是由前导激波和与其紧密耦合在一起的反应区组成的。激波对化学反应起诱导作用,决定了化学反应的感应时间,而化学反应又对激波起驱动作用,提供激波传播所需能量。两者完全耦合时,爆震波自持,这就是 C‐J 爆震波。

DDT 是一个亚声速燃烧波(爆燃或者火焰)变为一个超声速燃烧波——爆震波——的一般过程。在爆燃产生以后,它可能加速或减速到某一稳定的速度或加速之后突然转变到爆震。由爆燃向爆震转变的过程包括以下几个分过程:

(1)起始爆燃:即用低的点火能量起始爆燃;

(2)形成激波:爆燃释放出来的能量增加燃烧产物的体积,并产生一系列的压缩波,传入火焰前面的反应物,最终形成激波;

(3)在爆炸物中起爆:激波加热、压缩火焰前的反应物,在火焰面内产生湍流反应区,在激波后面形成一个或多个爆炸中心;

(4)形成过驱动爆震:由爆炸产生强激波,并与反应区耦合形成过驱动爆震;

(5)建立稳定的爆震波:过驱动爆震降速到稳定的速度即所谓的 C‐J 爆震波速。如图 3‐13所示为爆震波形成示意图。

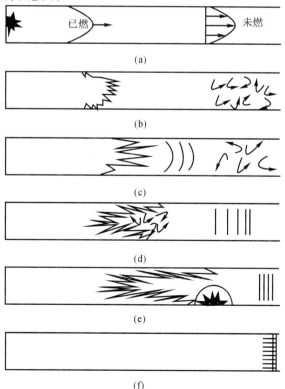

图 3‐13　由爆燃向爆震转变过程示意图

(a)光滑的层流火焰;　(b)火焰面皱曲;　(c)变为湍流火焰;　(d)在湍流火焰前生成压力波;

(e)在有火焰的涡中局部爆炸;　(f)转变为爆震

通常认为DDT过程涉及三种正反馈的火焰加速机理：

(1)火焰与受激波压缩的反应物的相互作用：由爆燃引起的体积膨胀(在反应物燃烧形成产物的过程中它们的体积膨胀)，导致火焰锋面发出压缩波，这些压缩波与火焰锋面前的激波聚合，引起未燃混合气体的压力、温度和速度骤升。当压力升高时，一些火焰会加速，而另一些火焰会减速。一般温度升高也会导致火焰加速。由激波压缩诱导的微粒速度也会提高火焰传播经过的未反应流的雷诺数。当雷诺数足够高时，气流将从层流转变为湍流，随之引起燃烧速度的提高，进而增加能量释放率，这是由于层流转变为湍流结构的缘故。

(2)火焰与反射激波的相互作用：反射激波与火焰的相互作用导致瑞利泰勒界面的不稳定，进而引起火焰拉伸与变形。激波与火焰的相互作用通常是在受限环境下形成的，因为由火焰产生的压缩波会从固体界面反射回来。当火焰的表面积增加时，火焰的能量释放率提高，火焰的速度也增加。扭曲的流场，加上雷诺数的增加，会引起湍流，它会进一步加速火焰。

(3)火焰与固体障碍物以及气动射流间的相互作用：固体障碍物会将某些流动动能转变成大尺度的湍流，之后变成多级的各种微小尺度。此大尺度的湍流结构导致火焰表面积的进一步加速增大，较小尺度的结构通过分子级的湍流混合，增强了组分和热输运过程，又再次产生了能量释放率和有效火焰传播速率的升高。

爆震波形成后，爆震波能否在管中传播，能否由小管中传入大管，能否传到非受限空间，这是工程应用中很重要的问题。研究表明，爆震波的传播和传送受到几何条件的限制。爆震波不能在任何管道中传播。限制性条件由气体混合物的敏感性和长度尺度控制。胞格尺寸λ是表征混合物反应能力的长度尺度。应用此长度尺度，可以估计爆震波成功传播和传送的条件。所谓传送，是指爆震波进一步向非受限可燃混合物云雾传播的可能性。

3.2.4　爆震波的分类与应用

爆震燃烧的主要特点：①爆震燃烧接近等容燃烧过程，但熵增更低，爆震等容燃烧的熵增比爆燃等容燃烧(如脉动燃烧)低9％，比等压燃烧低35％，熵增低意味着不可逆过程做功损失小；②由于爆震波能增压，从而可省去昂贵的增压设备，也不需要高的燃料供给压力；③由于爆震燃烧快，效率高，产物在高温区停留时间短，因而污染少，特别是氮的氧化物少。由此可见，爆震燃烧是一种高速度、高强度、高效率、低污染的燃烧方式，这种新型燃烧方式在国防、能源、动力、化工、加工等领域有广阔的应用前景，其应用的方向就是要替换现有装置中的传统燃烧方式。

3.2.4.1　脉冲爆震发动机

由于爆震燃烧具有自增压的特点，为实现爆震燃烧室的连续工作，一种方式就是以间歇或脉冲爆震燃烧的方式来进行的，当动力装置采用脉冲爆震燃烧时，就称为脉冲爆震发动机，这也是本章所要论述的。图3-14所示为脉冲爆震燃烧应用的例子，其就是以纯脉冲爆震发动机替代传统亚燃冲压发动机或低压比涡喷发动机，以脉冲爆震涡轮组合发动机替代涡扇发动机的核心机，等等。

下一代热力循环：脉冲爆震循环

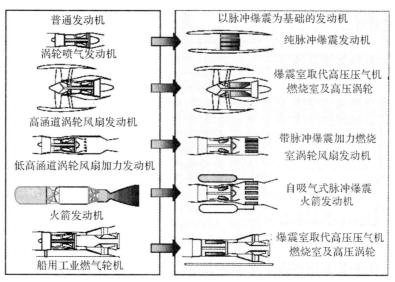

图 3-14　美国 GE 公司 2003 年提出用脉冲爆震循环作为下一代发动机热力循环的设想

3.2.4.2　旋转爆震发动机

旋转爆震发动机(Rotating Detonation Engine,RDE)是利用在环形燃烧室内沿周向连续传播的爆震波进行燃烧放热的动力装置,有时也称为连续爆震发动机(Continuous Detonation Engine,CDE),早在 20 世纪 60 年代,Voitsekhovskii 和 Nicholls 等人已对其开展了研究,近年来,也越来越多地得到各国研究机构的重视。

图 3-15 所示为美国海军研究实验室的数值仿真结果,其为圆环形计算域(实际燃烧室也是如此),燃料和氧化剂通过微型喷嘴从头部(Head-End)连续喷入燃烧室,燃烧室内已有一爆震波沿周向逆时针传播。当爆震燃烧产生的高压大于燃料/氧化剂的供给压力时,供给被切断,高压燃烧产物流向喷管(Nozzle-End);当燃烧室头部压力降到低于供给压力时,燃料和氧化剂重新喷入燃烧室,由于爆震波前方始终有可爆混合物,因此爆震波能够连续传播。图 3-16 所示为美国普·惠公司的 RDE 试验器。

相比于脉冲爆震发动机,RDE 只需初始点火一次就可实现燃烧室的连续工作,而不需 PDE 中的周期性点火源;同时 RDE 只需在第一次点火时成功形成爆震波,就能实现爆震燃烧方式,而回避了 PDE 中必须解决的周期性爆震波起爆关键技术,其应用方向类似于图 3-14 所示的下一代热力循环,即以连续爆震燃烧方式代替潜在优势的脉冲爆震燃烧方式。但另一方面,其也有很多关键技术问题需要解决:①爆震波在环腔内的旋转频率在 1~10 kHz,同时爆震波在燃烧室内的形成数目(图 3-15 中为 1 个)、旋转方向具有随机性,这使得供给系统阀门的设计难度要远高于 PDE;②目前阀门系统都采用火箭发动机中的微型喷嘴,其流阻损失很大,当将旋转爆震燃烧室用于涡轮发动机时,实现其与压气机匹配的技术难度也要高于 PDE;③RDE 中燃烧方式的实现对环腔的尺寸有严格要求;④目前 RDE 的连续工作时间都在

秒量级;等等。

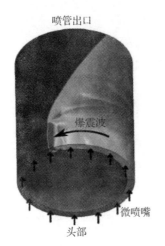

图 3-15　美国海军研究实验室
数值仿真结果

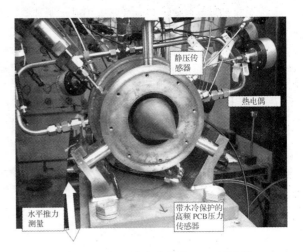

图 3-16　美国普·惠公司 RDE 试验器

3.2.4.3　驻定爆震推进技术

驻定爆震发动机可分为驻定正爆震发动机和驻定斜爆震发动机两类。要实现爆震波的驻定,波前法线方向的来流分速度必须等于爆震波的传播速度,由表 3-2 可知,该速度对应的马赫数至少大于 5,这表明驻定爆震发动机适用于高超声速飞行器的推进。

1. 驻定正爆震发动机

1946 年,Roy 提出了将驻定正爆震波应用于高超声速飞行器推进的设想。20 世纪 50 年代末,根据 Roy 的构想,人们开始研究在超声速来流中稳定工作的驻定正爆震波。然而将驻定正爆震运用于实际推进的前景并不乐观,实现正爆震波的驻定对自由来流总焓要求极高。Wintenberger 等人的研究表明:采用驻定正爆震来替代常规冲压发动机和燃气涡轮发动机现有燃烧方式时,会导致发动机性能的降低。两个主要原因是:为了实现正爆震波的驻定,发动机能够产生推力的马赫数范围极窄;驻定正爆震波会带来显著的总压损失。此外,为了实现正爆震波的驻定,马赫数范围还将受提前点火、发动机长度等问题的额外约束。如果将各种因素综合考虑,在一个合理长度的燃烧室中,确保不出现提前点火的前提下,没有能够满足正爆震波驻定的马赫数存在。因此,关于驻定爆震在推进领域应用的相关研究主要集中在驻定斜爆震发动机上。

2. 驻定斜爆震发动机

斜爆震发动机(Oblique Detonation Wave Engine,ODWE)是利用驻定斜爆震波进燃烧放热的超高声速推进发动机。1958 年,Dunlap 等人率先提出将驻定斜爆震应用于推进系统,其设想的发动机示意图如图 3-17 所示,他们使用斜劈(二维流动)或者中心锥体(三维流动)来使爆震波驻定。当可燃混合气体流动速度大于爆震波的传播速度时,可以想象到正爆震波将无法稳定,但通过引入斜劈或者中心锥体,则可以使爆震波稳定,但此时形成的是斜爆震波。斜爆震发动机将激波驻定在燃烧室的进口,可燃的超声速来流跨越该波后迅速燃烧,由于斜爆震波的反应区极短,故无须很长的燃烧室,进而可以大大减少发动机自身的质量以及由壁面引起的各种损失。

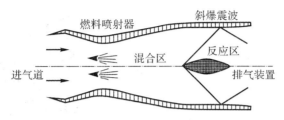

图 3 - 17　Dunlap 等人所构想的发动机示意图

研究表明,ODWE 性能在宽广工作范围内与超燃冲压发动机都具有可比性,一般认为其优势飞行马赫数范围为 15～30。更为重要的是,较之超燃冲压发动机来说,ODWE 长度更短,体积更小,气动阻力更小,所需冷却气量更少。此外,ODWE 进行燃料喷射时空气的温度低得多,这使得燃料喷射系统的设计更为简单。尽管 ODWE 在高超声速推进领域存在潜在优势,但斜爆震波发动机的研究存在很多困难,如高速条件下燃料如何在极短距离内达到预期混合气体浓度分布、如何在壁面处避免燃料过早点火以及如何确保发动机安全工作。总的来说,ODWE 的研究目前还处于理论分析和数值模拟的范围内,还没有研制出一个实际的ODWE,其关键是解决"斜爆震波的结构和驻定"问题。

3. 冲压加速器

冲压加速器(Ram Accelerator)是驻定斜爆震推进技术成功应用的典型例子,该概念是在 20 世纪 80 年代提出的,相关实验设备相继在美国、法国、日本、中国建成。冲压加速器的工作原理与 ODWE 很相似,比较图 3 - 17 和图 3 - 18,其差别在于中心体在 ODWE 中是固定的,而在冲压加速器中是运动的。在冲压加速器中,中心锥体被称为弹丸(projectile),其以超声速被发射进入一个充满预混可燃气体的燃烧室中。由弹丸诱导出的锥形斜激波在其和燃烧室间重复反射,将可燃气体加热到自燃点以上,最后在弹丸尾部形成爆震。由爆震产生的高压推动弹丸,使其加速到很高的速度。从公开发表的资料已知:美国华盛顿大学已取得了2.4 km/s 的发射速度;日本东北大学则声称他们已达到 2.7 km/s 的速度。理论来说其可实现 2.5～10 km/s 的弹丸速度,但由于弹丸可被加速的极限速度与混合气的爆震速度有关,并且弹丸的速度在不断变化,所以发射管的设计和爆震气体的选择是研究问题的关键。

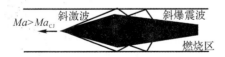

图 3 - 18　冲压加速器示意图

3.2.4.4　组合循环动力发动机

不同类型的发动机在不同的飞行范围具有各自的性能优势,因此将不同的发动机在每一任务段的优势进行组合,形成一种组合循环发动机,从而可以提升推进系统整体的性能水平。

1. 多模态爆震组合发动机

该动力系统是作为传统火箭基组合循环发动机（Rocket Based Combined Cycle，RBCC）的替代技术于 2001 年由美国德州大学阿灵顿分校的 Wilson 教授等人提出的，其以爆震燃烧替代 RBCC 中传统燃烧方式，由 4 种工作模态组成，如图 3-19 所示。

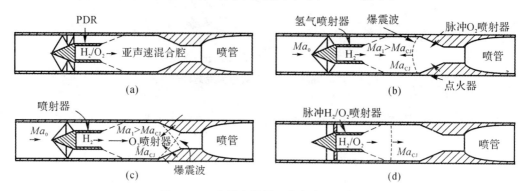

图 3-19　多模态爆震组合发动机示意图
(a)加装引射器的脉冲爆震火箭发动机；　(b)脉冲正爆震波发动机；
(c)稳态斜爆震波发动机；　(d)纯脉冲爆震火箭发动机

模态 1：从起飞到来流马赫数 3～4 的范围内，采用加装引射器的脉冲爆震火箭发动机（Ejector Augmented Pulse Detonation Rocket Engine，EAPDRE）模态工作；

模态 2：在来流马赫数 3～8 的范围内，当爆震室进口马赫数小于 C-J 马赫数时，采用逆流传播的脉冲正爆震波发动机（Pulsed Normal Detonation Wave Engine，PNDWE）模态工作；

模态 3：在来流马赫数 8～12 的范围内，当爆震室进口马赫数大于 C-J 马赫数时，采用稳态斜爆震波发动机（Oblique Detonation Wave Engine，ODWE）模态工作；

模态 4：当来流马赫数大于 12 时，关闭进气流道，采用纯脉冲爆震火箭发动机（Pulse Detonation Rocket Engine，PDRE）模态工作。

2. 爆震燃烧涡轮基组合循环发动机

该动力系统作为传统涡轮基组合循环发动机（TBCC）的替代技术于 2009 年由邱华等人提出，其以爆震燃烧替代 TBCC 中传统燃烧方式，由两种工作模态组成，如图 3-20 所示。

模态 1：当图 3-20 中调节板关闭、进口导流叶片打开时，爆震燃烧涡轮基组合循环发动机处于前置涡轮组合脉冲爆震发动机模态（Pre-Turbine Hybrid Pulse Detonation Engine，PTHPDE），此时来流首先经压气机进行增压，增压后的空气通过开启的进气阀门流入外涵中处于填充过程的爆震室中，同时与该爆震室相应的分气阀门处于关闭状态；在爆震室填充完毕并点火后，该爆震室上游进气阀门关闭，分气阀门打开，产生的爆震波向下游传播并通过喷管排出发动机，爆震室头部分高温、高压工质通过分气阀门流经内涵中的涡轮部件做功，涡轮带动压气机进而实现来流增压。

模态 2：当调节板打开，压气机前进口导流片关闭时，爆震燃烧涡轮基组合循环发动机转换为冲压式纯脉冲爆震发动机工作模态，来流空气将通过压气机外的空气涵道流入爆震室，多管爆震室的工作模式与模态 1 相同，所不同的是此时所有多管爆震室头部分气阀门关闭，爆震燃烧产物仅由外涵道排出。

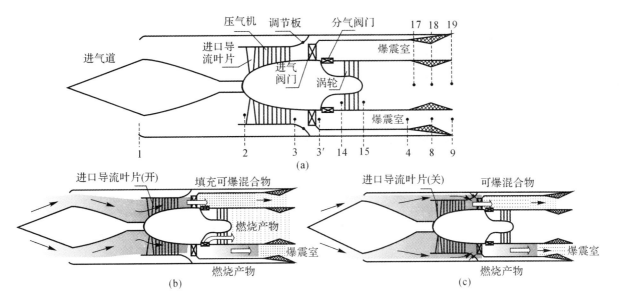

图 3－20　爆震燃烧涡轮基组合循环发动机示意图

(a)结构图；　(b)前置涡轮组合脉冲爆震发动机模态；　(c)冲压式纯脉冲爆震发动机模态

3.2.4.5　其他应用

爆震燃烧还可用于发电用的高效煤燃烧器(见图 3－21)，高效天然气燃烧器，陶瓷生产用的先进材料合成技术(见图 3－22)，用于提高材料耐磨、耐高温的先进的热喷涂技术(见图 3－23)，城市垃圾的先进处理技术，磁流体发电技术(见图 3－24)，等等。

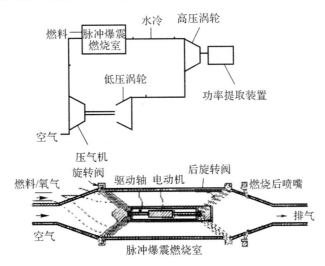

图 3－21　发电用的高效煤燃烧器

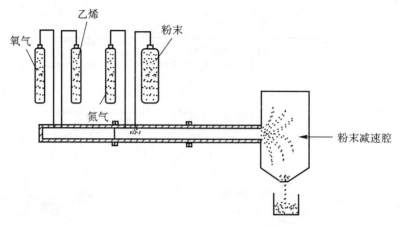

图 3 - 22 陶瓷生产用的先进材料合成技术

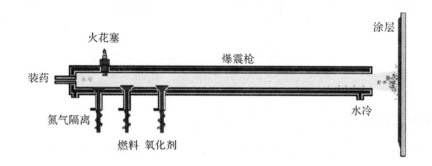

图 3 - 23 用于提高材料耐磨、耐高温的先进的热喷涂技术

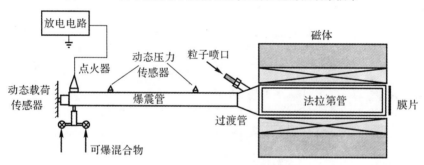

图 3 - 24 磁流体发电技术

3.3 脉冲爆震发动机工作原理

3.3.1 引言

脉冲爆震发动机(PDE)是一种利用周期性爆震波发出的冲量来产生推力的非稳态新型推进系统。按照其氧化剂的来源,可将其分为吸气式和火箭式两种工作模式。与目前推进系统

中常用的爆燃波不同,爆震波的特点是它能产生极快的火焰传播速度($Ma>4$)和极高的燃气压力($1.51\sim5.57$ MPa)。因此,基于脉冲爆震燃烧的发动机,无论是基本型、火箭式、混合式或组合式,其燃烧过程呈现周期性、间歇性的非稳态特征。因此,不能采用已建立的稳态发动机(如涡喷、涡扇、冲压、火箭发动机)的常规分析方法对其进行分析。本节在介绍相关基本概念的基础上,进一步分析脉冲爆震发动机的工作原理与工作循环,并介绍脉冲爆震发动机性能分析的方法,可对 PDE 的设计、控制、性能分析及试验研究提供参考。

3.3.2 脉冲爆震发动机的基本工作过程

脉冲爆震发动机包括吸气式脉冲爆震发动机(Air Breathing PDE)和脉冲爆震火箭发动机(PDRE)两种类型,它们的基本工作原理是相同的,区别是吸气式 PDE 从空气中获得氧化剂,而 PDRE 自带氧化剂。无论何种形式的脉冲爆震发动机,基本上都是由起爆辅助电源系统、进气装置、爆震室、尾喷管、推力壁、爆震起爆及频率控制系统、燃料供给和喷射系统及控制系统组成的。对于以汽油为燃料,空气为氧化剂的火箭式脉冲爆震发动机,其工作循环如图 3-25所示,包括以下几个过程:

（1）隔离气填充,以防止可燃混合气体与燃烧产物直接接触时过早燃烧;

（2）可燃混合气体填充爆震管,隔离气被推向爆震管出口;

（3）在封闭端点火;

（4）爆燃波转变为爆震波并向开口端传播;

（5）爆震波从开口端传出,膨胀波反射进来;

（6）爆震产物排出。

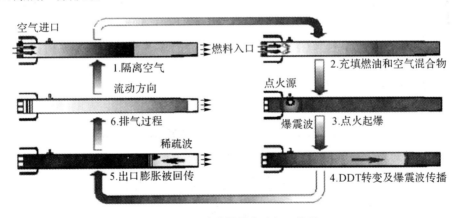

图 3-25 脉冲爆震发动机工作循环

由图 3-25可见,脉冲爆震发动机工作过程是非定常气动热力学过程。假设模型脉冲爆震发动机是一个一端封闭、一端敞开的等截面爆震室,先不考虑进气装置和尾喷管,爆震室封闭端阀门打开,燃料与氧化剂在一定的压力和温度下进入爆震室。当可爆混合物接近敞口端时,关闭进口阀。在爆震室封闭端附近点火,通过起爆装置,使爆燃波在较短的距离内转变为爆震波。在爆震波与封闭端之间产生一个膨胀区,使波后的压力和速度下降,以满足封闭端速度为零的条件。爆震波以一定的速度(Chapman-Jouguet 波速)向爆震室敞口端传播。当爆震波传出爆震室出口时,由于敞口端燃气压力大于环境压力,在环境介质中产生透射冲击波,同时向燃烧产物反射一系列膨胀波,反向传入爆震室内,降低爆震室内压力。当膨胀波到达推力壁时,以膨胀波形式反射回来,膨胀波使燃烧产物加速,并高速排出爆震室,并在此过程中产生推力。当膨胀波及反射波的综合作用使爆震室内的压力低于进气压力时,阀门再次打开,燃料与氧化剂进入爆震室,开始下一个爆震循环。

3.3.3 脉冲爆震发动机理想热力循环

图 3 - 26 为脉冲爆震发动机理想热力学循环温熵图。为比较方便起见,图中还给出理想等容循环(Humphrey)和理想等压循环(Brayton)的温熵图。从点 0 到点 3 表示绝热、等熵压缩过程,气体温度从自由来流的静温 T_0 升到燃烧室进口静温 T_3。此压缩过程可以通过自由来流减速扩压或叶轮机械压缩实现。循环的静温比 T_3/T_0 是循环分析中常用的热力学量,它的定义为 $\varphi = T_3/T_0$。从点 3 到点 4 通常可以用脉冲爆震推进系统中的爆震波模型描述,也就是可以用 Zeldovich/von Neumann/Doring(ZND)模型。这是复合波,它是由在未扰动燃料-空气混合物(在燃烧室进口接近静止状态)传播的前导激波(点 3)和释放显热的爆燃波(终止于点 4)组成的。从点 3 到点 $3a$,前导激波的强度(马赫数、压力比或温度比)由初始条件和加入的热量唯一确定。整个过程受到 C - J 条件限制,即在加热终止处(点 4)的当地马赫数等于 1(声速或堵塞流)。加热区后面紧跟着很复杂的非定常膨胀波的等面积区。从未扰动流到加热过程结束,ZND 波结构在爆震波坐标系中是不动的。从点 4 到点 10 表示绝热、等熵膨胀过程,气体的压力从燃烧室出口静压 P_4 降到自由来流静压 $P_{10} = P_0$。从点 10 到点 0 通过想象的等压无摩擦过程使热力学循环封闭。在此过程中有足够的热量从排出的燃气中释放到环境中,从而回到原来的热力学状态。为了保证最大的循环性能,进一步假设:①已爆震的混合物非定常膨胀(从点 4 到点 10)是等熵的;②每个流体粒子均经历相同的爆震过程;③循环无能量损失,虽然爆震起始需要火花或点火炬。对于理想等容循环和理想等压循环,除加热过程不同外,假设其他过程都与上述 PDE 循环相同。

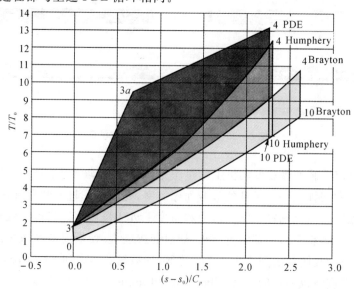

图 3 - 26　理想的 PDE 循环、等压循环及等容循环的温熵图

循环热效率 η_{th} 定义为循环对外界做的功与燃料的热值 q_{supp} 之比。热力学循环效率 η_{tc} 定义为循环对外界做的功与工质实际吸收的热能 q_{add} 之比。由于假设理想循环中所有分过程都没有损失，因此，对于理想循环，$q_{add} = q_{supp}$，$\eta_{th} = \eta_{tc}$。

对于理想热力学循环，热效率由下式确定：

$$\eta_{th} = \frac{q_{add} - q_{rej}}{q_{add}} = 1 - \frac{q_{rej}}{q_{add}} \tag{3-10}$$

式中，$q_{add} = q_{supp} = fH_{pr}$；$f$ 是燃料空气质量比；H_{pr} 是燃料低热值。

爆震波的 Chapman - Jouguet 马赫数和熵增可用下式表示：

$$Ma_{CJ}^2 = (\gamma + 1)(q/\varphi) + 1 + \sqrt{[(\gamma + 1)(q/\varphi) + 1]^2 - 1} \tag{3-11}$$

$$\frac{s_4 - s_3}{C_p} = -\ln\left[Ma_{CJ}^2 \left(\frac{\gamma + 1}{1 + \gamma M_{CJ}^2}\right)^{(\gamma+1)/\gamma}\right] \tag{3-12}$$

式中，$q = q_{supp}/C_p T_0$；γ 是比热比；C_p 是定压比热；s_4，s_3 分别为点 4 和点 3 的熵。

等压放热量为

$$q_{rej} = h_{10} - h_0 = C_p(T_{10} - T_0) = C_p T_0 \left[\exp\left(\frac{s_{10} - s_0}{C_p}\right) - 1\right] = C_p T_0 \left[\exp\left(\frac{s_4 - s_3}{C_p}\right) - 1\right] =$$

$$C_p T_0 \left[\frac{1}{Ma_{CJ}^2}\left(\frac{(1 + \gamma Ma_{CJ}^2)}{\gamma + 1}\right)^{(\gamma+1)/\gamma} - 1\right] \tag{3-13}$$

由此可得，脉冲爆震发动机理想循环热效率为

$$\eta_{th} = 1 - \left[\frac{1}{Ma_{CJ}^2}\left(\frac{(1 + \gamma Ma_{CJ}^2)}{\gamma + 1}\right)^{(\gamma+1)/\gamma} - 1\right]\Big/q \tag{3-14}$$

用类似的方法，不难推导出理想等容循环的热效率公式为

$$\eta_{th} = 1 - (1/q)\left[(1 + rq/\varphi)^{1/\gamma} - 1\right] \tag{3-15}$$

理想等压循环的热效率表达式为

$$\eta_{th} = 1 - (1/\varphi) \tag{3-16}$$

从式（3-16）可见，理想等压循环的热效率只是循环静温比 φ 的函数，与加热量无关。它随静温比 φ 增加而单调增加。

由图 3-26 可见：脉冲爆震发动机循环的熵增最低，等容循环次之，等压循环最高。这从热力学循环角度，指明了脉冲爆震发动机循环的经济性。

图 3-27 表示 $q = 10$ 的条件下理想脉冲爆震发动机循环、理想等容循环和理想等压循环的热效率随 φ 变化的规律。图 3-27 表明：当 $1 < \varphi < 3$ 时，理想脉冲爆震发动机循环和理想等容循环的热效率远大于等压循环。随着 φ 增大，特别当 $\varphi > 3$ 时，理想脉冲爆震发动机循环和理想等容循环的热效率大于等压循环的优势逐渐减弱。图 3-27 还表示了在没有机械压缩或速度冲压（即 $\varphi = 1$）下，理想脉冲爆震发动机循环和理想等容循环仍有较高的热效率。但这时，理想等压循环的热效率为零。因此，脉冲爆震发动机循环和等容循环这一特点使它们在 $0 < Ma_0 < 3$ 范围内有很大的吸引力。对大多数碳氢燃料，如煤油，q 值在 10 左右。假设压缩过程是等熵的，φ 相应于机械压缩比或来流马赫数的冲压或它们的组合。

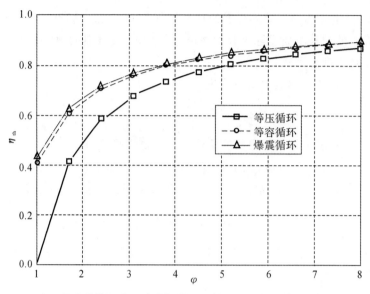

图 3 - 27　在不同压缩静温比下脉冲爆震理想循环热效率与等容、等压循环的比较

3.3.4　脉冲爆震发动机性能分析模型

如何确定脉冲爆震发动机的性能参数(如推力、比冲、耗油率等)是脉冲爆震发动机研究中的一个关键性问题。然而由于脉冲爆震发动机工作过程是间歇式、周期性的,其发动机内的流动具有非稳态特性,其特有的间歇式工作和非稳态流动的特性,一方面使得常规发动机的性能分析方法对其不再适用,另一方面也加大了建立其性能估算理论模型的难度。因此,需要发展一种能够对其性能进行快速、有效估算的性能分析方法,建立相应的理论模型。

目前,国内外解决这一问题的途径主要有两类:一是完全通过数值模拟,获得脉冲爆震发动机工作时各种参数的瞬时值,再通过进一步计算对脉冲爆震发动机的性能参数进行评估;另一种是根据气体动力学,利用公式推导和试验数据,建立起脉冲爆震发动机各个工作过程的简单分析模型,进而实现对脉冲爆震发动机性能的评估。两种方法各有优、缺点,在目前的研究水平下,准确求解脉冲爆震发动机工作过程各参数的变化规律还很困难,因此,采用第二种方法获取脉冲爆震发动机性能计算模型是比较可行的。

3.3.4.1　基于热力循环分析方法的稳态爆震模型

美国空军学院 Heiser 和华盛顿大学 Pratt 基于经典热力循环分析方法,联合发展了一种稳态爆震模型。理想脉冲爆震发动机工作过程由绝热等熵压缩过程、爆震燃烧过程、绝热等熵膨胀过程以及等压放热过程组成。假设发动机中流场是稳态、连续、均匀的,即假设脉冲爆震发动机爆震频率趋于无穷大;假设与空气流量相比,燃料流量可忽略不计,排出的气体理想膨胀到环境压力。利用稳态爆震模型可以方便地与其他类型的循环过程(基于等容燃烧的 Humphrey 循环、基于等压燃烧的 Brayton 循环)进行对比,进行参数化研究。

若已知爆震燃烧过程的油气比 f,则基于式(3 - 11)可得出爆震波传播马赫数 Ma_{CJ},进而基于公式(3 - 14)得到爆震循环热效率。若假设该循环可用能全部转化为发动机推进功,根据

能量守恒可以计算出排气速度,进而得到理想脉冲爆震发动机的单位推力为

$$F_s = \sqrt{u_0^2 + 2\eta_{th}fH_{pr}} - u_0 \qquad (3-17)$$

根据单位推力,可以求得发动机燃料比冲

$$I_{spf} = \frac{F_s}{fg} \qquad (3-18)$$

及单位燃料消耗率为

$$\text{SFC} = \frac{3\,600f}{F_s} \qquad (3-19)$$

从以上公式不难看出,所有推进系统的性能直接与循环热效率有关,因此,根据推进系统循环热效率就可对它们的性能进行比较。

尽管热力循环分析方法在比较脉冲爆震发动机和基于常规等压燃烧发动机热效率时是非常有用的,但由于没有考虑脉冲爆震火箭发动机内部流场的非稳态特性,稳态爆震模型只能用于估算爆震火箭发动机性能上限。Wintenberger 等人专门指出在根据热效率计算推力时,需要进行特殊处理,而不能直接利用稳态燃烧中效率与推力的关系函数进行直接转化。

3.3.4.2　基于推力壁压力积分法的性能分析模型

1. 完全填充模型

对于一端封闭、一端开口的直光管爆震室,若在爆震室的封闭端立即建立起 C-J 爆震,理想情况下,爆震波在传出发动机的过程中,不会在爆震室推力壁处形成反射压缩波,此时爆震波传播的时空图如图 3-28 所示。当在封闭端点火时,爆震波在爆震管封闭端(或推力壁)瞬间形成,同时使推力壁处压力达到爆震波后压力值 P_2,此后爆震波向发动机出口传播。区 ① 是爆震波前未燃可爆混合物静止区。在爆震波后有一束 Taylor 膨胀波向前传播,波头在 C-J 爆震波面上,形成简单区 ②。由于封闭端为固壁,在简单波区 ② 后跟着一个静止区 ③。经过 t_1 时间后,爆震波到达发动机出口,在空气中传入一透射冲击波,同时产生一束向封闭端传播的中心膨胀波,在此过程中推力壁处压力始终保持 P_3 值;经过 t_2 时间后,第一道膨胀波到达推力壁,推力壁压力开始减小并最终降至初始状态压力 P_1 值,推力壁处典型的压力变化曲线如图 3-29 所示。

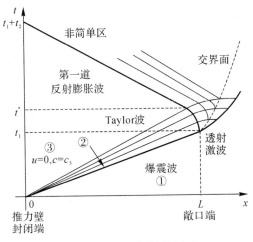

图 3-28　爆震波传播时空图

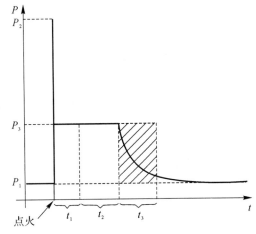

图 3-29　封闭端压力变化曲线

对于一端开口、一端封闭的直管爆震室(见图3-29),推力来源于封闭端两侧的压差,假定当 $t=0$ 时开始产生爆震波,基于图3-29中推力壁上压力与时间关系的理想变化曲线,通过对推力壁两边压力差进行积分可得到如下形式的直管爆震室单个工作周期冲量计算公式:

$$I = A\int_0^\infty \Delta P(t)\mathrm{d}t \qquad (3-20)$$

式中,A 是爆震室横截面积;ΔP 是某时刻推力壁前、后压力差。

由图3-29,式(3-20)可进一步分解成下式:

$$I = A\left[\Delta P_3(t_1 + t_2) + \int_{t_1+t_2}^\infty \Delta P(t)\mathrm{d}t\right] \qquad (3-21)$$

对于式(3-21)第一项,其可通过数学公式进行推导求得,对于第二项只能依于试验数据。通过对大量的试验数据分析及数值模拟,现已总结出如下的快速估计冲量的公式:

$$I = K\frac{P_3 - P_1}{U_{CJ}}V \qquad (3-22)$$

式中,K 为经验常数,通常取4.3;V 为爆震室体积。

基于单循环冲量公式(3-22),可以得到其他一些性能计算公式:

单位容积冲量:

$$I_V = \frac{I}{V} \qquad (3-23)$$

混合物比冲:

$$I_{sp} = \frac{I}{\rho_1 V g} = \frac{I_V}{\rho_1 g} \qquad (3-24)$$

式中,ρ_1 为初始填充混合物密度;g 为当地重力加速度。

燃料比冲:

$$I_{spf} = \frac{I}{\rho_1 X_F V g} = \frac{I_V}{X_F \rho_1 g} \qquad (3-25)$$

进一步,基于单次爆震性能评估方法,Zitoun 和 Wintenberger 将该单次爆震的分析模型直接推广到多循环爆震,给出了估算脉冲爆震发动机平均总推力的半经验公式:

$$\overline{F} = K\frac{P_3 - P_1}{U_{CJ}}Vf_{Hz} \qquad (3-26)$$

式中,f_{Hz} 为爆震频率。对于圆形爆震室,式(3-26)可变为

$$\overline{F} = I_V \frac{\pi d^2}{4}Lf_{Hz} \qquad (3-27)$$

式中,d 为爆震室内径;L 为爆震室长度。

需指出的是,基于推力壁压力积分法来计算发动机所产生冲量和平均推力,一般来说,只适用于内部没有安装障碍物的均匀直爆震管,不能用于估算带排气喷管脉冲爆震发动机性能;此外,试验和数值模拟的结果均表明单次爆震和多循环爆震的压力-时间曲线存在明显差异,在多循环爆震的过程中,推力壁的压力-时间曲线不再存在明显的压力平台区。

2. 部分填充模型

完全填充模型可以用来计算当爆震室内填充满可爆混合物时的脉冲爆震发动机单循环性能,如图3-30(a)所示,此时第一道反射膨胀波的起始位置在爆震室出口,如图3-28所示。当直管爆震室只填充部分可爆混合物,如图3-30(b)中所示的 AB 段,而在爆震室尾部为隔离气

（BC 段）或环境空气时，此时爆震室对应的是部分填充状态，爆震波到达可爆混合物与隔离气体的交接面后，第一道膨胀波在此反射，高温、高压、高速燃烧产物开始对隔离气体做功传热，燃烧放热在这两部分介质中重新分配，最终影响脉冲爆震发动机的单循环推进性能。

为了定量地研究部分填充对直管 PDE 性能的影响，这里需要引入填充系数 φ_{ff} 的概念，若直管爆震室长度为 L，点火起爆前可爆混合物的填充长度为 L_f，则填充系数 $\varphi_{ff} = L_f / L$。

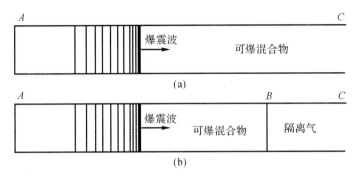

图 3 - 30　直管爆震室内可爆混合物两种填充模式
（a）完全填充；　（b）部分填充

Li 等人通过对单循环爆震管二维的数值模拟，研究了以 $C_2H_4 + 3O_2$ 为可爆物混合物，空气为隔离气体时部分填充对直管爆震室性能的影响，根据数值模拟得到的性能数据，拟合了如下形式的经验公式：

$$\frac{I_{spf}}{I_{spf}\big|_{\varphi_{ff}=1}} = a - \frac{a-1}{\exp[(\varphi_{ff}^{-1} - 1)/8]} \tag{3-28}$$

这里常数 a 根据下式求取：

$$a = \frac{I_{spf}\big|_{\varphi_{ff}=0}}{I_{spf}\big|_{\varphi_{ff}=1}} \tag{3-29}$$

通过调节 a 值的大小，可以改变部分填充下 PDE 性能的变化趋势，当可爆混合物为 $C_2H_4 + 3O_2$，空气为隔离气体，且都在 1 atm 时，常数 a 在 $3.2 \sim 3.5$ 之间。

Cooper 等人根据大量的试验测量结果，给出了如下形式的经验公式：

$$\frac{I_{spf}}{I_{spf}\big|_{\varphi_{ff}=1}} = \begin{cases} 0.794 + 0.206\varphi_{ff}^{-1} & 0.073 \leqslant \varphi_{ff} \leqslant 1 \\ 3.6 & 0 < \varphi_{ff} < 0.073 \end{cases} \tag{3-30}$$

由于当爆震室填充系数为 0 时，PDE 的各项性能指标应为 0，因此经验公式将填充系数分成两个区间：当 φ_{ff} 在区间 $0.073 \sim 1$ 时，经验公式通过试验数据拟合获得；当 φ_{ff} 在区间 $0 \sim 0.073$ 时，公式应用 Li 的数值模拟结果给出近似常数。

从式（3-28）和式（3-30）可以看到，部分填充方式可以提高发动机的燃料比冲，进而提升发动机推进的经济性；若将式（3-30）以冲量比的形式表达，则部分填充下的冲量与完全填充时得到的冲量是线性关系，填充系数 φ_{ff} 越大，单循环冲量越大。

3.3.4.3　等容循环模型

由于爆震波的传播速度非常快，为 $5 \sim 10$ 倍声速，因此在 PDE 实际运行过程中爆震传播过程的时间非常短。以 1 m 长的爆震管为例，假设 PDE 的工作频率为 100 Hz，爆震波速度为

2 000 m/s,爆震波的传播时间仅占发动机一个运行周期的 5%。试验结果也表明爆震波的起始和传播的时间远小于排气时间。因此,在爆震传播过程中从爆震管中所排出的气体质量可以忽略不计,同时由图 3-27 所示可知爆震循环热效率接近等容循环热效率,这表明可以采用等容燃烧模型近似爆震燃烧模型。该模型假设:① 燃烧室内气动热力参数随着时间变化,在空间上均匀分布;② 喷管流动被近似认为是一维准定常流。

基于此,Talley 等人提出了如图 3-31 所示的等容循环模型,其由等压填充过程、等容燃烧过程、等容排气过程和等压排气过程组成。

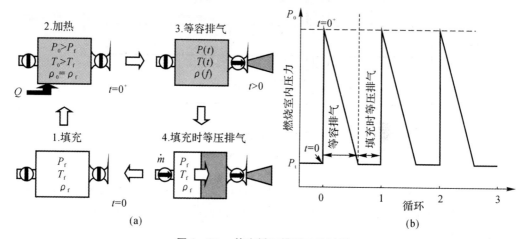

图 3-31 等容循环模型工作过程

(a) 工作过程示意图; (b) 燃烧室内压力变化

1.等压填充过程

此时进气阀打开,等压填充可燃气体,填充压力和温度分别为 P_f 和 T_f,对于吸气式脉冲爆震发动机,填充状态对应于进气道或压气机后状态。当 $t = 0$ 时,填充过程结束,关闭进气阀,此时燃烧室内的压力、温度和密度分别为 P_f,T_f 和 ρ_f。在填充过程结束后,燃烧过程立刻开始。

2.等容燃烧过程

此时燃烧室进出口阀门关闭,可以利用等容放热计算燃烧后状态(P_0,T_0),即

$$T_0 = \frac{C_{vf} T_f + q_{supp}}{C_{vb}} \tag{3-31}$$

式中,q_{supp} 为放热量;C_{vf} 和 C_{vb} 分别为燃烧前、后定容比热;T_f 和 T_0 分别为燃烧前、后温度,进一步基于气体状态方程可得到燃烧后压力 P_0。基于燃烧前气体状态,也可以利用化学平衡法(如 CEA)确定燃烧后状态参数。

3.等容排气过程

此时燃烧室进口阀门仍关闭,出口阀门打开,基于控制体流量及能量守恒,可得燃烧室内气体状态满足如下常微分方程:

$$\frac{d\rho}{dt} = -m_e/V \tag{3-32}$$

式中,V 为燃烧室体积;m_e 为燃烧室出口瞬时流量。随着排气过程的进行,当燃烧室内压力 P 等于填充压力 P_f 时,等容排气过程结束,因此对式(3-32)在压力变化区间$[P_0,P_f]$进行积分可获得排气过程中燃烧室内气体状态的变化及等容排气时间。

4. 填充时等压排气过程

此时燃烧室进口阀门打开,填充的新鲜混合物与残留燃烧产物存在间断面,间断面两侧压力都为 P_f,新鲜混合物温度和密度为填充温度 T_f 和密度 ρ_f;燃烧产物的气体状态保持在等容排气过程终了时状态,基于残留产物质量及产物排出流量可以确定等压填充时间。

一方面,当假设气流在喷管内的流动是一维准定常过程时,则基于燃烧室内瞬时压力 $P(t)$、温度 $T(t)$ 及传统稳态喷管计算方法可以计算出喷管出口气流状态参数及瞬时流量 m_e,进而采用数值方法可以求解方程组式(3-32)。另一方面,当燃烧室压力 $P(t)$ 降低到填充压力时喷管内无激波,就能保证整个排气过程中喷管内不出现激波,此时方程组式(3-32)是可解析的,可应用解析公式直接求解。

3.4　脉冲爆震发动机的分类及概念设计

3.4.1　引言

众所周知,任何发动机的总体结构方案都是保证其正常工作的核心要素之一。由于脉冲爆震发动机在性能上的优越性,自从其概念的提出至今,世界上许多国家的研究机构围绕火箭式和吸气式两大类脉冲爆震发动机提出了许多不同结构形式的发动机总体方案,并进行了大量的理论分析和试验研究。特别是在火箭式脉冲爆震发动机的总体结构方案确定方面,已形成了一套行之有效的设计方法。本节在对现有脉冲爆震发动机分类进行介绍的基础上,结合一推力级为 100 N,以汽油为燃料、空气为氧化剂的脉冲爆震火箭发动机的设计,给出了设计流程和计算方法。

3.4.2　脉冲爆震发动机的分类

按照脉冲爆震发动机氧化剂的供给方式可将其分为火箭式和吸气式两大类结构形式。其中吸气式又可分为基本型脉冲爆震发动机和脉冲爆震涡轮发动机两种类型。在此基础上,根据爆震管数目的不同,脉冲爆震发动机又可分为单管或多管两种形式;根据燃料和氧化剂喷入时控制方式的不同,又可分为旋转阀控制、电磁阀控制和无阀自适应控制三种结构形式。

近几年来,还有人提出了将脉冲爆震发动机与现有的脉动、涡喷或涡扇发动机组合而成的组合循环发动机以及波转子脉冲爆震发动机。

下面主要介绍火箭式和吸气式脉冲爆震发动机的典型结构形式、组成部分及其工作过程。

3.4.2.1 脉冲爆震火箭发动机

脉冲爆震火箭发动机(Pulse Detonation Rocket Engine,PDRE)是脉冲爆震发动机的一种,它自带燃料和氧化剂。图3-32所示为一种单管脉冲爆震火箭发动机结构示意图。它主要由推力壁、爆震室、燃料-氧化剂供给、喷射系统、点火器和尾喷管等组成。它的工作循环过程如图3-25所示。

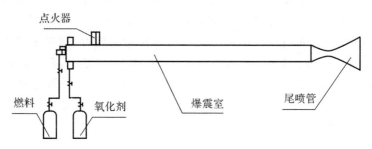

图 3-32 单管脉冲爆震火箭发动机结构示意图

虽然单管脉冲爆震发动机结构简单,但是单管脉冲爆震发动机具有可调工作频率范围窄、推力较小的缺点。为了解决这些问题,发展了将多个爆震管并联而成的多管脉冲爆震发动机,其典型结构如图3-33所示,主要由燃料-氧化剂供应系统、精密流量阀、爆震室、爆震激发和控制系统、冷却系统和喷管等组成。在图3-33中,发动机采用6个圆柱形爆震管并联,沿圆周均布的结构形式,每一个爆震管都有一个进口端和一个出口端,出口端与喷管相连接,所有爆震管沿轴向互相平行,且共用一个尾喷管,这样就能够产生同一个方向的推力。燃料和氧化剂经过燃料/氧化剂管路和快速反应的流量阀供给到爆震室进口端。燃料/氧化剂管路与燃料箱和氧化剂箱相连,燃料箱和氧化剂箱都存储在发动机推进的运载火箭上。

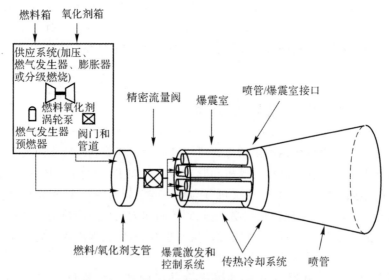

图 3-33 多管脉冲爆震火箭发动机结构示意图

多管 PDRE 的每个爆震管都分别包含一个独立的燃料和氧化剂入口端来允许氧化剂和

燃料进入爆震室,一个出口端来排放燃烧产物。燃料供应系统能够按一定次序来为所有的爆震管提供燃料。工作时,依次对各爆震管进行点火,以实现对发动机工作频率的控制。值得一提的是,多管 PDRE 工作时并不一定每个爆震管都工作,可以通过一定的组合方式,使其中的若干个爆震管工作,以达到增大推力调节范围的目的。

与单管脉冲爆震火箭发动机相比,多管脉冲爆震火箭发动机虽然具有很多优点,但由于它的结构较为复杂,因此也具有一些本身无法克服的缺点。比如:①由于每个管都拥有进气和点火装置,较大的质量和体积限制了爆震管的数目;②需要数个高频循环的起爆装置和结构复杂、快速循环的阀来控制燃料、氧化剂的进入,否则频率的提高将受到限制。

3.4.2.2　吸气式脉冲爆震发动机

由于火箭式脉冲爆震发动机需要自身携带一定量的氧化剂,这就限制了它的应用范围和发动机的工作时间,同时也增加了发动机的总质量,不利于发动机推重比的提高。而吸气式脉冲爆震发动机(Air‐Breathing Pulse Detonation Engine,ABPDE)则能够克服上述火箭式脉冲爆震发动机的缺点,具有更为宽广的应用范围。吸气式脉冲爆震发动机是用燃料空气混合物作推进剂来产生推力的,由于发动机本身不需要自身携带氧化剂,从而减少了附属设备,降低了发动机的总体质量,因此发动机的推重比能得到进一步的提高,同时发动机的工作时间也不会受到很大限制。

1.基本型脉冲爆震发动机

基本型脉冲爆震发动机由进气道、进气阀、一个爆震室和一个尾喷管组成,如图 3‐34 所示。其中,进气阀的作用是控制在爆震循环填充过程中进入爆震室的空气量,同时在爆震循环的燃烧过程中作为推力壁。爆震室的作用是以超声速或者说是爆震燃烧的方式燃烧燃料和空气的混合物。喷管的作用是通过有效膨胀爆震循环过程中产生的燃烧产物来增加推力。在循环的重新填充过程中,喷管作为一个背压腔来增加推力增益。

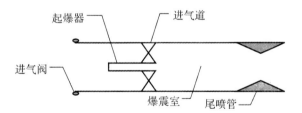

图 3‐34　基本型 PDE 结构示意图

基本型脉冲爆震发动机按其实现自吸气方式的不同又可分为引射模态和速度冲压模态两种工作模态。

(1)引射模态。引射模态吸气式脉冲爆震发动机适用于飞行器直接从地面起动或飞行器飞行速度较低时。一般由进气道、起爆管、进气阀、爆震室、尾喷管、燃料供应系统、点火系统和控制系统等组成,如图 3‐35 所示。

进气道用来吸入爆震燃烧所需空气,根据来流情况分为亚声速进气道和超声速进气道。

起爆管实际上是一种小型脉冲爆震火箭发动机,具有两个主要作用:一是利用它排出的高温、高速、高压燃气可以为主爆震室引射空气,从而解决自吸气问题;二是起爆管排出的爆震波可以用来起爆主爆震室中可爆混合物,从而解决直径较大的主爆震室难以起爆的问题。起爆管设有专用的燃料和氧化剂箱,一般位于主爆震室前,也可位于其他位置。

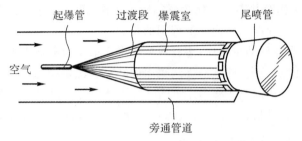

图 3-35 吸气式脉冲爆震发动机结构示意图

进气阀主要用来控制爆震室引射空气的供给量,并在爆震波形成和传播阶段起推力壁作用。进气阀分为机械阀和气动阀两种。机械阀有膜片式、簧片式和旋转式。膜片式、簧片式机械阀寿命短,旋转阀需要动力和控制系统。气动阀是一种无机械阀的单向流动装置,它的特点是顺向流动阻力小,逆向流动阻力大,结构较为简单,是吸气式发动机理想的进气阀。

爆震室通过一个渐扩过渡段与起爆管相连通,这样能保证爆震波从小管径的起爆管顺利、平滑地过渡到大管径的爆震室。渐扩过渡段的外形轮廓是按照一定的扩张比例逐渐进行扩张的,其扩张速率取决于起爆管的直径、起爆管内可爆混合气体的临界直径以及爆震室的横截面积。可爆混合气体的临界直径是指用此混合气体填充起爆管时,起爆管把排出管外的爆震直接过渡成球形爆震波所需的最小直径,它是衡量混合气体可爆性的一个特征参数。引射模态吸气式脉冲爆震发动机也可以在爆震室的外围设有一个空气旁路管道,用它来捕获爆震发动机的排气并把它与引射空气相混合,然后通过尾喷管排出发动机,能够增加发动机的推力,同时新鲜空气通过旁路管道时对爆震室还能起到冷却作用。

引射模态吸气式脉冲爆震发动机的工作过程如下:首先把燃料和氧化剂喷入起爆管中,同时打开进气阀使空气进入爆震室,另外同时从喷油环沿一定角度向来流喷入燃油,但要特别注意的是,开始喷油的时间一定要延后进气一定时间,这样就能够产生一薄层的隔离气体,以便把上一循环的残留废气与新鲜混合物隔离起来,从而避免产生自燃;然后关闭进气阀和进油阀,随之点火器进行点火,于是在起爆管内产生爆燃波并经过 DDT 转变为爆震波,然后传递到爆震室并维持爆震燃烧,最后高温、高压燃气通过尾喷管高速排出,产生推力。接着爆震室开始填充新的空气和燃油,排空上一循环余下的燃气,进入下一个爆震循环。

(2)速度冲压模态。当飞行器高速飞行时,迎面气流相对以飞行速度进入发动机的进气道,在进气道内扩张减速,将动能转变成压力能(例如进气速度为 3 倍声速时,理论上可使空气压力提高 37 倍),气压和温度升高后进入燃烧室与燃油混合燃烧。由此可见,当发动机以超声速飞行时,单靠速度冲压,进气量就能够满足发动机的需要,吸气式脉冲爆震发动机可以在速度冲压模态下工作。图 3-36 所示为一带旋转阀的速度冲压模态吸气式多管脉冲爆震发动机结构示意图。

从图 3-36 可以看出,该脉冲爆震发动机包含 4 个互相平行的爆震燃烧室,旋转阀的作用是在发动机工作时,爆震管依次通过旋转阀与进气、进油系统相连通,以实现对发动机的进油、进气时间的精确控制。旋转阀也有利于发动机循环频率的提高,使得发动机的进口损失进一步降低。同时旋转阀还能够将稳定的进气、进油系统与非稳态的爆震波隔离开来,使得当某几个爆震室产生爆震波时,还能够为其他爆震室供应新鲜的可燃混合气体。旋转阀一般是由直流电机来驱动的,这必将增加发动机结构的复杂程度和发动机的质量。

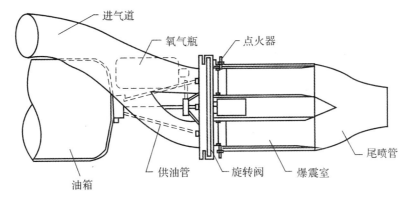

图 3-36　带旋转阀的速度冲压模态吸气式多管脉冲爆震发动机结构示意图

从图 3-37 所示的多管 PDE 布置图上可以看出,发动机的 4 个爆震室沿发动机周向间隔相同的角度布置,而且各个爆震管相互平行,这样它们便能在同一方向产生推力。另外,每个爆震室都有一个单独的点火器用来起爆混合气体。

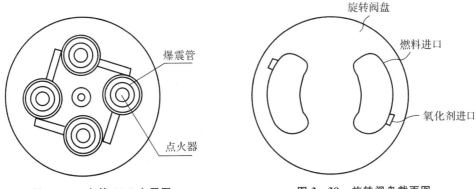

图 3-37　多管 PDE 布置图　　　　**图 3-38　旋转阀盘截面图**

此外,从图 3-38 所示的旋转阀盘截面图上可以看出,该旋转阀上刻有两个月牙形的燃料进口槽,这样随着旋转阀在转动一周的过程中,燃料进口槽就会顺次经过各个爆震管,当燃料进口槽与爆震室相通时,燃料就填充到爆震管。另外,在每个进口槽旁边各有一个氧化剂进口槽,它是用来在填充燃料的最后阶段,通过氧化剂进口槽给相应的爆震室充入足够的氧化剂,这样便在爆震室前端建立了一个强化的预爆震区,利于点火和爆震波的产生。为了与各爆震室很好地匹配工作,燃料进口槽的位置和尺寸也有一定的要求,即从燃料进口槽到旋转阀中心的距离与爆震室到旋转阀中心的距离是相等的,同时燃料进口槽开口的径向宽度与爆震管的直径也是相等的,而进口槽开口的周向大小主要取决于爆震管的长度(决定了燃料的填充时间)和旋转阀转动的速度,必须保证在旋转阀转动一周的过程中每个爆震管内都填充燃料一次。

另外,在旋转阀盘与爆震室之间安装有一对锥形滚动轴承用来承受压力。在爆震波传播过程中产生作用在旋转阀盘上的力通过轴承传到旋转系统支承上,这样在发动机工作时轴承可以从旋转阀向机身传递推力。为了防止爆震室与旋转阀之间漏气,在管道旋转系统各部件之间还布置有密封组件。密封件的材料可以选用耐高温的固态石墨,也可以选用其他合适的耐高温密封材料。

发动机工作过程如下:首先打开空气和油箱的出口阀门,然后起动电机来驱动旋转阀盘转动,当旋转阀上的燃料进口槽转到爆震室进口端时,空气和燃料通过相应的进口进入爆震室,从而形成主爆震区域。旋转阀继续旋转打开了连接着氧化剂发生器的氧化剂导管,氧化剂进入爆震室(此处氧气用作氧化剂,但也可用其他合适的氧化剂),于是在与火花塞相邻的区域形成强化的预爆震区域,旋转阀继续旋转关闭爆震室进口,然后点火器点燃预爆震区域,开始产生爆燃波,爆燃波经过 DDT 转变成爆震波,最后燃烧后的高温气体从尾喷管喷出,从而产生推力。总之,该发动机一个工作循环主要由以下几个过程构成:

1)打开旋转阀门,为爆震室填充燃料空气混合物和氧化剂;

2)旋转阀密封爆震管,在封闭端点火起爆;

3)爆震波在封闭爆震管内向后端传播;

4)爆震波传出爆震室,排出废气,产生推力;

5)旋转阀打开爆震室,进行重新装填(此时相邻爆震室正在工作)。

2. 脉冲爆震涡轮发动机

所谓脉冲爆震涡轮发动机,是一种将脉冲爆震燃烧室(Pulse Detonation Combustor,PDC)应用于传统涡轮发动机中燃烧室(包括加力燃烧室和主燃烧室)的新型燃烧模式发动机,如带 PDC 加力燃烧室的涡喷发动机(见图 3-39),PDC 作为主燃烧室的涡喷发动机(见图 3-40),带 PDC 外涵加力燃烧室的涡扇发动机(见图 3-41)等。

由于脉冲爆震燃烧相对于传统航空发动机广泛采用的等压燃烧具有燃烧速度快、效率高、自增压等显著特点,所以其燃烧过程近似于等容燃烧,燃烧产物的污染物排放也大大降低,对于给定的气流,脉冲爆震循环能使流场的平均总压增大近 6 倍。国内外的理论分析均已证明,如果将它用于传统发动机燃烧室就可以实现发动机燃烧模式从等压燃烧向爆震燃烧的转变,进一步提高发动机的推力;或者在相同的推力下,就可以降低压气机和涡轮的级数,减轻发动机的质量,提高发动机的推重比,形成新一代高推重比(高功重比)发动机。这种发动机既具有脉冲爆震循环效率高的优点,又兼备涡轮机械功率提取效率高的优点,而且在宽广的速度范围内具有良好的性能。

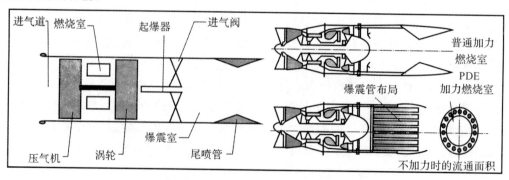

图 3-39 带 PDC 加力燃烧室的涡喷发动机示意图

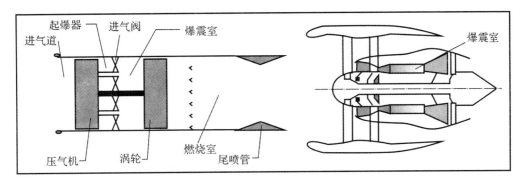

图 3 - 40　PDC 作为主燃烧室的涡喷发动机示意图

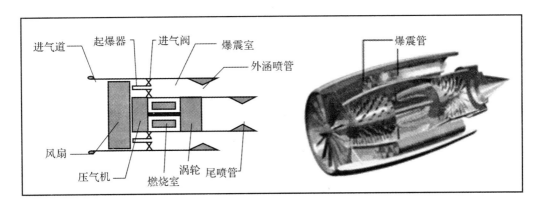

图 3 - 41　带 PDC 外涵加力燃烧室的涡扇发动机示意图

3.4.3　脉冲爆震发动机概念设计

3.4.3.1　脉冲爆震发动机基本尺寸的确定

由式(3-27)可以看出,发动机平均推力的大小除了与单位体积冲量有关外,还与发动机爆震管长度 L、爆震管内径 d 的二次方和发动机的循环频率 f_{Hz} 成正比。脉冲爆震发动机的基本尺寸主要包括爆震管长度 L 和爆震管内径 d 两个参数。

1. 爆震管长度 L 的确定

从式(3-27)可以看出,增加爆震管长度,可以增加发动机的平均推力。但是发动机长度受到发动机质量和实际安装尺寸的限制,不能太长,也不能太短。爆震管长度 L 必须大于发动机由缓燃向爆震转变的距离,即

$$L > L_{DDT} \tag{3-33}$$

爆震转变距离 L_{DDT} 与爆震胞格尺寸 λ 有关,它们之间的关系一般为 $L_{DDT} \geqslant 10\lambda$。爆震胞格尺寸又与燃料种类有关,比如在自然环境条件下($P=101.3\ \text{kPa}$,$T=300\ \text{K}$),恰当比汽油空气混合物的胞格尺寸约为 $42\ \text{mm}$,恰当比 JP10 空气混合物的胞格尺寸约为 $60\ \text{mm}$。爆震转

变距离 L_{DDT} 还受到爆震室内部结构、火花塞点火能量的影响,增大点火能量能够缩短爆震转变距离,图 3-42 所示为几种燃料空气混合物的 DDT 转变距离与当量比的关系。从使用角度看,一般要求发动机长度不超过 2 m。发动机长度选取范围是 $2\ m > L > L_{DDT} \geqslant 0.6\ m$。

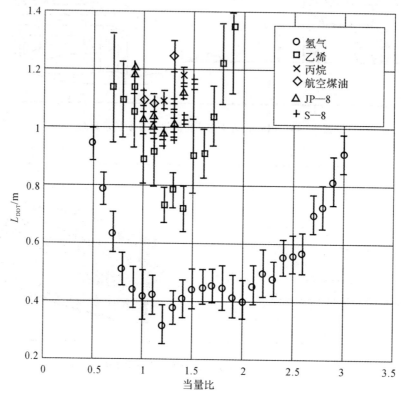

图 3-42　几种燃料空气混合物的 L_{DDT} 与当量比的变化数据

2. 爆震管内径的确定

爆震管产生爆震波受到临界直径的限制,当爆震管的直径小于临界直径时,就不能形成爆震,因此,爆震管内径必须大于一定的数值,即

$$d \geqslant \lambda/\pi \tag{3-34}$$

式中,λ 为燃料胞格尺寸,对于以液态汽油为燃料的脉冲爆震发动机,已知汽油的胞格尺寸为 42 mm,爆震管内径必须满足 $d \geqslant 14\ mm > \lambda/\pi$。

从式(3-27)可以看出,发动机的平均推力与爆震管内径的二次方成正比,也就是说,爆震管内径增加 2 倍,发动机的平均推力就可以增加 4 倍。但是,爆震管内径也不能过大,否则需要很大的点火能量和一套复杂的点火系统。考虑到实际工程的需要,一般选取爆震管的内径范围是 $200\ mm \geqslant d \geqslant 15\ mm$。

3. 循环频率极限

由式(3-27)可见,平均推力与循环频率成正比。但是,循环频率不能无限增加,因为它有一个上限,最大循环频率 f_{max} 与最小循环时间 t_{cycle} 相关,即

$$f_{\max} = 1/t_{\text{cycle}} \qquad (3-35)$$

脉冲爆震发动机的一个循环包括可爆混合物填充时间 t_{fill}、爆震波在爆震室传播时间 $t_{\text{detonation}}$ 以及清除燃烧产物时间 t_{exhaust}。

$$t_{\text{cycle}} = t_{\text{fill}} + t_{\text{detonation}} + t_{\text{exhaust}} \qquad (3-36)$$

式中,可爆混合物填充时间 $t_{\text{fill}} = L/u_{\text{fill}}$,$u_{\text{fill}}$ 是填充速度。爆震波在爆震室传播时间 $t_{\text{detonation}} = t_{\text{CJ}} = L/u_{\text{CJ}}$,$u_{\text{CJ}}$ 为爆震传播速度。试验表明:清除燃烧产物时间 $t_{\text{exhaust}} = 9t_{\text{CJ}}$。将以上关系式代入式(3-35),得

$$f_{\max} = \frac{1}{L} \frac{1}{\dfrac{10}{u_{\text{CJ}}} + \dfrac{1}{u_{\text{fill}}}} \qquad (3-37)$$

从式(3-37)可知,最大循环频率与爆震管长度成反比。对于化学恰当比的 JP10 空气,当 $P_1 = 100\ \text{kPa}$,$T_1 = 300\ \text{K}$ 时,$u_{\text{CJ}} = 1\,783.5\ \text{m/s}$。假设填充速度 $u_{\text{fill}} = 100\ \text{m/s}$ 和 $200\ \text{m/s}$,爆震管长度 $L = 1\ \text{m}$ 时,则最大循环频率 $f_{\max}$ 分别为 64 Hz 和 94 Hz。

图 3-43 所示为对于两种不同填充速度的循环频率上限图。当管道长度增加时最大循环频率显著减小。对于最大循环频率的这种估计是很粗略和理想化的,因为它没有考虑除填充、爆震及排气外的其他特征时间,例如填充隔离气体的时间、爆震形成时间等。但该公式至少提供了发动机工作时循环频率的量级。例如,1 m 长的爆震管很难达到 100 Hz 的频率。

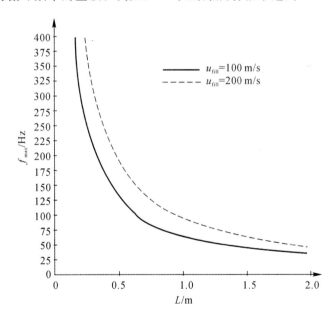

图 3-43　采用 JP10 空气的 PDE 循环频率上限与管长的关系(填充条件为 100 kPa,300 K)

4. 三维设计面

前面讨论的所有限制必须综合考虑,以便研究应用由管径、循环频率、管长构成的三维设计参数进行设计的可能性。这三个设计参数分别服从以下三个约束条件。第一个约束条件就是以推力为设计目标,由式(3-27)得

$$L \propto \frac{1}{d^2} \tag{3-38}$$

第二个约束条件是最大循环频率,由式(3-37)得

$$f \leqslant f_{\max} \propto \frac{1}{L} \tag{3-39}$$

第三个约束条件是管道尺寸必须大于最小值,它们均与胞格宽度 λ 成比例,即

$$\left. \begin{aligned} d &\geqslant \lambda/\pi \\ L &\geqslant 10\lambda \end{aligned} \right\} \tag{3-40}$$

当综合考虑所有这些约束时,只有按一定的频率、长度和直径的组合进行设计才是可能的,可以通过在(f,d,L)设计空间中的函数关系 $f=f(L,d)$ 来形象表示这一点。设计基于推力为 100 N,采用 JP10 的 PDE(填充速度为 200 m/s,100 kPa,300 K)表示频率、爆震室长度、直径可能值的三维设计面如图 3-44 所示。

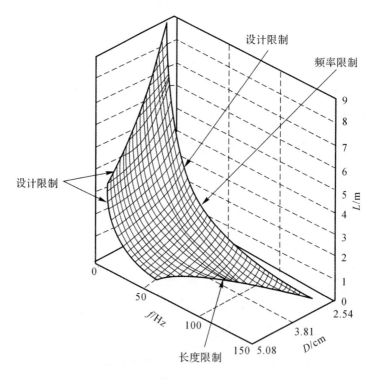

图 3-44　表示频率、爆震室长度、直径可能值的三维设计面

注意,设计表面的边界象征各种限制因素。式(3-39)表示的最大循环频率约束条件要求最小管径必须大于 3.175 cm。这样使得由式(3-34)确定的胞格尺寸限制不起作用。爆震管长度的下限由式(3-40)表示的 DDT 准则决定。其他边界由式(3-27)表示的推力设计条件决定。更接近实际应用的设计面如图 3-45 所示。所考虑的长度上限为 2 m,这对于实际应用来说可能是一个合理的上限,在构造设计面时假设填充速度为 200 m/s。

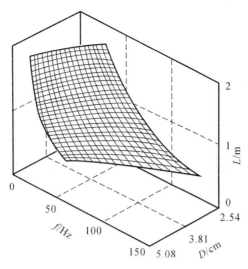

图 3-45　适合于实际应用在给定管长范围内的三维设计面

3.4.3.2　脉冲爆震发动机性能参数与结构参数的关系

对脉冲爆震发动机来说,主要的性能指标是推力,结构设计就是根据一定的性能要求确定爆震室的直径和长度,这是 PDE 研制的基础。这里首先讨论和分析 PDE 性能参数和结构参数的关系,并依此进行了定量计算,阐述了 PDE 结构设计的方法,为发动机的方案设计和结构设计提供技术储备和数据参考。

对于一端封闭、一端开口的直管爆震室,给出了其瞬时推力、平均推力的计算公式:

$$
\left.\begin{aligned}
F(t) &= \frac{\pi}{4} d^2 \left[P_3(t) - P_1 \right] \\
\overline{F} &= \frac{\displaystyle\int_0^{t_{\text{cycle}}} F(t)\,\mathrm{d}t}{t_{\text{cycle}}} \approx K\,\frac{P_3 - P_1}{U_{\text{CJ}}}\,\frac{\pi d^2}{4} L f_{\text{Hz}}
\end{aligned}\right\} \tag{3-41}
$$

分析基本方程可以看出,瞬时推力只受爆震管直径和封闭端压力的影响;对于一定的燃料和余气系数,理论上封闭端的压力一定,瞬时推力与爆震直径的二次方成正比,随着管径增大,瞬时推力增大;在其他条件不变的情况下,相应地平均推力亦随之增大。在能形成充分发展爆震波而其他条件不变的前提下,脉冲爆震发动机的瞬时推力不变,平均推力与爆震频率成正比,增大爆震频率即缩短总的循环周期,将使平均推力增大;而增大爆震管长度则会导致总循环时间增大,爆震频率下降,从而使平均推力减小。但爆震管长度也不是越短越好,因为太短便不能形成充分发展的爆震波,致使 PDE 不能正常工作,故各参数间存在一种最佳匹配关系。爆震室基本尺寸确定步骤如图 3-46 所示。

下面以汽油做燃料为例,对脉冲爆震发动机性能参数和结构参数的关系进行计算。计算中假设平均推力分别为 5 N,50 N,500 N 及 1 000 N,初始温度和压力分别为 300 K,100 kPa;余气系数=1;爆震管长度范围为 0.6~2 m,直径范围为 20~500 mm,爆震频率范围为 10~90 Hz,图 3-47 至图 3-50 表示燃料为汽油,平均推力分别为 5 N,50 N,500 N 及 1 000 N 时脉冲爆震发动机的性能参数和结构参数的关系曲线。

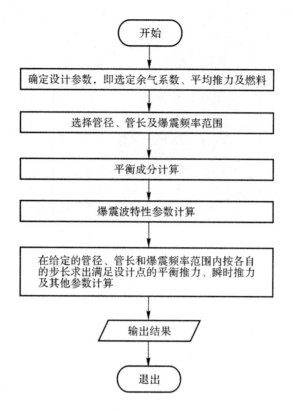

图 3-46　基本尺寸设计计算流程图

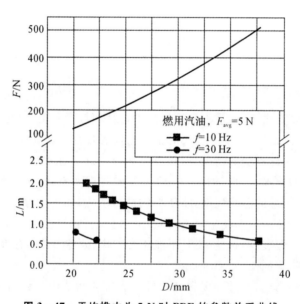

图 3-47　平均推力为 5 N 时 PDE 的参数关系曲线

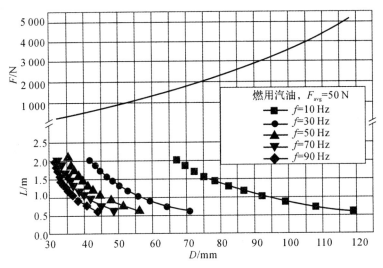

图 3 – 48 平均推力为 50 N 时 PDE 的参数关系曲线

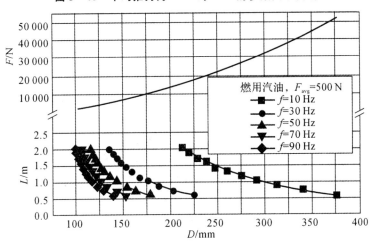

图 3 – 49 平均推力为 500 N 时 PDE 的参数关系曲线

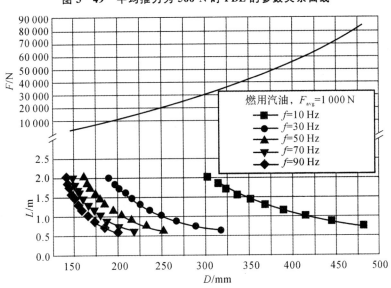

图 3 – 50 平均推力为 1 000 N 时 PDE 的参数关系曲线

从计算结果可知,管径越大,瞬时推力就越大,可达到的平均推力才能随之增大;若爆震频率增加,爆震管长度和直径都可减小便能达到同样的平均推力。在相同的爆震管长度和爆震频率下,设计平均推力越大,所要求的管径就越大。

图 3－51 至图 3－54 表示推力分别为 100 N,500 N,1 000 N,1 500 N 时的脉冲爆震发动机三维设计曲面。从图中可见,随着设计推力的增大,发动机的结构尺寸也应相应增大,且发动机截面尺寸的增大对增大推力效果更为显著。在实际中,根据一定推力要求设计的发动机,尺寸是确定的,发动机在设计曲面工作时处于额定工作状态,低于设计曲面产生的推力减小,高于设计曲面产生的推力增大。但发动机的工作频率并不是可以无限增大的,而是要低于频率限制面,也即发动机结构尺寸一定时,存在一个最大推力值。同时,在设计发动机时,发动机的工作范围也是一个重要的方面。当设计曲面距频率极限较远时,发动机频率可增大范围较为宽广,推力增大范围也大;而当设计曲面距频率极限较近时,发动机推力可增大幅度不大;当设计曲面处于频率极限时,设计推力即为发动机能够达到的最大推力,发动机在低于设计推力时的工作范围最宽。

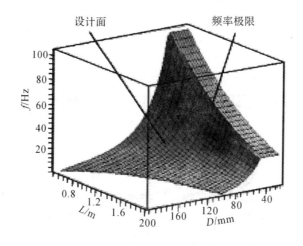

图 3－51　推力为 100 N 时脉冲爆震发动机设计曲面

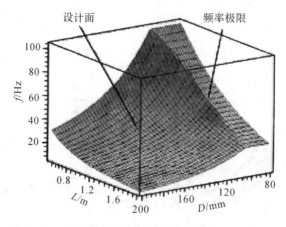

图 3－52　推力为 500 N 时脉冲爆震发动机设计曲面

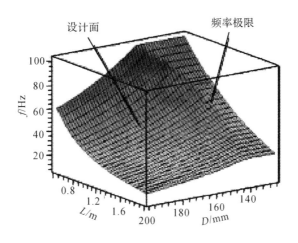

图 3-53　推力为 1 000 N 时脉冲爆震发动机设计曲面

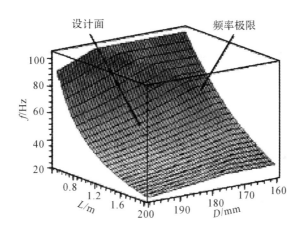

图 3-54　推力为 1 500 N 时脉冲爆震发动机设计曲面

3.4.3.3　脉冲爆震发动机总体设计考虑的问题

1. 性能设计问题

进行脉冲爆震发动机设计时,需要知道燃料的爆震性质。脉冲爆震发动机在外界环境
($P_1 = 100$ kPa, $T_1 = 300$ K)下工作时,可以使用 JP10 空气混合物或汽油空气、煤油空气混合物。JP10、汽油及煤油的爆震特性如表 3-3 所示。

表 3-3　JP10、汽油及煤油的爆震特性

爆震特性　　　　　　燃　料	JP10	$C_8 H_{16}$	$C_{10} H_{22}$
混合物初始密度 $\rho_1 / (kg \cdot m^{-3})$	1.221	1.219	1.22
燃料摩尔分数 x_f	0.014 78	0.017 44	0.013 95
燃料质量分数 w_f	0.066 168	0.063 75	0.063 38

续 表

燃 料 ＼ 爆震特性	JP10	C_8H_{16}	$C_{10}H_{22}$
C-J 压力 P_{CJ}/MPa	1.84	1.89	1.914
C-J 速度 u_{CJ}/(m·s^{-1})	1 783.5	1 800	1 789
推力壁压差 ΔP_3/MPa	0.585	0.609 7	0.617 8
推力壁声速 c_3/(m·s^{-1})	914.9	926.8	993.2
混合物比冲 I_{sp}/s	114.6	117.12	118.45
单位体积冲量 I_V/(N·s·m^{-3})	1 372.5	1 413.58	1 433.4
胞格宽度 λ/mm	60	50	55

脉冲爆震发动机的总体性能参数是根据发动机的用途和用户要求确定的。

2. 循环频率上限

循环频率上限与最小循环时间有关,是爆震与排气时间和填充时间的函数。对于目前研究中所考虑的填充速度范围来说,填充时间和爆震与排气时间是相当的。必须注意的是,除非混合物预先混合好了,否则会有混合特征时间,它可能进一步增加了填充时间。实际考虑的因素中还有在缓冲区充入惰性气体(空气),以防止前一循环中残留的爆震产物点燃新鲜燃料空气混合物,这也将增加填充时间。因此,按前面介绍的估计填充时间的方法不太准确,这将给设计带来一些误差。

3. 爆震敏感度

通常用于衡量爆震敏感度或可爆性的参数是胞格尺寸,它是决定最小管长的约束条件之一。试验表明,通过采用一种精心研制的点火设计,在一管径为 7.62 cm,管长为 101.6 cm 的爆震管中有可能起爆一种敏感度与 JP10 空气相当的混合物,以获得接近理想的性能。这一尺寸比目前设计中用到的最小尺寸要大很多。如果可以增加混合物的敏感度,例如,减小胞格尺寸,那么所采用的脉冲爆震发动机可以短一些,因而循环频率可以高一些。这可以通过使用一种可爆性更高的燃料混合物,或者通过给 JP10 空气混合物增加可爆性来实现。

4. 爆震的起爆

爆震波的起爆是脉冲爆震发动机成功的关键。经验表明,DDT 对于短爆震管来说不是一种实际可行的起爆方法,因此需要利用其他技术。如今最普遍的途径之一就是两步起爆:首先应用容易起爆的燃料氧气混合物在小管子里起爆,然后用它引爆主爆震室中不易起爆的燃料空气混合物。这种方法需要氧气的供应、额外的阀及起爆管的控制系统。可以不用氧气的起爆方法还在研究之中,包括激波的聚焦和热气体射流。

5. 液体燃料

汽油、煤油及 JP10 在室温下为液体而不是气体。如果在实际中使用这些燃料的话,必须使用特别的方法来雾化和混合燃料。燃料液滴尺寸必须在 10 μm 以下以避免可爆性的严重降低。实际上,发动机工作一段时间后会变热,这样便有足够的热能来给液体燃料加热,当液体燃料喷射到爆震室时,燃料很快就会完全蒸发。

6. 多循环工作

在前面的设计中只考虑了单循环工作时的有关因素。多循环与单循环有所不同，为了防止新鲜可燃混合物与燃烧产物接触时过早燃烧，一般需要加入隔离气体。在计算循环时间时应考虑这一因素。

7. 阻力和流动损失

目前研究中最明显的简化之一便是没有考虑发动机运行时的阻力损失，以及在填充、爆震传播与排气过程中通过发动机的流动损失。为了估计这些损失，不得不考虑更复杂的设计，包括进气扩压器、旁路几何通道、PDE 空气阀以及喷管等。这些对于真实发动机的性能估计是非常重要的。但是，在目前概念设计阶段不可能考虑这些问题，因为还没有达到像燃气轮机和火箭那样，对发动机的部件和几何外形进行标准化设计。此外，由于脉冲爆震发动机特有的非稳态工作过程，所以采用简单的准一维稳定流动分析是不够的。相对于目前的燃气轮机或者火箭发动机设计方法，脉冲爆震发动机需要进行更加复杂的计算。

8. 填充状态和工作环境

前面我们只考虑了与海平面空气相对应的工作状态。实际上，飞机发动机是会在一定的海拔高度，以一定速度（可能超声速）工作的，爆震室的填充状态和工作频率是变化的。如果给定飞行包线，就可以计算出发动机进口参数的变化范围，从而估算发动机在设计点和非设计点的性能，评估所设计的 PDE 能否满足要求。

3.5　爆震起爆与测量

3.5.1　引言

爆震起爆问题是脉冲爆震发动机正常工作需要解决的首要问题。要实现多循环爆震起爆，需要突破三个方面的关键技术，即燃料和氧化剂的混合、点火和爆震转变技术，对于使用液态燃料的两相爆震而言，还需考虑燃料的雾化与蒸发技术。通常，点火和爆震转变技术很难绝对分开，因此，目前国内外的起爆研究主要是点火和爆震转变技术的一体化研究。而雾化和混合技术因为较为独立，一般作为独立的一个关键技术予以研究。

3.5.2　雾化与混合技术

雾化、混合和蒸发问题是实现多循环两相爆震要解决的第一个问题，是成功点火的首要条件。适当的油气分布和液滴大小有利于保持发动机的间歇工作模式，避免连续燃烧并降低单位燃油消耗率。两相爆震相对于气相爆震的一个优点是不容易发生提前点火。对于气体燃料来讲主要是解决混合的问题。

爆震燃烧是预混燃烧过程。众所周知，推导 C-J 爆震波速度和压力时，都隐含着假设燃料和氧化剂已经充分混合。试验研究表明：在不同时刻喷射燃料和氧化剂，并且不采取任何措施以确保它们充分混合，结果只能获得未完全发展的微弱 C-J 爆震波；在爆震管中使用扰动装置可以大大加强燃料和氧化剂的混合程度，并能维持流场的高速度，但是这是以 PDE 推力的损失为代价的。如果燃料和氧化剂在喷射到爆震管内之前就充分混合，爆震燃烧的成功起爆就没有很大的问题。

在实际应用中，PDE 的体积是有限的，因而必须使用液体燃料。对于两相爆震而言，液体燃料的雾化与混合问题尤为重要。

试验研究表明，当使用高速轴向射流来雾化燃料时，射流的压降很小，同时雾化效果也不错；脉动条件下的雾化效果和稳态条件下的基本一致；空气射流的总压不能太小，否则空气射流速度太低，从而不能达到理想的雾化效果。当空气射流速度达到 220 m/s 以上时，油珠的索太尔平均直径（SMD）将小于 10 μm。要想进一步提高雾化效果，减小油珠尺寸，就必须采取其他措施，如利用旋流既可以提高雾化效果还有助于调节燃料在轴向和径向的分布情况。

对两相爆震的起爆、传播、稳定及传播速度等进行的试验与数值研究表明，如果燃油雾化粒径足够小（大约小于 10 μm），在各种燃料氧气系统中的爆震能以等价的气相爆震速度传播。若多相混合物中粒径较大（甚至为毫米级），也能生成爆震，但传播速度比等价的气相爆震速度低得多。壁面损失、在 C-J 平面前的不完全燃烧和后传扰动带来的能量损失可能是速度不足的几个主要原因。在有氮气的情况下（比如在空气中），能产生爆震而没有速度不足所需的最小粒子尺寸还不清楚。

关于两相爆震的问题，在解决液体燃料和氧化剂的混合问题之前，必须先解决液体燃料的雾化问题以及燃料在爆震管内尽可能均匀分布的问题；对于气液两相爆震，气相中液体燃料的蒸汽压力必须足够高才能够使混合气体可爆。爆震胞格尺寸与燃料的总热释放诱导时间成比例，任何热释放的解耦将导致胞格增大，起爆难度增加。而总热释放诱导时间包括化学诱导和热释放时间，燃料的破碎、蒸发和混合时间。因此，燃料颗粒增大和混合程度较差将显著增加胞格尺寸，导致难以实现 DDT 转变。当燃油粒度足够小时（<10 μm）可以生成接近 C-J 速度的爆震；粒度增大，生成爆震需要的距离增加，而当粒度大到 20 μm 左右时，很难生成爆震。如果有气态燃油存在，有利于爆震生成和增加燃油粒度极限。

Schauer 等人利用 Tucker 设计的燃料、空气预混装置加强燃料、氧化剂的混合，成功实现了多种碳氢燃料（丙烷，航空汽油，JP8，JP10）的 DDT 转变，利用高速摄影拍摄了由聚碳酸酯加工而成的爆震管（内装 Schelkin 螺旋）内 DDT 转变的全过程，分析了 DDT 转变机理，认为燃料、空气混合物的均匀性是爆震起始的关键。照片显示 Schelkin 螺旋增加了湍流强度和火焰混合强度，进而加速了火焰速度。此外，压缩波在螺旋处碰撞反射，形成"热点"，众多"热点"聚合生成微爆炸，足够强度的爆炸或者多个爆炸碰撞，最终形成前向爆震波和回传爆震波。

西北工业大学 PDE 研究组通过试验研究了汽油粒度变化对两相爆震特性的影响。结果显示，汽油粒度对两相爆震波速影响较大，粒度减小，波速增加。但是，由于粒度较大（>35 μm），所以测量到的爆震波速显著低于 C-J 波速。随后，又进行了不同进气方式对汽油空气混合特性的影响研究，并据此设计了数种混合结构并进行了多循环爆震试验验证，找到了利于起爆的混合结构，即点火区流速低、油气浓度分布均匀的混合结构。2005 年，西北工业大学 PDE 研究组利用类似的混合结构,采用弱火花点火实现了汽油/空气脉冲爆震发动机 66 Hz 的工作频率。

3.5.3 点火起爆技术

爆震波可以通过直接起爆或间接起爆的方式产生。前者需要巨大的点火能量,特别是对于低蒸汽压的液态碳氢燃料空气混合物来说,一般需要 10^5 J 量级的能量。因此,在实际应用中很难采用直接起爆方法。而间接起爆需要的点火能量则很低,只要将混合物点燃,生成爆燃,之后利用适当的条件实现爆燃向爆震转变(Deflagration to Detonation Transition,DDT),这是比较常用的爆震波起爆方法。

在气相爆震领域,爆震的起爆已经建立了较为完善的理论体系。但是,对于非均相混合物中的爆震触发目前还存在较多问题亟待研究。爆震起爆过程的研究,无论是从基础研究的角度还是实际应用的角度来看都是非常重要的。目前广泛研究的脉冲爆震发动机极大地刺激了多循环爆震起爆技术,尤其是具有极大应用前景的液体燃料与空气混合物中起爆技术的进展,很多新型点火起爆方式相继出现。

较早的直接起爆方法采用激波管技术形成一个近似一维的平面激波反射,混合气体温度在反射激波前后存在剧烈变化,当反射激波强度达到一定值时,其后的混合气体经过一个短暂的着火延迟形成绝热爆炸,实现爆震的直接起爆。强爆炸波直接起爆中,只要能够产生足够强的激波并且维持时间超过混合物诱导时间,就可以直接形成爆震,可以通过高能火花、炸药、雷管或者金属线材的融断爆炸等技术来实现。这些方法虽然能够快速形成爆震波,但是无法或者很难在多循环条件下工作,尤其是当循环频率非常高的时候。

在脉冲爆震发动机研究中,由于不可能实现多循环直接起爆,目前很多研究人员使用的都是弱火花点火。虽然通过对点火区的优化设计和爆燃向爆震的转变,可以实现较高频率的爆震起爆,但是这种方法通常会带来巨大的冲量损失,需要很长的燃烧转变距离和时间,而来流速度达到高亚声速或超声速时弱火花通常难以可靠点火,因而在实际应用中没有太大优势。在其他很多文献中,都将激波点火作为重点介绍,而实际上,在多循环条件下各种点火起爆方法都离不开激波的作用,但是理想的激波反射聚焦、激波对撞等方法很难高频重复。另外,共振起爆虽然在频率上有非常大的优势,但是它的填充过程是在爆震室的中间,要人为控制很高的喷注频率,而且爆震波的压力也不尽理想,目前还没有形成充分发展的爆震,因此这种方法的实际应用,尤其是推进系统应用上有较大的局限。

多循环条件下具有潜力的几种点火方法,包括射流点火、随波点火、纳秒级等离子点火和光学点火。不管采用什么样的方式起爆主爆震室,初始火核的形成至关重要。瞬态等离子和激光聚焦都是很有前途的方式,但是其结构比较复杂,在实际推进系统中有一定的局限性。而射流点火作为主爆震室直接起爆的点火方式更为实际,可操作性较强。

3.5.3.1 射流点火

热射流点火一般是让混合物在第一个燃烧室内被点燃、膨胀,然后通过与主燃烧室的连接通道排入主燃烧室,从而将主燃烧室点燃。根据排气射流的状态,可以将热射流点火分成几大类:爆震射流、超声速火焰射流和低速火焰射流。另外,目前有很多人正在研究的激波碰撞点火也类似于射流过程,但是通常这种入射激波后的气体都是未反应的,在实际多循环起爆过程中,如何形成这种未反应的强激波存在很大的问题。

1. 爆震射流点火

爆震射流定义为爆震波以传播的形式进入主燃烧室的射流。在高敏感性的燃料氧气混合物中用 DDT 方法来产生爆震波,然后在充满相对不敏感的混合物的较大内径的主燃烧室中转变为爆震波。一般情况下,起爆管的容积要求为主爆震管容积的几十分之一,因而起爆管内径通常较小,而且起爆管向主爆震室内过渡段的面积比非常大,因而爆震波从起爆管到主爆震室的过渡是成功的关键。目前的研究表明,对于大部分常见碳氢燃料氧化剂混合物,爆震波从起爆管传入主爆震室后能够维持爆震波所需的爆震管临界直径,约等于胞格宽度的 13 倍。这是在同一种混合物的条件下进行的。如果爆震波从高敏感混合物中进入相对不敏感的混合物中,原有的激波和燃烧波的耦合关系将被打破。有文献认为如果使用同样的燃料,在高敏感性混合物中形成的爆震波相对低敏感混合物为过驱动爆震波,这样就容易在低敏感性混合物中成功地过渡。然而,爆震波从小管中传出会出现衍射现象,激波强度会减弱,从而导致连续的爆震过渡失败。但是衍射后的激波会在主爆震室内反射聚焦,形成局部热点,从而出现二次起爆过程。只有当高敏感混合物充满过渡段时才能实现爆震波的连续过渡。因而在这种小起爆管模式下通常很难直接起爆。

最早使用起爆管进行多循环起爆的方法是在一个较小内径的管子中用乙烯氧气产生的爆震来引爆较大管径主爆震管中的乙烯空气混合物,工作频率达到了 25 Hz。

美国海军研究生院采用有阀结构在乙烯氧气混合物中获得了超过 100 Hz 的工作频率,并以此作为起爆管实现了 JP10 和空气无阀工作,目前工作频率达到了 40 Hz。起爆管位于主爆震室头部的中心,填充乙烯氧气,火花塞位于起爆管头部,结构如图 3 - 55 所示。

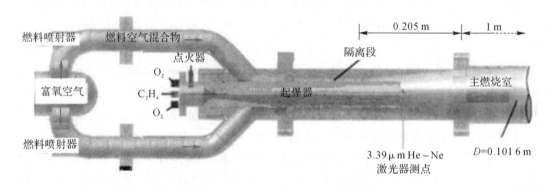

图 3 - 55 美国海军研究生院起爆管起爆结构

普·惠公司和波音公司在美国海军研究办公室的资助下,2004 年推出了以飞行马赫数为 2.5 的攻击导弹为应用平台的脉冲爆震发动机样机 ITR — 2。ITR — 2 有 5 个爆震室,采用预爆震点火系统,起爆管使用氧气作为氧化剂,使用火花塞来点火,爆震波能够在极短的时间内形成,通过一个过渡段进入主燃烧室,单管工作频率可以达到 80 Hz。

2004 年,法国装备部支持的一项无阀吸气式脉冲爆震发动机研究,也使用起爆管爆震点火技术,实现了多循环稳定工作。如图 3-56 所示,起爆管内径为 30 mm,长为 150 mm,主爆震室内径为 100 mm,长为 700 mm,两者同轴,通过一个半锥角为 30°的过渡段连接在一起,值得注意的是,在起爆管内填充的氢气氧气混合物也必须完全填充满这个过渡段。起爆管的点火使用的是汽车用火花塞,安装在起爆管头部。

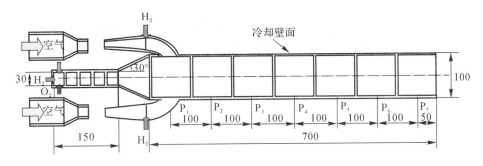

图 3-56　法国起爆管起爆结构

美国空军实验室也进行了用爆震波起爆的试验。在两个相同的爆震管之间通过一个传爆管从第一个爆震室的中后部连接到第二个爆震管的头部,传爆管内也充满可爆混合气体。通过用火花塞点火并用障碍物加速在第一个爆震管内形成爆震波,在爆震波传播到传爆管的接口后,起爆传爆管中的混合气,爆震波传入第二个爆震管并起爆第二个爆震管。连接结构如图 3-57 所示。

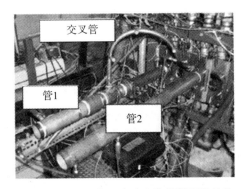

图 3-57　美国空军实验室传爆管起爆结构

2007 年,德克萨斯大学(阿灵顿)和台湾成功大学合作给出了一个能够高频工作的利用起爆管起爆的两相脉冲爆震燃烧室方案,如图 3-58 所示。起爆管内径为 1 in,间歇填充丙烷氧气混合物。主爆震室内径为 4 in,两者通过一个扩张角为 30°的过渡段相连接,总长 1.22 m。所有的气体和液体都是用电磁阀控制的,阀门设计工作频率可以超过 100 Hz,液体燃料使用高压电喷嘴,雾化粒度可以达到 10 μm。空气和液体燃料都经过预热后才从过渡段后面喷入主燃烧室。起爆管内用汽车火花塞点火,并安装 shchelkin 螺旋障碍物来强化爆震波,使其在进入过渡段之前为过驱动状态。试验结果还没有相关报道。

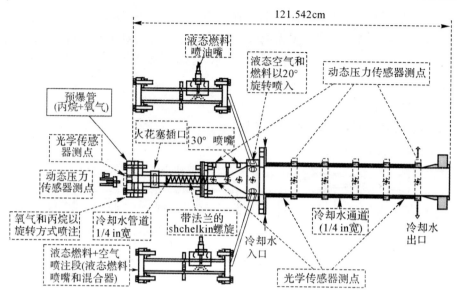

图 3 - 58　高频起爆管起爆方案

2. 超声速及低速火焰射流点火

这里定义超声速火焰射流为相对于主燃烧室未燃气体以超声速喷射的燃气,其头部必然存在一道激波,但是激波与火焰锋面并非强耦合关系,传播速度低于爆震波速度。目前这种点火方式大都是基于单次爆震进行的,但其起爆机理对于多循环起爆仍然具有指导意义。

低速火焰射流在这里统一指代不存在前导激波的亚声速燃烧产物湍流射流。在这种情况下,火焰前锋的加速度取决于它自身的速度和功率。如果初始火焰前锋比较弱,那么形成的湍流和随后的火焰加速也都比较弱。在通常情况下,这种火焰射流都比较弱,因而这种方法并不是最有效的。试验也验证了这个特点,在常压下,$(C_3H_8 + 5O_2 + 15N_2)$ 混合物填充到放有规则障碍物的内径为 15 cm 的爆震管中,采用直接火花点火可在距离点火源为 2 m 的地方形成 C-J 爆震;采用预燃室产生湍流火焰射流可以把 DDT 时间从 24 ms 缩短到 14 ms,但对 DDT 的距离几乎没有影响。

尽管这两种火焰射流的起爆效果低于爆震射流,但是仍然高于普通弱火花点火,而且这两种射流特别是低速火焰射流更容易产生也更好控制,具有较好的应用前景。西北工业大学PDE 研究组探索了大管径 PDE 中低速射流点火和爆震射流点火等点火方式对缩短汽油/空气起爆时间、DDT 转变距离的影响。试验结果发现,相对火花塞直接点火而言,射流点火将最初的点火延迟和火焰发展阶段隐藏在预燃室内,从而相对地延长了主爆震室内填充时间,爆震波起爆过程所需的时间大大减少,爆震波形成位置也略有提前。通过多个蒸发管预燃室则可以将爆震波形成时间缩短到 2～3 ms,起爆距离缩短到 780 mm。而爆震波射流起爆属于高功率射流点火,虽然射流在刚进入主爆震室的时候出现了严重的衰减,但它在起爆距离和时间上具有很大的优势,起爆距离可以缩短到 500～700 mm,起爆时间也在 2～3 ms。

3.5.3.2　随波点火

通过模拟激波和化学能释放之间的强耦合关系,人为地控制分布式外部能量源,逐个在弱激波后释放并点火来增强激波以形成爆震波,不失为一种很好的可以降低起爆能量并缩短预爆震距离的方法。另外,在可爆混合物中放置规则或者不规则的障碍物实现 DDT 过程也可以看成是一个个随波点火源。在这种情况下,由障碍物诱导产生的自点火就相当于外部点火源。如果这个自点火过程的延迟时间较长,就对前导激波没有快速增强功能;如果自点火延迟时间相对较短,着火区又相对较大,那么这种耦合作用就能够很快加速激波。

在丙烷空气混合物中进行的多个点火源起爆试验(见图 3-59)表明:在第 8 个电嘴之前一般都无法获得爆震波;采用这种方法后,在光滑管道内形成激波所需的距离非常短(80 cm,爆震管内径为 51 mm,混合气常温、常压);每个电嘴单独释放的能量都远远小于用 1 个电嘴直接起爆所需要的能量;所有电嘴释放的能量之和明显小于 1 个电嘴直接起爆所需要的能量。

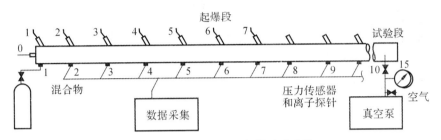

图 3-59 气相混合物起爆试验装置

根据随波点火的拓展,凡是利用障碍物加速爆燃向爆震转变的研究都可以归纳为随波点火。如图 3-60 所示的试验设备,在左端点火以后,火焰通过规则放置的障碍物加速到火焰前形成激波,然后激波与放置在圆管中间的圆形平板或者锥形中心体相互作用,发生反射或者马赫反射,从而形成热点并转变为爆震波。能否转变为爆震与中心体距离点火端的距离有关,因为距离越大,火焰加速越充分,激波强度越大,反射后的温度越高。从这一点来看,能否形成爆震就取决于激波在碰到障碍物以后,其反射波后的气体能否点燃。这与前述的随波点火在本质上是一致的。

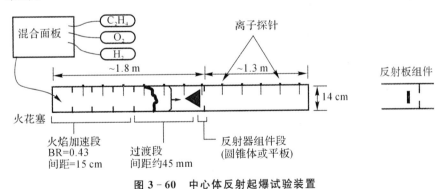

图 3-60 中心体反射起爆试验装置

3.5.3.3 纳秒级等离子点火

纳秒级等离子点火就是在一个较大的放电区域内将电极电压瞬间(小于 15 ns)升至数十到数百千伏,在没有建立离子通道之前,高电压将产生电晕放电(低电压、高电流电弧放电之前的放电过程),形成非平衡过渡态等离子。典型的放电脉宽为 50～100 ns,放电能量相对较低,最高在焦耳量级。由于放电开始时间和持续时间都很短,因而在很多文献中称之为瞬态等离子点火。由于不同于传统火花放电的放电模式,这种点火也称之为电晕放电。

纳秒级等离子放电过程和传统的火花放电过程的对比试验表明,在纳秒级等离子放电中形成了很多放射状的射线,这些射线为过渡态等离子,在电弧出现之前持续大约 50 ns,每一个射线都有一个较小的头部,具有非常大的电场,在头部之后的电场相对较低,全部为柱状等离子体。从图 3-61 中可以看出大量的射线占据了很大的体积,而在火花放电中只有一个通道的电弧放电。

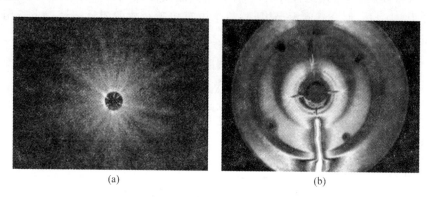

(a)   (b)

图 3-61

(a)纳秒级等离子放电曳光; (b)火花放电电弧

纳秒级瞬态等离子点火作为脉冲爆震发动机点火源的优势主要有,可以降低点火延迟时间,降低爆燃向爆震转变的时间,能够在较贫油的条件下点火,允许极高的重复频率和高海拔工况,甚至能够降低 NO_x 的排放。

采用纳秒级脉冲等离子放电作为点火系统用于脉冲燃烧器中碳氢燃料空气混合物的起爆研究表明:在动态填充过程中瞬态等离子点火系统可以显著降低乙烯空气混合物和丙烷空气混合物的点火延迟时间和爆燃向爆震转变时间。

点火起爆试验系统在图 3-62 中给出。点火室为长 22 cm 的不锈钢管,内径为 10 cm,一个直径为 4 mm 的不锈钢电极,长度为 5~20 cm,位于点火室轴心,通过太富龙材料与外壳绝缘。电极上会加载一个幅值超过 85 kV 的高电压脉冲,脉宽为 50 ns。爆震室长为 131 cm,内径为 10 cm,内有 75 cm 长的螺旋,绕丝直径为 6 mm,节距为 12.5 cm。在大流量试验中,点火室和爆震室之间增加了一个文丘里管,喉部直径为 2.54 cm,进气方式改为头部轴向进气。

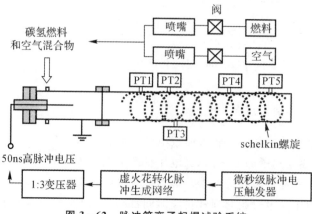

图 3-62 脉冲等离子起爆试验系统

与传统电容点火系统相比,点火延迟时间缩短为原来的 1/5,DDT 时间也有了相应的降低。点火延迟时间的显著降低产生了一系列强压缩波并在很短的距离内突变成激波。试验中没有观察到直接起爆,但是通过在下游增加 shchelkin 螺旋也能够快速、可靠地加速火焰驱动的激波,在实际可用的距离内能够形成爆震波。增加混合物的温度能够缩短点火延迟时间,其原因是众所周知的反应速率与温度的关系。增大预混合气体的填充速度也能够降低点火延迟时间,可能是因为速度的增加带来了湍流强度的增大。初始压力在 4 atm 附近时,在流量超过 0.2 kg/s 后,初始温度对点火延迟的影响几乎可以忽略。这表明了压力和湍流强度在加速燃烧过程中的重要作用。试验中观察到的压力上升时间受温度变化影响而延迟时间却没有变化,证明了瞬态等离子点火过程的初始反应对温度普遍不敏感,这是由于这些反应大都是电子型反应,而不是热反应。

图 3 - 63 给出了当量比为 0.7 的甲烷空气混合物中瞬态等离子点火过程的自发光图片,试验初始压力为 1 atm,初始温度为 298 K。使用松下 AG — 190 照相机,曝光时间为 0.016 6 s,间隔为 0.033 s。层流火焰沿径向传播的平均速度为 0.61 m/s。这说明瞬态等离子点火器触发的燃烧波是从中心电极沿径向向外传播的,反应均匀向空间发展。这种传播的特征时间可以定义为半径与传播速度的比值。这些现象表明,等离子点火器可以作为一种高效的准等容爆炸发生器用于实际脉冲爆震发动机燃烧室。

在使用乙烯/空气混合物动态填充的 PDE 系统中,使用这种技术能够完全不需要额外的氧气供给,成功地实现了 40 Hz 的工作频率。结果显示瞬态等离子点火系统相对传统电容火花点火系统具有更高的效率,可以使 DDT 距离缩短 20%,DDT 时间缩短 2.5 倍。另外,在高质量流量下,如果使用火花点火系统很容易出现熄火现象,使用瞬态等离子点火则可以成功地点火并有效地触发爆震波。

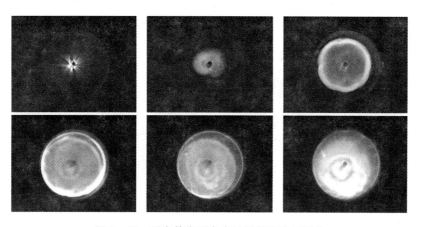

图 3 - 63　瞬态等离子点火过程的自发光图片

目前,美国南加州大学及其合作实验室、海军研究生院、怀特-帕特逊空军研究实验室、斯坦福大学、俄亥俄州立大学和辛辛纳提大学等单位正在就瞬态等离子点火技术开展研究。

3.5.3.4　光学点火

光学点火方法不需要电点火必需的金属电极,可以完全在燃烧室外通过非接触方式实现,没有对流场的影响,而且可以准确定位点火位置,因此在推进系统中具有非常大的潜力。现阶段激光技术飞速发展,小尺寸、大功率脉冲激光器不再遥远,光学点火技术必然会大放异彩。

光与可燃气体相互作用来实现点火的四种途径为热点火、非共振电离、共振电离和光化学点火。图3-64给出了上面几个过程的说明。

在热点火过程中,不会出现气体的电离现象,激光束用来提高目标分子动能,包括平动动能、旋转动能和振动动能。然后,分子键开始断裂并出现化学反应,最终实现点火,这个过程的点火延迟时间一般都很长。这种方法适用于对激光波长具有很强吸收性的燃料氧化剂混合物。但是,如果需要在特定区域点火,这种方法并不是一个首选,因为沿激光传播方向的所有混合物都能够吸收激光的能量。反过来讲,对于可燃气体或者液体,这是一种非常理想的均匀或者分布式点火方法。目前这种方法已经被成功地应用于固体燃料的点火,因为固体燃料对红外区的激光具有很好的吸收能力。

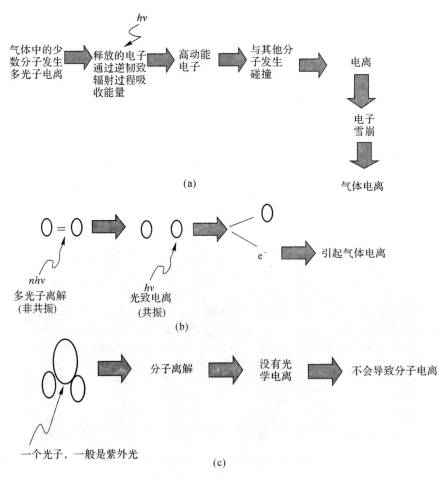

图3-64 光点火过程分类示意图

(a)激光非共振电离点火; (b)共振电离点火; (c)光化学点火

激光非共振电离点火方法,多光子过程在分子电离过程中是必需的,因为可见光子的能量主要分布在光谱的可见光区和紫外区,在这些波长范围内光子的能量相对目标分子的电离能较低。自由电子将吸收更多的能量来提升它们的动能,通过与其他分子的碰撞来促进更多的分子电离。这个过程能够很快导致电子雪崩,并以气体的电离和点火结束。在存在损失(电子逃逸出聚焦区、辐射、激发态的碰撞熄灭,等等)的情况下会出现多光子吸收,从而要求非常高的输入光束强度(高能短脉冲激光的紧致聚焦)才能保证点火成功。在某些研究中将一根金属针插入聚焦点后作为一个额外的电子源,使电离过程变得更为容易。目前,大部分的激光点火都使用非共振方式,因为这种方法对激光波长的选择没有限制,且易于实现。

在共振电离激光点火中,首先仍然是通过多光子的分子电离产生自由原子,然后这些自由原子发生共振光电离。这个过程能够产生足够的电子触发气体电离。理论上讲,由于共振的特性,点火需要的输入能量应该更低一些。

在光化学点火中,会发生少量的直接加热,激光束使分子离解形成自由基(高反应活性的组分)。如果自由基的生成速率大于它的重结合速率(活性基的中性化),那么这种活性基的浓度就会达到一个能够实现点火的阈值。这种活性基数量的增大在化学上叫做链分支过程。

3.5.4　爆震测量技术

爆震波参数的测量是爆震物理和爆震应用技术的基础。一般来说,爆震波的主要参数包括爆震压力、爆震波速和爆震温度等。本节将分别介绍这三个爆震波主要参数的测量与分析。

3.5.4.1　两相爆震波的试验判据

在研究爆震波和爆震波应用之前,必须清楚地知道什么状态才能认为实现了爆震起爆。通常可以用压力和爆震波传播速度作为爆震波是否充分发展的判断依据,当爆震波压力峰值和传播速度达到或者超过可燃混合物对应的 C-J 压力和传播速度时,认为获得了充分发展的爆震波。但是由于爆震波的复杂三维特性,这些判据的可靠性及适用性不好确定。然而对于实际应用范围较广的气液两相系统来说,由于液体燃料破碎、蒸发及与氧化剂的混合等两相效应影响,爆震波结构发生了质的变化,与 C-J 理论假设相去甚远,此时根据什么判断形成爆震还没有一个一致的标准。两相爆震波的传播速度通常低于相同燃料的气相混合物中爆震波的传播速度,因而需要建立两相爆震波传播速度的理论计算模型。范宝春等人在考虑激波作用下液滴的变形、蒸发、剥离、破碎和点火过程,建立了气云爆震的一维模型,基于 Dabora 的理论,推导了点火面和 C-J 面的判据,计算结果与试验值基本相符。

在很多情况下,两相系统中很难达到理论 C-J 爆震速度,传播速度可以低于 1 000 m/s,但是它的结构又完全具备 ZND 爆震波的所有特征,常称之为非理想爆震。其定义为:在爆震过程中声速面上游仅有部分可用的热量释放出来。导致这种现象的原因有很多种,并且大致可以分为两类。

第一类:反应区非平衡过程损失。

· 爆震管内热力学参数、浓度和速度场非均匀分布带来的损失;

· 核心湍流流动损失;

· 反应区非稳态过程损失;

· 有限浓度差异下的相间输运损失;

· 与表面张力有关的损失。

第二类:不可逆能量损失。

· 黏性损失,包括边界层黏性损失和障碍物与颗粒表面流动分离产生的涡损失;

· 障碍物和颗粒周围形成的拱形激波损失；

· 反应区流线发散带来的损失；

· 管壁面、障碍物和弥散的颗粒吸收的热量；

· 可燃混合物的不完全燃烧和不完全相变带来的损失。

其中最主要的原因可能是可燃混合物的不完全相变和不完全燃烧产生的,因为在两相爆震波中,控制燃烧速率的关键因素是液滴的蒸发过程和燃油蒸汽、氧化剂的扩散速度。因而液滴大小对爆震传播速度和爆震波结构具有非常大的影响,从而决定了系统的爆震极限和直接起爆能量。

两相爆震由于诱导区较长,因而更容易检测到较高的 Von Neumman 峰值压力,而且由于燃烧与激波相互耦合的能量传递模式不同,测量压力可能远高于 C-J 理论值。

由于两相爆震问题的复杂性,理论预测和不同燃料试验结果相比往往很难做到统一,所以只能通过试验的方法来验证现有实验器中两相混合物能否生成爆震波。

3.5.4.2 爆震压力的测量

利用高频响压电式或高频响压阻式压力传感器可以测量爆震波的压力时域变化曲线。虽然在扣除晶体自振影响以后,压电晶体上升沿与真实物理参数的线性度非常可靠,但是采用压电式压力传感器时仍会存在一些问题,首先是下冲问题,也就是当压力突然下降时,比如压力突然从 1 MPa 下降到常压,则相当于在压电晶体上突然加了一个反向的等值电压,输出结果出现严重的非物理解,正值越大则突然下降以后的负值越大。如图 3-65 所示,这种问题对所有压电式传感器都存在,包括 Kistler,PCB。通过导线和电荷放大器的处理,国外高端压电传感器可以获得比较理想的输出波形,尤其是 PCB 的内置集成电路压电传感器。另外国产压电传感器使用的材料阻尼偏小,从而会出现结果中无法消除的震荡。压电晶体的阻尼和响应频率是一对矛盾,增加阻尼则输出曲线比较光滑,但是同时会增加系统的响应时间。解决这个矛盾的主要方向就是使用更为合适的压电材料。下面将以扬州联能公司 CY — YD — 205 型高温压电传感器(响应频率为 200 kHz)为例说明爆震压力的测量与分析。尽管其具有一些压电传感器不可避免的缺点,但是联能公司产的 CY — YD — 205 型高温压电传感器仍能基本真实地反映脉冲式压力变化过程。

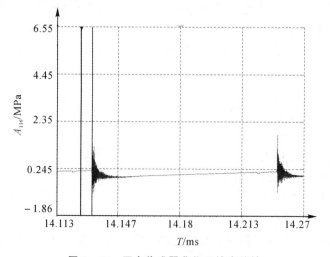

图 3-65 压电传感器非物理输出特性

压电采集信号处理系统本身固有的延迟时间较长,一般在 6～9 μs,包括压电传感器自身的响应时间(1～4 μs)和电荷放大器的延迟时间(5 μs 左右)。图 3 - 66 所示为采用 CY — YD — 205 型高温压电传感器测量得到的吸气式脉冲爆震发动机在 25 Hz 下的推力壁和尾部压力时域波形。

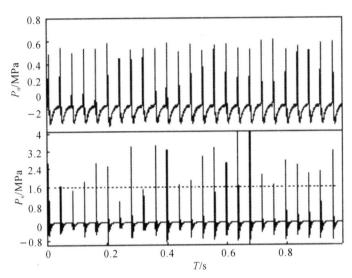

图 3 - 66　压电传感器测量的吸气式 PDE 推力壁和尾部压力时域变化波形(25 Hz)

压阻式压力传感器是利用半导体单晶硅材料在受到外力作用下产生的极微小应变,其原子结构内部的电子能级状态发生变化,从而导致其电阻率剧烈的变化,由其材料制成的电阻也就出现极大变化,这叫压阻效应。利用压阻效应原理,采用三维集成电路工艺技术及一些专用特殊工艺,在单晶硅片上的特定晶向,制成应变电阻构成的惠斯顿检测电桥,硅应变电阻的灵敏因子比金属应变片高 50～100 倍,故相应的传感器灵敏度很高,一般满量程输出 100 mV 左右。由于它是一种非机械结构型传感器,因而分辨率极高,国外称之无限,即主要受限于外界的检测读出仪表限制及噪声干扰限制,一般均可达传感器满量程的 $1/10^5$ 以下。硅压阻传感器在零点附近的低量程段无死区,且线性优良。固态压阻压力传感器的感受、敏感转换和检测三部分由同一个元件实现,没有中间转换环节,因此不重复性和迟滞误差极小。同时由于硅单晶本身刚度很大,形变很小,保证了良好的线性,因此综合静态精度很高。小尺寸芯片加上硅极高的弹性模数,敏感元件的固有频率很高。在动态应用时,动态精度高,使用频宽宽,合理选择设计传感器外形,使用带宽可以从零频至 100 kHz。但是在多循环爆震测量过程中扩散硅受热以后会出现较严重的温度漂移,可以将其用在单次和多循环短时工作工况。实际试验测量结果表明压阻式压力传感器输出波形与理论预测结果非常接近,而且在负压区结果基本真实可靠。

3.5.4.3　爆震波速的测量

目前,测量爆震波速的方法主要有三种:压力传感器法、离子探针法和高速摄影法。

1. 压力传感器法

爆震波速的压力传感器测量法是通过利用压力传感器监测爆震波峰值压力来测量传播速

度的一种方法。根据爆震波的峰值压力,沿爆震管轴向不同位置处放置两个压力传感器,记录爆震波经过两个压力传感器的时间差,计算这两点间的平均爆速。

如图 3-67 所示,沿模型机爆震室的轴向分别放置了两个压力传感器来测量爆震室内不同位置的压力。当在位置 1、位置 2 处形成了充分发展的爆震时,则两点之间的平均爆震波速可由下式求得:

$$D = \frac{l}{\Delta t} \tag{3-42}$$

式中,l 为位置 1 与位置 2 之间的距离;Δt 为同一爆震波在位置 1 与位置 2 的压力达到峰值之间的时间差,即爆震波从位置 1 传播到位置 2 所经过的时间;D 为两点之间的平均爆震波速。图 3-68 所示为试验测量得到的同一个爆震波传过两个测压位置的压力波形图。

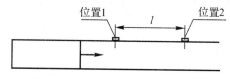

图 3-67　爆震波在爆震管中传播

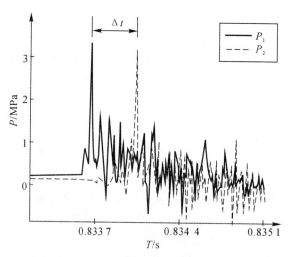

图 3-68　1,2 处爆震压力变化曲线放大图

2. 离子探针法

大量试验证实,反应物燃烧时,由于非平衡化学反应过程的存在,会出现很多带电粒子,同时燃烧锋面附近的燃烧产物会被热离解,因此燃烧锋面具有一定的导电性。根据其导电性,可以使用电离导通式探针(离子探针)测量燃烧波的传播速度速。将图 3-67 中位置 1,2 处的压力传感器换为离子探针,利用离子探针测量出同一个燃烧锋面经过位置 1,2 花费的时间,利用速度公式即可算出燃烧波速。而爆震波是激波和燃烧波的强耦合体,对于稳定的爆震波来说,燃烧波速与爆震波速等值。如果离子探针测量出来的燃烧波速与压力传感器测量得到的爆震波速相差较大,那么说明没有生成充分发展的爆震波。

离子探针的信号调理如图 3-69 所示,在探针间隙没有导通之前,电极间存在 12 V 的电势,电容处于充满状态,在探针电极之间出现带电粒子后,电极导通,左边电阻和电源形成回路,导致电容电压变化,开始放电,输出电阻有电流通过,形成正电压输出。长时间高温试验经常会出现中心电极周围绝缘体破裂和阴极断裂现象。图 3-70 所示为试验测量到的同一道燃烧锋面传过不同位置时的离子探针信号。

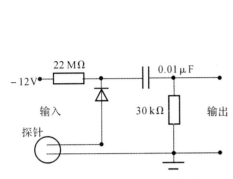

图 3-69　离子探针信号调理电路图

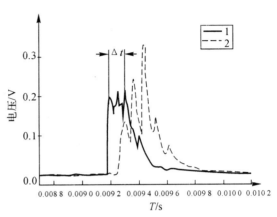

图 3-70　离子探针信号时域波形

3. 高速摄影法

利用高速摄影机可以记录点火、激波形成直至起始爆震的整个过程,根据不同时刻下同一道激波或者火焰锋面传播的距离,利用速度公式便可以算出激波或者火焰传播速度。图3-71 为高速摄影机记录的爆震波起爆过程的阴影照片。

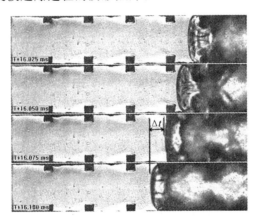

图 3-71　高速摄影机记录的爆震波起爆过程

3.5.4.4　爆震温度的测量

目前世界上测量火焰温度的方法有很多种,可以分成接触式和非接触式两大类。

1. 接触式测温法

(1)热电偶测温法。热电偶测温法是最早使用的测量火焰温度的方法,20 世纪初就获得应用。其测温原理如图 3-72 所示。

图中,AC 和 BC 为两种不同的金属,将它们的一端焊接,结点为 C,这样便构成了一个热电偶。设 A,B 两点的温度为 T_0,C 处的火焰温度为 T_F,若 T_0 和 T_F 不等,则由赛贝克热电效

应可知,在 A,B 两点之间产生电势差 E,而且有

$$E = f(T_F) - f(T_0) \qquad (3-43)$$

当 T_0 已知时,就可以由式(3-43)得到火焰的温度。

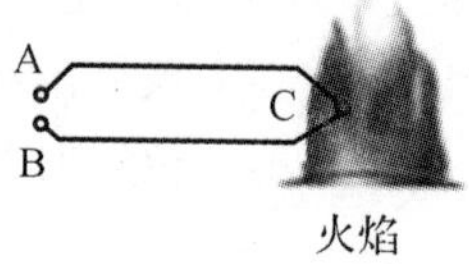

图 3-72 热电偶法测温原理

这种方法结构简单,适合测量变化不太快的火焰温度。在内燃机行业中,较多用于测量排气温度和缸内气体的压缩温度。但当介质为高温火焰时,这种方法将暴露出一些严重缺点:

1)不能承受很高的温度。暴露在高温火焰中的热电偶头很易烧熔或吹断。目前常用的高温热电偶是铂铑-铂丝,但耐温低于 2 030 K。可测更高温度的钨铼-钨或钨铼-钨铼等热电偶,其最高测温点也只有 2 800 K 左右。

2)干扰燃烧流场,还可能会与烟气和燃气产生相互作用。已经证明,流场中机械探针干扰探针上游的燃气流,导致燃气成分的变化甚至高达 300% 以上。

3)空间和时间分辨率低,不能测量微域的和瞬时的温度。

4)测出的只是滞止温度,不易真实反映流体的静温。

5)难于精确和有效地进行标定,还需要进行正确的辐射修正。

(2)光纤传感测温法。火焰温度的光纤传感测温法是随着光纤技术的发展应运而生的一门新的火焰温度测量方法,其原理如图 3-73(a)所示。

图中的温度探头实际上相当于一个温度与火焰温度 T_F 相同的黑体辐射腔,根据黑体辐射的斯蒂芬-玻耳兹曼定律有

$$M_b(T_F) = \sigma T_F^4 \qquad (3-44)$$

式中,$M_b(T_F)$ 为温度为 T_F 的黑体的辐射度;σ 为斯蒂芬-玻耳兹曼常数。光电检测器将辐射信号转换为电信号,就可以得到火焰的温度 T_F。光纤传感测温法具有灵敏度高、抗电磁干扰强以及体积小和结构简单等优点,但是作为接触测量方法的一种,也存在对温度场有干扰的缺点,同时与其他光学测量法相比存在时间响应慢、测温上限低的不足。

2. 非接触式测温法

(1)声学测温法。火焰的声学测温法属于非接触测温法。声学测温法的基本原理是基于声波在气体介质中的传播速度是该气体组分和绝对温度的函数,其关系可表示为

$$c = \sqrt{\gamma R T_F / M} \qquad (3-45)$$

式中,c 为声波的传播速度;γ 为气体介质定压比热与定容比热之比值;R 为摩尔气体常数;M 为气体的平均摩尔质量;T_F 为气体的绝对温度。因此,只要测得声源发出的声波通过火焰的速度,便可由式(3-45)得到火焰的温度。其测量原理如图 3-73(b)所示。

图 3-73 中左边的声脉冲发射器在控制单元的控制下,定时发射声脉冲,与此同时,控制单元的计时器开始计时,当声脉冲经过已知路程长度的火焰到达右边的声脉冲检测器时,计时停止,这样便可以得到声脉冲经过火焰的时间,从而得到声波在火焰中的传播速度,获得火焰温度。由于声学测温法是非接触式测温,因此最大的优点就是在不干扰温度场的情况下测量火焰的温度。但实际的气体并非严格遵守由理想气体导出的式(3-45),尤其在气体压力较高时,将造成不能忽略的偏差;同时燃烧产生的噪声也大大降低其可靠性。这些缺点也限制了声学测温法的广泛应用。

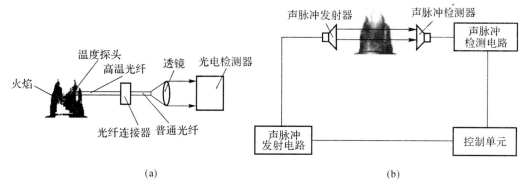

图　3-73

(a)热电偶法测温原理；　(b)声学测温法

（2）双色测温法。双色测温法是国内外研究得较多的一种火焰温度测量方法。其原理是通过两个不同波长的辐亮度 $L(\lambda)$ 之比来得到火焰的温度 T_F，其原理图如图 3-74 所示。

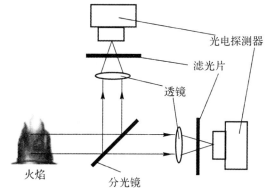

图 3-74　双色测温法

由普朗克定律知，物体辐亮度 $L(\lambda)$ 为

$$L(\lambda)=\varepsilon(\lambda,T_F)\frac{c_1\lambda^{-5}}{\pi}\frac{1}{e^{c_2/\lambda T_F}-1}\tag{3-46}$$

式中，c_1 和 c_2 为第一和第二辐射常数。在式（3-46）中，有两个未知数 $\varepsilon(\lambda,T_F)$ 和 T_F，因此要解出火焰温度 T_F，必须添加一个方程与式（3-46）组成封闭方程组。添加的方程为 $\varepsilon(\lambda,T_F)$ 的表达式，根据测量火焰的特性，$\varepsilon(\lambda,T_F)$ 的表达式有不同的形式。双色法通过增加测量的波长，可以改进为多波长测温法，能进一步提高测量精度。

利用双色法测量火焰温度的最大优点是无需参考光源，从而有利于简化实用中的光路布置。这种方法的缺点是测量的精度取决于假定的表达式的准确度。

（3）谱线反转测温法。谱线反转测温法是一种已在实验室中长期使用了的简单易行的光学测温方法。其原理如图 3-75 所示。

设参考光源的亮度温度为 T_0，火焰温度为 T_F，则当 $T_0 < T_F$ 时，在谱镜上所观察到的是亮线光谱；当 $T_0 > T_F$ 时，在谱镜上所观察到是暗线光谱。调整 T_0，当谱镜上观察到的光谱线由亮变暗或由暗变亮（这种现象称为谱线的反转）时，则 $T_0 = T_F$，通过这种方法，从而可以确

定火焰的温度 T_F。在实际应用中,常在火焰中加入钠盐,利用钠的 D 谱线(583 nm)作为工作谱线。

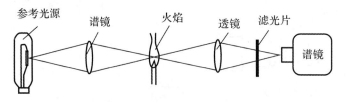

图 3 - 75　谱线反转测温法

采用该方法测量火焰温度,不涉及火焰的吸收比和发射比,因而比较容易处理,但是在测量过程中,必须反复调节参考光源的亮度温度,因此此种方法不适应瞬变火焰温度的测量。

(4) 自发拉曼散射光谱测温技术。自发拉曼散射光谱(Spontaneous Raman Spectroscopy,SRS)测温技术是最早用于燃烧测量的激光光谱方法之一,是研究燃烧过程的一个很有吸引力的技术,它可以远距离、非接触地测量燃烧体系的温度分布。图 3 - 76 所示为激光 SRS 火焰温度测量装置的示意图。

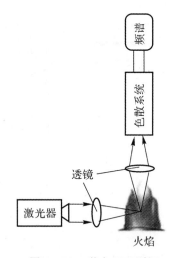

图 3 - 76　激光 SRS 测温

火焰温度的 SRS 测量需要一台固定频率的激光器。当一束频率为 v_0 的单色光入射到火焰介质上时,除了可以观察到原频率 v_0 的光外,还可以观察到频率为 $v = v_0 + v_R$ 的散射光,其中小于入射频率的光称为斯托克斯光,大于入射频率的光称为反斯托克斯光。这种频率发生改变的光散射就称为拉曼散射,而 v_R 称为拉曼频移。新频移的谱线称为拉曼线或拉曼带,它们构成拉曼光谱,它的轮廓取决于火焰指定组分分子的振动-转动能级的粒子分子数分布,而粒子数的分布又与火焰温度有关,从而可以根据所获得的拉曼光谱的轮廓得到火焰的温度。

SRS 技术相对于其他激光光谱技术来说,要求的装置较简单,但是由于分子的拉曼散射截面非常小,导致 SRS 信号十分微弱,限制了在燃烧测量中应用。

(5) 相干反斯托克斯拉曼散射光谱测温技术。相干反斯托克斯拉曼散射光谱(Coherent Anti-Stokes Raman Spectroscopy,CARS) 测温技术是随着大能量、高峰值功率的可调谐脉冲激光器的发展而产生的。当两束频率分别为 v_p 和 $v_s (v_p > v_s)$ 激光束以一定的交角入射到火焰上时,就可以在某个方向上产生频率为 $v_{as}=2v_p-v_s$ 的相干反斯托克斯散射光。其中 v_p 为泵浦光频率,v_s 为斯托克斯光频率。与 SRS 一样,CARS 的轮廓含有火焰介质的温度信息,从而可以根据由实验获取 CARS 的轮廓得到火焰的温度。图 3-77 所示为激光 CARS 火焰温度的测量装置系统图。

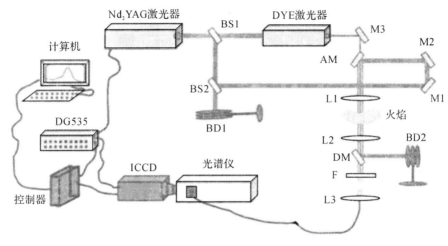

图 3-77　CARS 测温系统图

M—镜片;　L—透镜;　BD—光束收集器;　DM—双色镜;　AM—环形镜;　F—滤波片

由于 CARS 号具有类似激光一样的相干特性,可以全部被吸收,并能有效地排除荧光及其相干背景光的干扰。应用单脉冲宽带 CARS 技术,可以获得相当高时间分辨率(可以达到 $1\times10^{-3}\mu s$ 或 $1\times10^{-6}\mu s$)的整幅瞬态 CARS 谱图;应用激光交叉入射的 BOXCARS 可以满足高空间分辨率的微区探测的需要。因此,近年来 CARS 光谱技术在热物理测量中得到了高度重视和发展,尤其在燃烧测量中,这项技术正获得实际应用。但是,火焰温度的 CARS 测量也存在如下的缺点:第一,不适应吸收性太大的火焰;第二,整套实验装置的价格昂贵;第三,CARS 的效率随激光功率的增大而迅速增加,但大功率的入射激光对光学元件有破坏的危险。

(6)红外光谱测量技术。红外光谱测试系统包括参考辐射源(卤素灯)、光学系统和光电转换及数采系统。红外光谱测试系统是基于经典辐射吸收法的火焰温度红外光谱测量原理建立起来的,原理图如图 3-78 所示。

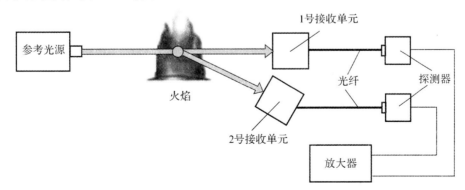

图 3-78　红外光谱测量原理示意图

系统中的探头分为一个发射单元和两个接收单元。参考光源和火焰的辐射通过发射单元,穿过火焰通道,被1号接收单元接收,1号接收单元内部放置了红外透镜和滤光片。红外透镜的作用是将入射的平行辐射汇聚于透镜焦平面的红外探测器上,红外滤光片的作用是将辐射单色化,得到测量所需的波段信号,红外探测器将辐射信号转换为电压信号,然后经过前置直流放大器输出。2号接收单元结构和1号相同,但是它只接收火焰的辐射信号。

当火焰不存在时,即火焰通道内没有火焰时,此时仅有参考辐射源的辐射作用于1号红外探测器时,最终输出的电信号记为V_0。此时,2号接收单元接收不到参考辐射源的辐射信号。

当火焰通道有火焰时,火焰辐射作用于2号探测器,最终输出的电压信号记为V_F。同时,参考辐射源和火焰辐射信号同时作用在1号探测器上,最终输出的电压信号记为V_Σ。根据红外光谱测量原理,火焰温度

$$T_F = \frac{c_2}{n} \left\{ \ln \left[1 + \frac{V_0 + RV_F - V_\Sigma}{KV_0} \left(e^{\frac{c_2}{\lambda T_0}} - 1 \right) \right] \right\}^{-1} \tag{3-47}$$

式中,R 和 K 分别为取决于系统的一个常数;V_0,V_F 和 V_Σ 由测量值决定。式(3-47)即为基于经典辐射吸收法的火焰温度红外测量原理公式,它对所有波长均适用。

图3-79所示为利用红外光谱测量技术测量到的PDE尾焰温度和水蒸气浓度曲线。

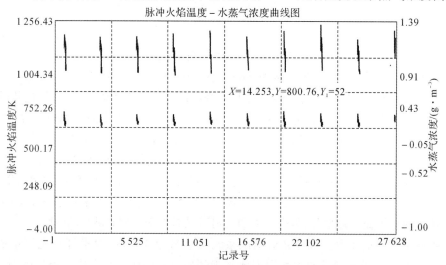

图 3-79   尾焰温度和水蒸气浓度试验曲线($f = 10$ Hz)

(7)其他测温技术。除了以上介绍的几种火焰测温技术外,正在研究开发的还有以下一些方法:激光诱导荧光测温技术、多光子荧光光谱测温技术和多光子电离光谱测温技术等。随着半导体激光器产业的发展,近年还出现了可调谐半导体激光吸收光谱测温技术。

3.6   脉冲爆震发动机推力测试系统

3.6.1   引言

推力是衡量发动机性能的一个重要指标。推力测试是发动机试验中一个必不可少的环节,脉冲爆震发动机推力测试问题几乎存在于发动机试验研究的各个层面。国内外研究结果

表明,诸如脉冲爆震发动机结构尺寸(内径和长度)、爆震频率、工质类型、爆震强度、DDT 距离、爆震室结构、进气道和尾喷管设计参数、引射管等因素都会对 PDE 的推力特性产生影响。但如何就这些因素对推力产生的影响进行正确评估,准确的测量结果无疑是最有效、最直接的证据。

在脉冲爆震发动机多循环工作状态下的任何一个工作循环过程中,发动机出口各种气流参数(如压力、速度、密度等)均处于随时间变化的非定常状态,且变化幅度很大。众所周知,依靠吸气产生推力的动力装置,无论是涡喷发动机还是火箭发动机,其推力的大小主要取决于发动机进、出口气流参数。因此,在一个工作循环中,脉冲爆震发动机所产生的推力是一个随时间变化,且变化幅度很大的力。在多循环工作状态,脉冲爆震发动机的推力就会呈现脉冲式、周期性的特点。这一点与传统的涡喷发动机或火箭发动机所产生的准稳态推力特性有着很大的不同。

脉冲爆震发动机多循环工作状态下任一时刻所产生的推力称为瞬时推力,将一定时间内的瞬时推力波形对时间积分并取时间平均值就可以得到发动机在一定工况下的平均推力值。即

$$\bar{F} = \frac{\int_0^T F(t)\,\mathrm{d}t}{T} \tag{3-48}$$

测量多循环脉冲爆震发动机的推力,从本质上讲就是对周期性连续脉冲力的测量。虽然国内外已提出了几种测量方法,但都存在一定的问题和局限性。如最常用的推力壁压力曲线积分法只适用于无喷管、火箭模式 PDE 推力的测量,且忽略了几点对推力产生影响的因素。而抛物摆法只能获得 PDE 的平均推力,且准确性较差。因此,对脉冲爆震发动机的推力测试方法进行研究是非常必要的。

3.6.2　脉冲爆震发动机推力测试方法分析与比较

从 20 世纪 80 年代至今,测量脉冲爆震发动机在两种工作模式(火箭模式和自吸气模式)下所产生推力的方法可分为直接测量法和间接测量法(常用方法有推力壁压力曲线积分法、抛物摆法、弹簧-质量系统法等)。下面分别介绍上述几种推力测量方法的原理,分析得出不同方法的优、缺点及适用范围,最终对基于不同方法的脉冲爆震发动机推力测试系统的一般设计原则进行讨论。

3.6.2.1　直接测量法

直接测量法就是在试车台架上利用力传感器直接测量发动机的推力。所采用的力传感器一般为压电式力传感器。由于压电式力传感器具有使用频率上限高、动态范围大和体积小等优点,因此它比较适合于动态力,特别是冲击力的测量。

如图 3-80 所示,发动机通过滚动轴承支承在测试台静架上,并通过一组滚动轴承限制了发动机在径向的运动,使其只能沿轴向运动。发动机工作时所产生的推力通过传力顶杆传递到压电式力传感器上,就可以获得脉冲推力的时域波形,即瞬时推力波形。将一定时间内的瞬时推力波形对时间积分并取时间平均值,就可以得到发动机在一定工况下的平均推力值。

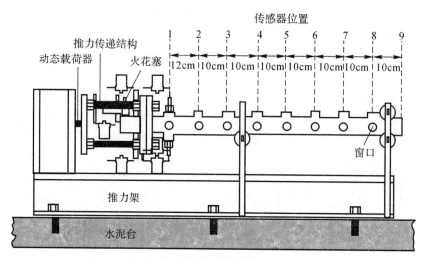

图 3 - 80　脉冲爆震发动机直接测量法测试系统示意图

　　但按照这种方法获得的发动机瞬时推力值较之发动机的实际瞬时推力值存在一定偏差。这是由压电式力传感器的工作特性所决定的。压电式力传感器的典型结构如图 3-81(a)所示。它是由顶部、底部和压电晶体片组成的,并通过中心螺钉将晶体片夹紧在顶部与底部之间。传感器的简化模型如图 3-81(b)所示,图中 m_t,m_b 分别为顶部及底部的质量;k_p 为晶体片的当量弹簧刚度系数;f_t 为作用在顶部的被测力;f_b 为作用在底部的支撑力;f_p 为晶体片所受的动态力。显然,传感器的输出电荷是与 f_p 成正比的。

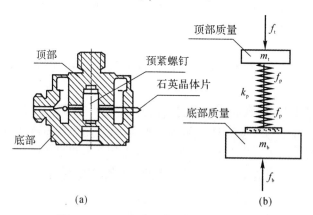

图 3 - 81　压电式力传感器的典型结构

　　依据上面的分析,图 3-81 所示的推力测试系统在忽略摩擦阻力的情况下可以表示为图 3-82 所示的测力系统。图中,f_e 为发动机推力,$m_t + m_e$ 为力传感器顶部质量与发动机质量之和。因此

$$(m_t + m_e)\ddot{x} = f_e - f_p = f_e - k_p x \qquad (3-49)$$

即

$$f_e = (m_t + m_e)\ddot{x} + f_p \qquad (3-50)$$

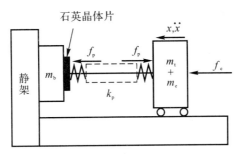

图 3 - 82　直接测量法测试系统原理图

从式(3-50)不难看出,利用压电式力传感器测得的瞬时力 f_p 与发动机实际推力 f_e 之间存在大小为 $(m_t + m_e)\ddot{x}$ 的误差。由于脉冲爆震发动机的推力是脉动的, $\ddot{x}$ 不会为零,加之 $m_t + m_e$ 也较大,使得这一误差也较大。误差的大小取决于整个测力系统的动力特性和发动机的工作状态。减小误差的根本办法就是尽量减小 $m_t + m_e$ 的值,而这一点在实际工作中是很难做到的。因此,直接测量法只能作为一种定性的测量方法用于脉冲爆震发动机在两种工作模式(火箭模式和自吸气模式)下所产生瞬时推力的测量。当然,如果在试验时利用一高频响的加速度传感器将测力系统振动部分的加速度与发动机通过动架作用到力传感器上的力同时实时测量,然后按照公式(3-50)进行计算,就可以获得较为准确的瞬时推力波形。另外,要想通过直接测量法获得 PDE 的真实推力,还要求压电力传感器和与之配套的电荷放大器具有零频响应,这样,采用该方法获得脉冲爆震发动机的推力值是完全可以的。

3.6.2.2　间接测量法

间接测量法就是在试车台架上通过测量与发动机推力相关的物理参数,推算出发动机的推力,常用的方法有推力壁压力曲线积分法、抛物摆法和弹簧-质量-阻尼系统法。

1. 推力壁压力曲线积分法

对于不加喷管的,以火箭模式工作的脉冲爆震发动机推力的测量可以采用推力壁压力曲线积分法。所谓推力壁压力曲线积分法就是利用高频响的压力传感器获取发动机工作时头部推力壁上的压力变化曲线,再用该压力与环境压力的差值乘以推力壁面积即可获得发动机推力随时间的变化曲线,即瞬时推力波形。将一定时间内的瞬时推力波形对时间积分并取时间平均值就可以得到发动机在一定工况下的平均推力值。

对于一般意义上的火箭发动机,可以将其简化为图 3 - 83 所示模型,并按虚线部分取控制体。

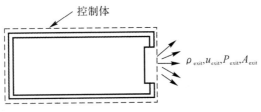

图 3 - 83　火箭发动机简化模型

推导可得火箭发动机推力计算的一般公式如下：

$$F = \rho_{exit} A_{exit} u_{exit} + A_{exit}(P_{exit} - P_{atm}) \tag{3-51}$$

式中，第一项是动量推力，是推进剂质量流量与排气相对飞行器的速度之积。第二项是压差推力，等于喷管出口截面积乘以喷管出口处排气压力与环境流体压力之差。也就是说，如果能够准确测量并得到发动机出口气流参数（即 ρ_{exit}，u_{exit}，P_{exit}）在任意时刻的值，就可以按式（3-51）计算出发动机在该时刻的瞬时推力，进而得到发动机的平均推力。但对于脉冲爆震火箭发动机，在试验中准确测量这些参数的瞬时值是非常困难的。

对于不加喷管的，以火箭模式工作的脉冲爆震发动机，其工作时所受的力包括发动机内部气流作用在推力壁、增强爆震结构、发动机内表面上的力和发动机出口气流压力作用在发动机横截面上的力，受力情况如图 3-84 所示。

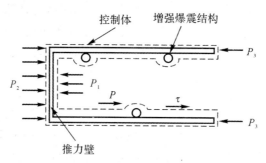

图 3-84　无喷管脉冲爆震火箭发动机受力示意图

按图 3-84 所取控制体，发动机工作时的瞬时推力可按下式计算：

$$F = (P_1 - P_2)A_1 + \sum\left(\int PdA\right) + \int \tau dS + (P_3 - P_2)A_3 \tag{3-52}$$

式中，右边第一项为推力壁面积乘以内外压力之差，第二项为发动机内流作用在增强爆震结构上的力，第三项为发动机内流与发动机内表面的摩擦力对推力的贡献，第四项为发动机出口气流压力与环境压力之差乘以发动机横截面积。当忽略第二、三、四项对推力的影响时，发动机的推力为

$$F = (P_1 - P_2)A_1 \tag{3-53}$$

从式（3-53）可以得出，在发动机工作时，只要测得推力壁内表面处的压力变化曲线和环境压力，就可以计算出发动机的瞬时推力和平均推力。这种推力的测量方法在脉冲爆震发动机的原理性研究中得到了广泛的应用，但由于其在计算过程中忽略了一些影响推力的因素，因此也只是一种定性的推力测量方法。

2. 抛物摆法

抛物摆法是一种可用于脉冲爆震发动机平均推力测量的简便方法。试验时，用两根钢丝将爆震发动机水平悬挂起来，形成一个抛物摆，如图 3-85 所示。

发动机工作时，在推力的作用下，摆产生摆动。发动机在水平方向的位移由固定在试验台上的基准和固定在发动机上的刻度尺来指示，并通过固定在试验台上高速照相机记录整个摆动过程。

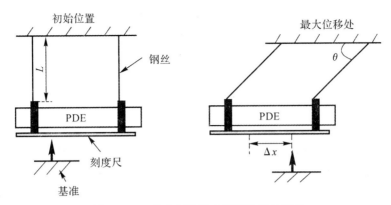

图 3 - 85　抛物摆法推力测量系统示意图

在单次爆震作用下,可以利用能量守恒方程来求得单次爆震所产生的平均推力,即

$$\frac{1}{2}mv^2 = mgh \tag{3-54}$$

式中,m 代表发动机质量;v 代表发动机在单次爆震作用下获得的平均速度;h 代表发动机摆动到最大位移处时其重心在垂直方向升高的距离。则

$$v = \sqrt{2gh} \tag{3-55}$$

发动机在单次爆震作用下所获得的冲量为

$$I = \overline{F}t_c = mv = m\sqrt{2gh} \tag{3-56}$$

式中,$\overline{F}$ 为单次爆震所产生的平均推力;t_c 为单次爆震的循环时间。从图 3 - 85 可知

$$h = L(1 - \sin\theta) = L\left[1 - \sqrt{1 - \left(\frac{\Delta x}{L}\right)^2}\right] \tag{3-57}$$

则单次爆震所产生的平均推力为

$$\overline{F} = \frac{m\sqrt{2gL\left[1 - \sqrt{1 - \left(\frac{\Delta x}{L}\right)^2}\right]}}{t_c} \tag{3-58}$$

当发动机在多循环状态下工作时,由于爆震频率远大于抛物摆的固有频率,抛物摆在发动机平均推力的作用下将会摆动到一个平衡位置,由于爆震发动机瞬时推力的脉动性,发动机将在该平衡位置附近发生摆动。在平衡点,发动机的受力情况如图 3 - 86 所示。

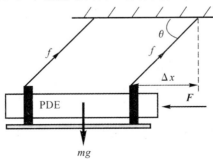

图 3 - 86　多循环状态下,摆在平衡位置处的受力情况示意图

发动机受力平衡时，水平和垂直方向的力平衡方程为

$$\left.\begin{array}{r} 2f\sin\theta = mg \\ 2f\cos\theta = \overline{F} \end{array}\right\} \qquad (3-59)$$

则

$$\overline{F} = \frac{mg}{\sqrt{\left(\dfrac{L}{\Delta x}\right)^2 - 1}} \qquad (3-60)$$

从式（3-60）可知，试验时，只要准确测定出抛物摆平衡位置在水平方向的位移，即可求出发动机在多循环工作状态下的平均推力。无论对于以火箭模式还是自吸气模式工作的脉冲爆震发动机，抛物摆法都是适用的。但该方法只能获得发动机的平均推力，无法得到发动机的瞬时推力值。

3. 弹簧-质量-阻尼系统法

弹簧-质量-阻尼系统法就是通过弹簧将发动机及其安装动架与推力测试台静架连接在一起，使其形成一个如图3-87所示的单自由度弹簧-质量-阻尼系统。图中 F 为发动机推力；$m_d + m_e$ 为动架与发动机质量之和；C 为阻尼系数；K 为弹簧刚度系数；$(x, \dot{x}, \ddot{x})$ 为质量块振动响应。发动机工作时，通过测量该系统的振动响应来推算出发动机的瞬时推力值，并进一步求得发动机的平均推力。

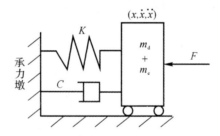

图 3-87　弹簧-质量-阻尼系统法原理图

由牛顿运动定律有

$$(m_d + m_e)\ddot{x}(t) + C\dot{x} + Kx = F(t) \qquad (3-61)$$

令

$$P^2 = \frac{K}{m_d + m_e}, \quad \xi = \frac{C}{2P(m_d + m_e)}$$

则式（3-61）可变为

$$\ddot{x} + 2\xi P\dot{x} + P^2 x = \frac{F(t)}{(m_d + m_e)} \qquad (3-62)$$

式中，P 为该振动系统的角频率；ξ 为阻尼比。这两个特性参数可以通过系统识别的方法获得。

由于脉冲爆震发动机所产生的推力具有间歇性、周期性的特点，不失一般性，可以假设

$$F(t) = f_0 + \sum_{n=1}^{\infty} f_n \cos(n\omega_0 t + \varphi_n) \qquad (3-63)$$

也就是说，脉冲爆震发动机所产生的间歇性、周期性推力可以表示为一个静态推力 f_0 和

无限个简谐力(力幅为 f_n,相位为 φ_n)的和。式(3-63)中 $\omega_0=2\pi f_0$(f_0 为脉冲爆震发动机工作频率)。将式(3-63)代入式(3-61),根据线性系统振动原理,脉冲爆震发动机的振动响应可以表示为

$$x(t)=x_0+\sum_{n=1}^{\infty}x_n\cos(n\omega_0t+\phi_n+\beta_n) \tag{3-64}$$

β_n 为由系统阻尼引起的相位滞后。则

$$\dot{x}(t)=-\sum_{n=1}^{\infty}x_nn\omega_0\sin(n\omega_0t+\varphi_n+\beta_n) \tag{3-65}$$

$$\ddot{x}(t)=-\sum_{n=1}^{\infty}x_n(n\omega_0)^2\cos(n\omega_0t+\varphi_n+\beta_n) \tag{3-66}$$

显然 $E(\dot{x})=0,E(\ddot{x})=0$,则

$$E(F(t))=f_0=E[(m_\mathrm{d}+m_\mathrm{e})\ddot{x}(t)+C\dot{x}(t)+Kx(t)]=E[Kx(t)]=KE(x)$$

即

$$\overline{F}=KE[x(t)] \tag{3-67}$$

也就是说,脉冲爆震发动机的平均推力可通过求取弹簧-质量-阻尼系统振动位移的平均值,再乘以该振动系统的弹簧刚度系数来获得。则在已知 $m_\mathrm{d}+m_\mathrm{e}$ 的情况下,发动机工作时的瞬态推力值和平均推力可以通过测量质量块的振动响应 $(x,\dot{x},\ddot{x})$ 求得。

在测量振动响应时要注意两个问题,一是选用的传感器的频响范围要宽;二是对某一时刻各个振动响应的测量应同步进行,这样才能保证计算时的正确性和所测推力信号不失真。

3.6.3　脉冲爆震发动机试验台设计的一般原则

在脉冲爆震发动机的研究工作中,试验是必不可少的一个重要环节。发动机试验在发动机试验台(又称试车台)上进行。试验台一般由试车架、传感器系统和数据采集与处理系统构成。测试参数包括推力、压力、温度等。各参数中,推力测量的准确度主要受测量方法、传感器特性、测量记录系统和试车架固有特性的影响。测量方法原理不同,其所选用的传感器类型、对测量记录系统的要求和试车架的结构形式也有所不同。

推力壁压力曲线积分法不受试车架结构形式的影响。试验时,先选择量程和频响范围合适的压力传感器(一般为压电晶体压力传感器),并按照传感器尺寸参数在发动机推力壁上加工出安装孔,再配以单通道高速数据采集处理系统即可。该方法一般不单独使用,常和其他三种方法中的某一种配合使用,测量结果可以相互对比。

抛物摆法作为一种简便方法,试车架结构形式也较简单。试验时,需在发动机上安装刻度尺,在静止的试车架上设置位移基准和位移记录系统(如高速照相机),并将用于悬挂发动机的两根钢丝的两端分别与静架和发动机连接牢靠即可。要求试车架在发动机工作时不能产生位移,两根钢丝的长度应一致。

采用直接测量法或弹簧-质量-阻尼系统法的试验台所依据的原理从本质上讲是相同的,因此,这两种方法对试车架结构形式和动力特性的要求也基本一致。不同处在于两种方法测量时使用的传感器和系统造价,弹簧-质量-阻尼系统法中用弹簧替代了直接测量法中的力传感器,另外两个系统的造价也存在差异。

　　直接测量法和弹簧-质量-阻尼系统法所采用的试车架一般由动架和静架两部分组成。在进行发动机试验时,发动机准确地定位支承在试车架上。试车架特性直接影响着发动机推力特性测量的质量。因此在设计试车架时应尽量满足以下几个方面的要求:

　　(1)当有推力作用时,试车架静止部分(静架)和活动部分(动架)之间的摩擦力要小,且不影响发动机可能的位移特性。

　　(2)与发动机连接在一起的动架部分的质量尽量小(这一点对直接测量法是必要的。对于弹簧-质量-阻尼系统法,动架部分的质量对测量影响不大)。

　　(3)试车台的受力部分(如图3-80中所示的承力墩)应能承受强烈的冲击振动,不仅要求变形小,而且试车架的固有振动频率要比被测参数频率大若干倍。

　　(4)发动机支架既能牢固地把发动机固定在试车台上又要装卸方便。

　　(5)要保证动架与静架的对中,以使发动机工作时的推力能垂直地作用在传感器或测力部件上。

　　(6)脉冲爆震火箭火箭发动机用的试车架,应预留安装燃料与氧化剂管道的空间位置。自吸气脉冲爆震发动机用的试车架,应留出发动机进气通道,试车架不能影响发动机的进气品质。

　　(7)对于研究阶段用的试车架,还要求其在更换少量零部件的情况下就能进行不同尺寸、不同推力发动机的试验。

　　另外,直接测量法使用的是单路或双路力传感器,这就要求其数据采集与处理系统具有单路或双路并行高速采样功能。弹簧-质量系统法因需同时对试车架活动部分的位移、速度和加速度进行测量,因此需选用相应的传感器并配以具有三通道并行采样功能的数据采集与处理系统即可。

　　脉冲爆震发动机作为一种新概念发动机,目前仍处于研究开发阶段。还没有发展出精确计算该类发动机推力的理论公式或经验公式,上述各种推力测量方法明显都存在各自的局限性,实际研究中,可以将以上方法组合使用,以得到可靠的推力测量。

3.7　脉冲爆震发动机壁温分布与噪声辐射特性

3.7.1　引言

　　随着国内外对脉冲爆震发动机工作机理研究的不断深入和逐步掌握,对PDE结构强度问题的研究也就显得越来越重要。当前的研究主要集中在单次爆震载荷作用下PDE的结构响应方面。由于是单次爆震载荷,因此温度对PDE结构响应的影响也就被忽略了。但正常工作的PDE总是在多循环工作状态工作的,因此在对PDE结构响应进行分析时不能忽略温度的影响。

　　另一方面,脉冲爆震发动机作为一种动力装置,在其多循环工作中的任一次单循环过程,从点火到已燃气完全由喷口排出,PDE均向外部环境辐射噪声。其噪声主要由因爆震室内压力随时间、轴向位置的改变所激起的爆震管振动而引起的机械噪声和高温、高压已燃气体从喷口高速喷出而引起的气动噪声构成。动力装置的噪声不但会对人类的生存环境造成不良影响,而且还会引起其自身以致飞行器的声致结构疲劳破坏,同时,也会对机载设备产生不良影响。但迄今为止,还未见到有关 PDE 噪声辐射特性研究的公开报道。

本节首先进行了脉冲爆震发动机在循环过程传热分析,给出了脉冲爆震燃烧室壁温分布的一般规律,这为脉冲爆震发动机的结构强度设计(如 PDE 材料的选择、PDE 结构参数的设计、PDE 结构强度的分析等)以及爆震室壁面冷却与废热利用提供了参考依据;随后对脉冲爆震发动机噪声辐射特性进行了论述。

3.7.2　脉冲爆震燃烧室壁温分布

3.7.2.1　脉冲爆震发动机工作过程传热分析

如 3.3.3 节所述,PDE 工作过程中,每个单次爆震循环由下面几个明显的过程组成:

a. 可燃混合气体填充爆震管;

b. 在密封端点火;

c. 爆燃波转变为爆震波并向开口端传播;

d. 爆震波从开口端传出,膨胀波反射进来;

e. 已燃气排出。

当发动机在多循环状态工作时,上述过程往复进行。下面,先简要分析 PDE 多循环工况下,爆震室内部气流与内壁面之间的热量传递情况。

当发动机第一次起爆时,在 a,b 两个过程中,由于可燃混合气体与爆震管都是室温,内部气流与内壁面间无热量交换。在 c 过程中,爆震室内气体因爆震燃烧,压力、温度迅速升高,当爆震波传到开口端时,爆震室内燃气温度可达 2 000 K 以上,由于爆震波传播速度很快(2 000 m/s左右),所以此过程的作用时间很短(<1 ms)。另外,燃烧产物中包含一定浓度的二氧化碳和水蒸气,这两种物质产生相当大的辐射热量,因此,此过程中气流与爆震室内壁的热传递包括对流换热和辐射换热,爆震管被加热,温度升高。在 d 过程中,爆震室内压力、温度均有所降低,内部气流速度升高。d 过程结束时,爆震室压力降至环境压力,温度降至 1 400 K 左右。该过程中,气流与壁面的热传递有对流换热与辐射换热,爆震室壁面温度继续升高。此过程的作用时间较短,与发动机长度有关。当发动机在多循环状态工作时,e 过程和 a 过程是同时进行的,d 过程结束后,在已燃气体排出的同时,可燃混合气体也在对爆震管进行填充。此过程的作用时间随爆震频率的变化而变化。由于在工业上常见的温度范围内,空气、氢、氧、氮等分子结构是对称的双原子气体,实际上并无发射和吸收辐射的能力,可以认为是热辐射的透明体,因此在该过程中,可燃混合气体(环境温度)与爆震室内壁之间只存在对流换热,对爆震管起冷却作用;已燃气体与爆震室内壁之间存在对流换热和辐射换热,依然对爆震管起加热作用。在这两个过程同时进行时,距推力壁近的爆震室壁面因可燃混合气体的作用时间长,温度降低得就多,距推力壁越远,冷却时间越短,温度降低得就少。

3.7.2.2　脉冲爆震燃烧室壁温分布特性

这里以内径为 50 mm 的脉冲爆震发动机试验器为研究对象,通过热成像仪,给出了两相多循环 PDE 模型机壁温分布数据。

1. 试验装置和测试技术

整个试验系统由供油、供气、点火系统、PDE 模型机(由油气混合室和爆震燃烧室组成)及压力、温度测试系统构成,如图 3-88 所示。其中的 PDE 模型机由内径为 50 mm,外径为 57 mm 的钢管加工而成,长度为 1.45 m;其中油气混合室长度为 0.23 m,爆震燃烧室长度为 1.22 m。压力测量采用压电式压力传感器经电荷放大器将爆震燃烧室管壁压力送往计算机数据采集系统,用于监测发动机的工作状态。

温度测试系统采用日本产的 TVS 2000—MKⅡ 热成像仪,该仪器可以实现非接触表面温度测量,试验时,将红外探头安放在与台架上的发动机同一水平面上,距发动机为 1.1 m。热成像仪的主要组成部分是红外探头与处理器,红外探头将被测量物体所发出的红外光转换为电信号,处理器将电信号转变为数字信号存储于内存上,并将测量结果以温度分布云图的形式实时地显示在嵌入式 LCD 显示器上。TVS2000—MKⅡ 热成像仪的主要技术指标如下:测量波长范围为 $3\sim5.4~\mu m$;测温范围为 $-40℃\sim2~000℃$;测量速度 30 幅/s;温度分辨率为 $0.1℃$;测温精度为 $\pm0.4\%$(满刻度)。

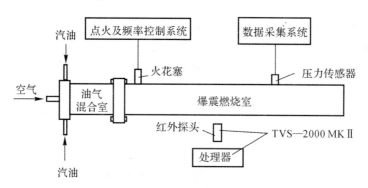

图 3-88 PDE 模型机爆震燃烧室外壁面温度分布试验系统示意图

2. 试验结果与分析

要对脉冲爆震发动机在多循环工作状态下的爆震室外壁面温度分布进行试验研究,使发动机在不同爆震频率下稳定工作是前提,在这种情况下,对爆震燃烧室外壁面温度分布进行实时测量所获得的数据才是可信的。

测量时,调节发动机进气、进油量,余气系数最终达到 1 左右,调节点火频率。PDE 模型机分别在 $f=5~Hz,10~Hz,15~Hz,20~Hz$ 的爆震频率下连续工作。利用 TVS2000—MKⅡ 热成像仪,设定每隔 5 s 对爆震室外壁面温度分布进行一次测量,并将测量结果以图像形式存储下来。待爆震室壁温不再随工作时间的增加而升高时,测量停止。图 3-89~图 3-92 所示为整理后的试验测量结果。图 3-90 中推力壁系指发动机头部封闭端,x 为与推力壁的轴向距离。

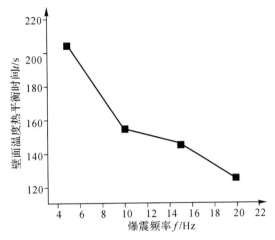

图 3 - 89　爆震室外壁面温度热平衡时间和爆震频率的变化曲线

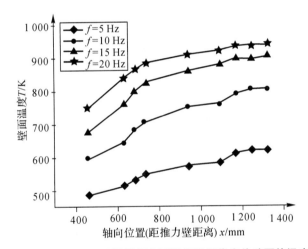

图 3 - 90　热平衡时,不同爆震频率下随爆震燃烧室外壁面的温度曲线

从图 3 - 89 可以看出,爆震燃烧室外壁面温度分布存在一个热平衡时刻,此时刻后,虽然内壁面温度在每个爆震循环中都随工作时间而变化,但外壁面温度分布不再随工作时间的增加而产生较大变化。不同工作频率下,爆震室外壁面达到热平衡温度所需的时间随爆震频率的升高而减小,且基本上呈线性关系。

从图 3 - 90 可以看出,热平衡时刻,不同爆震频率下爆震室外壁面温度分布呈现从前到后逐渐升高的趋势。在试验频率范围内,模型机外壁面的最高温度可达 933 K 左右。另外,还可看出距推力壁近的区域温度上升斜率大,距 PDE 出口近的区域上升斜率趋缓并在一定的范围内温度非常接近。如从距推力壁 0.94 m 处到尾喷口,不同爆震频率下,爆震室外壁面轴向温差的情况如表 3 - 4 所示。

表 3 - 4　不同爆震频率下,距推力壁 940 mm 处与出口处爆震室外壁面温差

爆震频率/Hz	5	10	15	20
温差/℃	39	40	35	27

从表中初步判断,PDE 模型机工作中,爆燃向爆震转化并最终形成爆震波发生在距推力壁 0.94 m 左右的区域。这一判断在后来的试验中得到了证实,50 mm PDE 模型机的 DDT 距离约为 1 m。因此,可以推断,在该区域以后的区域,爆震波在爆震管内的传播、高温高压爆震产物的高速排出、常压高温已燃气体排出等三个过程对爆震燃烧室内壁的加热作用处于主导地位。由于该区域距离推力壁较远,可燃混合气体填充过程对该区域爆震室内壁的冷却时间也较短,其冷却作用处于次要地位。在爆震波形成前的区域,由于燃烧为爆燃方式,燃烧产物温度较低,且可燃混合气体对爆震室内壁的冷却时间也较长,因此温度差异较大。

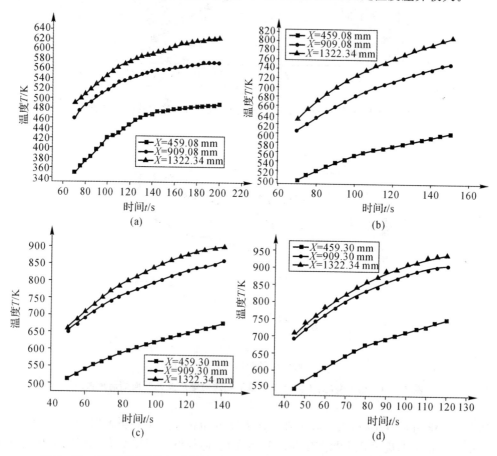

图 3 - 91　不同爆震频率下,爆震室外壁面同一轴向位置处,温度随时间的变化曲线

(a)5 Hz; (b)10 Hz; (c)15 Hz; (d)20 Hz

从图 3 - 91 可以看出,在同一工作频率下,距推力壁不同轴向位置处,爆震室外壁面温度都随 PDE 模型机工作时间的增加而升高,且变化规律基本相同,呈现开始时间段各点温度都上升很快,随着工作时间的增加,温度的上升趋势变缓,并逐步达到一个较稳定的值,即热平衡温度。另外,爆震频率越高,各点的温度曲线变化趋势越一致。

从图 3 - 92 可以看出,在爆震燃烧室外壁同一轴向位置处,壁温的平衡值随爆震频率的升高而升高,但升高的斜率随爆震频率的增加而略有减小。

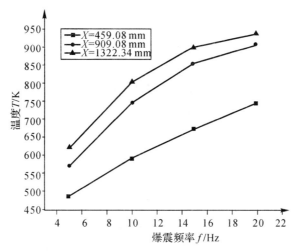

图 3 - 92　同一轴向位置处, 爆震室外壁面热平衡温度随爆震频率的变化曲线

3. 脉冲爆震燃烧室壁温分布一般特点

通过对试验数据的分析, 脉冲爆震燃烧室壁温分布呈现出以下几个明显的特点:

(1) 爆震室外壁面温度分布存在一个热平衡时刻, 热平衡时间随爆震频率的升高而减小, 且基本上呈线性关系。

(2) 热平衡时刻, 爆震室外壁面温度分布呈现从前到后逐渐升高的趋势, 距推力壁近的区域上升斜率大, 距推力壁远的区域上升斜率趋缓并在爆燃转变为爆震后的区域内温度梯度较小。

(3) 同一爆震频率下, 不同轴向位置处, 爆震室外壁面温度随工作时间的增加连续升高。

(4) 爆震燃烧室外壁面同一轴向位置处, 壁温的平衡值随爆震频率的升高而升高, 但升高的斜率随爆震频率的增加而略有减小。

(5) 在试验频率范围内, 模型机外壁面的最高温度可达 933 K 左右, 爆震室前后温度差在 200℃ 左右。

因此, 多循环 PDE 模型机工作时, 不但有爆震管局部温度过高的问题, 同时还有因温度分布不均匀带来的热应力问题以及内壁面在冷、热气流交替作用下的热疲劳问题。解决好这些问题, 是多循环脉冲爆震发动机结构设计的一个关键点。

3.7.3　脉冲爆震发动机噪声辐射特性

3.7.3.1　脉冲噪声的定义及其物理特性

1. 脉冲噪声的定义

脉冲噪声按其物理特性可分为两类, 一类是由固体碰撞而引起物体的弹性振动、变形或断裂等产生的撞击噪声, 又称自振波, 它包括一系列阻尼振动, 其波形如图 3 - 93(a) 所示。另一类是由于爆炸、轰声或紊流等突然的变压而引起的脉动。在自由场, 这种冲击脉动称简单脉冲波, 其波形如图 3 - 93(b) 所示, 在混响场或由于其他机械原因, 简单脉冲波也可以变成如自振波一样的系列振荡波,如图 3-93(c)所示。

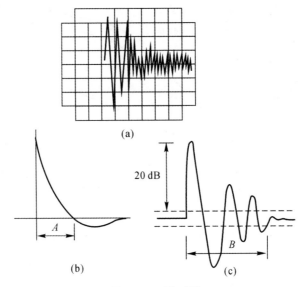

图 3-93 波形图

(a)固体撞击声的示波图; (b)简单脉冲波及 A 持续时间; (c)系列振荡波及 B 持续时间

显然,脉冲爆震发动机的脉冲噪声属于由第二类原因引起的噪声,当在实验室环境下对其进行测量时,因噪声在混响场中传播,其单次噪声时域波形如图 3-93(c)所示。

关于脉冲噪声的定义,世界上许多国家和相关组织有很多种不同的说法。1985 年我国军用标准 GJB50—85 中对脉冲噪声的定义是,脉冲噪声是一个或多个持续时间小于 1 s 的猝发声组成的噪声。按照这一定义,无论是单次爆震所产生的噪声还是多循环爆震所产生的噪声都属于脉冲噪声的范畴。

2.脉冲噪声的物理特性

(1)脉冲噪声的峰值声压级和脉冲声压级。声压级是一切噪声的主要物理量,脉冲噪声的声压级主要有峰值声压级(简称峰压级)和脉冲声压级(脉冲声压级就是有效声压级)。脉冲噪声的峰值声压级(L_{peak})就是脉冲噪声声压-时间曲线中峰值声压值 P_{peak} 的分贝值。

$$L_{peak} = 20\lg \frac{P_{peak}}{P_0} \quad (dB) \qquad (3-68)$$

式中,P_0 为基准声压(等于 2×10^{-5} Pa)。

脉冲噪声的脉冲声压级(L_{Imp})是声压-时间曲线在一定时间内的有效声压 P_{RMS} 的分贝值。

$$L_{Imp} = 20\lg \frac{P_{RMS}}{P_0} \quad (dB) \qquad (3-69)$$

式中,脉冲噪声的有效声压 P_{RMS} 为

$$P_{RMS} = \sqrt{\frac{1}{T} \int_0^T P^2(t)\,dt} \qquad (3-70)$$

脉冲噪声用峰压级评价而不用其他声压级如 A 声级和等效连续声级,是因为声学界和医学界普遍认为峰值声压级是造成人体和听觉损伤的主要因素。至于用脉冲声压级的原因是人

们还认为脉冲噪声对人体和听觉的伤害最终是取决于它的声能量,而有效值是表示能量大小的理想方法。

另外,峰值声压级与脉冲声压级的差值可用来判断脉冲噪声的脉冲性质,差值越大脉冲性质越强。利用峰值声压级与脉冲声压级的差值还可以确定脉冲噪声信号的峰值因数 K,峰值因数 K 的定义:信号的峰值与有效值之比。

如果以脉冲噪声信号的峰值声压级 L_{peak} 与脉冲声压级 L_{Imp} 表示,则因

$$L_{\text{peak}} - L_{\text{Imp}} = 20\lg \frac{P_{\text{peak}}}{P_{\text{RMS}}} \qquad (3-71)$$

所以

$$K = 10^{\frac{L_{\text{peak}} - L_{\text{Imp}}}{20}} \qquad (3-72)$$

(2)脉冲噪声的声功率。声功率和声功率级是噪声源的基本参数,声功率是用来度量声源在单位时间内所辐射的总能量。机械设备在稳定的工况下,噪声源辐射的声功率是一个恒量,声功率与声压级之间有一定的函数关系,若已知机械设备的声功率就可根据不同的环境条件推算出不同位置处的声压级。因此,用声功率表示机械设备的噪声高低是最合理的。脉冲爆震发动机噪声也是如此。但是噪声源的声功率和声功率级不能直接测出,只能在特定的声场下测出声压级后,再由下式计算声功率和声功率级:

$$L_W = \overline{L}_{\text{Pr}} + 10\lg S \quad (\text{dB}) \qquad (3-73)$$

$$W = 10^{\frac{L_W}{10}} W_0 \quad (\text{W}) \qquad (3-74)$$

式中,$\overline{L}_{\text{Pr}}$ 为在规定测量距离 $r(\text{m})$ 上多点声压级的平均值(dB);S 为该测量距离下包围声源的总面积(m^2);W_0 为基准声功率,等于 10^{-12} W。

因此,通过测量脉冲爆震发动机出口的脉冲声压级,就可以得到发动机出口脉冲噪声的声功率级和声功率。

(3)脉冲噪声的时间特性。 脉冲噪声的时间特性主要是指发动机脉冲噪声的持续时间。脉冲噪声的持续时间是指脉冲声波维持一定声压所延续的时间,脉冲噪声的持续时间又简称脉宽。由于脉冲爆震发动机脉冲噪声的波形相当复杂,如何确定其有效持续时间便是一个问题。参考有关枪炮脉冲噪声持续时间的确定方法,通常按科尔斯(Coles)等人提出的方法判定 A 和 B 两类波形的持续时间(见图 3-93(b)(c))。对于 A 类波形,即自由场中的简单脉冲波,其持续时间即指压力上升至主要正峰值,尔后又迅速降至环境压力所需的时间,称为 A 持续时间。对于 B 类波形,即当脉冲噪声在混响场或其他原因产生反射形成一系列振荡波时,其持续时间为,在声压脉冲峰波以下 20 dB(即自正峰顶下降90%)的声压振幅范围内,包括正的和负的时间总和,称为 B 持续时间。美国和中国等许多国家在标准中均采用这种判定方法。

关于 B 持续时间的确定,美国在1979年修改后的军用标准 MIL—STD—1474B(M1)中,对 B 持续时间新的解释是,B 持续时间系指冲击噪声主要部分的持续时间加上随后产生的有效波动持续时间。这些持续时间是压力波动包线(正的或负的)在峰值压力级以下 20 dB 范围内的时间间隔。其主要部分是指开始的压力波动在 20 dB 范围线上那样一段时间,在其后的压力波动有一段保持在 20 dB 以下。而随后又产生的有效波动是指其后又产生高于 20 dB 范围线的那部分波动,并且它的持续时间大于前面主要部分持续时间的10%,如果不大于10%,则不能算有效波动(见图 3-94)。

图 3-94(a) 中,AB 为主要部分的持续时间,CD 为随后产生的有效波动持续时间,因 $CD > AB$ 的 10%,所以其 B 持续时间等于 $AB + CD$。

图 3-94(b) 中,AB 为主要部分的持续时间,CD 为随后产生的有效波动持续时间,因 $CD < AB$ 的 10%,所以不能算作有效波动,故脉冲波形的 B 持续时间就只是 AB。

我国在轻武器噪声测试规范中对 B 持续时间的定义就是采用上面这种方法。

脉冲噪声的时间特性,除 A,B 持续时间外,还有一个特性参量即脉冲噪声的峰值上升时间,它是造成听力损伤的一个重要因素,同时也与脉冲噪声的频率特性有关。

脉冲噪声的物理特性除了上述几点外,还有频率特性和指向特性。所谓频率特性就是对脉冲噪声的时域信号进行频谱分析,得到信号在频域的各个构成规律。脉冲噪声频率特性的掌握对于分析噪声的源以及设计降噪结构都具有非常重要的意义。所谓指向性是表示声源在不同方向辐射声能量的差异性。搞清楚脉冲噪声的指向性对于设计降噪结构具有指导意义。

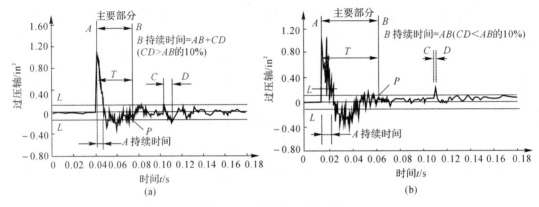

图 3-94 B 持续时间的确定

(a)$CD > AB \cdot 10\%$; (b)$CD < AB \cdot 10\%$

3.7.3.2 脉冲爆震发动机噪声辐射特性

这里以内径为 50 mm 的脉冲爆震发动机试验器为研究对象,给出了两相多循环 PDE 模型机噪声辐射数据。

1. 试验装置及测试系统

整个试验系统由供油、供气、点火系统、PDE 模型机(由油气混合室和爆震燃烧室组成)及噪声、压力测试系统构成,其中 PDE 模型机内径为 50 mm,长度为 1.45 m。噪声测量采用丹麦 G.R.A.S 声与振动公司生产的高强度噪声测试传感器系统,测量前用 B&K4220 活塞发声器对整个系统进行校准。该系统由 40DP—1/8″电容传声器、连接器、26 AC 前置放大器及直流供电电源组成。系统性能参数如下:

1)灵敏度:0.97 mV/Pa;

2)频响范围:10 Hz~70 kHz(±1 dB)或 6.5 Hz~140 kHz(±2 dB);

3)量程:40~178 dB;

4)使用温度:−40~+150 ℃。

试验测量系统如图 3-95 所示,试验时按照有关规范,将传声器安装在距发动机喷口中心 1 m,270°处。传声器高度与发动机喷口中心平齐,距地面 1.4 m。试验时,以汽油和空气为工质,调节模型发动机油气比为 1,爆震频率分别为 10 Hz,12 Hz,15 Hz,17 Hz,20 Hz。在发动机稳定工作状态,分别对不同爆震频率下 PDE 模型机的噪声辐射特性进行测量。

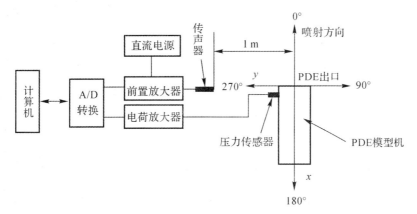

图 3 - 95 PDE 模型机噪声测量系统示意图

2. 噪声辐射时域特性

图 3 - 96 所示为不同工作频率下,50 mm PDE 模型机噪声辐射时域波形,从中可以看出脉冲爆震发动机噪声辐射呈现间歇性和周期性的特点,其基频与发动机工作频率完全一致。但不同次爆震循环所产生的峰值声压存在较大的差异,这主要是由于不同次爆震循环所产生的出口爆震压力峰值不一致所造成的,这一点从图 3 - 97 可清楚地看出。

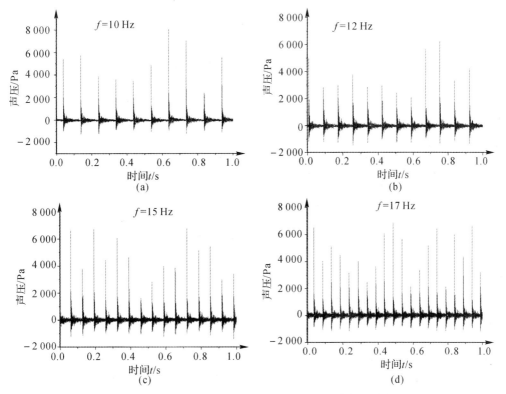

图 3 - 96 不同工作频率下 50 mm PDE 模型机噪声辐射时域曲线

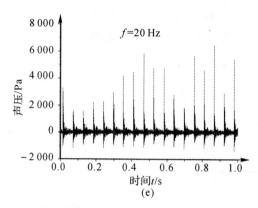

续图 3-96　不同工作频率下 50 mm PDE 模型机噪声辐射时域曲线

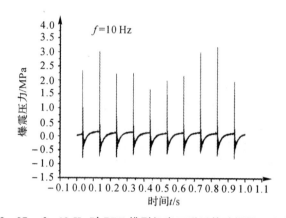

图 3-97　$f=10$ Hz 时 PDE 模型机出口附近管壁爆震压力曲线

按照脉冲噪声峰值声压级、脉冲声压级、峰值因数、声功率级及声功率的定义与计算方法，利用图 3-96 所示噪声时域波形的数据，可以计算出 50 mm PDE 模型机噪声辐射特性参数，如表 3-5 所示。

表 3-5　50 mm PDE 模型机噪声辐射特性参数

爆震频率/Hz	峰值声压级/dB	脉冲声压级/dB	峰值因数	声功率级/dB	声功率/W
10	172.26	138.33	49.72	149.32	855.07
12	172.37	138.76	47.92	149.75	944.06
15	171.21	139.49	38.55	150.48	1 116.86
17	171.62	139.97	38.24	150.95	1 244.51
20	170.51	140.4	32.03	151.39	1 377.2

基于表 3-5，可以得到以下几点结论：

1）在测量位置处及试验频率范围内，50 mm PDE 模型机噪声辐射的峰值声压级大于 170 dB，且基本上与爆震工作频率无关。对于脉冲爆震发动机而言，无论是低频还是较高频率多循环爆震，每次爆震循环的过程及参数都是接近的，因此，对于 50 mm PDE 模型机而言，可以认为在其可工作频率范围内,其测量位置处的峰值声压级均在 170 dB 以上。

2)试验频率范围内,50 mm PDE 模型机噪声辐射的脉冲声压级随爆震频率的提高而提高。由于脉冲噪声是对多循环工况下多次噪声信号的叠加,因此,随着爆震发动机爆震频率的提高,脉冲噪声的数值还会增大。

3)试验频率范围内,50 mm PDE 模型机噪声辐射的峰值因数随爆震频率的提高而降低。这一点是由前面两个规律所决定的。

4)试验频率范围内,50 mm PDE 模型机噪声辐射的声功率级随爆震频率的提高而提高。

5)试验频率范围内,50 mm PDE 模型机噪声辐射的声功率随爆震频率的提高而提高,且基本上呈线性关系。

图 3 - 98 所示为 50 mm PDE 模型机单次爆震循环噪声辐射 A,B 持续时间,通过对不同爆震频率下,多个单次爆震循环 A,B 持续时间的计算,得到在试验频率范围内,50 mm PDE 模型机 A,B 持续时间的范围:A 持续时间为 0.2~0.3 ms;B 持续时间为 3.5~5 ms。

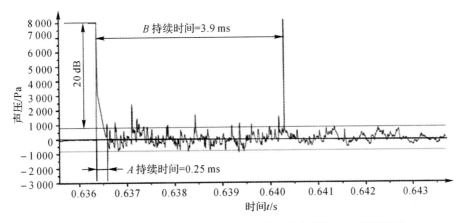

图 3 - 98　50 mm PDE 模型机单次爆震循环噪声辐射 A,B 持续时间

3. 脉冲爆震发动机噪声辐射源分析

前面已经提到,脉冲爆震发动机噪声有两种不同的声源,一种是因爆震室内压力随时间、轴向位置的改变所激起的爆震管振动而引起的机械噪声;一种是高温、高压已燃气体从喷口高速喷出而引起的气动噪声。一般情况下,后者要高于前者几十分贝。因此,脉冲爆震发动机噪声可以说就是发动机喷口气动噪声。

下面,从 Lighthill 方程出发,对 PDE 的喷口气动噪声进行初步的分析。

Lighthill 根据流体运动的质量守恒方程、动量方程和热力学方程,并且当流场中存在质量源 $Q(t)$,作用到流体上的体力 F_i 和扰动速度起伏等分布源时,可得到小振幅波在无限介质中的波动方程如下:

$$\frac{\partial^2 \rho}{\partial t^2} - C^2 \frac{\partial^2 \rho}{\partial x_i^2} = \frac{\partial Q}{\partial t} - \frac{\partial F_i}{\partial x_i} + \frac{\partial^2 T_{ij}}{\partial x_i \partial x_j} \tag{3-75}$$

式中

$$T_{ij} = \rho v_i v_j + P_{ij} - c^2 \rho \delta_{ij}, \quad \delta_{ij} = \begin{cases} 1, i=j \\ 0, i \neq j \end{cases} \tag{3-76}$$

式(3-75)中右边三项是激励声场的源函数,依次为质量源、力源及应力源,它们在声学上分别等效于单极子、偶极子和四极子源。

由于爆震发动机喷口面积相对于爆震室体积比较大,在一次爆震循环中,从爆震波从喷口传出到已燃气完全排出喷口的时间很短($<$10 ms),因此,喷出的已燃气的质量流量关于时间的变化率 dQ/dt 较大,造成式(3-75)右边第一项较大。当爆震发动机在多循环状态工作时,从喷口周期性的排放高压、高温已燃气体,使周围空气的压强和密度不断受到扰动而产生噪声,这种噪声是一种类似于脉动球的单源,即单级子源。很多文献研究都指出,对于周期性排气噪声,其噪声频谱可分为两部分:低频时的分立谱和中高频的连续谱,而低频部分主要是由气流脉动的基频(对于脉冲爆震发动机而言就是爆震频率)和谐频组成的分立谱,因此可以认为脉冲爆震发动机吸气噪声中存在单极子源。

另外,由于爆震波能产生极高的燃气压力($>$15 atm),因此,在爆震发动机的一次爆震循环中,在爆震波从开口端传出到已燃气全部排完的过程中,喷口处的压力变化是非常大的。每次吸气前喷口内的初始压力 P_C 都在 15 atm 以上,远远大于临界压力 P_A(发动机喷口气流速度等于当地声速时的喷口内压力),因此,PDE 在一个工作循环中的吸气过程可以划分为两个阶段,即声速吸气阶段(当 $P_C \geqslant P_A$ 时)和亚声速吸气阶段(当 $P_C \leqslant P_A$ 时)。在声速吸气阶段,喷口处的气流速度达到局部声速,喷口内压力的变化对吸气速度没有影响,这种状态就是声学中提出的壅塞喷注状态。马大猷教授等人在对高压壅塞喷注的研究中已经指出,喷注中的一系列冲击室和湍流区是高压壅塞喷注噪声的来源,前者称为喷注的冲击噪声,后者是喷注的湍流噪声。按有关文献介绍,冲击噪声是很容易消除的,若喷口不光猾,厚度小或在喷口上开径向小缺口都可以有效地减小冲击噪声。

在壅塞喷注阶段和亚声速喷注阶段,吸气流入静止气流时,与周围相对静止的介质急剧混合,从而使得射流边界层中形成强烈的湍流脉动,使得式(3-75)右端第三项中的应力张量 T_{ij} 在流场中发生变化,这时产生四极子辐射,也就是湍流噪声,湍流噪声的频谱以高频为主,PDE 吸气噪声中存在四极子源。

中科院马大猷院士等经过理论研究,并综合大量的试验结果,得到了喷注的湍流噪声的声压级基本上与 $(P_C-P_A)/P_A$ 的对数成比例。以喷注方向为 0°,在 90°,1 m 处的喷注湍流声压级可用下式计算:

$$L_p = 80 + 20\lg \frac{(P_1-P_0)^2}{(P_1-0.5P_0)P_0} + 20\lg D \text{ (dB)} \qquad (3-77)$$

式中,P_1 为喷口驻点压力;P_0 为环境压力;喷口直径 D 以 mm 计。

利用 50 mm PDE 模型机出口管壁压力变化曲线,按式(3-77)可分别求得爆震频率分别为 10 Hz,12 Hz,25 Hz,17 Hz,20 Hz 时,喷注湍流噪声的声压级分别为 135.48 dB,135.77 dB,136.12 dB,136.35 dB,136.64 dB,均小于表 3-5 中同一工作频率下的脉冲声压级 3 dB 左右。这是由于 PDE 模型机的噪声不但包括喷注湍流噪声,还包括相应的单极子源噪声、机械噪声和爆震波传出发动机所形成的冲击波噪声(一般认为,冲击波是引起峰值噪声的决定性因素)。但是,依据从爆震管出口压力变化曲线求得的壅塞喷注湍流噪声声压级,就可以估算出 PDE 模型机在不同工作频率下的脉冲声压级。

3.8　脉冲爆震发动机控制

3.8.1　引言

从脉冲爆震发动机的工作机理可以看出,脉冲爆震发动机的控制是一个多变量、时变、非线性、多功能的复杂控制系统,它与传统的发动机控制系统相比有明显的不同。由于发动机是间歇式地工作,所以发动机的工作频率及各个部件的工作协调性的控制尤为重要。而脉冲爆震发动机的控制目的与传统发动机相同,就是在不同的飞行条件下,即在飞行高度、飞行速度以及大气来流发生变化等情况下,能按照指定的工作要求自动地调整发动机的各个控制参数,从而使得发动机的工作状态稳定地处于指定的工作位置。同时,当发动机接收到飞行器发来的工作状态转换指令时,例如,发动机从经济巡航的工作状态进入俯冲工作阶段,稳态工作点发生较大的变化,这时要求发动机能够按照最优的方式进行工作状态的转换。

3.8.2　脉冲爆震发动机控制原理

脉冲爆震燃烧室的周期性工作方式决定了脉冲爆震发动机的控制方式有别于传统发动机,从图 3-25 所示的脉冲爆震燃烧室工作原理可知,其一个工作循环过程由隔离气填充、可燃混合气体填充、点火起爆及排气过程组成,如何控制这些过程的起始时刻及持续时间是脉冲爆震燃烧室稳定工作的前提,而阀门技术就是这一问题解决的关键,其可认为是发动机控制研究的进一步延伸,其也是发展高频 PDE 的关键技术之一。目前脉冲爆震燃烧室阀门形式可分为无阀/气动阀自适应控制和机械阀控制(如电磁阀和旋转阀)两种结构形式。

3.8.2.1　脉冲爆震发动机自适应控制原理

1. 原理说明

当燃料或氧化剂采用气动阀结构形式供给时,其流量是由供给系统和燃烧室间压力差决定的。由于脉冲爆震燃烧室周期工作时,其燃烧室内压力存在强的周期性脉动,从而影响供给系统上下游间的压差,进而实现周期性阀门气动切断和开启。

图 3-99 所示为无阀式脉冲爆震发动机自适应控制下的工作循环。脉冲爆震发动机包括爆震燃烧室、氧化剂供应管路、燃料供应管路及点火装置。当脉冲爆震发动机稳定工作时,燃油和氧化剂供应管路上游压力固定不变,其各自压力值存在差异,这取决于管路的通径、流体的性质及平均当量比等。在发动机工作循环的填充阶段,燃料和氧化剂经供应管路流入爆震室并混合形成可爆混合物 2,可爆混合物流向爆震室出口。经过一定时间,点火装置点火燃烧,形成的爆震波向爆震室出口传播;爆震燃烧室内压力突然升高,其压力值高于燃料和氧化剂的供给压力,由于压差,燃烧产物 6 回流入供给管路中,从而切断了燃料和氧化剂的供应(气动阀关闭)。当爆震波传播到燃烧室出口端时,反射的膨胀波向上游传入燃烧产物中,经过一段时间,膨胀波上传到供给管路中燃烧产物和燃料/氧化剂间的交界面处,此时燃烧产物停止

向管路上游继续膨胀(气动阀开启),所有燃烧产物开始向爆震室出口流动,燃烧室压力逐渐降低。需要注意的是,气动阀开启时,供应管路初始流出的是燃烧产物7,由于供应管路的冷却作用,管路中的燃烧产物7的温度低于爆震室内燃烧产物6的温度,这避免了新鲜可燃混合物的提前点火,起到了隔离气的作用,另一方面,燃油和氧化剂流出管路的时刻一般不同时,先流出的也起到隔离气的作用。此后新鲜可燃混合物2重新填充爆震室,脉冲爆震发动机进入下一个循环过程。

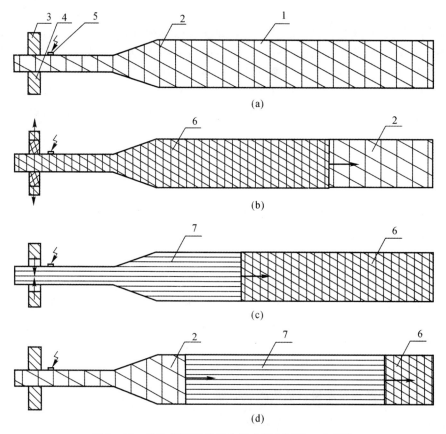

图 3-99　脉冲爆震发动机自适应控制下的工作循环

1—脉冲爆震燃烧室;　2—新鲜可燃混合物;　3,4—燃料氧化剂供给管路;
5—点火装置;　6—热的燃烧产物;　7—冷的燃烧产物

2. 实际过程分析

(1)试验装置。这里以两相火箭式脉冲爆震发动机试验模型为例,如图3-100所示,通过管路压力测量说明其控制过程。试验模型由供油系统、供气系统、脉冲爆震发动机模型及压力测量系统组成。模型试验器内径为50 mm,全长1 250 mm,供油和供气均采用无阀自适应的控制方式。试验采用汽油为燃料,通过挤压方式实现对发动机的供油,试验中油箱始终以高压氮气加压到7 atm(绝压);油量通过燃油比例控制阀进行控制,燃油比例控制阀后的油路为高压橡胶管,流通直径为5 mm;供油系统采用离心式喷嘴,喷嘴出口孔径为1.3 mm。发动机采用多管旋流式进气方式,具体来说,高压气罐中的空气首先经闸阀流入集气腔,集气腔容积为2 020 cm³,由集气腔引出4根高压橡胶管对发动机供气,高压橡胶管流通直径为8.5 mm。

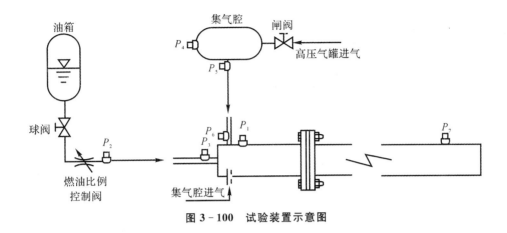

图 3 - 100　试验装置示意图

试验过程通过 7 个高频压力传感器对爆震室压力及管路压力变化进行实时测量;P_1 测量推力壁压力;P_2 位于燃油比例控制阀出口,P_3 位于离心喷嘴前,P_2 与 P_3 间的距离为 4.2 m;P_4 用于测量集气腔的压力变化;P_5 位于气路高压橡胶管进口,P_6 位于高压橡胶管出口处,P_5 与 P_6 间的距离为 1.8 m;P_7 位于 PDE 尾部,距离推力壁 1.1 m 处。P_1～P_6 处均为压阻式高频压力传感器,量程为 0～2 MPa;P_7 为压电式压力传感器,用于测量爆震波压力。

(2)过程分析。图 3 - 101 所示为发动机在平均当量比为 1.27(空气流量为 258 kg/h、燃油流量为 8 mL/s)、工作频率为 20 Hz 时试验测量的 P_1～P_6 位置压力变化曲线。在发动机点火后,对于燃油管路,推力壁处(P_1)压力脉动(W)首先传播到 P_3 位置(A1),经过 5.8 ms 左右,P_2 位置传感器测到此压力脉动(A2),根据 P_2 与 P_3 位置间距离知,压力脉动在燃油管路中得平均传播速度为 720 m/s 左右,此值要低于汽油中声波得传播速度(1 100 m/s 左右),根据管路中液体声速方程可知,这主要是由燃油管路受压膨胀而引起的;压力脉动继续向上游传播,当传到燃油比例阀节流孔时,由于节流孔面积远小于管路通径,压缩波在此回传,其为图 3 - 101 中 P_2 位置 A2 后的第一个压力脉动,此压缩波穿过 P_2 位置继续向下游传播,经过 6 ms 左右压缩波传到 P_3 位置(A3),当此压缩波继续向下传播到喷嘴时,由于喷嘴节流孔作用,喷嘴将向上游反射压缩波,一段时间后 P_2 位置传感器也测出了这一脉动(A4),此后压缩波仍将在管路中来回振荡,直至管路摩擦将其衰减至尽。

对于空气管路,推力壁处压力脉动(W)首先传播到 P_6 位置(B1),管路中空气经此压缩波后压力升高,压缩波的传播速度也将连续增加,波头传播速度低,波尾传播速度高,最终在管路某处此压缩波将形成运动激波,从压力曲线可以看到,经过 4.7 ms 左右,一道运动激波通过 P_5 位置(B2),此压缩波在管路中的平均传播速度为 380 m/s 左右;当空气管路进口空气开始向集气腔回流时,集气腔压力略微上升(B3),当空气回流停止时,集气腔内压力高于冷态填充时的压力,重新填充开始,从 P_5 位置压力曲线可以看到这一变化(B4),这一变化最终影响到 P_6 位置(B5)。比较波在两种管路中的传播可以看到,由于燃油在管路中的平均流速远低于空气管路中空气流速,其受到的摩擦损失相应较小,同时燃油管路两端节流孔的存在,使得燃油管路中压力脉动影响时间要远长于空气管路。

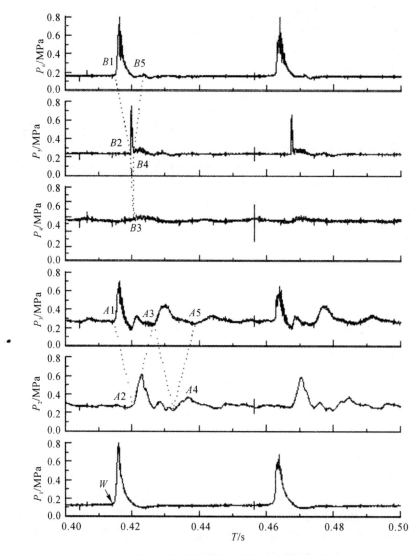

图 3-101　试验测量各位置压力曲线(绝压)

从测量结果可知,对于无阀式 PDE,其非定常工作会对供给系统产生压力脉动影响,在压力脉动影响下,供给系统的流量就会发生变化,由于流量变化发生在毫秒量级时间范围,故很难准确测量瞬时流量的变化。这里以管路同尺寸数值模型的计算结果进行定性说明,计算时以试验测量的推力壁处压力(P_1)为模型背压。以空气流量为 258 kg/h、燃油流量为 8 mL/s 分别计算的瞬时流量进行无量纲化处理,图 3-102 所示为同一时间段汽油和空气比流量随时间的变化特性,对比流量从 0.4 s 开始积分可以得到图 3-103 所示变化曲线。若设供给系统流量开始受推力壁处高压脉动影响的时刻为 A 点,由于推力壁压力升高,流量开始减小,1.2 ms 后(见图 3-103 中 O 点)发动机头部的燃烧废气开始回流入供给系统,由于液体的流动惯性要远强于气体,相比于气路,燃烧产物在燃油管内的回流量较小;当推力壁处压力低于管路压力时,燃烧废气回流停止,由于管路中已有回流的燃烧废气,供给系统初始填充的是燃烧废气,距 A 时刻 5 ms 后(B),空气管路出口流量值达到平均流量大小(258 kg/h),根据图 3-103 所示的流量积分可以看到,此时空气管路流出的仍为燃烧废气,空气管路中废气排空过程将持续到 E 时刻,此后由于空气管路中膨胀波的影响,空气流量仍有一次脉动,最终在 C 时刻空气流量趋于稳定。对于燃油管路,由于压力脉动在管路中振荡时间要长于空气管路,故直到 D 时刻,燃油流量才趋于稳定。

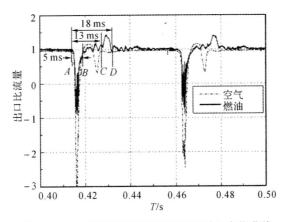

图 3－102　供给系统出口比流量随时间变化曲线

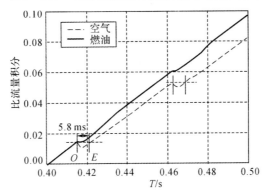

图 3－103　比流量积分随时间变化曲线

根据供给系统瞬时出口流量可以获得出口瞬时当量比随时间的变化曲线,如图 3－104 所示,它直接反映了供油和供气的匹配特性。由前面分析可知,O 到 E 时间段没有空气流入发动机,故当量比趋于无穷;E 时刻后空气开始填充发动机,当量比稳定在 1.1 处极短时间,随后由于空气管路中膨胀波的影响,空气流量突然降低,如图 3－102 中所示 C 点前空气流量的波谷,而燃油流量基本稳定,故当量比突然升高到 4;其后空气流量趋于稳定,而燃油管路中压力脉动的回传使得燃油流量突然升高,从而出现当量比的第三次脉动,当量比达到 2。直到 D 时刻供给当量比趋于稳定,即供给系统对发动机稳定的填充从 D 时刻才正式开始。

3. 自适应控制特点

从前面分析可知,当燃油和氧化剂的供给压力固定时,可以通过调节燃油管路阀门开度、氧化剂管路阀门开度及点火频率这三个工作参数来改变脉冲爆震燃烧室工况。管路阀门的开度决定了燃油和氧化剂的平均流量和平均当量比;点火频率决定了可爆混合物在爆震室内的填充程度,对于固定的阀门开度,点火频率过低,可爆混合物可能会未点燃就排出发动机,点火频率过高,由于存在点火延迟,点火位置附近可能还未填充可爆混合物。采用自适应控制时,燃油和氧化剂的供给脉宽及开启时刻受燃烧室内压力变化及供给系统本身影响(如供给压力、管径、管路长度等等),故很难对供油、供气进行精确调节,但由于其省去了阀门机构,因此其控制系统简单、易于实现。

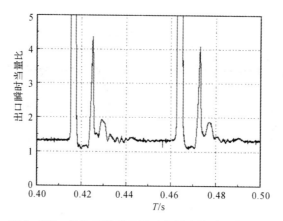

图 3-104　供给系统出口瞬时当量比随时间变化曲线

3.8.2.2　脉冲爆震发动机主动控制原理

为实现燃油和氧化剂供给脉宽及开启时刻的精确控制,可以采用电磁阀或旋转阀结构,其再配合点火控制,通过人为设定供给脉宽、供给相位及点火时刻,如图 3-105 所示,同样可实现脉冲爆震燃烧室的稳定工作。图 3-105 中所控制的脉冲爆震发动机利用三个电磁阀门控制氧气、煤油和氮气的供应,其通过改变方波控制信号的工作频率、占空比及相位来调节发动机工作状态。在发动机填充阶段,控制信号高电平开启氧气和煤油阀门;经过一段填充时间,控制信号低电平关闭氧气和煤油阀门,填充阶段结束,同时点火信号高电平使点火器点火,燃烧室内爆震排气过程开始;经过一段时间,控制信号高电平打开氮气阀门,进行隔离气填充,其后控制信号低电平关闭氮气阀门,同时控制信号高电平开启氧气和煤油阀门,下一循环重新开始。自适应控制方式利用供给系统前后压差实现了类似图 3-105 所示的时序图。

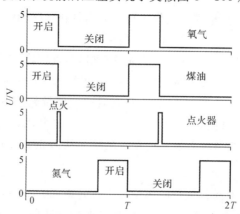

图 3-105　电磁阀开关与点火的时序图

若采用开环控制方式对控制信号进行人为设定,则脉冲爆震发动机的正常工作有赖于试验人员的经验;要实现对脉冲爆震燃烧室的精确控制,必须对被控参数进行精确测量,进而调节执行机构对脉冲爆震发动机进行主动控制。目前这种控制方法的实现主要受限于对瞬变被控参数的测量,如爆震压力、燃烧当量比及填充度等。图 3-106 给出了美国 Stanford 大学利用半导体激光器实现的多循环下 PDE 可爆混合物填充系数的精确控制示意图。

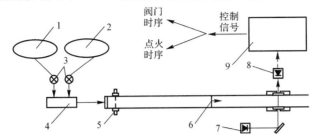

图 3-106　基于乙烯浓度的脉冲爆震发动机主动控制示意图

1—氧气罐;　2—乙烯罐;　3—电磁阀;　4—混合室;　5—点火器;　6—爆震波;

7—1.62 μm 半导体激光器;　8—探测器;　9—控制器

图 3-106 中的脉冲爆震发动机以乙烯为燃料,氧气为氧化剂,氧气 1 和乙烯 2 经过阀门 3 周期性地通过一定容积的混合室 4 进行混合后填充爆震室,填充一段时间后,点火器 5 在封闭端点火,产生的爆震波 6 向爆震室出口端传播。为降低燃料消耗,同时提升脉冲爆震发动机性能,其采用乙烯半导体激光器对脉冲爆震发动机工作过程进行主动控制,半导体激光器 7 调制为波长 1.62 μm 附近。

在循环开始时,电磁阀 3 开启,开始燃料和氧化剂的填充,当在脉冲爆震发动机尾部的探测器检测到乙烯时,控制器 9 发出控制信号,关闭电磁阀 3 的同时使点火器点火。经过一固定的冷却时间后,循环重新开始。图 3-107(a) 给出了发动机不同控制方式下燃气填充时间随工作循环数的变化特性,可以看到,当电磁阀采用类似图 3-105 所示的开环控制时序时,其填充时间固定不变;当采用主动控制时,填充时间逐渐延长以保证燃气在爆震室内完全填充。图 3-107(b) 给出了两种控制方式下单循环冲量随工作循环数的变化特性,可以看到,采用主动控制时,由于每个循环的可爆混合物的填充度相同,故单循环冲量固定不变;相反地,无主动控制下其冲量逐渐减小。

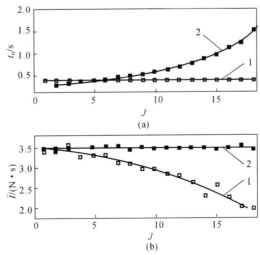

图 3-107　两种控制方式下燃气填充时间和单循环冲量随循环数的变换特性

(a) 填充时间;　(b) 单循环冲量

1—无控制;　2—主动控制

基于乙烯的主动控制方式也可以应用于阀门采用自适应控制的脉冲爆震发动机上,当在发动机尾部检测到乙烯时发出点火信号,以确保燃料满填充的同时减小燃料的浪费。

3.8.3 脉冲爆震发动机控制系统

3.8.3.1 控制内容

1. 发动机的起动和关机

脉冲爆震发动机的起动过程与控制结构的形式密切相关,对于不同类型的脉冲爆震发动机,其供油、供气方式是不同的,相应地发动机起动和关机的控制内容也是不同的。对于机械阀和电磁阀,起动过程需要供油、供气和点火间的相互配合,根据爆震室内实际的气量和油量以及当前供油、供气的频率确定点火时刻和点火频率,起动时的点火频率较低,这样有利于可靠地完成点火。在该类型的发动机关机过程中,可以直接切断系统的供油和供气,之后将管路中残留的油量和/或气量排空,以便下一次工作时,发动机管内没有杂质。对于气动阀式,首先需要确定脉冲爆震发动机的起动特性,在起动过程中要充分考虑供油和供气受爆震室的影响而发生的变化,从而决定点火频率和点火时刻,进行点火并连续爆震。在该类型的发动机关机过程中,只能切断供油系统,这样使得发动机停止工作,之后同样需要将管路中残留的油量和/或气量排空。

2. 发动机稳态控制

脉冲爆震发动机的稳态控制一般是指在飞行状态基本不变的条件下,当外界条件变化时保持既定的发动机稳定工作点。在各种工作状态和飞行条件下,最大限度发挥发动机的潜力,最有效地使用发动机,以满足飞行器对推力(功率)的要求。在稳态控制中,脉冲爆震发动机的工作点不发生变化,控制系统对大气来流的变化做出响应,调节系统的控制参数。在这种情况下,一般不改变脉冲爆震发动机的工作频率,只是按照外界条件调节发动机的供油和供气,使得发动机在设计点能最好地工作。

3. 发动机过渡态控制

脉冲爆震发动机的过渡态控制是指飞行状态发生大的变化时,例如,飞行器从经济巡航阶段转入俯冲等过程,这时发动机的工作点要发生大的变化。对于这种类型的变化,脉冲爆震发动机的工作频率就会相应地发生变化,要求控制系统根据系统当前的供油量或供气量,或根据点火状态,将脉冲爆震发动机从当前爆震频率变化到另一稳定爆震频率工作。脉冲爆震发动机的过渡过程控制要求发动机从一个工作点转移到另一个工作点时,发动机能快速响应,并且不产生熄火、不连续燃烧、温度超标等现象,从而保证发动机的工作连续正常。

4. 结构耦合控制

脉冲爆震发动机的工作范围极其宽广,速度的马赫数为 0～10,高度为 0～30 km,因此脉冲爆震发动机的工作频率也非常宽,在几赫兹到上百赫兹的频率范围内都可以有效地工作。这时,由于存在爆震频率与管路特性的共振以及爆震频率与发动机结构的共振,从而使工作点失稳。这类控制问题要求通过对结构系统的振动进行测试,同时监视振动的功率谱,分析其振动特性,如果发现强的耦合,要马上改变脉冲爆震发动机的工作频率,避开结构耦合。

5. 发动机极限控制

为了延长发动机的使用寿命和运行安全,在各种工作状态和飞行条件下,应保证脉冲爆震发动机各主要参数不超过允许的安全极限值,具体的参数取决于发动机的工作方式。一般而言,壁温和振动负荷是必须考虑的,尽管可以采用各种冷却方式进行壁温冷却,但当工作频率高和多管工作时,壁面冷却特别是尾部的冷却是必须要考虑的。当发动机有转动部件时,比如波转子脉冲爆震发动机,转速也不能超限。

3.8.3.2　总体控制方案

脉冲爆震发动机控制有三个层面:①通过对点火时刻及点火频率、喷油时刻及喷油量、阀门机构位置等参数的精确控制实现可控的周期性爆震燃烧模式;②通过研究点火频率、平均燃烧油气比及爆震室内可爆混合物填充度等因素对脉冲爆震发动机性能的影响,提出各种类型脉冲爆震发动机的调节控制规律;③基于前两者,提出脉冲爆震发动机控制方法。而目前在该领域的研究仍处于第一个层面。

脉冲爆震发动机非稳态工作特点决定其调节和控制方式有别于传统稳态发动机,从其工作特点可以看到,决定脉冲爆震发动机性能的主要参数有爆震室初始压力和温度、混合气体填充速度和填充度、混合物当量比、DDT 转变距离和时间、爆震频率等。尽管有很多因素会影响 PDE 的推进性能,但从调节的目的来看,可以得到如图 3 - 108 所示的纯脉冲爆震发动机总体控制过程,可以看到,整个控制参数是以平均参变量的形式表示的。

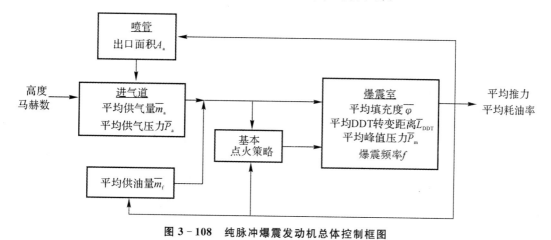

图 3 - 108　纯脉冲爆震发动机总体控制框图

由于 PDE 是利用周期性爆震波产生推力的,循环与循环间的特性参数可能会有很大的不同,在一定时间内对多个循环的特性参数进行平均可得平均的参量值,如爆震室内的参数,为了使爆震室能够稳定的工作,每一循环下的特性参数不应偏离过大,这有赖于每一循环供油脉宽、供气脉宽、点火时刻的匹配,对于气动阀或无阀式结构,其是利用爆震室和供油供气系统的气动耦合特性来实现自适应调节的,其稳定性有赖于具体的发动机结构和供油供气方式;对于有阀式结构,需根据每一循环的特性参数对供油、供气脉宽和点火时刻进行人为调节以实现稳定的 PDE 爆震特性,这部分控制策略可归结在爆震室调节部分,这里的控制规律只涉及多个循环下平均特性参变量的控制规律。

PDE 的非稳态过程决定其被控参数有别于传统发动机,对于单轴涡喷发动机,其工作状态由增压比和加热比决定,其被控参数可选择转速 n 和涡轮前温度 T_t^*。由于纯 PDE 没有压气机以及爆震室存在周期性的高温和低温气流的流出过程,因此必须选用其他被控量。试验和性能计算表明,可爆混合气体填充度、DDT 转变距离、峰值压力、初始起爆状态等对发动机的性能有很大的影响,但由于 PDE 的非稳态过程以及测量方法的限制,这些量都很难进行直接测试,目前可行的方法是利用整个循环的压力信号(如推力壁处)对这些量进行预估,进而确定 PDE 状态。

3.8.3.3　控制系统基本组成

1.点火控制

脉冲爆震发动机的点火系统是整个控制系统的一个基础系统。它不仅给系统提供点火能量,同时控制着系统的基础节律。按点火方式点火控制可以分为火花塞点火和预爆震管点火两种方法。对于火花塞点火方式下的点火系统包括点火频率的控制,点火强度的控制,点火波形相位的控制,点火波形占空比的控制。在目前的试验系统中,采用电火花塞为控制执行机构,通过对频率波形发生器的设置,产生需要的频率波形,然后通过功率放大,驱动火花塞按照既定的工作方式进行点火。预爆震管点火方式是以火花塞点燃小爆震管,再由小爆震管引爆大爆震管,在这种方式下,对于点火能量的要求很低,系统电源的负担较小,是一种实用性很强的点火方式,该方式下用于小爆震管的点火方式和上述的火花塞点火方式相同,但是增加了由预爆震管点燃大爆震管的控制,预爆震管的爆震频率和爆震时刻影响着大爆震管的供油和供气的控制,通过对供油和供气节律的控制,当该节律与小爆震管的工作频率相匹配时,大爆震管被正确点火,完成点火的控制。

2.供油控制

目前的供油方式总的来说有两种:一种是用燃油泵提供供油压力;另一种是用气囊提供供油压力。在燃油泵供油方式下,供油控制系统由燃油泵、管路和节流阀组成。燃油泵的控制包括供油压力控制、节流阀控制供油量。在目前的试验系统中,采用比例控制阀作为控制执行机构,用涡轮流量计组成闭环流量控制子系统,按照闭环反馈的控制策略对系统进行调节。调节规律目前采用经典的 PID 控制方法,在现实中采用调频、调宽的调节方式实现。用气囊提供油压的挤压式供油方式,是用气囊的填充压力作为压力源,控制时采用的方式和燃油泵一样,用闭环流量控制子系统实现对流量的控制。

3.供气控制

两种不同结构的脉冲爆震发动机的供气控制是完全不同的,对于火箭式脉冲爆震发动机其供气控制是采用气阀的方式来实现的,即通过对气阀的调节实现对供气量的控制。对于自吸气的脉冲爆震发动机,其供气控制则采用如下几种方式:

（1）冲压的方式：火箭助推后，将飞行器加速到超声速，然后用冲压的方式进气，对气量的控制是通过进气道的结构来实现的。

（2）引射的方式：该方式是用一个小爆震管产生爆震后，通过和大爆震管在结构上的耦合，带动大爆震管自主吸气实现的。

（3）波转子的方式：该方式是通过在发动机头部加装一个波转子，通过波转子的转动，带动叶片，从而完成吸气的工作。

在试验系统中，可采用气体阀门作为控制执行机构，同时通过一组控制单元调节阀门的开度。控制方法采用脉冲调宽（PWM）的方法，用步进电机作为驱动机构，实现对气体阀门的控制。

4. 发动机壁温控制

脉冲爆震发动机的一个显著特点就是其工作温度比常规的航空发动机低很多，但是在工作时，爆震管的尾段工作温度仍然很高。为保证发动机的结构强度和提高发动机的整体寿命，需要在工作时对脉冲爆震发动机的壁温进行冷却控制。冷却的方法主要有两种：

（1）油冷：用燃油流过发动机的壳体，带走发动机的热量，同时可以对燃油进行加温以利于燃油更好地雾化燃烧；

（2）空气冷却：就是将大气引入到发动机的壳体，使发动机降温。

此外还有将油冷和空气冷却联合起来使用的方法。

5. 发动机停车，连续燃烧的自动起动

当发动机在空中飞行时，如果出现空中停车和发动机连续燃烧时，要求发动机可以自动监测到故障的发生，同时开始空中重新点火，使得发动机继续工作，避免恶性事故的发生。在发动机重新点火的过程中，首先要降低发动机的工作频率，然后按照当时的大气来流条件确定一个最可靠的供油、供气参数，进行发动机的重新点火起动。

6. 主控系统设计

由于脉冲爆震发动机是一个复杂的多变量控制系统，所以要求整个控制系统的处理能力在 10MIPS（百万条指令/s）以上，同时能够快速地响应中断，保证系统的实时控制能够顺利地完成。该主控系统采用嵌入式控制器作为主控制计算平台，实时操作系统为软件平台。主控系统包括输入系统、计算系统、输出系统、通信系统等。输入系统接收各个传感器的信号，对输入信号进行预处理，还完成对信号的验证和逻辑选择，如果系统是冗余设计的，还要完成信号仲裁，以消除故障传感器的错误信号。计算系统包括存储系统、计算单元、接口系统和软件系统。存储系统又包括 SRAM 和 FLASH 两个部分，程序存储在 FLASH 中，程序运行时调入 SRAM 执行；计算单元是一种嵌入式处理平台，采用的是 RISC 体系结构，处理能力在 20MIPS 以上；接口系统包括串行接口、数字量输入/输出接口和外部总线，便于系统的扩展和使用；软件系统包括实时操作系统和应用软件，操作系统的中断响应时间小于 10 ms，应用软件以基于面向对象的方式开发，保证软件的可靠性和安全性。输出系统由运算放大器、伺服放大器和执行设备组成，将指令信号转变成机械信号，完成供油装置、供气装置的驱动，实现稳态、加速、减速等状态的预定控制方案。

思 考 题

1. 相比目前基于等压稳态燃烧的吸气发动机,为什么脉冲爆震发动机具有优势?

2. 脉冲爆震发动机的基本工作原理是什么?

3. 基于爆震燃烧的发动机有哪些,各有什么特点?脉冲爆震发动机又有哪些分类,各有什么特点?

4. 脉冲爆震发动机的基本结构尺寸大致是如何确定的?其结构参数与发动机的推进性能有什么关系?

参 考 文 献

[1] 严传俊. 脉冲爆震发动机原理及关键技术[M]. 西安:西北工业大学出版社,2005.

[2] 严传俊. 燃烧学[M]. 西安:西北工业大学出版社,2005.

[3] Roy G D,Frolov S M,Borisov A A,et al. Pulse detonation propulsion:challenges,current status,and future perspective[J]. Progress in Energy and Combustion Science, 2004(30):545-672.

[4] Wintenberger E,Austin J M,Cooper M. Analytical Model for the Impulse of Single-Cycle Pulse Detonation Tube [J]. Journal of propulsion and power, 2003, 19 (1):22-28.

[5] Yan Chuanjun,etc. Exploratory study on new pulse detonation engines[J]. Progress in Natural Science,2003,13(2):88-94.

[6] 郑龙席,等. 脉冲爆震发动机模型机噪声辐射特性初探[J]. 振动、测试与诊断,2006,16 (3):176-182.

[7] 郑龙席,等. 脉冲爆震发动机推力测试方法分析与比较[J]. 测控技术,2006(4):37-41.

[8] 郑龙席,等. 脉冲爆震发动机模型机爆震室壁温分布试验研究[J]. 燃烧科学与技术, 2003,9(4):344-347.

[9] 马大猷. 现代声学理论基础[M]. 北京:科学出版社,2004.

[10] Kailasanath K. Recent Developments in the Research on Pulse Detonation Engines [J]. AIAA JOURNAL,2003,41(2):145-159.

[11] Hoffmann N. Reaction Propulsion by Intermittent Detonation Combustion. Ministry of Supply,Volkenrode Translation,1940.

[12] Nicholls J A,et al. Intermittent Detonation as a Thrust-Producing Mechanism[J]. Jet propulsion,1957,27(5):534-541.

[13] Fan W,Yan C J,Huang X Q,et al. Experimental Investigation on Two-Phase Detonation Engine[J]. Combustion and Flame,2003(133):441-450.

[14] Cooper M,etc. Direct experimental impulse measurements for detonations and defla-

grations[J]. Journal of propulsion and power,2002,18(5):1033 – 1041.

[15]　Kiyanda C B,etc. Effect of transient gasdynamic processes on the impulse of pulse detonation engines[J],Journal of propulsion and power,2002,18(5):1124 – 1125.

[16]　Chao T W,Wintenberger E,Shepherd J E.　On the Design of Pulse Detonation Engines [R]. GALCIT Report FM00 – 7,January 15,2001.

[17]　Kentfield J A C. Thermodynamics of Airbreathing Pulse Detonation Engines[J]. Journal of Propulsion and Power,2002,18(6):1170 – 1175.

第4章 超声速燃烧冲压发动机原理

4.1 引　　言

回顾航空航天技术的百年发展历程,人类对飞行器高飞行速度的追求和"飞天"的梦想被无数科学家和工程技术人员变成了现实,而这些无不与飞行器推进系统的一次又一次飞跃紧密相关。1903年,莱特兄弟的"飞行者"号飞行器的诞生,标志着人类完成了航空史上的第一次飞跃。1947年,飞行器首次突破声障,实现了航空史上的又一次飞跃。高超声速技术的实现,将是航空史上的第三次飞跃,也将促进军事技术的飞速发展。

高超声速技术是研究飞行马赫数大于5、以吸气式发动机及其组合发动机为动力、在大气层和跨大气层中实现高超声速远程飞行的飞行器技术。高超声速飞行器是指采用高超声速技术实现高超声远程飞行的飞行器。高超声速飞行器具有速度快、航程远、精度高、机动灵活、反应迅速等特点,能够适应未来信息化战争的要求,并能满足未来快速、便捷的军用/民用航空航天运输的需要。以高超声速技术为基础、吸气式发动机为动力的高超声速武器将是21世纪的一个重要发展方向,并代表着当前航空航天领域研究的最前沿。

自20世纪50年代提出超声速燃烧概念和60年代提出高超声速飞行器概念以来,世界各国竞相发展高超声速技术,各国研究的重点始终放在超声速燃烧冲压发动机(scramjet(supersonic combustion ramjet),简称超燃冲压发动机)及其组合推进技术方面。80年代,美国、苏联、法国、德国、英国、日本和澳大利亚等国掀起了高超声速技术研究的高潮。近十多年来,超燃冲压发动机技术陆续取得了重大突破,俄罗斯、美国、澳大利亚等国相继进行了地面试验和飞行试验。目前,高超声速技术已从概念和原理探索的基础研究阶段进入了以高超声速巡航导弹、高超声速飞机、跨大气层飞行器等为应用目标的技术开发阶段。

高超声速飞行器技术作为航空和航天技术的结合点,涉及高超声速空气动力学、计算流体力学、高温气动热力学、化学动力学、导航与控制、电子信息、材料结构、工艺制造等多门学科,是高超声速推进系统、机体/推进系统一体化、超声速燃烧、热防护、吸热型碳氢燃料、超高温材料、高超声速地面试验和飞行试验等多项前沿技术的高度综合。高超声速飞行器技术研究的重点是以超燃冲压发动机为主的高超声速推进技术和机体/推进系统一体化技术。这两项技术的突破将为高超声速飞行器的设计奠定技术基础。

当要求飞行器实现超声速及高超声速飞行时,虽然火箭发动机(rocket)能够作为动力,但因其比冲I_{sp}低(见图4-1),缺乏巡航能力,因而限制了其应用范围。当要求飞行器航程较大(大于1 000 km)时,一般要考虑选用吸气式发动机。高亚声速远程飞行器一般选用涡喷(turbojet)、涡扇(turbofan)发动机作为动力装置,而超声速中远程飞行器一般应选用冲压发动机作为动力装置。涡喷、涡扇发动机由于受到涡轮前燃气温度的限制,难以用于飞行马赫数大于3.5的飞行器。传统的亚声速燃烧冲压发动机(ramjet,简称亚燃冲压发动机)在飞行马赫数为 3～6 时性能较优(见图 4-1)。当飞行器在大气层中以高超声速($Ma>5$)飞行时,若仍采用亚燃冲压发动机,燃烧室进口温度会过高并导致热离解,使燃烧效率和比冲急剧下降,因此,以亚燃冲压发动机为动力的飞行器的飞行马赫数难以超过 6。对于飞行马赫数超过 6 的高超声速远程飞行器的推进系统来说,超燃冲压发动机是最佳备选方案,因为进气道中气流滞止程度小,总压损失小,同时燃烧室静温、静压都较低,这不仅使热离解程度降低而比冲提高,并且还会大大减轻机械负荷和热负荷,另外,尽管在超声速气流中加热损失较大,但由于在进气道中无正激波,总压损失较小,因而超燃冲压发动机仍然能够获得净推力,因此,涉及超声速及高超声速飞行,超燃冲压发动机在比冲、单位推力、推重比等方面具有较大优势。

由于冲压发动机不能自行起飞,因此,决定了高超声速飞行器推进系统需采用以超燃冲压发动机为主的组合推进系统,常用的组合推进方案有火箭基的组合循环推进系统(Rocket Based Combined Cycle,简称 RBCC)和涡轮基的组合循环推进系统(Turbine Based Combined Cycle,简称 TBCC)(见图 4-1)。为了实现跨大气层飞行,TBCC 在不同的飞行马赫数范围可以采用涡轮＋亚燃冲压＋超燃冲压＋火箭(Turbojet＋Ramjet＋Scramjet＋Rocket)的组合方式,RBCC 在不同的飞行马赫数范围可以采用火箭＋亚燃冲压＋超燃冲压＋火箭(Rocket＋Ramjet＋Scramjet＋Rocket)的组合方式。

飞行器机体/推进系统一体化技术是高超声速飞行器动力装置的重要设计思想,其特点是将飞行器机体的下表面作为发动机的进气道与尾喷管的一部分,使飞行器的前体作为进气道的预压缩面,后体作为发动机喷管膨胀面的组成部分,从而可以减小发动机的迎风面积,降低外阻力和质量、提高飞行器的升阻比等。与飞行器机体一体化的超燃冲压发动机主要由前体/进气道(forebody/inlet)、隔离段(isolator)、燃烧室(combustor)、尾喷管/后体(nozzle/afterbody)组成(见图 4-2),各部件中超声速燃烧室结构和供油规律的设计最为困难和关键。发展高超声速飞行器是未来航空航天技术发展的必然趋势。超燃冲压发动机和机体/推进系统一体化技术是发展高超声速飞行器技术的关键和基础。发展高比冲、高推重比和高推阻比的超声速及高超声速飞行器推进系统是提高飞行器总体性能的重要研究课题。

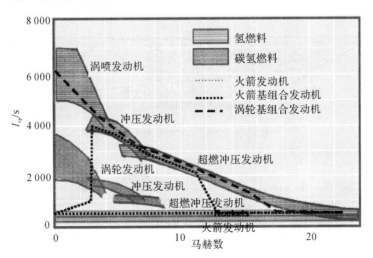

图 4-1　各种喷气推进系统性能比较

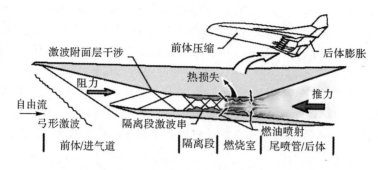

图 4-2 与飞行器机体一体化的超燃冲压发动机

4.2 超燃冲压发动机特点和分类

超燃冲压发动机(scramjet)是指燃烧室进口速度为超声速的冲压发动机,因此,在其燃烧室中空气与燃料混合燃烧是在超声速气流中进行的,它主要作为飞行马赫数大于5的飞行器的动力装置。传统的冲压发动机都是亚燃冲压发动机(见图 4-3、图 4-4),它主要用于飞行马赫数大于3的飞行器。亚燃冲压发动机的特点是其燃烧室的进口速度为亚声速,在燃烧室中空气与燃料的混合燃烧是在亚声速气流中进行的。亚燃冲压发动机主要由进气道、燃烧室和收扩喷管组成。冲压发动机首先是利用高速气流的冲压作用通过进气道压缩空气,使气流减速增压,然后高压空气进入燃烧室并与燃料混合,燃料与空气的混合气体在燃烧室中稳定燃烧,使燃烧室出口产生高温高压燃气,最后高温高压燃气通过喷管膨胀加速,产生推力,从而推动飞行器向前飞行。冲压发动机既是热机又是推进器。由于冲压发动机不能自行起飞,因此,在低速段飞行时需要其他动力装置作为助推器,如火箭发动机、涡轮发动机等。

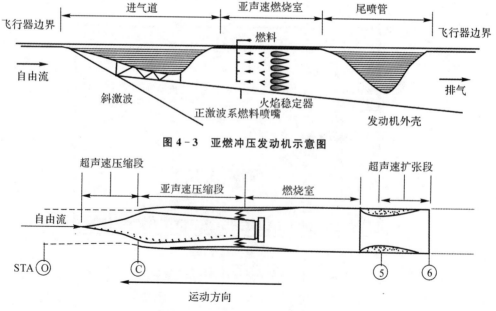

图 4-3 亚燃冲压发动机示意图

图 4-4 亚燃冲压发动机示意图

　　亚燃冲压发动机通常利用进气道的多道斜激波和正激波将超声速气流减速到亚声速(一般马赫数为 0.3～0.4),亚声速气流进入燃烧室与燃料混合燃烧,最后通过收扩喷管使气流膨胀加速,产生推力。亚燃冲压发动机有与火箭发动机组合形式(见图 4-5～图 4-8),与涡轮发动机组合形式(见图 4-9 和图 4-10),与涡轮及火箭发动机组合形式等,结构形式较多。常见的亚燃冲压与火箭组合发动机有分体式的(见图 4-5),也有整体式的。整体式的火箭冲压发动机又有液体燃料整体式火箭冲压发动机(LFIRR,见图 4-6)、固体燃料整体式火箭冲压发动机(SFIRR,见图 4-7)和空气管道火箭冲压发动机(ADR)(见图 4-8)等。整体式的火箭冲压发动机是冲压和火箭发动机共用燃烧室和尾喷管,而分体式的火箭冲压发动机是冲压和火箭发动机有各自独立的燃烧室和尾喷管。空气管道火箭冲压发动机在冲压模态工作时,使用的是贫氧推进剂,由于利用了空气中的氧作为氧化剂,因而发动机比冲得到提高。如图 4-9、图 4-10 所示分别为两种结构形式的涡轮基组合发动机。

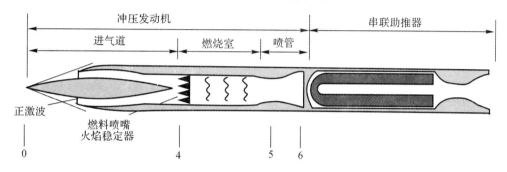

图 4-5　分体式火箭冲压组合发动机

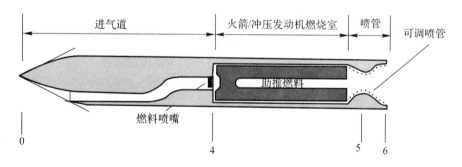

图 4-6　液体燃料整体式火箭冲压组合发动机

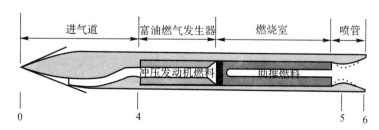

图 4-7　固体燃料整体式火箭冲压组合发动机

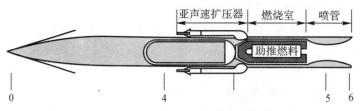

图 4-8　空气管道火箭冲压发动机

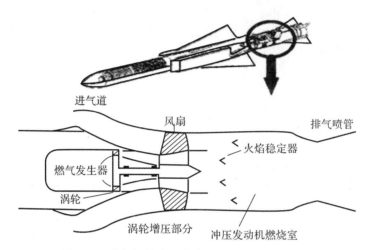

图 4-9　空气涡轮冲压发动机（Air Turbo Ramjet）

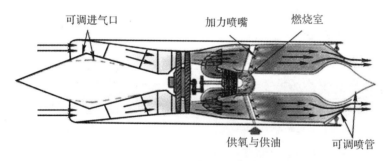

图 4-10　涡轮基组合发动机

当要求飞行器以高超声速($Ma>5$)飞行时，进气道进、出口总温均很高，如果还使用亚燃冲压发动机，高超声速气流通过进气道将被滞止为亚声速，导致燃烧室进口静温高，总压损失大，以致会引起燃烧室气流热离解，使燃烧效率和比冲急剧下降，难以产生净推力。因此，当飞行器以高超声速($Ma>5$)飞行时，为了避免气流产生热离解，需要采用超燃冲压发动机（见图4-11）。

超燃冲压发动机首先通过进气道将高超声速气流滞止为低超声速气流，然后进入燃烧室，在燃烧室中气体或液体燃料从壁面或支板喷入，与超声速来流混合并稳定燃烧，产生高温高压的燃气，最后超声速燃气通过扩张喷管膨胀加速，从而产生推力。超燃冲压发动机的进气道采用多道斜激波压缩，燃烧室进口速度为超声速，气流滞止程度小，总压损失小，同时燃烧室进口气流静温、静压都较低,不仅使热离解程度降低,比冲提高,而且还使机械负荷和热负荷降低。高超声速气流通过进气道减速增压后进入燃烧室,虽然燃烧室进口气流速度降低了,但仍然是超声速的,燃料与空气混合后在扩张型的燃烧室内燃烧。尽管在超声速气流中加热损失较大,但由于在进气道中无正激波,总压损失较小,因而超燃冲压发动机仍然能够获得净推力。事实上,超燃冲压发动机燃烧室内的流动在壁面附近是亚声速的,在主流核心区是超声速的。

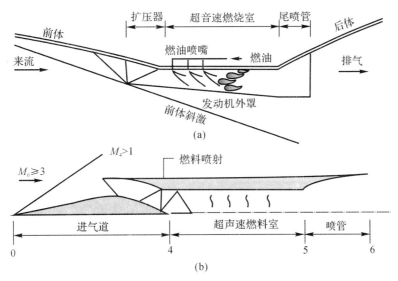

图 4 - 11　超燃冲压发动机结构示意图

超燃冲压发动机可分为单模态超燃冲压发动机、双模态超燃冲压发动机、双燃烧室超燃冲压发动机等。为了扩宽超燃冲压发动机的飞行马赫数范围到 3 左右,20 世纪 80 年代,双模态超燃冲压发动机(Dual - Mode Scramjet)的概念被提出。双模态超燃冲压发动机是综合了亚燃冲压发动机和超燃冲压发动机优势的一种新型的吸气式动力装置,可以在比较宽广的飞行马赫数范围内保持良好的工作性能,并可把超燃冲压发动机的工作马赫数下限延伸到 3 左右。超燃冲压发动机由于无需另外安装马赫数为 3～6 的加速动力装置,大大减少了质量和迎风面积,使飞行器具有更良好的工作性能。固定几何的碳氢燃料双模态超燃冲压发动机有可能在较宽的飞行马赫数范围内(3<Ma<8)工作。在较低飞行马赫数下(3<Ma<5),采用亚声速燃烧模态,可获得较高的性能。在高飞行马赫数下(5<Ma<8),采用超声速燃烧模态比亚声速燃烧模态有效。在同一发动机中,结合两种燃烧模态(双模态),采用固定几何结构或有限的变几何结构,可在较宽广的飞行马赫数范围内获得较高的性能。双模态超燃冲压发动机工作原理如图 4 - 12 所示。

双模态超燃冲压发动机具有几何尺寸固定、单通道、没有几何喉道等特点,当飞行马赫数小于 6 时,超声速燃烧室内以亚声速燃烧状态工作,称亚燃模态;当飞行马赫数大于 6 时,在超声速燃烧室内以超声速燃烧状态工作,称超燃模态。双模态超燃冲压发动机以亚燃模态工作时,隔离段中产生正激波链或强斜激波链,进气道出口的超声速气流通过正激波链或强斜激波链后降低为亚声速,然后进入燃烧室,在燃烧室中燃料与亚声速气流混合并燃烧,产生高温高压燃气,然后经过一个"热力"喉道加速到超声速,最后进入扩张喷管使气流膨胀加速,从而实现亚燃冲压的热力循环,该工作模式称为双模态的亚燃冲压模态(见图 4 - 12)。在亚燃模态工作时,发动机内流的马赫数分布如图4-12中的左下图所示。在较低马赫数工作时,为了避免进气道不起动,可能需要对进气道进行调节。当飞行马赫数进一步增加到5～7时,在隔离段中产生弱斜激波链,进气道出口的超声速气流通过隔离段中的弱斜激波链后速度降低,但仍然为超声速,超声速气流进入燃烧室并与燃料混合燃烧,在燃烧室产生的高温高压燃气继续以超声速进入扩张喷管,在喷管中膨胀加速,从而实现超燃冲压的热力循环,该工作模式也称为双模态的超燃冲压模态(见图4-12)。在该超燃模态工作时,发动机内流的马赫数分布如图4-12中的中下图所示。当飞行马赫数再进一步增加到7～8时,在隔离段中不产生激波链,进气道出口的超声速气流通过隔离段仍然为超声速,燃料与超声速气流混合燃烧,最后进入扩张喷管,使气流膨胀加速,从而实现超燃冲压的热力循环,该工作模式也称为纯超燃冲压模态(见图4-12)。在该超燃模态工作时,发动机内流的马赫数分布如图4-12中的右下图所示。在双模态超燃冲压发动机中,在不同的飞行马赫数范围,要实现亚燃模态和超燃模态,关键的是合理地设计燃烧室及其随飞行马赫数变化的供油规律。双模态超燃冲压发动机可以在同一个燃烧室内实现亚声速和超声速燃烧。

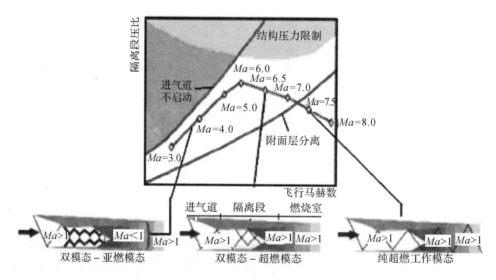

图4-12 双模态超燃冲压发动机工作原理示意图

双燃烧室超燃冲压发动机(见图4-13)的进气道有内、外两个进气道,可把进入发动机的气流分成两股,少量气流通过内进气道的正激波进入亚声速燃烧室,大量气流通过外进气道的斜激波进入超声速燃烧室,亚声速燃烧和超声速燃烧热力过程同时进行。发动机工作时,先在亚声速燃烧室中点火,燃料主要供入亚声速燃烧室,使亚声速燃烧室呈现富油燃烧状态,亚声速燃烧室中富油高温燃气通过收敛喷管喷入超声速燃烧室中,并点燃超声速燃烧室的燃料与空气混合气体,产生高温高压燃气,最后气流通过扩张喷管膨胀加速,产生推力。因此亚声速燃烧室相当于一个富油燃气发生器,作为超声速燃烧室的高能点火器。

随着超燃冲压发动机和双燃烧室超燃冲压发动机的发展,产生了引射超燃冲压发动机(Ejector Scram Jet)(见图4-14)。引射超燃冲压发动机通过高压供油装置向燃气发生器注入燃料和氧化剂,燃气发生器产生的高温高压燃气通过喷管,使在低马赫数时产生推力,在高马赫数时,保持了超燃冲压发动机在高速飞行时高效运行的特点,因此,引射超燃冲压发动机可以作为单级发动机实现从静止到高超声速的远程飞行。

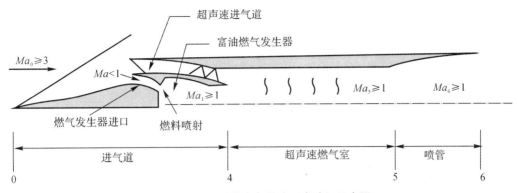

图 4-13　双燃烧室超燃冲压发动机示意图

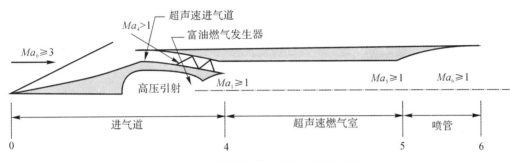

图 4-14　引射超燃冲压发动机示意图

　　超燃冲压发动机在低马赫数($Ma=0\sim3$)时不能起动工作,因此,需要与其他动力装置组合工作,才能实现宽飞行马赫数范围的飞行。与超燃冲压发动机能组合工作的发动机有火箭发动机、涡轮发动机等。组合发动机的结构形式多种多样,如图 4-15 所示为一种涡轮超燃冲压组合发动机方案,该方案中涡轮发动机与超燃冲压发动机上下并列布置,低飞行马赫数时以涡轮模态工作,高飞行马赫数时以冲压模态工作,在模态转化飞行马赫数附近,涡轮和冲压两种模态同时工作。如图 4-16 所示为一种火箭超燃冲压组合发动机方案,该方案中以超燃冲压发动机为动力的飞行器设置在火箭的头部,在低飞行马赫数时,火箭作为助推器;在高飞行马赫数时,火箭与飞行器分离,超燃冲压发动机单独工作。

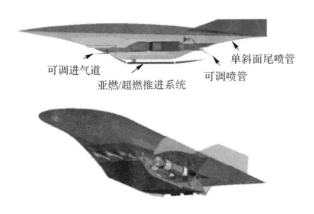

图 4-15　涡轮超燃冲压组合发动机　　　　　图 4-16　火箭超燃冲压组合发动机

4.3 超燃冲压发动机热力循环分析

超燃冲压发动机既是热机,又是推进器。作为热机,它将燃料燃烧产生的热能转化为机械能,作为推进器,它又将机械能转化为有效推进功。

气流在流过发动机的过程中,重复地进行压缩、加热、膨胀和放热过程,这些过程组成发动机的热力循环而对外做功。超燃冲压发动机的特征截面划分如图 4-17(a)所示。0 截面为自由流未扰动截面,1 截面为进气道进口截面,3 截面为燃烧室进口截面,4 截面为内喷管进口截面,9 截面为外喷管进口截面,10 截面为外喷管出口截面。如图 4-17(b)所示为超燃冲压发动机的热力循环温熵图,0~3 点为熵增压缩过程,3~4 点为等压加热过程,4~10 点为熵增膨胀过程,10~0 点为等压放热过程。

单位流量工质的加热量

$$q_1 = \int_3^4 T\mathrm{d}s = h_4 - h_3 = \frac{\eta_\mathrm{b}\dot{m}_\mathrm{f}h_\mathrm{PR}}{\dot{m}_0} = \eta_\mathrm{b}fh_\mathrm{PR} \tag{4-1}$$

单位流量工质的放热量

$$q_2 = \int_0^{10} T\mathrm{d}s = (h_{10} - h_0) \tag{4-2}$$

由于在绝热压缩和绝热膨胀过程中,与外界没有热交换,因此单位流量工质的循环功

$$L_\mathrm{e} = q_1 - q_2 = \int_3^4 T\mathrm{d}s - \int_0^{10} T\mathrm{d}s = (h_4 - h_3) - (h_{10} - h_0) = \frac{v_{10}^2}{2} - \frac{v_0^2}{2} \tag{4-3}$$

热循环效率

$$\eta_\mathrm{tc} = \frac{L_\mathrm{e}}{q_1} = 1 - \frac{h_{10} - h_0}{h_4 - h_3} \tag{4-4}$$

式中,h_PR 为燃料低热值;η_b 为燃烧效率;f 为油气比;$\dot{m}_\mathrm{f}$ 为燃料流量;$\dot{m}_0$ 为空气流量;h 为焓;v 为气流速度。

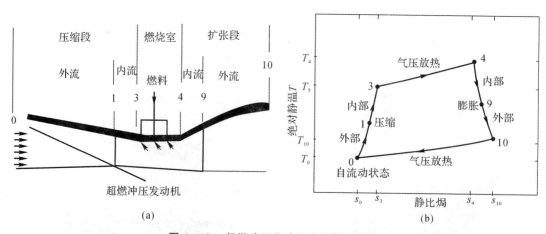

图 4-17 超燃冲压发动机热力循环分析

(a)特征截面划分示意图; (b)发动机热力循环温熵图

4.4 超燃冲压发动机性能评定

4.4.1 超燃冲压发动机的推力

1. 安装推力

推动飞行器向前运动的力为安装推力。安装推力等于加在飞行器动力装置上的全部作用力在飞行方向上的投影总和。该力包括外部绕流产生的以及空气流经动力装置内部产生的全部气动力。以与飞行器一体化的超燃冲压发动机为研究对象,对如图 4-18 所示的控制体应用动量方程,可得发动机安装推力 T 的表达式为

$$T = \dot{m}_{10}u_{10} - \dot{m}_0 u_0 + \int_b^c (p - p_0)\,\mathrm{d}A_x + \int_c^d (p - p_0)\,\mathrm{d}A_x +$$

$$\int_d^e (p - p_0)\,\mathrm{d}A_x + \int_e^f (p - p_0)\,\mathrm{d}A_x + \int_f^g (p - p_0)\,\mathrm{d}A_x - F_{\mathrm{fx}} =$$

$$\dot{m}_{10}u_{10} - \dot{m}_0 u_0 + (p_{10} - p_0)A_{10} - D_{\mathrm{add}} - D_{\mathrm{ext}} - F_{\mathrm{fx}} \qquad (4-5)$$

式中,$D_{\mathrm{add}} = -\int_b^c (p - p_0)\,\mathrm{d}A_x - \int_d^e (p - p_0)\,\mathrm{d}A_x$ 为附加阻力;$D_{\mathrm{ext}} = -\int_c^d (p - p_0)\,\mathrm{d}A_x -$ $\int_f^g (p - p_0)\,\mathrm{d}A_x$ 为外部阻力;F_{fx} 为摩擦阻力。

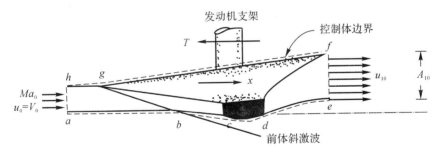

图 4-18 与飞行器一体化的超燃冲压发动机示意图

2. 非安装推力

发动机非安装推力为安装推力减去附加阻力、外部阻力和摩擦阻力后的力。发动机非安装推力 F 的表达式为

$$F = \dot{m}_{10}u_{10} - \dot{m}_0 u_0 + (p_{10} - p_0)A_{10} \qquad (4-6)$$

非安装推力 F 与安装推力 T 的关系式为

$$T = F - (D_{\mathrm{add}} + D_{\mathrm{ext}} + F_{\mathrm{fx}}) \qquad (4-7)$$

4.4.2　超燃冲压发动机性能指标

超燃冲压发动机的性能可以从不同角度去评定,因此有不同的性能评定指标。

1. 单位推力

$$F_s = \frac{F}{\dot{m}_0} \tag{4-8}$$

2. 耗油率

$$SFC = \frac{3\,600\dot{m}_f}{F} = \frac{3\,600f}{F_s} \tag{4-9}$$

3. 比冲

$$I_{sp} = \frac{F}{\dot{m}_f g_0} \tag{4-10}$$

式(4-9)中,油气比 f 为

$$f = \frac{\dot{m}_f}{\dot{m}_0} \tag{4-11}$$

当量油气比

$$\phi = \frac{f}{f_{st}} \tag{4-12}$$

碳氢燃料的化学恰当油气比 f_{st} 可以根据化学平衡反应方程式计算得到。

对于方程式

$$C_x H_y + \left(x + \frac{y}{4}\right)\left(O_2 + \frac{79}{21}N_2\right) \rightarrow xCO_2 + \frac{y}{2}H_2O + \frac{79}{21}\left(x + \frac{y}{4}\right)N_2 \tag{4-13}$$

$C_x H_y$ 的化学恰当油气比为

$$f_{st} = \frac{36x + 3y}{103(4x + y)} \tag{4-14}$$

根据式(4-14)可计算出:氢燃料的化学恰当油气比为 $f_{st,H_2} = 0.029\,1$;冲压发动机常用的一种燃料辛烷($C_8 H_{18}$)的化学恰当油气比为 $f_{st,C_8 H_{18}} = 0.066\,4$。

以上各式中: F_s 为单位推力; F 为非安装推力; $\dot{m}_0$ 为空气流量; $\dot{m}_f$ 为燃油流量; g_0 为重力加速度; f 为油气比; f_{st} 为化学恰当油气比; ϕ 为当量油气比。

4. 发动机的效率

效率是从能量方面来评定发动机性能好坏的指标,在飞行中能量转换的有效程度可以用三种效率来计算,即热效率、推进效率和总效率。

热效率为发动机的可用能与消耗的燃料能之比。推进效率为推进功与发动机的可用能之比。总效率为热效率与推进效率的乘积,即推进功与消耗的燃料能之比。

热效率

$$\eta_{th} = \frac{(\dot{m}_0 + \dot{m}_f)\frac{v_{10}^2}{2} - \dot{m}_0 \frac{v_0^2}{2}}{\dot{m}_f h_{PR}} = \frac{(1+f)\frac{v_{10}^2}{2} - \frac{v_0^2}{2}}{f h_{PR}} \tag{4-15}$$

推进效率

$$\eta_\text{p} = \frac{Fv_0}{(\dot{m}_0 + \dot{m}_\text{f})\dfrac{v_{10}^2}{2} - \dot{m}_0 \dfrac{v_0^2}{2}} = \frac{\left[(\dot{m}_0 + \dot{m}_\text{f})v_{10} - \dot{m}_0 v_0\right]v_0}{(\dot{m}_0 + \dot{m}_\text{f})\dfrac{v_{10}^2}{2} - \dot{m}_0 \dfrac{v_0^2}{2}} = \frac{2\left[(1+f)\dfrac{v_{10}}{v_0} - 1\right]}{(1+f)\left(\dfrac{v_{10}}{v_0}\right)^2 - 1}$$

$$(4-16)$$

由于油气比较小,忽略油气比 f 后得到

$$\eta_\text{p} = \frac{2}{v_{10}/v_0 + 1} \qquad (4-17)$$

总效率

$$\eta_\text{p} = \eta_\text{p}\eta_\text{th} = \frac{Fv_0}{\dot{m}_\text{f} h_\text{PR}} = \frac{\left[(\dot{m}_0 + \dot{m}_\text{f})v_{10} - \dot{m}_0 v_0\right]v_0}{\dot{m}_\text{f} h_\text{PR}} = \frac{\left[(1+f)v_{10} - v_0\right]v_0}{f h_\text{PR}} \qquad (4-18)$$

4.5 超燃冲压发动机技术发展现状

自 1913 年法国的劳伦提出冲压发动机概念以来,亚声速燃烧冲压发动机得到了飞速发展和广泛应用。1949 年 4 月法国设计的世界上第一架由冲压发动机推进的有人驾驶飞行器从 SE—161 运输机上起飞,开创了冲压发动机应用的新纪元。苏联"白蛉"SS—N—22 多用途飞航导弹于 1980 年开始服役,确立了俄罗斯在亚燃冲压发动机研究领域中的领先地位。美国对碳氢燃料亚燃冲压发动机的研究也已持续了 40 多年,并已被广泛应用于各种超声速导弹。洛克希德公司的 X—7 可重复使用的飞行试验飞行器可用于验证飞行马赫数为 3～4 的亚燃冲压发动机性能。目前有关高超声速下的亚燃冲压发动机性能引起了大家广泛的关注。

自 20 世纪 50 年代初美国人费里(Ferri)提出超声速燃烧概念后,人们开始向往高超声速飞行。60 年代,高超声速飞行器概念的提出,进一步促使人们向往和追求高超声速飞行技术。80 年代初,随着空间活动的增加,特别是载人航天的发展,一次性使用火箭、飞船和航天飞机的高额发射费用已日益成为大规模开展空间活动的"瓶颈",这促使人类想发展一种既能像普通飞机一样起降又能往返于天地之间的经济、安全、可重复使用的飞行器,因此,空天飞机的概念被提出。80 年代初,美、苏、英、法、德、日等国都把探索与发展空天飞机作为航空航天技术领域的一个重要目标,并在世界上掀起了发展空天飞机的热潮,其中最著名的空天飞机方案有美国的"国家空天飞机"(NASP)、英国的"霍托尔"(HOTOL)和德国的"桑格尔"(Sänger)等。虽然这些计划都中途夭折,但在高超声速技术领域取得的重大技术突破,为现今高超声速技术的发展奠定了坚实的技术基础。各国的空天飞机计划纷纷下马以后,俄罗斯于 1991 年完成了世界上首次超燃冲压发动机的飞行演示验证试验,这是高超声速技术发展的一个辉煌里程碑。2004 年 3 月,美国成功进行的飞行马赫数达 7,以超燃冲压发动机为动力的高超声速飞行器 X—43A 的飞行演示验证试验,标志着一个高超声速飞行时代即将开始。

目前,世界各国优先发展高超声速巡航导弹,作战任务主要是击毁重要的加固目标,以及航空母舰、预警机等活动目标。世界各国也积极发展高超声速飞机和先进航天器,高超声速飞机突防能力强,能在很短的时间内到达全球的任何热点地区。作为以高超声速巡航导弹、军用飞机、可重复使用天地往返系统为应用背景的高超声速技术开发,目前在各军事强国正开展得如火如荼。

4.5.1 美国超燃冲压发动机技术发展状况和趋势

20世纪50年代末,美国人开始考虑如何将冲压发动机的性能延伸到马赫数超过5,同时,超声速燃烧冲压发动机的可行性也受到了普遍的关注。早在1946年,Roy就提出了在超声速气流中加热的可能性。1958年,Ferri在第一次航空科学国际会议上简要叙述了在$Ma=3.0$的超声速气流中实现了稳定燃烧,并不存在强激波。因此,在美国,Ferri成了研究超燃冲压发动机技术的带头人。1958年,在McGill大学开始了超声速燃烧冲压发动机的研究工作。Swithenbank报道了有关超燃冲压发动机进气道、燃料喷射、燃烧室和排气喷管的早期研究工作,研究集中在$Ma=10\sim25$的范围。1958年9月,Weber和MacKay发表了对超燃冲压发动机的基本分析和对该类型发动机的研究关键问题,通过分析给出了超燃冲压和亚燃冲压在$Ma=4\sim7$范围的性能对比,并指出马赫数超过7时,超燃冲压发动机具有较大的潜在优势,研究报告还提出了超燃冲压发动机研究中所面临的主要技术难点,包括低激波损失的燃料喷射和混合、燃烧室特性、壁面冷却、摩擦损失和喷管性能等。文中也提出,需要扩张型的燃烧室,以避免由于热阻塞使在等面积段的加热量受限。1957年,Avery和Dugger在约翰霍普金斯大学应用物理实验室开始进行超燃冲压发动机及其潜力的分析和试验研究。1960年,Dugger发表了煤油燃料亚燃冲压和超燃冲压性能对比的研究报告,文中仅对等面积的燃烧室进行了研究,得到的结论与Weber和MacKay得到的结论相类似,在$Ma=6\sim8$范围内,超燃冲压的性能将要超过亚燃冲压的性能,在更高速度下,超燃冲压性能仍然占优。目前,当人们的注意力转移到工作在高超声速条件下的导弹时,在$Ma=5\sim8$范围的煤油燃料亚燃冲压发动机和超燃冲压发动机的性能仍比较受到大家关注。

20世纪60年代和70年代初,美国的NASA、海军等部门已在积极研究高超声速吸气式发动机方案,通过基本部件研究和发展CFD技术,探索超声速流中燃料的喷射和燃烧,并建立了较好的技术储备。20世纪60年代中期,完成了非机体一体化的自由射流发动机试验,这一研究持续了10年,然后转变为采用机体一体化方案。为了提高试验能力并使试验费用降低,NASA Langley研究中心建造了两个小尺寸发动机试验设备,即燃烧加热的超燃试验设备(CHSTF)和电弧加热的超燃试验设备(AHSTF),这些设备在1976—1987年期间被用来进行小尺寸发动机试验。从1986年至20世纪90年代中期,CHSTF和AHSTF被用于进行空天飞机(NASP)的小尺寸发动机试验。NASP计划下马之后,在CHSTF和AHSTF上继续进行小尺寸发动机试验,从而扩充超燃冲压发动机研究数据库。美国为了解决高超声速推进和机体/推进系统一体化两项技术问题,先后建立了约20座地面模拟设备,为机体/推进一体化技术专门建造了8 ft高焓风洞。20世纪90年代初期,在Langley的8 ft高焓风洞中和NASA的激波风洞中进行大尺寸的NASP发动机试验。

半个世纪以来,美国先后制定了许多高超声速技术发展计划,而它们又多是以研究超燃冲压发动机技术为主要目标的,如:"高超声速研究发动机计划"(HRE)、"超燃冲压发动机导弹计划"(SCRAM)、"国家空天飞机计划"(NASP)等。1985年开始的NASP计划,是以X−30作为高超声速的研究机,最高飞行马赫数为12。该计划的主要内容是,验证所采用的以超燃冲压发动机为主体的吸气式组合循环推进系统、先进材料、先进热防护系统、计算空气动力学及冷却结构等先进技术。其最重要的研究内容是开发一种从超声速到高超声速飞行状态下工作的超燃冲压发动机,代号为 E22A。NASP 计划于 1995 年在历时 9 年之后取消,原因是技术难度太大,尤其是超燃冲压发动机技术迟迟得不到突破。

1996 年 NASA Langley 和 NASA Dryden 提出了 Hyper - X 计划,目的是为了完成首次以与机体一体化的超燃冲压发动机为动力的高超声速飞行器自由飞行试验。他们完成了Hyper - X发动机模型(HXEM)的缩比尺寸和全尺寸的地面自由射流试验,以及高超声速飞机/发动机全流道模拟(FFS)的地面试验,地面试验模拟的飞行马赫数可达到 7,10。X — 43A飞行器在 2001 年 6 月 2 日在太平洋进行了飞行试验,这是航空史上以吸气式发动机为动力的首次高超声速飞行器试验。在飞行试验中,在飞马座助推火箭与 B - 52 飞机分离后,助推器失去控制,飞行控制员随即将飞行器摧毁,飞行试验失败。2004 年 3 月,美国再次进行了X — 43A高超声速飞行器试验,飞行器长度为 3.6 m,翼展为 1.5 m,飞行马赫数达到 7,超燃冲压发动机长度为 0.77 m,宽度为 0.48 m,有效工作时间为 10 s,飞行试验成功并突破了吸气式发动机飞行速度的世界纪录。

高超声速技术(HyTech)计划(1995—2002 年)作为空军 NASP 的后续项目,以可攻击运动目标的机载远程高超声速导弹为目标,巡航马赫数为 7～8,射程为 1 390 km。计划的核心是验证可供导弹在 $Ma＝4～8$ 使用的超声速燃烧冲压发动机技术。HyTech 计划主要是一项关于可储存液体碳氢燃料(JP - 7 航空煤油,美国军机燃料,近似化学分子式为 $C_{12}H_{24.4}$,成分为 60% 直链烷烃＋同素异构体,密度为 $0.79×10^3$ kg/m^3,闪点为 339 K,临界温度为 678 K,最高耐热温度为 561 K,热沉为 5 000 kJ/kg,热值为 4 300 kJ/kg)的双模态(亚燃冲压/超燃冲压)冲压发动机的研究计划。针对超燃冲压发动机在进气道/隔离段、燃烧室、喷管等方面的关键技术,HyTech 计划已经进行了大量的超燃冲压发动机部件和整机的地面试验。试验研究了燃烧室进口压力、油气比、燃料温度、燃料成分、燃料喷射位置、燃料喷射方式等的影响。试验结果表明:根据燃烧效率接近于 1 的试验结果,表明已达到或超过了设计目标。在研究的马赫数范围里,固定几何的液态碳氢燃料的燃烧室,要得到高的燃烧效率和运行特性,还是十分困难的。最新的 HyTech 计划的进展情况:报道称该计划已获得了里程碑式的成果,其标志是普·惠公司和美国空军在自由射流试验中,成功地在马赫数分别为 4.5 和 6.5 下,试验了碳氢燃料超燃冲压发动机,试验证实该发动机具有预测的净推力,试验采用的是没有高能燃料添加剂的碳氢燃料,试验的非冷却超燃冲压发动机称为性能试验发动机(简称 PTE),PTE 演示证明了液体碳氢燃料的发动机性能与可操作性。普·惠公司和美国空军在 PTE 的基础上,制造了一台全尺寸、用液体碳氢燃料(JP — 7)进行冷却的超燃冲压发动机,命名为"地面验证发动机一号"(简称 GDE — 1),GDE — 1 用来演示验证发动机的热防护与机械结构,与 PTE 发动机不同,GDE — 1 发动机采用已经过试验的专用镍基合金制造。此外,HyTech 计划进一步发展一台带燃料冷却、集成燃料供应和发动机控制的地面验证发动机二号(简称 GDE — 2,见图4 - 19)。GDE — 2 进气道几何可变,并具有在飞行条件下的复杂燃料供应系统,主要用于演示发动机的防热功能以及机上控制系统的可操作性,GDE — 2 基本上已是一台完整的适合飞行试验的发动机。这三台发动机(PTE,GDE — 1,GDE — 2)是普·惠公司及其合作伙伴采用"搭积木法"发展碳氢燃料超燃冲压发动机的典范,每台发动机的成功都为下一台设计提供经验和基础。

2001 年 6 月 20 日和 26 日,GASL 公司在美国空军 Arnold 工程开发中心进行了两次高超声速射弹(见图 4 - 20)的自由飞行试验,射弹采用了碳氢燃料的超燃冲压发动机作为动力,由气枪发射,射弹采用钛合金。这是碳氢燃料超燃冲压发动机首次自由飞行成功,试验证明该超燃冲压发动机能够产生所需要的净推力,试验采用的是 Arnold 工程开发中心的两级轻气枪,枪筒长 130 ft,发射最大加速度约 10 000 g,以马赫数 7.1 的速度从枪口射出,试验射弹用 30 μs 飞行了 260 ft。该试验方法可以大大降低高超声速的试验成本。

图 4-19 地面验证发动机二号(GDE—2)

图 4-20 超燃冲压发动机试验模型

美国海军的 HyFly 计划目的是以飞行试验方式验证以液体碳氢燃料的超燃冲压发动机为动力的,飞行马赫数为 6.5、巡航高度为 27 km、射程为 1 100 km 的导弹方案。2002 年,在 NASA Langley 研究中心进行了使用常规液体碳氢燃料的、全尺寸的、完全一体化的高超声速巡航导弹/超燃冲压发动机地面试验,并测到净推力。试验发动机是由应用物理实验室研制的双燃烧室冲压发动机(DCR)。HyFly 演示飞行器计划在 2005 年成功进行了全弹自由飞行试验。

后来,美国在原来 NASA Hyper-X 计划的基础上延伸,将空军的 HyTech 计划以及 Marshall 飞行中心与大公司联合的火箭基组合循环系统(RBCC)等纳入其中,形成了由国防部、NASA 和大公司联合领导又有具体分工负责的四个平行的飞行演示计划,即 X—43A,X—B,X—C,X—D,通过飞行试验来验证推进系统/机体一体化结构在实际飞行状态下的性能与可操纵性,并带动相关技术的发展。四个飞行演示计划的内容分别为:①X—43A:氢燃料超燃冲压发动机与机体一体化飞行演示试验,飞行马赫数为 7,10,飞行持续时间为 10 s。②X—43C:带冷却的液体碳氢燃料双模态超燃冲压发动机与机体一体化飞行演示试验,飞行马赫数为 5~7,飞行持续时间达 5 min。飞行试验将验证推进系统性能、双模态超燃冲压发动机运行性能等。由 NASA 和空军联合主持,采用 NASA 在 Hyper-X 计划和空军在 HyTech 计划中开发的技术。空军为该飞行器提供液体碳氢燃料双模态超燃冲压发动机 GDE—2。③X—43B:液体碳氢燃料火箭基组合循环(RBCC)系统或液体碳氢燃料涡轮基组合循环(TBCC)系统的飞行演示试验,飞行持续时间达 10 min,飞行马赫数为 0.7~7。④X—43D:液氢燃料双模态超燃冲压发动机与机身一体化飞行演示试验,飞行马赫数为 10~15,演示时间从 30 s 到数分钟。X—43A,X—43B,X—43C,X—43D 飞行器均采用升力体结构外形。NASA 在 2004 年成功地实现了 X—43A 验证机的试飞,验证了超燃冲压发动机可以产生足够的推力来加速飞行器。其后,NASA 把各项航空研究计划的投资转移到空间领域,于是,X—43 计划的后续发展被迫终止。

2005 年,美国空军开始投资实施超燃冲压发动机飞行试验验证计划(Scramjet Engine Demonstrator,SED),该飞行试验验证机又称"乘波飞行器"(SED—WR)。该计划将通过 X—51 飞行器(见图 4-21)的飞行试验来进一步验证超燃冲压发动机的可行性。主要目的:

其一是获取超燃冲压发动机的地面及飞行试验数据,以加深对物理现象的理解以及开发可用于超燃冲压发动机设计的计算工具;其二是验证吸热式燃料超燃冲压发动机在实际飞行状态下的生存能力;其三是通过自由飞行试验来验证超燃冲压发动机能否产生足够的推力。美国空军研究实验室(AFRL)选择波音公司与普·惠公司共同制造 SED — WR 的验证机,由波音公司制造机身,普·惠公司生产发动机。X — 51A 所用的地面发动机 X — 1(见图 4 - 22)增加了前体、进气道和尾喷管作为发动机流道的一部分。X — 1 发动机在 2007 年完成发动机试验。在X — 1 发动机验证之后,X — 2 发动机又进行了多次地面试验验证。2010—2013 年美国先后进行了四次 X — 51 飞行试验,飞行试验取得了不同程度的成功。X — 51A 飞行验证试验的实施表明高超声速飞行器的工程应用进入新的更高水平。该项目获得的经验和教训为高超声速研究以及最终的高超声速飞行的实践应用奠定了扎实基础。

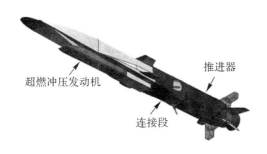

图 4 - 21　X — 51A 飞行器

X — 51 飞行器,机身长为 25 ft,质量为 3 900 lb。

巡航段长为 14 ft,质量为 5 lb(燃油 270 lb)。

最大机身宽为 23 in,发动机流路宽为 9 in。

图 4 - 22　X — 1 发动机

4.5.2　俄罗斯超燃冲压发动机技术发展状况和趋势

在俄罗斯,对亚燃冲压发动机的研究已有 60 多年的历史,而对超燃冲压发动机的研究也有 40 多年的历史。亚燃冲压发动机的基础理论是由 B. S. Stechkin 在 1929 年创建的。第二次世界大战结束后,苏联开始致力于亚燃冲压发动机理论与试验技术的研究,20 世纪 50 年代成功地研制出了亚燃冲压发动机,并成为首先应用亚燃冲压发动机动力装置的国家。俄罗斯于 1991 年完成了世界上首次超燃冲压发动机的飞行演示验证试验,这是航空航天技术发展的又一里程碑。

4.5.2.1　超燃冲压发动机的早期研究(1957—1972 年)

在超燃冲压发动机研究的初始阶段(1957—1972 年),E. S. Shchetinkov 研究小组和 S. M. Bondaryuk 设计局在超燃冲压发动机上的研究工作对于苏联在该领域的发展有着重要贡献。自 20 世纪 50 年代末和 60 年代初,俄罗斯中央流体研究院(Central Aerohydrodynamic Institute)和中央航空发动机研究院(Central Institute of Aviation Motors,CIAM)就开始了超燃冲压发动机的研究,后来莫斯科航空学院(Moscow Aviation Institute,MAI)、俄罗斯科学院西伯利亚分院理论和应用机械研究所(Institute of Theoretical and Applied Mechanics, Siberian Branch of Russian Academy of Sciences, ITAM)以及其他机构也开始了研究。

1957 年,俄罗斯科学家 E. S. Shchetinkov 发明了超燃冲压发动机。他最先提出和研究超燃冲压发动机和飞行器一体化,发展把超燃冲压发动机作为组成部分的组合推进系统的思想也是他提出来的。他计算了在很宽的速度范围内(飞行马赫数达到 20)的超燃冲压发动机性能,分析了超燃冲压发动机的优点,提出燃烧室的静温越低,燃烧热离解程度越小,燃烧室的静压越低,热交换及结构负荷越小。他提出通过选择燃料类型和发动机工作模式来解决超燃冲压发动机的冷却问题。他研究了超燃冲压发动机燃烧室放热的不同模式,燃烧室有等面积段和扩张段,建议根据飞行条件和燃烧模式控制放热区的长度和它的位置;进气道收缩比必须小于等于 0.1,才能避免过大的总压损失;必须合理选择燃烧室的长度以达到较好的空气/燃料混合。他提出只有将飞行器前体作为进气道外部压缩的一部分,飞行器后体作为发动机喷管的延伸部分,才有可能获得高的超燃冲压发动机性能。E. S. Shchetinkov 在与飞行器一体化的超燃冲压发动机理论的建立和超燃冲压发动机模型的研制方面做了大量的工作。Boundaryuk设计局与 NII-1(科学院一院)合作,对超燃冲压发动机燃烧室进行了试验,同时设计并研制了试验设备和超燃冲压发动机模型。1959 年,K. P. Vlasov 的试验就已经证明了超声速燃烧的可能性,他对空气与不同燃料(氢、煤油、其他碳氢燃料)的混合、能为超声速燃烧提供有效的燃料/空气混合的不同喷射燃料方式进行了详细的试验研究,并提出:①使用分段狭缝喷射燃料对热防护、减小壁面摩擦和预防气流分离有利;②使用支板喷射可使燃料/空气混合均匀;③在不同的飞行条件下,混合使用以上两种喷射燃料方式设计燃烧室,可优化燃烧室性能。

1960 年,CIAM 的 Nikolaeva 等人研究了液体碳氢燃料在超声速流中的燃烧。1961 年,TsAGI 的 V. T. Zhdanov 等人完成了在直径 100 mm 的管内,进口马赫数为 3、进口总温 $T^* = 1\ 000 \sim 1\ 400$ K 的煤油稳定燃烧试验,燃烧室壁面温度为 700 K。后来,他们对其他碳氢燃料也进行了研究。1963—1966 年,CIAM 的 M. P. Samozvantsev 等人研究了在直径为 110 mm 的管中不同燃料的燃烧。研究表明:在管道进口 $Ma = 1.8 \sim 2.8$ 下,固体推进剂、煤油和氢的燃烧效率在燃烧室长度 $L = 0.6 \sim 0.9$ m 时,可达 $0.8 \sim 0.9$。1962 年,在 E. S. Shchetinkov 的领导下,在科学院一院(NII-1)建成了第一个大的高超声速试验设备,设备喷管直径为 400 mm,其出口马赫数范围是 $5 \sim 8$。在这一设备上可进行直径达 300 mm,长度达 1 800 mm 的超燃冲压发动机模型试验,加热器可将污染气流加热到 2 300 K。1973 年,该设备被迁移到 CIAM。1968 年,在 NII-1 开始建设用储热式加热器加热气流,总温达 1 900 K,总压达 80 MPa的风洞,该设备可进行纯净空气、大雷诺数范围、马赫数为 $5 \sim 8$ 的超燃冲压发动机性能试验,它也能用作直联式设备进行模拟飞行马赫数为 $12 \sim 15$ 的燃烧室试验。不幸的是这一风洞的建设并没有完成。1962 年,NII-1 的 I. M. Kuptsov 等人进行了以固体推进剂为燃料的二维扩张燃烧室试验,燃烧室进口马赫数为 2.8,进口面积为 16×120 mm²,出口面积为 80×120 mm²,试验表明:固体推进剂分解产物的燃烧与喷氢气燃烧相似。1964 年,NII-1 的 B. P. Leonov 等人用喷射稳定系统,做了煤油燃料的二维扩张燃烧室试验,喷射稳定器设置在壁面上,试验获得了稳定的燃烧,燃烧效率约为 0.8。

1964 年,NII-1 的 R. A. Kolyubakin 等人研究了自由流马赫数为 6 的轴对称双模态超燃冲压发动机,整个发动机长度为 1.7 m,直径为 350 mm,试验在扩张通道中实现了具有"伪"激波(激波链)的固体推进剂分解产物的燃烧,在"伪"激波中的压力达到了正激波的 85%。在中心体上使用环形凹槽,在超声速流中实现了稳定燃烧。1965—1966 年,NII - 1 的 V. S. Makaron 等人,进行了 $Ma=6$ 的轴对称超燃冲压发动机的试验,模型采用了二楔体的外压式进气道,总楔角为 20°,进口直径为 220mm,在进气道喉道附近供燃料,试验研究了进气道和燃烧室间的干扰。1967 年,NII - 1 的 V. A. Chernov 等人研究了进口 $Ma=3.5$,总温 $T^*=500$ K,以固体推进剂分解产物为燃料的等面积的方燃烧室(170×170 mm²)内的燃烧,试验表明燃烧室尺寸的增加并没有降低燃烧效率。1967 年,NII - 1 的 O. V. Voloshchenko 研究了在等面积方燃烧室中固体推进剂分解产物的超声速燃烧,喷管出口和燃烧室进口平均马赫数分别为 5.2 和 3.2,总温为 800 K,燃烧效率约为 80%。试验获得了最大可能的放热量(热阻塞)。试验表明:激波对混合和燃烧过程有好的影响。1969 年,CIAM 的 V. N. Strokin 研究了锥形燃烧室中的氢燃烧,该燃烧室是一个扩张形的双模态燃烧室。1969 年,NII - 1 的 L. I. Gershman 等人对一个二维燃烧室进行了研究,燃烧室进口流由一个斜喷管提供,使用倾斜喷管模拟进气道最后压缩楔板后的流动,使用边界层溢流来模拟进气道外罩的流动,试验的目的是研究小流量下的燃烧室燃烧,研究表明激波系对燃料的混合和燃烧有很大影响。

1969 年,NII - 1 的 O. V. Voloshchenko 等人完成了 $Ma=5.2$ 的二维超燃冲压发动机自由射流试验,进气道进口面积为 36×120 mm²,模型有一单楔板进气道($\theta=15°$),采用了三种供油方式:垂直喷射、水平喷射及垂直和水平混合喷射。纹影显示了有燃烧和无燃烧的流动结构,燃烧过程发生在"伪"激波中,在 7~8 水力半径处实现了完全燃烧,并没有对进气道工作产生干扰。1970—1972 年,R. A. Kolyubakin 等人研究了以氢为燃料的轴对称超燃冲压发动机模型,气流总温和油气比范围很宽,实现了边界层中的氢自燃,他们也研究了含硼的氢燃料燃烧。1972 年 E. S. Shchetinkov 在全国燃烧会议上提出了超声速燃烧主要问题的讨论,1973 年他发表了有关"伪"激波中燃烧的详细分析报告。1961 年,V. I. Penzin 提出双模态冲压发动机工作在低飞行马赫数下时,燃烧室中较宽的部分处于亚声速燃烧模态,而工作在高飞行马赫数下时,燃烧室中狭窄的部分处于超声速燃烧模态。1965 年,V. S. Makaron 提出超燃冲压/火箭组合发动机可将超燃冲压的速度范围延伸到低马赫数范围,并提出在大马赫数下推力增加的可能性。

丰富的研究技术储备使得 NII - 1 在 1966 年提出发展单级入轨飞行器,飞行器由与亚燃冲压发动机在同一通道内的火箭发动机助推,亚燃冲压发动机在飞行的第二阶段开始工作,然后超燃冲压发动机开始工作,最后液体火箭发动机起动并将飞行器送入轨道。这个飞行器的参数类似于美国许多年后提出的空天飞机的参数。飞行器的总起飞质量是 150 000~250 000 kg,在轨道上的载荷是 6 000~11 000 kgf,超燃冲压发动机的进气道是二维的,最后的压缩楔角是 25°,设计马赫数是 9,进气道喉道相对尺寸为 0.06。超燃冲压燃烧室是矩形的,高度为 135 mm,宽度为 12 m,有 8 个支板将燃烧室分成分离的模块,燃烧室长度是 2 m,采用混合供氢方式,使燃烧室具有优化的工作过程。沿着燃烧室有三处供燃料点,使用这样的分级喷射方式有利于热防护并可减小摩擦损失。分级供氢为燃烧室提供了有效的混合。氢也被用于冷却进气道前缘、燃烧室和喷管,在整个飞行轨道中,氢的冷却能力是足够的。壁面温度并没有超过 1 200 K,氢的温度没有超过 700 K。

20 世纪 60 年代后期,对超燃冲压发动机的研究和投资减少,超燃冲压发动机的研究降温,甚至曾被停止。在 TsAGI,CIAm,ITAM 进行的研究也进入了低潮。

4.5.2.2　超燃冲压发动机中期研究(1972—1996年)

1. TsAGI 的研究情况

1969 年,TsAGI 的推进分部的工作主要是建设超燃冲压发动机研究所需的新设备,他们建造了有空气加热器的和没有空气加热器的风洞综合体。这一风洞综合体包括:

(1)自由射流风洞 T—131B,这一设备使用的是煤油燃烧加热器,为了补偿煤油燃烧中氧的损失,在加热器前进行补氧。加热器提供的气流总温可达 2 350 K,总压可达 10 MPa,设备配置了 4 个 $Ma=5,6,7,8$ 的喷管,喷管出口直径均为 400 mm。

(2)直联式设备 T—131V,其空气加热器、空气总温、空气总压均与自由射流设备 T—131B 相同,设备喷管可为燃烧室进口提供 $Ma=2.5,3.0,3.5,4.0$ 的气流。

(3)小风洞 SVV—1,这一设备可用于内流气动研究:$Ma=1\sim6$,总压 $P^*\leqslant10$ MPa。这些设备为研究超燃冲压发动机气动性能提供了可能性。

自 20 世纪 70 年代,TsGAI 大量从事双模态超燃冲压发动机物理化学过程的研究,包括超声速流中的燃烧和"伪"激波。E. A. Meshcheryakov 等人先后对氢燃料的超声速燃烧、预混合气体的燃烧特性、变几何燃烧室的放热效率等进行了大量研究,他们发现热释放降低出现在燃烧室的扩张段,在扩张段前,燃烧接近于热平衡,放热的减小主要是由于湍流混合强度的降低。他们也研究了在非预混合气体的超声速燃烧中,浓度和温度波动的影响。V. L. Zimont 等人对台阶后和在超声速流中的凹槽的燃烧稳定性问题和燃烧熄灭的条件进行分析,并用理论和试验的方法,确定了氢燃料和碳氢燃料的自燃边界和熄火边界。研究表明,与台阶相比,凹槽有较大的稳定燃烧区。TsAGI 对二维燃烧室"伪"激波中燃烧的研究表明:"伪"激波使得混合增强,并改变了燃料的燃烧特性。"伪"激波中燃烧对气流参数的变化是十分敏感的。如:略微减小气流总温或增加油气比,将使得"伪"激波和燃烧区向上游的移动较大。1988 年,O. V. Voloshchenko 等人研究了在"伪"激波中的热交换,在内径为 146 mm、长度为 1 500 mm 的轴对称管内生成了"伪"激波,管道进口马赫数为 3.8,总温为 $T^*=900\sim1 500$ K,总压为 $P^*=1.3$ MPa。研究表明,在从进口 4~5 个直径的距离处,"伪"激波的热流分布达到了最大。1992 年,他们对氢和煤油的超声速燃烧进行了直联式试验研究,并强调在低飞行马赫数($Ma=3\sim6$)范围内的燃烧稳定性和有效性。对于液体碳氢燃料,当燃烧室进口温度低于混合气体的自燃温度时,燃烧稳定性问题是十分重要的。另外,当燃烧室内的马赫数较低时,需要注意热阻塞问题。为了获得有效的煤油燃烧,他们还完成了使用同轴的气体发生器的煤油燃料轴对称燃烧室试验,将燃气发生器中的煤油混合气体预燃,然后将燃气发生器中的富油燃气作为先锋火焰通过喷管喷入到主流中,点燃主流混合气体。燃烧室进口马赫数为 2.7,总压 $P^*=4.2$ MPa,总温 $T^*=1 150\sim1 350$ K,其对应的飞行马赫数为 4.8~5.3,燃气发生器燃烧产物的相对质量流率是 9%。在来流总温超过 1 250 K,燃气发生器当量油气比为 $\Phi=2.5\sim3$ 条件下,实现了燃烧室主流的点火和稳定燃烧。试验表明:燃烧效率主要取决于燃烧室长度,在主燃烧室中,当量油气比 $\Phi=0.17\sim0.27$ 时,在燃烧室长度为 370 mm 和 650 mm 处,燃烧效率分别为 74% 和 95%。

1990 年,V. N. Avrashkov 等人在二维扩张燃烧室中,通过一排上的五个支板将煤油垂直喷入燃烧室中,为了使燃料/空气混合均匀和增加喷射煤油的穿透深度,将空气充入煤油中,使煤油中含有气泡。为了实现给煤油充气,他们建立了含气泡的煤油喷射系统。在燃烧出口附近喷空气,形成"人工"喉道,以利于初始的点火,在点燃后,停止喷射空气。在总温 $T^* \geqslant$ 1 600 K,当量油气比 $\Phi = 1.5 \sim 2.3$ 范围内实现了稳定燃烧。他们对一突扩二维燃烧室中的燃烧也进行了研究,燃烧室进口截面为 $30 \times 100 \ mm^2$,扩张截面为 $58 \times 100 \ mm^2$,燃烧室第一段长为 790 mm,第二段长为 510 mm 或 910 mm,试验条件为:$Ma = 2.5$,总压 $P^* = 2.5 \sim 3.0$ MPa,总温 $T^* = 1 000 \sim 1 400$ K,燃料是通过安装在不同位置的三个钻石形的支板喷射的,三个喷射位置分别距进口 90 mm,180 mm,690 mm,最大燃烧效率达 90%,当总温降到 $T^* =$ 1 000 K 时仍能稳定燃烧。

TsAGI 最早进行使用狭槽支板喷射燃料的方案研究,燃烧室进口截面面积为 $100 \times$ $100 \ mm^2$,燃烧室总长为 1 400 mm,每个狭槽支板由两块具有尖前缘的板构成,两个板间的距离是 8 mm,两个喷射支板的间距为 30 mm。试验表明:用这种喷射方式,燃料喷入超声速流中的穿透深度很大,与直接的垂直喷射相比,有更可靠的火焰稳定性,在 $Ma = 2.3$,油气比 $\Phi =$ $0.2 \sim 0.32$,总压 $P^* = 4$ MPa,总温 $T^* = 1 200$ K 条件下,燃烧效率可达 $0.75 \sim 0.9$。另外,他们也进行了以氢和煤油为燃料的 $Ma = 5$ 和 $Ma = 6$ 的自由射流试验,并主要研究燃烧室和进气道间的气动干扰。20 世纪 80 年代末,TsAGI 完成了实用的双模态超燃冲压发动机模型,并用 T—131 设备进行了 $Ma = 5 \sim 7$ 的超燃燃烧室和超燃发动机模型试验。

TsAGI 与德国宇航院(DLR)合作进行了大量的变几何燃烧室模型的直联式试验,试验使用的是 TsAGI 的 T—131V 直联式试验设备。燃烧室模型由四部分组成:①微扩张的矩形隔离段,长 300 mm,考虑到附面层发展,有 0.5°扩张角;②长 500 mm 的矩形通道,上下壁面具有四种不同的扩张角(1°,2°,3°,4°);③矩形变几何部分,长 500 mm,上下壁面扩张角从 0°,1°,2°,3°,4°可调,上下壁面上有台阶;④长 500 mm 的扩张段,上下壁面垂直可调。隔离段进口截面为 $30 \times 100 \ mm^2$,燃烧室壁面上每隔 $30 \sim 50$ mm 设置一个压力测点,在第三段出口附近,垂直喷射空气,瞬间(时间小于 1 s)阻塞流道,以助于燃烧室进口温度较低时的燃烧室点火,燃料从第二段的两个位置轴向喷射。设计和制造了三种不同的燃料喷射结构。喷射器是铜合金的,由提供给燃烧室的氢燃料流冷却。试验的主要目的是研究燃料供应、进口马赫数、总温、燃烧室几何构型等方面对燃烧性能的影响。在不同的进口条件下,采用不同的燃烧室通道几何构型和不同燃料油气比,进行了大量的直联式试验。试验表明:对于所有的喷射方式,当油气比升高时,燃烧效率减小。当采用的喷射方式使燃料混合效果好时,燃烧效率高,但往往引起总压损失较大。试验证明,该燃烧室的变几何结构设计为研究不同工作条件下的超声速燃烧过程提供了有用的工具,通过试验对燃烧总压损失、燃料喷射点处的压力峰值的产生、压力向上游的传播等方面有了深入的了解。另外也研究了燃烧室进口总温、总压、马赫数和燃烧室几何内型面对流动特性的影响。

另外,TsAGI 与德国宇航院合作,模拟 $Ma = 5 \sim 7$,对小尺寸发动机模型进行了一系列的自由射流试验,试验是在 TsAGI 的 T—131B 自由射流设备上进行的。二维的超燃冲压发动机模型包括三楔板的混合压缩进气道、设置在进气道出口和第一排燃料喷射点之间的隔离段、扩张喷管等(见图 4-23)。进口截面积为 $100 \times 150 \ mm^2$,模型总长 1 700 mm。模型上设置了两处燃料供应点,并使用各种喷射模型供氢。试验研究的主要问题是:①燃料单处供应和分段供应对燃烧室和进气道间干扰的影响;②各种喷射系统对燃料混合和燃烧效率的影响;③在$Ma=5$下的双模态工作。对小尺寸的发动机模型进行了$Ma=5.0\sim7.2$的大量试验,试验结果说明燃烧室和进气道之间存在较强的气动热力学耦合现象,大量的热释放引起的压力峰值会向上游传播,并干扰进气道工作,甚至引起进气道不起动。针对这一小尺寸发动机模型,在自由流马赫数为6.4,总温为1 450 K,当量油气比分别为$\varPhi=0.5\sim1.0$的自由射流试验中,进行了推力测量。推力测量使用六分力天平,为了排除阻力,在同样进口流动条件下测量了沿发动机中线的轴向力。先测供燃料燃烧时的轴向力,然后测不供燃料时的轴向力,二者的差值即为轴向力。

在 TsAGI,用数值计算方法研究超燃冲压发动机中的物理化学过程也被广泛地应用。

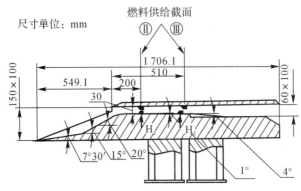

图 4 - 23　超燃冲压发动机模型简图

2. CIAM 的研究情况

自从 20 世纪 70 年代中期,CIAM 就对超声速燃烧和超燃冲压发动机进行了许多研究,包括燃烧动力学、燃烧效率、混合、火焰稳定、喷射系统、热防护、火焰熄灭、超声速燃烧中激波的影响等方面,大部分问题的解决主要靠试验。CIAM 有能进行 $Ma=6\sim8$,模型尺寸可达 200×200 mm^2 和 300×300 mm^2 的试验设备,这些设备可进行自由射流和直联式试验。他们试验研究了几种类型的燃烧室及各种喷射方式。他们获得了有关燃料自燃方面的结果,这些主要结果对于飞行马赫数达到 8 的通过壁面和支板喷射的燃烧室火焰稳定研究是十分重要的。他们发展了壁面喷射的凹槽火焰稳定系统,并发现在超燃冲压发动机试验中,凹槽火焰稳定系统对于稳定燃烧是很有用的。

有关燃烧效率的研究发现,当量油气比增加,燃烧效率也增加。这一燃烧特性与亚声速燃烧是相反的,这可能与超声速燃烧室中激波所起的作用有关。在扩张形燃烧室中,放热量减小,这一结果在 1990 年 V. A. Vinogradov 等人进行的超燃冲压发动机模型试验中得到了证实。研究发现,燃烧区前"伪"激波(燃烧前激波结构)的长度主要取决于相对放热量。对于使用壁面喷射,在存在"伪"激波的情况下,氢燃料超声速燃烧强度的增加幅度要比不存在"伪"激波时的大,甚至比亚声速燃烧还大。因此,对于存在"伪"激波的燃烧,采用从壁面喷射燃料,在燃烧室中比较容易获得均匀的燃料分布,但仅采用壁面喷射很难实现超燃模态。因此,对于双模态超燃冲压发动机,优化的燃料喷射系统应该是混合使用壁面喷射和支板喷射。

CIAM 研究了扩张角直到 7°的燃烧室的自燃和稳定燃烧范围。另外,他们通过试验解决了扩散氢火焰的稳定性问题。对通过使用大量的燃料喷射器缩短燃烧室长度的可能性进行了研究。对燃料喷嘴间的最小临界距离也进行了研究,最小临界距离是指火焰互不干扰并不会互相融合在一起的喷嘴间的距离。试验发现:随着相对气流速度和燃料喷嘴截面积的增加,临界距离减小。他们使用大量试验数据,发展了针对扩散火焰的计算燃烧效率的方法。燃烧效率与燃烧室长度与扩散火焰的长度之比有关。

尽管遇到许多困难和资金缺乏问题,CIAM 仍然坚持完成了"Kholod"计划,该计划是 CIAM 联合 TsAGI,Boundaryuk 设计局、飞行试验研究院(LII)等共同完成的。他们对超燃冲压与火箭组合的气动问题、进气道边界层和前缘钝体对超燃冲压性能的影响、超燃冲压流道损失、超燃冲压几何结构的优化选择、轨道测量、数据采集和处理等进行了大量卓有成效的研究,并研制了地面和飞行试验模型。第一个模型发动机方案是二维的,其具有三激波系进气道和扩张形燃烧室,1975—1976 年,这一模型在 CIAM 制造,1979—1989 年,该模型在 CIAM 的自由射流设备(BMG)上进行了 $Ma=5$,$Ma=6$ 的试验,在 CIAM 的直联式设备上进行了模拟飞行马赫数为 4 的试验。1983 年,他们考虑到二维模型的试验结果,研制了具有环形燃烧室的轴对称超燃冲压发动机模型。1986 年,CIAM 联合 TsAGI 进行了进气道和发动机的一系列气动研究。同时,对 CIAM 的自由射流设备(BMG)进行了改造,该设备经改造后有马赫数范围为 3.5～7.5 的设备喷管、天平、新方案的空气加热器、新数据采集和处理系统。1983—1985 年,在试验设备 Ts—101 和 BMG 上对超燃冲压发动机模型 57M 进行了在马赫数范围为 4～6.4 的一系列试验,使用不同的燃料喷射方式,在超燃和亚燃模态均获得了稳定的燃烧,确定了进气道和燃烧室共同工作的稳定工作区域,获得了飞行试验中发动机控制系统所需的数据,以及给出了对液氢冷却系统的要求。1986—1988 年,成功地进行了发动机模型的"冷态"飞行试验。在这些试验中,考核了所有的工作系统。

CIAM 进行了五次设计马赫数为 6 的火箭助推的轴对称双模态超燃冲压发动机飞行试验。第一次是在 1991 年 11 月,最大飞行速度为 1 653 m/s,最大飞行马赫数为 5.6,最大的飞行高度为 35 km,超燃冲压发动机工作时间为 27.5 s。这是世界上首次在飞行试验中,实现了超燃冲压发动机从亚声速燃烧模态到超声速燃烧模态的转换,它标志着超燃冲压发动机从地面试验的理论研究阶段发展到了应用开发阶段,确立了俄罗斯在这一技术领域的领先地位。第二次是在 1992 年 11 月与法国联合进行的,超燃冲压发动机持续工作时间为 41.5 s,最大飞行马赫数为 5.35,最大飞行速度为 1 535 m/s,最大飞行高度为 22.4 km。第三次试验仍然是与法国联合于 1995 年 3 月进行的,由于电源出了问题,控制氢燃料的阀门没有打开,氢燃料未进入到燃烧室,试验发动机未点火工作,导致试验失败。设计的超燃冲压发动机最大飞行速度为 1 712 m/s,最大飞行高度为 30 km,最大飞行马赫数为 5.8。CIAM 与美国 NASA 联合,分别于 1997 年 8 月和 1998 年 2 月进行了第四次和第五次氢燃料双模态超燃冲压发动机飞行试验。第五次试验发动机最大飞行速度为 1 830 m/s,最大高度为 27.1 km,最大飞行马赫数为 6.5,并在 $Ma=3.5～6.5$ 之间分别实现了亚燃和超燃模态,发动机持续工作了 77 s。在发动机模型燃烧室中有火焰稳定器,有三排喷嘴,在冲压发动机进行亚声速燃烧时,使用Ⅱ,Ⅲ两排喷嘴;在超声速燃烧条件下使用Ⅰ,Ⅱ,Ⅲ喷嘴,实现了双模态燃烧的转换(见图 4 - 24)。

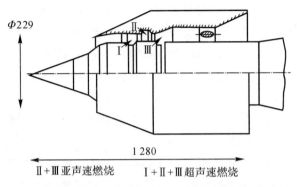

图 4 - 24 "Kholod"计划飞行试验发动机模型简图

双模态冲压发动机飞行试验成为了持续 20 多年的"Kholod"计划的辉煌结局。飞行试验的成功是以大量的地面试验数据储备为基础的。CIAM 的 V. A. Vinogradov 等人在 1990 年对二维双模态超燃冲压发动机进行了在马赫数为 4~6 范围内的亚燃模态、超燃模态和混合模态的地面试验研究。$Ma=4$ 的试验是在直联式设备上进行的，$Ma=5$ 和 $Ma=6$ 的试验是在自由射流设备上进行的。试验研究了壁面压力分布及燃烧和混合效率，获得了有关燃烧稳定性、壁面热流分布、燃烧室与进气道联合工作等的数据。Vinogradov 等人在 1992 年还对轴对称双模态超燃冲压的环形燃烧室进行了研究。这些试验数据为飞行试验奠定了基础。V. A. Vinogradov 在 1992 年针对二维双模态煤油燃料的超燃冲压发动机，进行了马赫数为 6，总温 $T^*=1\,500$ K 的自由射流试验（见图 4 - 25），试验对不同的火焰喷射器和火焰稳定器进行了研究。少量的氢被用来辅助煤油/空气混合气体点火，试验研究了关闭氢以后煤油仍能持续稳定燃烧的条件。CIAM 还对在支板后尾迹中的煤油雾化、支板形状对燃料流型和雾化程度的影响、将吸热型燃料应用到高超声速推进系统中的可能性等方面进行了研究。CIAM 还采用数值模拟的方法对燃烧室中增强燃烧和混合的措施、超燃冲压发动机/飞行器一体化性能分析、燃烧效率计算等进行研究，研究的重点是有限化学反应速率及黏性的影响。

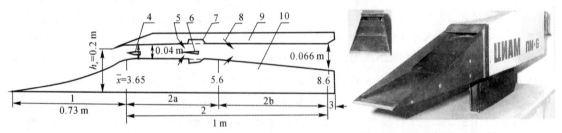

图 4 - 25 CIAM 地面试验二维双模态冲压发动机模型简图和照片

1—进气道； 2—燃烧室(2a—等面积段，2b—扩张段)； 3—尾喷管； 4—煤油喷嘴；

5,8—氢喷嘴； 6—支板； 7—凹槽火焰稳定器； 9—外罩(上壁面)； 10—下壁面

3. ITAM 的研究情况

超声速燃烧方面的研究主要由燃烧气动热力学部完成。1977 年，他们建立了超声速燃烧实验室，在超声速扩散火焰的结构、有限化学反应速率和温度对燃烧强度的影响、超声速燃烧的光学诊断方法、超声速燃烧稳定性、不同喷射方式下的氢燃烧特性、在超声速流中氢燃料的喷射和自燃、超声速燃烧数值模拟方法和动力学模型等方面进行了大量研究。

主要研究成果是对带台阶的双模态燃烧室的研究,通过这些研究了解到突扩燃烧室有许多优点,主要有:来流温度很低时(总温 $T^* < 1\,000$ K),有可靠的火焰稳定性;工作马赫数范围和当量油气比范围很宽。但这种类型燃烧室由于有台阶,总压损失较大。他们将带台阶的燃烧室用于发展小尺寸的轴对称双模态冲压发动机模型,在高焓脉冲设备 ITAM IT—301 上进行了小尺寸的轴对称双模态冲压发动机模型试验,试验条件是总压为 $P^* = 7 \sim 60$ MPa,总温为 $T^* = 1\,000 \sim 1\,859$ K,自由流马赫数为 4.9,这些试验主要是研究氢燃烧超燃冲压发动机的推力、燃烧室前部的"伪"激波移动、燃烧效率、燃烧室中的物理图像、进气道的不起动等问题。另外,还将发动机性能计算结果与试验数据进行比较。

1985 年,他们对另一个小尺寸的二维发动机模型进行了试验(见图 4 - 26),试验条件是:总压 $P^* = 7 \sim 50$ MPa,总温 $T^* = 970 \sim 1\,600$ K,自由流马赫数为 7.9。试验测量了壁压分布和热流分布,试验研究表明:逆向喷射燃料,有可能获得较高的燃烧效率(0.9 ~ 0.95),且当"伪"激波长度相当短(130 ~ 180 mm)时,进气道仍能起动。试验还研究了扩张比对发动机性能的影响,试验条件为:总压 $P^* = 35 \sim 40$ MPa,总温 $T^* = 1\,200 \sim 1\,500$ K,自由流马赫数为 5,氢当量油气比为 $\Phi = 1.0$。计算预测到的燃烧室扩张比对性能的影响被试验所证实,试验发现:在存在"伪"激波的燃烧模态,有可能将燃烧室的扩张比减小到理论确定的水平。他们分析了存在"伪"激波时的放热特性,认为平均放热量与燃烧区长度相关,但不取决于整个通道长度。当地放热量与最大放热量之比跟燃烧区长度与"伪"激波中超声速部分的长度之比相关。

1990 年,他们还对用短时间高焓设备(如脉冲设备)试验研究小尺寸超燃冲压模型中应该考虑的问题进行了讨论。

4. MAI 的研究情况

1966 年,MAI 组建了超燃研究小组。1979 年他们建立了超燃冲压燃烧实验室,先后对轴对称燃烧室中氢和煤油的超声速燃烧、超音流中的热阻塞、燃烧区前的"伪"激波等进行了研究。1985—1991 年,为研究超声速燃烧机理,他们研制了"透明的"燃烧室,燃烧室侧壁有长 40 mm 的石英玻璃。针对这一燃烧室,可用光学方法研究激波与燃料/空气混合层间的相互干扰。他们提出采用充气泡的液体燃料喷射可使混合效率提高,并最先设计和制造了管状微支板燃料供应系统,使用多支管和气泡喷射系统,在来流马赫数为 2.5,静压 $P = 0.1$ MPa,总温 $T^* = 1\,600 \sim 1\,700$ K 条件下,在长为 600 mm 的等面积通道内,实现了煤油自燃和高燃烧效率。

在燃烧室扩张段内,研究了煤油的稳定燃烧,燃烧室进口马赫数为 2.5,静压 $P = 0.1$ MPa,总温 $T^* = 1\,200 \sim 1\,700$ K,燃烧室扩张比为 1.6。试验发现,当量油气比大于在超音流中出现热阻塞的油气比时,煤油能自燃。试验测得长 0.45 m 的燃烧室的燃烧效率达到了约 0.85,总压损失系数为 0.35。激波对湍流混合和燃烧增强影响的研究表明,激波与混合层间的干扰使混合增强了 1.5 ~ 2.0 倍。

1987 年,MAI 设计了无冷却的热沉燃烧室,其由有抗氧化防护层的铌合金制成,燃料可用氢或煤油,模拟的飞行马赫数为 6,燃烧进口截面为 50×100 mm^2,在燃烧室中采用了微支板燃料喷射器。以氢为燃料的燃烧室试验条件为:马赫数为 2.5,静压 $P = 0.1$ MPa,总温 $T^* = 1\,700$ K,当量油气比 $\Phi = 0.5 \sim 1.0$。以煤油为燃料的燃烧室试验条件为:马赫数为 2.5,静压 $P = 0.1$ MPa,总温 $T^* = 1\,690$ K,当量油气比 $\Phi = 0.5 \sim 0.9$。试验中壁温约为 $T_w = 2\,150$ K,燃烧效率超过 0.89,总压损失系数约为 0.3。

1987 年,MAI 开始了宽工作范围（$Ma=3\sim12$）的氢燃料冲压发动机方案研究（见图 4-27）。为了实现双模态工作,燃烧室几何结构可变,在亚燃模态采用 V 形槽火焰稳定器。1990 年,对该燃烧室成功地进行了模拟飞行马赫数为 3 和 6 的试验。在亚燃模态,试验条件是:当量油气比 $\Phi=0.5\sim1.0$,总温 $T^*=600$ K,静压为 $P=0.3$ MPa;在超燃模态,试验条件是:总温 $T^*=1\,690$ K,静压为 $P=0.1$ MPa,燃烧室长度为 400 mm。试验获得了稳定的亚燃模态和超燃模态,燃烧效率超过 0.85,总压损失系数为 $0.1\sim0.3$。对这一方案研究的最后几年,是联合法国的 Aerospatiale 一起进行的。大尺寸的 WRR 模型试验在 1999—2000 年进行。1988—1990 年,MAI 设计、制造和试验了轴对称无冷却煤油燃料的超燃冲压验证机,发动机长度为 1 280 mm,直径为 300 mm,试验条件是:自由流马赫数为 6.3,总温 $T^*=1\,500\sim1\,860$ K,总压 $P^*=5.5$ MPa。

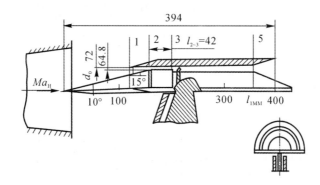

图 4-26 双模态冲压发动机模型简图（单位:mm）

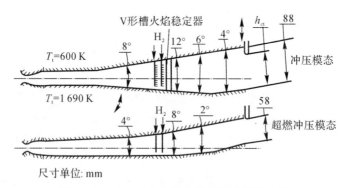

图 4-27 宽工作范围的超燃燃烧室结构简图

4.5.2.3 超燃冲压发动机近期研究（1996— ）

目前,俄罗斯已进入高超声速技术飞行试验验证阶段。俄罗斯的高超声速飞行试验计划主要有 4 个:CIAM 与 TsAGI 等联合进行的“Kholod”（冷）计划和“OREL”（鹰）计划（又称 IGLA 计划）、彩虹设计局和 TsAGI 联合进行的“RADUGA—D2”（彩虹—D2）计划和图拉耶夫联盟设计局、火炬设计局等联合进行的“OREL—31”（鹰—31）计划。在这些计划中,最早进行的是“Kholod”计划。由于考虑到未来的应用前景,CIAM 在进行“Kholod”计划的同时就与 TsAGI 共同开发了“OREL”计划。

　　"OREL"是一种有翼高超声速试验飞行器,试验飞行器采用升力体构型,与"暴风雪"航天飞机的外形相似。有翼试飞器机体下方吊挂三模块的超燃冲压发动机,试验的超燃冲压发动机模型为二维双模态再生冷却式超燃冲压发动机,进气道与尾喷管位于机体下方,采用飞行器机体/发动机一体化结构。超燃冲压发动机的技术性能:燃料为液氢,氢燃料最大流量为 1.0 kg/s,发动机的几何尺寸为 1 900×565×385 mm³,发动机质量为 200 kg,进口截面积为 0.26 m²,相对喉道面积为 0.09,相对燃烧室出口面积为 1.45,飞行高度为 15~30 km,飞行马赫数为 6~14。燃料供应系统与"Kholod"计划轴对称超燃冲压发动机基本相同。"OREL"高超声速试验飞行器按以下 4 个阶段依次飞行:在第一阶段,与 SS—19 运行器分离后的"OREL"试飞器先以一定俯冲角降低高度,在大气密度较高的高空转入滑行状态;在第二阶段,调整姿态,滚动、偏航与方位角为零,保持巡航平飞状态;第三阶段,按给定的飞行条件进行超燃冲压发动机模型试验;第四阶段,超燃冲压发动机燃烧结束后进行回收、着陆,结束试验。整个试验航程为 6 000~8 000 km,进入第三阶段时飞行速度为 $Ma=12~14$。超燃冲压发动机在 $Ma=10$ 时进行点火试验,此时动压约为 5 000 kg/m²。

　　在"RADUGA-D2"计划中,TsAGI 负责超燃冲压发动机的研制,彩虹设计局负责飞行试验器的研制。TsAGI 的超燃冲压发动机进气道呈三楔面形状,设计马赫数为 5~7。该发动机在 TsAGI 的 T—131V 和 T—131B 超燃试车台上进行过直连式和自由射流试验。

　　"OREL—31"超声速试验计划的试飞器为 C—300A 地对空导弹系统中的 40H6 导弹。在 40H6 导弹前体外侧,对称安装两台试验超燃冲压发动机,在前弹体卸去战斗部等设备后,安装测试设备。发动机试验模型为双模态超燃冲压发动机。发动机试验模型由进气道、燃烧室、喷管、燃料供应系统、点火装置、燃烧稳定系统和工作过程参数的测量与记录系统等组成。进气道尺寸为 40×100 mm²。双模态发动机试验模型的设计性能参数:工作马赫数范围为 5~6,空气流量为 2.5 kg/s,燃料为氢和煤油,耗油量为 60 g/s,质量为 60 kg,材料为耐热合金,燃烧室无故障工作总时间为 180 min,在外部散热条件下,模型无故障总时间为 60 min。所设计的地面试验模型有自由射流模型 MGP—1(见图 4-28)、自由射流模型 MGP—2(见图 4-29)等。试验模型曾在 TsAGI 与 CIAM 进行过大量的地面试验,进气道试验条件: $Ma=3~6,Re=10^6$;燃烧室试验条件: $Ma=2~2.5$,总温 $T^*=1\,100~1\,930$ K;进气道与燃烧室联合试验条件: $Ma=5~6.2$,总温 $T^*=800~1\,970$ K。通过试验结果表明,在试验条件下,燃烧室内可实现空气/燃料混合气体点火和稳定燃烧,燃烧效率最大可达 $\eta=0.95$。

图 4-28　双模态冲压发动机试验模型 MGP—1

图 4-29　双模态冲压发动机试验模型 MGP—2

4.5.3　法国超燃冲压发动机技术发展状况和趋势

4.5.3.1　早期研究

20 世纪 50 年代,法国就开始了高超声速飞行器计划,高超声速推进的导弹、拦截机和轰炸机是重要的应用方向。60 年代初,法国的研究已表明,在超声速流中组织燃烧是可行的。在法国国立高等航空和机械学院(ENSMA)等一些研究部门,主要集中在激波诱导燃烧模式的研究。这种燃烧模式是 M. Roy 在 1946 年提出的,且于 1948—1953 年在法国国家航空航天研究院(ONERA)成功地进行了试验。他们的研究表明:激波诱导超声速燃烧可以代替先锋燃烧火焰所起的作用。为了在燃烧室进口获得混合较好的空气-燃料混合气体,在燃烧室上游喷射燃料。由于激波后的气流条件有利于点火,在短时间内,在激波之后混合气体就能被点着。这种类型的燃烧需要:①为了避免激波前的预燃,需要适当的喷射压力和温度条件;②为了获得足够的压力和温度以保证点火,需要适当的激波强度。但是,激波主要取决于下游的燃烧过程,因此,这种超声速燃烧冲压发动机对扰动是很敏感的,其设计是很困难的。前面所述的条件限定了激波诱导燃烧仅适用于低飞行马赫数($Ma=4\sim6$),因用扩散燃烧难以保证点火。当飞行马赫数超过 7 时,点火并不是关键问题,由于混合气体的混合对超燃冲压发动机性能有较大作用,而激波诱导燃烧难以解决混合气体的混合问题,因此,采用激波诱导燃烧模式是不利的。他们在激波诱导超声速燃烧方面的基础研究也表明:①在激波后,放热使亚声速流加速直到声速,超过声速后,流动的气动膨胀比放热更重要,并可以达到超声速加速,获得的燃烧是跨声速燃烧,大部分的燃烧是在亚声速区中进行的。②氢的点火时间随总温变化而快速变化,在气流总温为 1 265 K 时,氢的点火时间为 10^{-5} s;而当气流总温为 1 590 K 时,氢的点火时间为 1.2×10^{-6} s。③试验和理论证实了空气污染(H_2O 污染)可能减少了点火时间,由于预热的空气中含有 OH。

从 1960—1975 年,ONERA 主持的研究主要集中在扩散火焰燃烧,这种燃烧模式明显地比激波诱导燃烧模式有利。在 1962—1967 年,在 ONERA 的 Palaiseau 中心,完成了两种燃料(煤油和气态氢)在不同的条件下(燃烧室进口马赫数为 2.5~3,飞行马赫数为 6.4~11,飞行高度 $H=36\sim56$ km)和两种典型的几何构型(等面积通道和扩张通道)下的燃烧试验。这些基础研究证明了稳定的超声速燃烧的可行性,并且在超燃冲压发动机燃烧室设计方面获得了一些经验。那时,他们的研究已展示了能在宽马赫数范围工作的固定几何冲压发动机的超声速燃烧概念,并推理出通过简化结构设计可平衡相应的性能降低。理论研究表明:从飞行马赫数为 4.0 进行超声速燃烧(同时伴随着一些点火问题)是可行的,在飞行马赫数 7 以下,超声速燃烧与亚声速燃烧相比,效率较低,但在固定几何结构条件下,超声速燃烧性能的降低比亚声速燃烧性能的降低要慢。自从研究表明在同一个燃烧室内,能成功地使用两种燃烧模式(亚燃模态和超燃模态)以来,专家们为了在固定几何条件下获得最大的性能,发展了一种冲压发动机——双模态冲压发动机,其先进行亚声速燃烧,然后进行超声速燃烧,燃烧模态转换马赫数约为 5.5。这种类型的冲压发动机的可行性取决于一些特定的参数,如效率、燃烧的完全性、气动热力学平衡等。

1962—1967 年期间,法国在圆柱形燃烧室和扩张型燃烧室中的扩散火焰燃烧方面的基础研究已表明:①在超燃燃烧室中,壁面摩擦具有重要的影响,壁面摩擦使出现阻塞前的最大当量油气比减小。②燃烧室的燃烧效率增加也会引起热阻塞,当燃烧室被加长或混合被加速(壁面喷射改为支板喷射)都会使燃烧效率提高。③对于煤油,点火长度主要取决于当量油气比,另外,随着温度增加,点火长度很快减小。④点火发生在边界层,由喷射产生的激波系与边界层间的干涉引起了温度升高,从而减少了点火时间。通过试验结果分析给出了煤油和氢的点火时间,此点火时间是温度、压力和当量油气比等的函数。这些试验结果表明点火时间遵循以下规律:$t = Ke^{-mT/Pn}$($1 < n < 2$;K, m 为试验确定的常数;T 为气流温度;P 为气流压力)。⑤试验中测量的喷射扩散角表征了氢燃烧过程中的湍流扩散。为了保证在给定长度的燃烧内,得到较好的燃料分布和能使火焰前部交叉,他们为 ESOPE 计划的发动机确定了两个连贯的喷孔间的最佳间距。⑥在一条圆柱形通道内,若来流马赫数不增加,要想获得高当量油气比下的超声速燃烧是很困难的。为了在优化的马赫数下获得高当量油气比的超声速燃烧,需使用扩张形燃烧室。⑦由喷射引起的边界层和激波有助于点火,它们的产生提高了当地的温度和压力,从而缩短了点火时间。当温度增加时,燃烧长度很快减小。⑧在整个空气流中都能燃烧是困难的。超声速燃烧问题比化学动力学问题更复杂,支板喷射比壁面喷射更可取些。⑨燃烧室沿流程的面积分布必须优化,以使得在燃烧室上游(等面积段)点火燃烧,在燃烧室后部,平衡放热以避免高当量油气比下出现堵塞。⑩在同一燃烧室内实现亚声速和超声速燃烧是可能的,在高当量油气比,可通过热阻塞实现亚声速燃烧。⑪超燃冲压发动机的性能主要依赖于三个参数:燃烧室中的压力损失;燃气流过喷管膨胀过程中的化合;燃料/空气的混合和燃烧效率。

4.5.3.2　ESOPE 计划 (1966—1973 年)

1966 年 12 月,法国制定了 ESOPE 计划,该计划类似于 NASA 的 HRE 计划(Hypersonic Research Engine Program),其目的是发展全尺寸的试验发动机。该计划最初分两步:①用第一台发动机,通过地面试验和将发动机装载在弹道导弹上的飞行试验,证实在马赫数为 7 的超声速燃烧模态下的推力-阻力平衡;②通过模态转换试验和飞行试验,发展工作马赫数为 3~7 的发动机。实际上,该计划仅实现了一小部分,预算和时间的限制使得仅在地面上证实了双模态冲压发动机的可行性,而放弃了带进气道的整机试验和飞行试验。在 ONERA Palaiseau 中心,用氢氧燃烧加热的污染空气(非纯净空气)完成了马赫数为 7 的基础试验,在 ONERA Modane研究中心,利用高焓热射风洞 S4MA,完成了飞行马赫数为 6 的采用氧化铝卵石床加热器加热的纯净空气的直联式燃烧室试验。

1967 年,Marguet 和 Huet 将工作于飞行马赫数为 3~7 范围的固定几何的亚声速燃烧和超声速燃烧冲压发动机的理论性能进行了比较,得到的结论是:对于高马赫数,用超声速燃烧,性能降低慢,因此,如果在飞行马赫数为 5.5 以上,采用的燃烧室型面能维持起始燃烧,在马赫数为 6 以上,燃烧室型面固定,则超声速燃烧比亚声速燃烧有效。那时他们就设想:在同一发动机中,结合两种燃烧模态,使用有限的变几何结构即可获得较高的性能,然而,这一选择意味着必须要有流过喉道的超声速燃烧的气流,此喉道对于亚声速燃烧模态来说是必需的。气流有足够的动量通过喉道,以确定两种模态间的转换马赫数。换句话说,对于亚声速燃烧,用等面积燃烧室可获得最好的性能,但是,对于超声速燃烧,将喷嘴设置于扩张段前面是必要的。要使喷射适应燃烧模态的要求,燃料必须在不同的区域喷射。亚声速燃烧时,正好在进气道的最小截面的超声速气流中喷射燃料,如果喉部截面大于临界截面,燃烧是超声速的。

1968 年,ESOPE 计划选择了双模态类型的超燃冲压发动机,当时计划将要设计两种发动机:一种是 ESOPE A,用于验证飞行马赫数为 7 的超声速燃烧;另一种是 ESOPE B,用于试验飞行马赫数为 3~7 的双模态冲压发动机,模态转换马赫数为 5.5。

ESOPE 计划的发动机设计工作点在马赫数为 6,在设计点的燃烧室进口条件为,马赫数为 2.5,总压 $P^* = 1.5$ MPa,总温 $T^* = 1\,500 \sim 1\,700$ K,燃烧室设计必须保证完全的超声速燃烧,燃烧室选为环形结构,因为采用此结构可将燃料喷射及燃料与空气的混合结构简化。燃烧室直径为 420 mm,这一尺寸与 S4MA 设备相协调,燃烧室进口高度为 10 mm,此高度是根据进气道研究确定的。1967 年,Huet 对不同的燃料进行了比较,他得到的结论是,对于工作于 $Ma = 3 \sim 7$ 的导弹,使用碳氢燃料比使用氢燃料有利,因为氢燃料在能量上的优势被飞行器的复杂性所抵消,使得发动机的比冲减小。然而,氢燃料在点火、燃烧动力学、冷却能力方面有很好的特性,因此尽管 Huet 得到了上述结论,ESOPE 计划仍然选择氢作为燃料。

第一种发动机方案是由 Marquet 和 Huet 提出的(见图 4-30),但这种方案存在一些缺点:①当马赫数为 5.5 时,氢气空气混合气体自燃不可靠,这使得模态转换的可行性无保证;②当马赫数为 6 时,由物理喉道引起的压力损失降低了超声速燃烧的性能。另一种发动机方案是使用热力学喉道,这可避免使用物理喉道。这种方案的燃烧室由圆柱通道和扩张通道组成(见图 4-31)。马赫数低于转换马赫数时,在圆柱通道中喷射燃料,放热引起热阻塞。开始,在亚声速流中燃烧,通过热力喉道后,在扩张通道中进行超声速燃烧。马赫数超过转换马赫数时,在圆柱通道中喷射部分燃料,放热使得圆柱通道出口马赫数略大于 1,在扩张通道中喷射剩余的燃料,继续在超声速流中燃烧。ESOPE 计划选择这种方案是因为两种燃烧模态的转换是连续的,实现模态的转换是通过减少在圆柱通道中喷射的燃油量,并保证平均燃烧马赫数为 1.5 左右,这样使得性能损失减小。

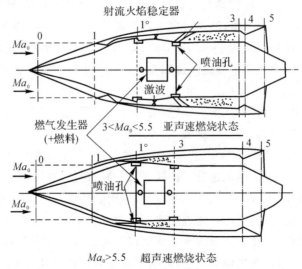

图 4-30 双模态冲压发动机简图

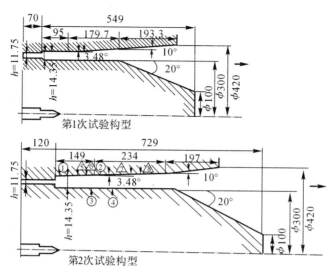

图 4 - 31 ESOPE 计划的燃烧室结构简图

在 Palaiseau 中心的初步试验中发现,当 $Ma=6$ 时,仅仅当在圆柱通道中喷射的燃料的当量油气比大于 0.3 时,才能实现点火,但这个当量油气比也使得燃烧室通道中出现了热阻塞,因此,要获得纯超声速燃烧是不可能的。后来,研究集中在跨声速燃烧,对于固定几何冲压发动机设计,这是一个令人感兴趣的解决方案。ESOPE 计划似乎是不成功的,因没有实现完全的超声速燃烧,然而,ESOPE 计划试验实现了亚声速燃烧模态,其明显是超声速燃烧延伸到低飞行马赫数的情况,其特别适合于固定几何结构。对于每一个飞行马赫数,在扩张型燃烧室,不采用变几何结构,通过在"热力"喉道上游和下游喷射燃料,可使燃烧室出现热阻塞,并能够达到与喉道变几何的亚燃冲压发动机同样的性能。

4.5.3.3 Prepha 计划(1992—1999 年)

1992 年,法国政府起动了一个先进的关于高超声速推进的研究和技术计划(Prepha 计划),这个计划优先考虑的是研究和在地面试验超燃冲压发动机。Prepha 计划涉及的是用于空间飞行器的大尺寸的超燃冲压发动机,这样的超燃冲压发动机不能在地面做全尺寸试验,因为需要的试验设备十分复杂且费用昂贵。因此,必须发展一种特殊的将试验和数值计算有机结合的方法来研究这种发动机。

该计划的目的在于获得数值的和试验的手段,并将该手段应用到一个二级入轨飞行器的设计。以这种飞行器为应用背景的系统研究,能为超燃冲压发动机部件研究、数值模拟和试验发展确定规范,也能综合分析所得到的结果。该计划确定了 5 个工作重点:①超燃冲压发动机的设计和地面试验;②发展有关的试验设备;③数值方法和物理模型;④材料;⑤系统研究。

通过比较四种概念的组合推进方案(两种双通道方案,涡喷-火箭-超燃冲压-火箭方案和涡喷-双模态冲压方案;两种单通道方案,火箭-双模态冲压-火箭方案和引射双模态冲压-火箭方案),所获得的结果表明火箭-双模态冲压-火箭的方案最为有效。设计研究集中在单通道的火箭-双模态冲压-火箭方案上,并完成了一个新的有两个热力喉道的双模态冲压推进系统设计。

Prepha 计划期间,在双模态冲压推进系统方面做了以下工作:

1. 前体

通过数值研究,对不同设计参数的影响进行了分析,包括钝前缘半径、迎风面曲率的影响等。另外,在 ONERA 的 S4MA 风洞中,对一般的前体进行了试验,测量了壁面压力和热流。试验得到的结果表明,数值计算较好地预测了进气道进口的流动和沿着前体的热条件。

2. 进气道

研究主要是对工作在 $Ma=6\sim12$ 范围的进气道进行研究,但也考虑了工作在低马赫数时的限制。在 ONERA,主要研究工作在 $Ma=2\sim12$ 范围的进气道。为了限制技术上的难度,很大部分的工作是考虑固定几何的进气道。进气道采用了变捕获面积的结构(马赫数超过 6 后几何固定),这样一来可保证恰当的几何收缩比。这种进气道在 ONERA 研究了许多年,马赫数低于 5 或 6 时,采用了几种内部边界层抽吸方案。在 ONERA 的 R2CH 风洞中,第一次进行了 $Ma=5$ 和 $Ma=7$ 的试验,试验涉及收缩比、前体边界层厚度、压缩楔面的最大偏转角等参数的研究,结果表明,尽管大的偏转角限制了进气道的长度和流量,但达到几何收缩比超过 4 是有可能的。

在 ONERA 的 S3MA 风洞上,进行了第二次进气道试验,新的进气道模型工作范围是 $Ma=2\sim5.5$,这个新模型考虑了喷射支板位置(喷射支板设置在进气道最小截面的下游)的影响。试验研究了进气道从超临界到亚临界的全部特性,并分析了最小截面处和喷射支板后的流场,还研究了最大收缩比、前体边界层厚度影响、压缩面上的最大偏角等。研究结果表明:在整个马赫数范围内($Ma=1.5\sim12$),假定进气道都具有很高性能并不合理。试验还详细地研究了不同设计参数的影响,试验表明:设置在上下压缩面上的边界层吸除,能吸收反射的斜激波。在亚声速燃烧阶段,若要达到所需的性能,边界层吸除是关键。试验还研究了使边界层吸除达到有效的条件。

3. 喷管和后体

研究主要针对二元单斜面扩张喷管。通过数值计算研究了不同设计参数(可移动或固定盖板长度,扩张斜面变化)的影响。考虑到飞行器的要求,他们折中选择了短的固定下板和有限高度的扩张斜面。为了证实这些结果和获得一些数据,Dassault 航空公司和 ONERA 设计了试验模型,并在 S4MA 风洞上进行了 $Ma=6.4$ 的试验。在试验中,通过试验模型上下壁面的压力测量来估算推力,并研究了不同设计参数对推进射流与外部机体边界层间干扰的影响。由于经费预算的限制,并没有进行低飞行马赫数下过度膨胀工作状态的试验研究。这一工作需要完成,因为在低飞行马赫数下,推力方向的变化将影响飞行器的总性能。

4. 超燃燃烧室

大部分的研究集中在对两种超燃燃烧室(Chamois 燃烧室和 Monomat 燃烧室)的研究。在数值方法设计的基础上,Aerospatiale 设计了 Chamois 燃烧室,其进口面积为 $212\times212~mm^2$,等直段长度为 366 mm,扩张段长度为 1 600 mm,燃烧室出口高度为 150 mm,采用支板喷射燃料。在 ONERA 的 ATD 5 试验设备上完成了模拟飞行马赫数为 6 的燃烧室直连式试验,研究内容包括,燃烧室发生壅塞之前,通过调整喷射结构怎样改变燃料最大当量油气比;进口气流不均匀(在燃烧室进口设置斜激波发生器)试验等,试验获得了有关燃料喷射穿透、空气/氢点火、燃料/空气混合增强、燃烧稳定增强技术方面的数据。1997 年年底完成了

Chamois 燃烧室的最后试验,试验采用了改进的喷射系统和所有可用的测量系统,这些试验使得他们对随着油气比增加出现的热壅塞过程以及估算相对喷射支板位置和适当的喷射分布有了深入的了解。

为了获得在 $Ma=7.5$ 飞行条件下的一些数据,并观察水污染的影响,ONERA 设计了一个新的小尺寸的单支板喷射的 Monomat 燃烧室,燃烧室进口面积为 100×100 mm^2。在 ATD 5 试验设备上进行了有污染空气的 $Ma=7.5$ 飞行条件的和无污染空气的 $Ma=6.0$ 飞行条件的试验,氧化铝圆石子床换热器为试验提供了 1 000 K 的无污染空气。

5. 超燃冲压发动机

Dassault 航空公司联合俄罗斯科学院对推力-阻力天平的有效性进行了研究。在 $Ma=8$ 的自由射流高超声速风洞中,进行了双模态冲压发动机的试验,并测量了发动机的轴向力。

1992 年 11 月,CIAM 与法国 Prepha 计划合作进行了第二次飞行试验,当飞行马赫数为 5~5.3 时,实现了超声速燃烧。进行飞行试验的发动机的燃烧室设计很接近 ESOPE 计划的燃烧室设计,燃烧室进口高度为 15 mm。

在所有的发动机方案中,最好的发动机可能是双模态冲压发动机,这种类型发动机早在 Prepha 计划期间就开始了研究。利用 Prepha 计划的成果和几十年来亚声速燃烧方面的研究技术成果,Aerospatiale Matra 和 ONERA 目前正在发展双模态冲压发动机技术。

4.5.3.4　Promethee 计划(1999—　)和 JAPHAR 计划(1998—　)

1999 年,Prepha 计划结束。为了进一步掌握组合推进技术和维持人力物力的投资,ONERA 仍在继续进行深入的研究工作。Aerospatiale Matra 和莫斯科航空学院(MAI)合作进行了宽马赫数范围的冲压发动机研究和试验,通过初步试验和数值模拟研究,设计了大尺寸的 WRR(Wide Range Ramjet)模型(见图 4-32),其具有下面的特点:①工作范围为 $Ma=3$~12;②沿着轨道工作使用了可移动的嵌板;③对推进性能进行了优化,并通过理论、CFD 技术和试验推力测量等方法来校核;④为了增大实时性能,内部几何可变,嵌板移动是通过与发动机中传感器相连的计算机来控制的;⑤先使用了亚声速燃烧,然后使用了超声速燃烧;⑥先用煤油,后用氢作燃料;⑦达到至少 $Ma=12$ 飞行条件的结构能力;⑧燃料冷却结构和可移动部分的密封;⑨大尺寸发动机(进口面积为 0.05 m^2,几米长,通道中设喷射系统)。合作的目的在于发展试验模型,并通过优化几何结构获得所希望的性能。该超燃冲压发动机的尺寸与 Prepha 计划的演示器相当,但模型几何形状可通过活动嵌板改变。通过对可变几何结构的燃烧室试验,研究双模态燃烧室的工作过程和如何实现亚燃和超燃的转换。通过完全变几何的燃烧室,有可能分析出在任何飞行条件和油气比下,获得最大推力的途径,同时也能为一些发动机方案选择燃烧室流道几何结构提供大量信息。

为了开发基础技术,法国 ONERA 和德国宇航院(DLR)共同实施"高超声速应用研究的组合吸气式发动机计划"(JAPHAR),从 1998 年开始合作进行工作马赫数为 4~8 的吸气式推进系统研究,先用亚声速燃烧,然后再用超声速燃烧。他们采用的发动机是双模态发动机,燃烧室由两段组成,并设置了两级支板喷射器(见图 4-33),燃烧室流道下游用作有热力喉道的亚声速燃烧区,流道上游用作超声速燃烧区。2000 年,在 ONERA Palaiseau 中心的 ATD 试验设备上进行了燃烧室试验。在 1999 年,进行了确定飞行器形状和优化飞行器气动性能的研究工作,其中进气道的方案直接来源于 Prepha 计划,并在 ONERA 的试验中心的 S3MA 风洞上进行了试验。

1999年,法国开始执行Promethee计划,该计划的目的是发展碳氢燃料的双模态冲压发动机技术,并应用到空对地导弹(见图4-34)的方案设计中。他们全面比较了三种不同双模态冲压发动机方案,包括对导弹性能的影响、技术风险、成本等方面,最后选择了一个飞行马赫数为1.8~8的具有热力学喉道的变几何双模态冲压发动机方案(见图4-35),初步设计估算了性能后,完成了飞行的数值模拟,并估算得到了导弹的总性能。同时,考虑到试验评估和优化所选择的吸气式推进系统方案,设计和加工了一个全尺寸的试验模型。第一步,分开进行了进气道和燃烧室试验,在低温风洞中,进行进气道试验;在ONERA Palaiseau的ATD5试验设备上,进行了燃烧室的直连式试验;第二步,进行进气道和燃烧室的全面试验。第一步计划在1999—2001年间完成,第二步计划在2002—2004年间完成。

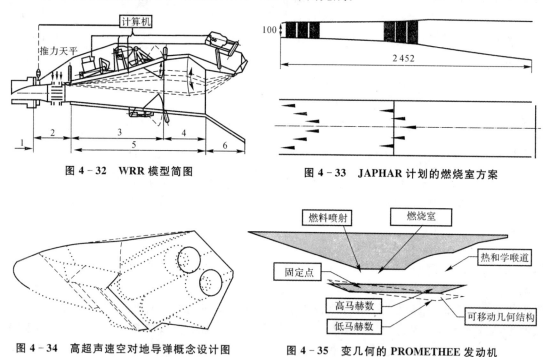

图4-32　WRR模型简图　　　　　图4-33　JAPHAR计划的燃烧室方案

图4-34　高超声速空对地导弹概念设计图　　　图4-35　变几何的PROMETHEE发动机

4.5.4　日本高超声速推进技术的发展状况和趋势

在日本,有关超燃冲压发动机的研究起始于20世纪70年代后期,那时的研究仅局限于在大学实验室里对超声速燃烧的基础试验研究。Yoshida等人,通过用狭槽将氢喷入$Ma=1.81$的气流中,研究了超声速扩散火焰点火的机理,他们的结论是这种类型流场的点火出现在燃料喷射点上游的分离区中。Tsuji和Matsui进行了在$Ma=1.26$气流中的燃烧试验,并研究了燃烧流场和形成的火焰结构,他们发现在燃料喷射处的下游存在一个回流区,其对火焰稳定有重要作用。Takeno等人研究了$Ma=1.91$高温气流中的燃料喷射形成的正激波诱导燃烧,他们发现正激波位置受其后的放热反应影响。Kimura等人进行了在$Ma=2.1$和$Ma=2.7$的气流中火焰稳定和用等离子体火炬促进燃烧的试验,结论是在很低静温条件下,使用等离子体火炬点火是一种很有前途的方法。

20 世纪 80 年代,除了 NAL‐KRC(国家宇航实验室的 Kakuda 研究中心)做了一些试验工作外,很少有人在这一领域开展工作。从 90 年代初期,这一领域的研究才又活跃起来,Tomioka等人在 $Ma=2$ 的气流中进行了用狭槽切向喷射的超声速燃烧试验,研究了混合对燃烧的影响,他们发现混合对燃烧有显著的影响,特别是在喷射器附近的区域。Niioka 等人用支板将气流分成两部分,并将燃料喷入两股气流的间隙中,试验研究了在 $Ma=1.5$ 气流中的火焰稳定性。Takahashi 等人在固定几何超声速燃烧室中进行了非设计点的火焰稳定主动控制和提高自燃性能的试验。

NAL‐KRC 在 1994 年,完成了自由射流高超声速风洞建设,它能进行模拟飞行马赫数为 4,6,8,飞行高度 H 为 20 km,25 km,35 km 范围的超燃冲压发动机试验,并用引射排气系统模拟每个高度的环境压力。设备有两种类型的加热器,一种是储热式的加热器,另一种是氢氧燃烧加热器,可将不同加热方式的试验结果进行比较,从而为分析污染空气对燃烧性能的影响提供基础。基于超燃冲压发动机部件的基础研究结果,在 1991—1994 年,NAL‐KRC 设计和制造了机体/发动机一体化的超燃冲压发动机模型(见图 4‐36),此发动机模块总长为 2 100 mm,宽为 200 mm,高为 250 mm,选择发动机进口通道面积比设备喷管出口面积(510 mm²)小 20%。发动机模型包括进气道前缘、进气道下游部分、燃料喷射器、燃烧室扩张段和喷管。1994 年 3 月完成了采用储热式加热器的第一次超燃冲压发动机试验。1995 年开始进行采用储热式加热器和污染空气加热器的模拟飞行马赫数为 8 的试验。自 1994 年 3 月以来,进行了 100 多次模拟飞行马赫数为 4,6,8 的试验。

试验的发动机模型有热沉模型、水冷模型和液氢冷却模型,三种模型具有相同的内流通道,热沉模型被用于 $Ma=4,6$ 的试验,试验时间为 $10\sim15$ s。水冷模型的各部分有独立的冷却水通道,试验时间可达 30 s。模拟 $Ma=8$ 的试验,由于试验空气的总温高达 2 600 K,用的是水冷模型。液氢冷却模型用于 $Ma=6$ 的试验。在所有三种模型中,侧壁前缘、外罩前缘和支板前缘半径为 1 mm,这是综合考虑冷却需求、加工困难和气动性能的一种折中。模拟马赫数为 6 用了储热式加热器和氢氧燃烧加热器。

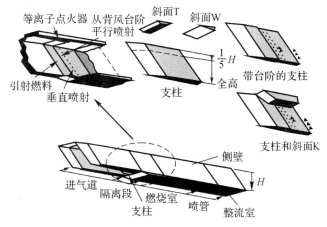

图 4‐36　超燃冲压发动机试验模型

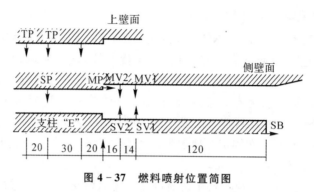

图 4 - 37 燃料喷射位置简图

试验发动机的进气道是侧壁压缩类型的,进气道没有外罩,允许气流溢流,进气道侧壁前缘有 6° 的压缩角,并后掠 45° 以使气流偏转,从而满足低马赫数下的起动要求。这使得在侧壁上的所有界面、燃料喷孔排、背风台阶都后掠 45°,以使沿着这一角度气流均匀。后掠角的选择是根据试验结果确定的,在 $Ma=4$ 的风洞中,后掠角从前掠 60° 到后掠 60° 都进行了试验。试验结果表明:采用后掠角为 45° 具有较好的起动特性、流量捕获特性和总压恢复系数。在模拟 $Ma=4,6$ 的试验中,使用了各种类型的附着在上壁面的支板或斜板来增压,使燃烧室获得更好的性能。支板的前缘和后缘的后掠角与进气道前缘的后掠角是一致的。每个支板在高度、长度、厚度、位置上有所不同。

利用燃烧室部件试验的结果设计燃料喷射器和燃烧室,燃料喷射器截面有 4 mm 高,侧壁上的后掠背风台阶有 2 mm 高,上壁面的无后掠角的背风台阶可用作火焰稳定器,背风台阶的上游是等面积段,其作为隔离段可减轻燃烧诱发的扰动传播到进气道。由于点火器设在上壁面,先锋燃料喷射器也设在上壁面(燃料喷孔布置见图 4 - 37)。为了点燃被支板分开的两股流道中的气流,将一对等离子体点火器设在上壁面的台阶上游。在此燃烧室部件试验中,点火器及其与先锋火焰喷射器/背风台阶的位置安排被证明是很有效的。在燃料喷射器的下游,是用来稳定燃烧的等面积段,燃烧扩张段的扩张角为 1.9°,从台阶处算起,燃烧室的总长是 800 mm,在进口马赫数为 2.5 的燃烧室部件直连式试验中,混合和燃烧效率接近或超过 80%。由于试验舱尺寸有限,发动机仅采用了一个短的喷管。由于发动机进口和出口的大小是一致的,喷管从最小面积处(在隔离段)到出口的扩张比与进气道的收缩比是一样的。

NAL 针对此发动机模型采用了多种方法研究了燃烧性能和产生的推力。通过设置支板喷射、延长隔离段等方法研究进气道/燃烧室相互干扰。通过这些研究,他们发现了此模型中许多有价值的现象,如弱燃烧和强燃烧模式、污染空气的影响等。同时也研究了发动机结构方面的影响,如喷射支板结构、隔离段长度和喷射方式等。另外在试验技术、测量技术及其可靠性方面也有很大提高。研究成果可归纳为:①对燃烧和推力产生进行了深入研究。②存在弱燃烧和强燃烧模式,这主要取决于产生的推力水平或主燃区的位置。当喷入的燃料流量较低时,发动机处于弱的燃烧模式,这导致推力较低。在增加燃料流量后,出现了较强的燃烧模式,产生较高的推力,如果进一步增加燃料流量,将引起进气道不起动。③当 $Ma=4,6$ 时,发动机推力大于阻力;但当 $Ma=8$ 时,发动机推力小于阻力。④通过增加隔离段长度,减缓进气道与燃烧室间的干扰或避免进气道不起动,从而提高发动机性能。⑤在 $Ma=6$ 条件下,将无污染空气的和有污染空气的试验结果对比表明,二者使进气道不起动的最大喷油量有较大不同;超燃冲压的燃烧特性对试验工质是很敏感的,当试验空气有污染时,氢能自燃,可不用点火器,而空气无污染时,点火很困难;试验空气有污染时火焰稳定,比无污染时容易,测得的推力略低于空气无污染的,但空气无污染时进气道很容易进入不起动状态;水蒸气存在,使气体含有 OH 基,它对燃烧有促进作用;由于组分的差别造成试验气体摩尔平均分子量小于空气的摩尔平均分子量,导致在相同状态下,发动机进气流量小于真实状况,发动机推力结果比真实情况小 10%。

经改进后,尽管发动机性能有所提高,但还存在各种问题:①在发动机出口,燃料分布不均匀。燃烧室内燃料分布不均匀对发动机性能的影响很大,因此,应该研究发动机出口不均匀与燃烧室出口不均匀之间的关系。另外,在燃烧室进口,质量流率也存在一定程度的不均匀,其不均匀程度应取决于飞行条件,因此,应该研究进气道出口不均匀对发动机性能的影响。如果这一影响很严重,有必要采取一些措施减轻其影响,如:优化燃料喷孔的大小、位置和方向。②当 $Ma=4$ 和 $Ma=6$ 时,供油当量油气比不能超过 1,因过量的放热诱发的压力升将会引起进气道不起动。避免这种情况的方法是通过控制放热或燃烧室的截面积来抑制压力升。前一种方法在部件试验中已显示出有较好的效果。③在 $Ma=8$ 条件下,当当量油气比大于 1 时,仍不能获得强燃烧模式,同时使用支板喷射或加厚支板也不十分有效。因此,有必要深入研究燃烧室和流场间的相互干扰。

为了评估用 CFD 方法计算超燃冲压发动机内流场的有效性和精度,他们使用了 TVD 格式、有限体积法求解可压的 N-S 方程,用 LU-SGS 隐式方法提高计算效率,湍流模型采用的是 G-R 方程模型,对 $Ma=4,6,8$ 条件下发动机流场进行了数值模拟,计算结果经与试验结果比较证明模拟结果精度较高。

在 NAL-KRC,为了进行 HOPE-X 模型的试验研究,1997 年 11 月建成了世界上最大的自由活塞高焓激波风洞(HIEST),该风洞的设计工作条件为总焓可达 25 MJ/kg,总压可达 150 MPa。该风洞可进行模拟飞行马赫数为 8~15 的试验。

4.6　超燃冲压发动机研制面临的关键技术问题

高超声速飞行器技术作为航空和航天技术的结合点,涉及高超声速空气动力学、计算流体力学、高温气动热力学、化学动力学、导航与控制、电子信息、材料结构、工艺制造等多门学科,是高超声速推进系统、机体/推进系统一体化、超声速燃烧、热防护、吸热型碳氢燃料、高超声速地面模拟和飞行试验等多项前沿技术的高度综合。高超声速飞行器技术研究的重点是以超声速燃烧冲压发动机为主的高超声速推进技术和机体/推进系统一体化技术。

推进技术和机体推进一体化技术是一个跨学科的技术,它的理论体系非常复杂,它的解决依靠地面试验、理论计算和飞行试验三大研究手段相结合,地面试验是这三大研究手段的基础,它对减少研制风险、解决实用型发动机的推力、比冲、防热结构、材料等起决定性的作用。

高超声速飞行器关键技术的发展重点主要有:

(1)飞行器总体技术——飞行器的总体方案;飞行试验方案。

(2)高超声速飞行器推进技术——超燃冲压发动机总体方案及设计方法研究;超燃冲压发动机燃烧过程理论及试验研究;单模块 $Ma=6$ 超燃冲压发动机技术及试验研究;超燃冲压发动机的飞行验证试验研究;吸气式/火箭组合循环发动机概念研究;吸气式/涡轮组合循环发动机概念研究。

（3）热防护系统与轻质结构技术——飞行器热防护系统与防热/结构一体化设计技术；高温热结构部件和金属热防护系统样件；热防护系统使用性能测试与评估技术；重复使用轻质低温推进剂储箱技术。

（4）气动力/气动热技术——高超声速飞行器及高超声速飞行试验平台的气动力、气动热试验和数值模拟研究；高超声速飞行器气动操纵技术；高超声速巡航导弹气动力、气动热试验研究；高超声速巡航导弹机身/推进系统内外流场一体化数值模拟研究；气动力、热数据的相关技术研究。

4.7 前体/进气道

4.7.1 引言

对于高的超声速（high supersonic，$3<Ma<5$）或高超声速（hypersonic，$Ma>5$）飞行器的吸气式推进系统，有效的进气道设计是获得高性能发动机的关键。进气道的功能是利用迎面高速气流的速度冲压，有效地将动能转化为势能，提高气流的压强，并为发动机提供所需要的流量。双模态超燃冲压发动机进气道具有飞行速度高、工作范围宽广、减速面上边界层厚并具有特殊的边界层分离特征、壁面热流大、具有钝进气道前缘、进气道和燃烧室相互干扰等特征。

优化的进气道设计应保证进气道具有最小的总激波损失和热损失、压缩效率高、外罩阻力小、出口气流均匀、工作马赫数范围宽广、起动性能好等。对于高超声速进气道，由于气流总温较高，为了避免结构设计及操作性方面的问题，往往采用固定几何结构或有限的变几何结构。要设计好能在较宽飞行马赫数范围内均能保持高性能的固定几何的高超声速进气道，必须对进气道的节流特性、阻力特性、内外流场特性、工作稳定性及其部件间的匹配特性等问题进行深入的研究。

进气道设计是指根据飞行器总体设计的要求，在给定的发动机飞行条件和约束条件下，设计进气道的几何形状，并估算其设计状态与非设计状态性能参数。由于气动和机械方面的约束，高超声速进气道的设计是十分复杂的。气动方面的约束包括起动限制、边界层分离限制、燃烧室进口流场限制等；机械方面的约束包括前缘半径的限制、变几何适应性、冷却系统的限制等。另外，超燃冲压发动机进气道的设计还要考虑飞行器和飞行约束的影响。

飞行器机体与超声速燃烧冲压发动机一体化布局是高超声速飞行器动力装置研制的重要方向。进气道是吸气式动力装置的一个重要部件，同时也是飞行器机体的重要组成部分，因此，对进气道的设计应综合考虑动力装置和飞行器二者对它的要求。20世纪60年代末，超声速燃烧冲压发动机与飞行器机体一体化的设计思想被提出，其特点是将飞行器机体的下表面作为发动机的进气道与尾喷管的一部分，使飞行器的前体作为进气道的预压缩面，后体作为发动机喷管膨胀面的组成部分，从而可以减小发动机的迎风面积，降低外阻力和质量；可将机体前部下表面与前体激波之间的全部气流吸入发动机，增加发动机进气流量，提高发动机推力。这种一体化的发动机从飞行器机身前缘到进气道的进口称为前体，对气流的压缩是由前体和进气道共同完成的（见图4-39）。

　　与亚燃冲压发动机和涡喷发动机进气道相比,超燃冲压发动机进气道主要具有以下特点(见图 4 - 38、图 4 - 39):①由于工作在更高的速度下,因此,前体采用较小的转角就能获得理想的压比;②需要采用具有更小外罩阻力的外形;③采用相对较尖的前体前缘和外罩前缘;④压缩过程常采用混压式,并常采用相对较高的内部压缩比,进气道对气流的压缩是通过一系列的激波系完成的,这些激波系包括外压缩楔面上的激波系和内流道中的激波系;⑤常采用中等收缩比,以便减小内部压力和外阻力,以及顺利地吸入前体表面的附面层,防止气流分离和进口流场畸变;⑥大多采用多模块结构;⑦在亚燃冲压和涡喷发动机进气道中常采用放气吸除边界层的方法,以增加总压恢复系数、减少激波/边界层干扰的不利影响,然而,在超燃冲压发动机进气道中并不常用,因为气流温度高,从热防护的角度考虑应避免使用复杂的结构,另外其边界层抗分离的能力较强;⑧超声速燃烧冲压发动机中,往往在进气道和燃烧室之间设置等面积或微扩张的隔离段;⑨亚燃冲压发动机和涡喷发动机进气道出口均为亚声速,而超燃冲压发动机在飞行速度高和/或燃烧室放热水平低的条件下,进气道出口为超声速,在飞行速度低和/或燃烧室放热水平高的条件下,由于燃烧过程出现热阻塞,在进气道隔离段将形成激波链(shock trains,pseudoshock,precombustion shock system),根据激波链的强度,进气道出口可能是超声速的,也可能是亚声速的。在超燃冲压发动机进气道设计中,往往使进气道出口气流为超声速。过去,曾对大量各种类型和几何结构的进气道进行了研究,这些进气道包括二维平面进气道、二维轴对称进气道和三维进气道,这些进气道都是采用不同的方式来满足某种设计要求的。

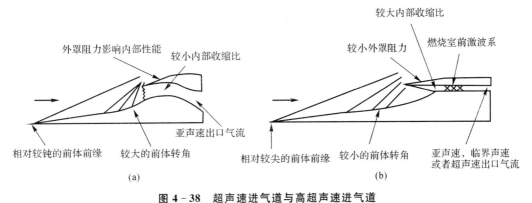

图 4 - 38　超声速进气道与高超声速进气道

(a)外压式亚燃冲压发动机进气道;　(b)超燃冲压发动机进气道

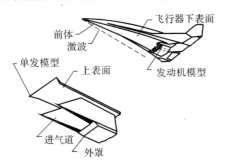

图 4 - 39　与飞行器机体一体化的超燃冲压发动机

　　在以高超声速飞行的超燃冲压发动机进气道设计中,会遇到各种各样的气动热力学问题,如钝前缘的影响、边界层发展、转捩、无黏流动与有黏流动耦合、激波与激波相互干扰、激波与附面层相互干扰等。对于工作在很宽速度和高度范围的高超声速进气道设计,要考虑几乎以上所有的气动热力学问题。

附面层对进气道的总压恢复系数有显著的影响,也影响着进气道的稳定工作范围和流场畸变程度。飞行器前体与进气道一体化设计导致了前体附面层在进气道进口前显著增厚,另外,激波与边界层的相互干扰导致干扰区后附面层的增厚,严重影响了进气道内部的流场结构,激波与边界层的干扰效应也是引起进气道不稳定工作的主要原因之一。

所有的超燃冲压发动机进气道必须工作在起动状态,起动是指进气道的内部流动条件并没有改变进气道的捕获特性。在进气道过分收缩使其喉部出现壅塞,或当燃烧引起的压力升高超过进气道所能忍受的水平时,进气道将处于不起动状态。对于高超声速进气道,当进气道不起动时,被推出唇口外的激波系较强,使得边界层分离,形成大的分离区和超声速溢流。一般来说,与起动状态相比,不起动的进气道捕获流量少,效率低,气动和热负荷高。大量的研究表明,进气道不起动与当地马赫数、内部压缩比、总压恢复系数、与时间相关的具体起动过程等有关。在一定的几何和自由流条件下,进气道将在某一内部收缩比下出现不起动。在进气道起动后,如果进气道采用了变几何结构,可通过调整其结构,使收缩比增加到最大收缩比。马赫数增加,允许的起动和最大收缩比也增大。在进气道设计中,在保证起动条件的前提下,希望获得大的内部收缩比。对于一些几何结构的进气道,允许的起动收缩比可达到 $2\sim3$,试验表明,尽管大的偏转角限制了进气道的长度和流量,但达到几何收缩比超过 4 是有可能的。可获得大收缩比的手段有,二维结构中采用后掠侧壁;侧壁压缩结构中采用开式外罩;在各种类型的结构中采用开旁路活门和壁面开孔;在一些情况下,喷射气体使分离流变成贴体流,控制边界层,从而提高进气道性能。

影响进气道最大收缩比的一个因素是进气道喉部流场的不均匀度。喉部畸变度增加,使进气道能起动的最小喉部马赫数增大。当喉部畸变度较大时,出现壅塞的最小喉道马赫数可达 2.6。这表明,如果希望在高收缩比下工作,进气道喉部流场要尽可能均匀。

高超声速飞行的进气道要涉及高温气体及其对进气道工作性能的影响。在高超声速飞行条件下,气流含有大量的动能,当被捕获的气流通过压缩或因黏性的影响被减速时,其温升很大,当气流温度低于 600 K 时,气流可近似作为完全气体,但当温度更高时,振动激发、离解、电离等的影响将变得很重要,需考虑真实气体效应。真实气体效应对总转角的影响较小,而对收缩比的影响较大,并随压缩比的增加影响增大。由于激波的位置和强度受气流高温影响,因此,在设计高超声速进气道时要考虑高温气体效应,否则进气道流动结构和性能将受到影响。当飞行马赫数低于 5 时,整个流动可当作理想气体;当飞行马赫数达到 12 时,流场的无黏部分可当作理想气体,但在边界层中,振动激发的影响变大;当飞行马赫数超过 12 时,在无黏流中,振动激发的影响变大,在边界层中,离解的影响变大;在更高的速度下,电离的影响仅限于滞止区。在很高马赫数和一定的高度下,当流动变化很快时,各种状态间的能量转化并不保持在平衡状态。对于 $Ma>15$ 的进气道,在边界层的高温区,非平衡的影响很大。由于非平衡现象仅限于边界层的狭窄区域中,因此,在设计过程中,常采用基于平衡气体的设计方法。

超燃冲压发动机进气道的一个关键设计问题之一是有关前体钝前缘和外罩唇口钝前缘的问题,这些前缘面必须做成钝的,以便在高超声速条件下,使前缘处的受热水平不至于太大,然而,前缘做成钝的将使进气道性能降低。钝前缘引起弓形波而产生大的熵层,这些熵层改变了下游边界层的发展,并引起无黏流场的较大变化,如激波位置和捕获特性(见图 4-40)。对于一次性使用的高超声速导弹推进系统的超燃冲压发动机进气道,可以考虑采用前体和外罩唇口均为尖前缘的方案。

　　本节针对三楔面二维的混压式高超声速固定几何前体/进气道,给定前体长度、前体预压缩角、隔离段高度,分别采用等激波角和等激波强度辅以计算修正的方法,对外罩唇口处分别为平直和具有楔面角的前体/进气道和隔离段结构进行了设计。为了优化进气道和超燃冲压发动机性能,采用将飞行器前体下表面作为外压缩楔面的一部分,进气道置于飞行器机体下倾斜表面,然后再转向平行于机体轴线方向的一体化布局,以便能有效地捕获预压缩气流、减小外罩阻力和增加喷管/后体推力。

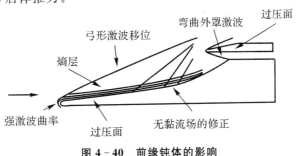

图 4-40　前缘钝体的影响

4.7.2　高超声速进气道的类型

　　高超声速进气道广泛采用混压式的。可供超声速燃烧冲压发动机选用的进气道类型一般有轴对称进气道、二元进气道和三元进气道(见图 4-41)。二元进气道与轴对称进气道相比,有较好的攻角特性。在正攻角时,随着攻角的增大,总压恢复系数和流量系数可能增大。目前,不少以整体式冲压发动机为动力的导弹选用了二元进气道,许多超燃冲压发动机方案也采用了二元进气道。三维进气道(收敛型进气道和侧壁压缩进气道)的湿面积小,因此,对冷却的要求低。与二维进气道相比,三维进气道长度短、压缩效率高、在低马赫数范围起动性能好,在高马赫数范围有较低的阻力,然而二维进气道在低马赫数范围内,在阻力和总压恢复方面占有优势。许多超燃冲压发动机方案采用了三元进气道,其中带侧壁压缩的三元进气道得到了比较广泛的应用。三种进气道性能参数随工作马赫数的变化关系如图 4-41 所示。

4.7.3　进气道进口马赫数的限制

　　高超声速气流通过前体/进气道的压缩,将使燃烧室进口气流温度大幅度升高,为了防止气流热离解,必须要限制燃烧室进口气流温度,因此,燃烧室进口气流马赫数要受到限制。一般最大允许的燃烧室进口气流温度在 1 440~1 670 K 之间,允许的燃烧室进口马赫数与飞行马赫数的比值在 0.3~0.45 之间。

4.7.4　进气道收缩比的限制

　　为了使所设计的进气道在要求的飞行范围内能自起动,必须保证其内部收缩比小于允许的自起动内部收缩比限。一般可用 Kantrowitz 收缩比限制公式来初步估算进气道自起动的内部压缩比,但 Kantrowitz 限制线比较保守,因为它是在内部压缩是一道正激波的假设下得到的。由于高超声速进气道内部压缩激波系的总压恢复系数比一道正激波的大,内部收缩比高于 Kantrowitz 限制线。

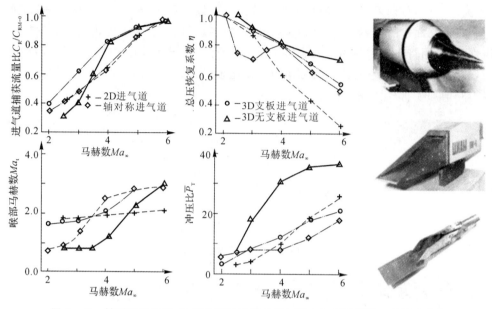

图 4 - 41　轴对称进气道、二元进气道和三元进气道在不同马赫数下的性能参数

在一定飞行马赫数范围内,固定几何高超进气道的收缩比先根据以下最大收缩比限的经验公式初步校核,然后再根据在低飞行马赫数下的流场计算结果进一步校核和修正。

$$A_3/A_{th} = 1.0 \Big/ \Big(0.05 - \frac{0.52}{Ma_0} + \frac{3.65}{Ma_0^2} \Big) \tag{4-19}$$

式中,$2.5 < Ma_0 < 10$;A_3 为内部收缩起始截面面积(见图 4-42);A_{th} 为喉道面积;Ma_0 为自由流马赫数;A_1 为进气道进口面积;A_0 为进气道捕获面积。

在确定前体/进气道压缩系的折转角中,需要综合考虑进气道出口温度限制、喉部畸变度限制、低马赫数起动收缩比限制、真实气体效应等因素,折中选取气流总折转角。

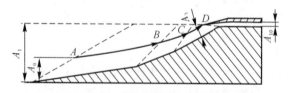

图 4 - 42　混压式高超声速进气道结构简图

4.7.5　变比热激波关系式

在高的超声速气流($3 < Ma < 5$)和高超声速气流($Ma > 5$)经激波压缩后,温升较大,导致激波前后比热比发生突跃,因此,在高超声速进气道设计中需采用变比热激波关系式,忽略

变比热的影响将会使设计结果产生较大误差。

1. 求解主方程

连续方程：

$$V_{N2} = \frac{\rho_1 V_{N1}}{\rho_2} \tag{4-20}$$

动量方程：

$$P_2 = P_1 + \rho_1 V_{N1}^2 \left(1 - \frac{\rho_1}{\rho_2}\right) \tag{4-21}$$

能量方程：

$$h_2 = h_1 + \frac{V_{N1}^2}{2}\left[1 - \left(\frac{\rho_1}{\rho_2}\right)^2\right] \tag{4-22}$$

状态方程：

$$\left.\begin{array}{l} P = \rho R T \\ h = h(P, T) \end{array}\right\} \tag{4-23}$$

2. 求解方法

（1）已知波前参数和气流偏转角，求激波角和波后参数。已知波前气流参数和气流偏转角 δ，给定激波角的初值，按流程图 4-43 可解出新的激波角，迭代计算，直至两次激波角的相对误差满足精度为止。ε 和 ρ_2 的初值均可按定比热计算结果给定。

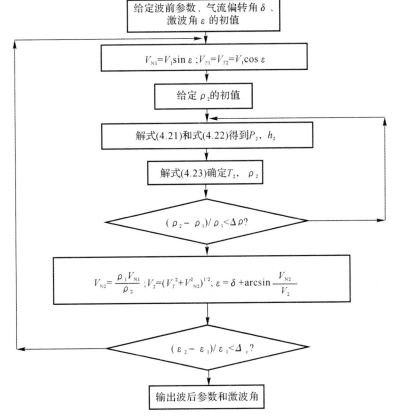

图 4-43　变比热激波参数关系计算流程图

（2）已知波前参数和激波角，求气流偏转角和波后参数。已知波前气流参数和激波角，按流程图 4 - 44 可解出新的 ρ_2，迭代计算，直至两次 ρ_2 的相对误差满足精度为止，可得气流偏转角 $\delta = \varepsilon - \arcsin \dfrac{V_{N2}}{V}$；$\varepsilon$ 和 ρ_2 的初值均可按定比热计算结果给定。

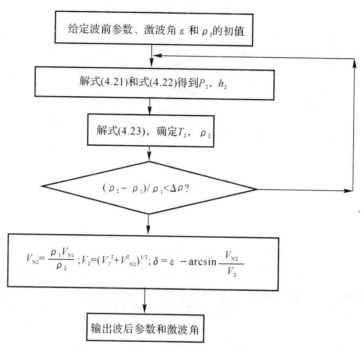

图 4 - 44　变比热激波参数关系计算流程图

4.7.6　乘波型前体

与常规的亚声速、低超声速飞行器的设计不同，吸气式高超声速飞行器的机体与推进系统必须进行一体化设计。对于吸气式高超声速飞行器，其机体和推进系统是无法明确地划清界限的。机体已经成为推进系统的一部分，推进系统本身也构成了机体的一部分。在这种情况下，吸气式高超声速飞行器甚至可以看做一个"飞行的发动机"。吸气式高超声速飞行器设计的关键技术之一就是在有效推进系统的一体化需求与高效的飞行器气动性能之间平衡，同时，达到较高的容积效率和结构效率，良好的飞行可控性等。这些因素往往是互相制约的，如何实现有效匹配是非常复杂的问题，导致了高超声速飞行器设计中的复杂性。高超声速飞行时，如果采用常规超声速飞行器构型，与机体相分离的发动机吊舱将会产生很大的阻力；同时，发动机吊舱产生的激波与机体产生的激波互相干涉，将会使飞行器气动性能剧烈下降。因此，吸气式高超声速飞行器，必须进行推进系统与机体的一体化设计（Propulsion Airframe Integration，PAI），以减小飞行阻力，降低飞行器质量。

高超声速飞行器的机体与推进系统设计是高度耦合的。机体的下表面将成为推进系统的一部分。通常采用前体下表面作为预压缩面，气流经过预压缩后进入发动机进气道，后体同时做喷管，起进一步膨胀作用。如图 4 - 45 所示，发动机布置在前体产生的激波层内，经过前体

压缩的气流供给发动机。因此,前体的构型将会
极大地影响发动机的推进性能。飞行器的前体
作为第一级压缩面,飞行器前缘的弓形激波强度
就表示了为达到燃烧室入口条件的相对压缩量。
弓形波也会影响飞行器的升阻比、体积,也影响
飞行器的总体外形。

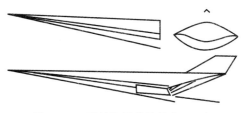

图 4 - 45　乘波构型前体的空天飞机

　　前体的设计是高超声速吸气式飞行器设计
的关键技术之一。一方面前体为推进系统提供初步压缩的气流,必然对推进系统的性能有很
大程度的影响;另一方面,前体是飞行器的重要部件,关乎整个飞行器的气动性能。因此,前体
设计是高超声速飞行器总体设计的首要问题。

　　以吸气式发动机为动力的高超声速飞行器,前体-推进系统-后体一体化设计是其关键技
术之一。在一体化设计中,如何根据进气道入口流场的需求来进行前体的反设计一直是高超
声速飞行器研究中尚未完全解决的问题。人们希望能找到一种既有高预压缩性能又有均匀进
口流场的前体型面,同时又能获得高升阻比和高容积效率等其他性能。

　　乘波构型是一种由已知超声速或高超声速流场生成的气动构型,在设计点乘波构型的整
个前缘产生贴附的激波,整个构型好像骑在激波面上,从而称之为乘波构型或"乘波体"
(waverider)。

　　乘波构型的流动特性使其适合作为前体。乘波构型作为前体,利用前缘激波在下表面对
来流进行预压缩,经预压缩的气流供给进气道。乘波构型前缘形成完全贴附的激波,下表面经
过激波后的流动被限制在前缘激波内,在乘波构型下表面和激波之间形成高压区。同时,由于
前缘激波完全贴附,下表面的高压流动不会向上表面"溢流",不会产生横向流动而导致较大的
压力梯度。

　　乘波构型的设计方法使其有利于与推进系统一体化的设计。乘波构型设计采用"反设计"
的方法,采用从已知流场追踪流线方法生成,可以从推进系统需要出发进行设计,便于进行机
体与推进系统一体化设计。也就是说,可以根据推进系统的需求设计相应的乘波构型前体。
如果设计合理,在进气道入口可以得到满足设计条件的流场。

　　与常规外形飞行器相比,乘波构型具有高的升阻比。升阻比是衡量飞行器气动性能的重
要指标。根据已有亚声速和低超声速飞行器的最大升阻比数据,Kuchemann 外推出在超声速
和高超声速飞行时飞行器的升阻比变化趋势,发现随着飞行马赫数的增加,最大升阻比逐渐减
小,认为常规飞行器存在高超声速时的升阻比"屏障"。但是乘波体构型却打破了该升阻比的
"屏障"。乘波构型的前缘激波是完全贴体的,因此,乘波构型上表面与下表面流动是完全分开
的。由于激波的包围,下表面经过激波后的高压流动不会绕过前缘向上表面流动,不会像常规
外形那样产生"溢流",下表面的高压流动产生很大的升力——压缩升力。同时乘波构型的阻
力很小。常规飞行器外形在超声速流中前缘大都是脱体弓形激波,激波前后存在的压差使得
飞行器的波阻非常大,而乘波构型的前缘形成贴附的激波,因此,不会形成大的压差阻力。乘
波构型上表面与下表面的流动被贴附于前缘的激波完全分开。上下表面的设计可以分别进
行,这十分有利于一体化设计。比如飞行器设计时,可以在上表面布置座舱,同时不会影响下
表面推进系统的流动。乘波构型的上述优点非常有利于进行前体与推进系统的一体化设计,
使其成为很有应用前景的构型。乘波构型的研究引起了国内外广泛的关注。

4.8 隔 离 段

在较低飞行马赫数范围内,防止进气道不起动是双模态超声速燃烧冲压发动机设计的关键问题之一。进气道一旦进入不起动状态,进气道冲压比和捕获流量将大幅度下降,从而导致发动机阻力、气动负荷和热负荷急剧增大,发动机推力急剧下降。进气道不起动是由进气道与燃烧室之间的强烈非定常干扰引起的,进气道收缩比过大或燃烧室燃烧诱发压升过高,都可能导致进气道不起动。进气道不起动与其飞行马赫数、内部压缩比、总压恢复系数及与时间相关的具体起动过程等有关。为了防止出现热阻塞和严重的附面层分离,进而导致进气道不起动,往往在进气道和燃烧室之间设置等面积的隔离段。隔离段的作用是"隔离"燃烧室中的压力升高对进气道的干扰。在隔离段中,通过激波链的移动,使燃烧室内燃烧诱发的压升在一定的范围内,不至于引起进气道不起动。隔离段中激波链的形成主要取决于进口马赫数、隔离段长高比、边界层厚度、隔离段出口压力等。国内外对进气道/隔离段的稳定性问题已进行了比较深入的数值模拟和试验研究。其中具有代表性的是美国约翰霍普金斯大学应用物理实验室的F. S. Billig 等人所做的研究工作。目前国内外的研究已证实了隔离段对于防止和减缓进气道与燃烧室间的非定常干扰具有较大的作用,但还缺乏对于隔离段设计具有指导作用的经验和半经验准则。

在隔离段内的流动过程是一系列激波与附面层的复杂相互作用,一般称为激波链。最初激波链位于燃烧室,由于燃烧室内热量的释放使燃烧室压力升高,促使激波链向隔离段内移动。热量的释放也会引起流道堵塞,堵塞是随压力的增加而加大。如果堵塞太大或隔离段太短,激波链将干扰上游进入进气道,使进气道工作不稳定或不起动。在隔离段流场中,为实现进气道喉部压力和燃烧室反压的匹配,若不考虑激波与附面层干扰,流场中只产生一道正激波(厚度为分子平均自由量程级)来完成从超声速入口到亚声速出口的流动转化。而在实际流动中,激波与附面层相互作用,在强干扰下,正激波与附面层相交区域内出现分叉结构并会逐步形成"伪"激波结构。"伪"激波结构包括激波链(正激波链或斜激波链)与紧随其后的混合区。这时,在激波与附面层相交处,壁面附面层分离,引起主流截面收敛,以至初始正激波波后的中心区亚声速主流加速至声速,此后附面层再附着,中心区主流超声速膨胀直到形成第二道波,这样,最终形成激波链结构。通过以上对隔离段内流动过程的分析,不难看出隔离段研究的核心问题是激波与附面层的相互干扰问题,即对激波链的研究,需要研究哪些物理参数会对激波链产生影响,这样才能找到激波链的控制规律。

4.8.1 等截面管道中激波与附面层相互干扰

根据过去的研究,用图 4-46 来简要介绍在等截面管道中激波与附面层的相互干扰现象。假设当激波前马赫数不超过 1.2 时,如图 4-46(a)所示,此时激波很难使附面层发生分离,同时附面层也很难对激波产生影响,此时的激波非常像一道无黏正激波。当马赫数 Ma_u 大约在

1.2 和 1.3 之间时,如图 4 - 46(b)所示,激波与附面层的相互干扰虽然非常弱,但是附面层已经开始有分离的趋势,不过附面层重附着的趋势更强烈些,因此当激波不断向前移动时,附面层不会分离,反而会使激波变得越来越倾斜,这就是在图中看到的曲线激波。当马赫数 Ma_u 继续增加到 1.3 和 1.5 之间时,此时附面层分离的趋势大于重附着的趋势,如图 4 - 46(c)所示,我们看到了激波根部出现了分叉,称为分叉激波(或 λ 激波)。如果马赫数 Ma_u 继续增加到大于 1.5 时,这时激波与附面层相互干扰变得非常剧烈,附面层发生大范围的分离,我们会看到一道或多道分叉激波出现在流场中,如图 4 - 46 (d)所示,把这样的一系列分叉激波称作"激波链"(或"激波串")。

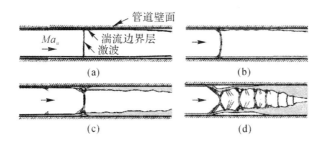

图 4 - 46　在等截面管道中激波与附面层相互干扰示意图
(a)正激波;　(b)曲线激波;　(c)分叉激波;　(d)激波链

4.8.2　激波链与伪激波

1. 激波链

激波链的一张典型纹影图如图 4 - 47 所示,从图中我们可以看出,附面层发生了大范围的分离,图中的激波链大约包含有十道激波,气流通过激波链后不完全是亚声速的,其中还包含了一些超声速区,这些超声速区的气流最后也会减速到亚声速,但它们的减速不是通过激波链来完成的。

图 4 - 47　激波链的纹影图

2.伪激波

为了引出伪激波的概念,先要了解包含激波链的管道内的流场特征。如图 4 - 48(a)所示是基于试验的激波链示意图,如图 4 - 48(b)所示是隔离段的壁面和中心线静压分布图,曲线 1 代表壁面静压的分布,可以看出它是单调递增的。曲线 2 代表中心线压力分布,可见压力在中心线会不断重复出现升高与下降,但幅度不断减小,直到图中的 j 点。另外,曲线 1 和曲线 2

在 j 点汇合成一条曲线,而且在 j 点之后,压力仍然在增加。图中 Ma_u 为波前马赫数,h 为管道半高,δ_u/h 为附面层厚度与等直段半高的比值。水平坐标表示距第一道激波的距离,垂直坐标表示静压与激波前总压的比值。如图 4-49 所示也是基于试验得到的壁面及中心线静压分布图,图中水平坐标代表距管道入口的距离,垂直坐标代表静压。从图中可以看出,静压是从点 1 开始升高的,这一点恰好是第一道激波根部所在的位置,从这一点开始,壁面压力单调递增,中心线压力重复出现升高与下降,直到壁面静压与中心线静压线重新汇合到点 j。从图中可以看出,从点 1 到点 j 的静压升高是激波链引起的。

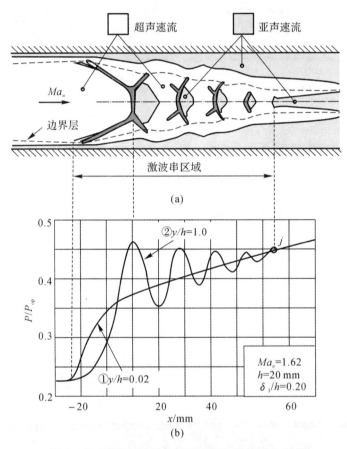

图 4-48 等截面管道内激波链结构与静压分布图

如果在点 j 之后的流场完全是亚声速区域,那么该点下游的静压将会由于壁面摩擦而一直下降。然而,我们注意到图中在激波链之后紧跟着一个所谓的"混合区",在这个区域内没有激波,但是我们发现壁面静压与中心线静压确在同时增加,而且它们的增幅是相同的。混合区的出现将依赖于管道的长度,换句话说,如果管道足够长,混合区就可能出现。在图中可以看到静压在点 2 达到最大值,在这一个点之后压力逐渐减小。

从点 1 到点 2 的整个流场区域,静压在不断地上升,流场中也同时存在超声速区和亚声速区。这一个区域由激波链和混合区组成,既不能把它当作激波链,更不能把它当作一道正激波,但它又不是真正意义上的激波,称这一区域为"伪"激波(或"伪"激波区)。

如果流场中没有附面层,如图 4 - 49 所示,管道中产生一道正激波(厚度为分子平均自由量程级)会使静压从 P_1 直接上升到 P_{2n}。然而在真实的流场中,静压会跨越很长的距离连续上升到 P_2,我们注意到,P_2 小于 P_{2n}。在这里,定义了点 1 和点 2 之间的区域叫伪激波区。伪激波同一道正激波扮演着非常相似的作用,它们都在使流速从超声速减速到亚声速,然而它们的区别又非常明显,因为伪激波是由激波与附面层干扰产生的,因此,在伪激波内的流场在很大程度上会受到附面层和激波前马赫数的影响。

通过上面的定义可以看出“伪”激波与“激波链”既有区别又有联系。因此,我们使用的“激波链”是指由激波与附面层干扰所引起的一系列连续激波,而我们使用的“伪激波”是指整个受到干扰的区域,即激波链和它之后的混合区。

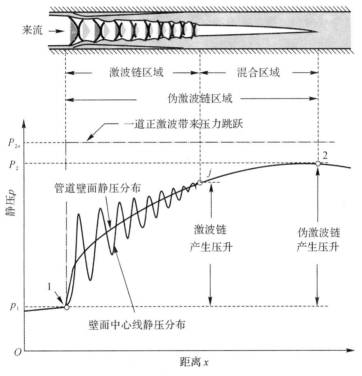

图 4 - 49　等截面管道中心线和壁面静压力分布示意图

4.8.3　隔离段内的激波链

如图 4 - 50 所示,隔离段位于进气道与燃烧室之间,在隔离段内部流场中由于激波与附面层的干扰产生激波链,这种激波在本质上与前面讨论的激波链是一样的。

在隔离段流场中,激波与附面层相互干扰,这时,在激波与附面层相交处,壁面附面层分离,引起主流截面收敛,以至初始正激波波后的中心区亚声速主流加速至声速,此后附面层再附着,中心区主流超声速膨胀直到形成第二道波,这样,最终形成激波链。

激波链的形态主要会受其波前的马赫数、反压和附面层的影响,有的文献上也把附面层的影响称作“限制条件”,一般用波前附面层厚度与管道的半高的比值表示(如果管道是圆管,则用附面层厚度与管道半径的比值表示）。

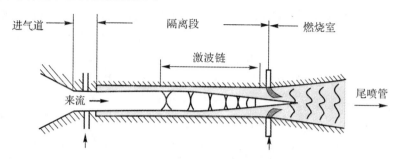

图 4 - 50　隔离段内激波链示意图

图 4 - 51 所示的一系列的纹影照片表示了附面层对激波链形态的影响，图中气体流动方向是从左向右流动，波前马赫数为 1.61，雷诺数为 3×10^7，限制条件用 δ_u/h 表示，其中 δ_u 是波前附面层的厚度，h 是矩形管道半高，从图 4 - 51(a) 到 (f)，附面层厚度在逐渐增加。从图中可以看出，所有的图中的第一道激波都有分叉，随后的激波却很难观察出，而且还可以发现，随着附面层的增厚，分叉点向中心线靠近，激波与激波之间的间距在增大。因此，当波前马赫数 Ma_u 保持不变时，随着 δ_u/h 的增加，激波数目和激波与激波之间的间距在增加，另外激波长度也在增加。同样的，如果附面层保持不变，来流马赫数增大时，激波数目和激波与激波之间的间距，以及激波链的长度也会增大。从图中可见激波与附面层的相互作用还不是特别剧烈，第一道激波的分叉点接近壁面，随后的激波沿着中心线排列，称这样的激波链叫"正激波链"。如果让马赫数增大，激波与附面层相互作用会更加剧烈，这时第一道激波的分叉点将由壁面向中心线移动，随后的激波强度变弱，称这样的激波链为"斜激波链"。正激波链与斜激波链最大的区别在于壁面压力分布不同和波后马赫数不同，一般来说，斜激波链的壁面压力分布会出现波动，波后马赫数大于 1；而正激波链壁面压力没有波动现象，波后马赫数小于 1。

对于斜激波链，激波数目和激波与激波之间的间隔随附面层的变化不明显。正激波链与斜激波链主要受来流马赫数的影响，一般来说，当来流马赫数大于 1.8～2.2 时，斜激波链就会出现。

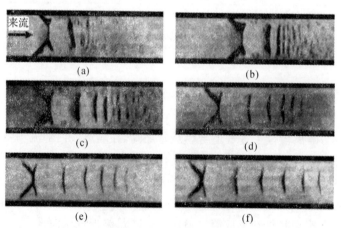

图 4 - 51　激波链纹影图

(a)$\delta_u/h = 0.08$;　(b)$\delta_u/h = 0.14$;　(c)$\delta_u/h = 0.27$;　(d)$\delta_u/h = 0.32$;　(e)$\delta_u/h = 0.40$;　(f)$\delta_u/h = 0.49$

4.8.4　隔离段长度估算

隔离段长度对进气道和燃烧室的匹配工作有重要影响。隔离段要足够长,使其包含的整个激波串能与燃烧室的压力波动相匹配,不至于使激波串移向上游进气道,引起进气道不起动,但是隔离段太长又增加了发动机的质量,因此需要协调两者间的关系。要精确计算隔离段的长度是比较困难的,一般采用半经验公式估算。

由 Billig 提出的隔离段内激波串长度计算的半经验公式为

$$L/H = \frac{\sqrt{\dfrac{\theta}{H}}}{\sqrt[4]{Re_\theta}} \frac{\left[50\left(\dfrac{P_2}{P_1}-1\right)+170\left(\dfrac{P_2}{P_1}-1\right)^2\right]}{Ma_1^2-1} \qquad (4-24)$$

式中,L 为激波串长度;Ma_1 为隔离段进口气流马赫数;Re_θ 为以动量厚度为尺度的雷诺数;H 为隔离段高度;θ 为未受扰动时附面层动量厚度;P_1 为激波前气流静压;P_2 为激波后气流静压。

4.9　超声速燃烧室

对于高超声速飞行器推进系统,从能量和飞行器冷却需求方面考虑,低温燃料(如氢)是最具吸引力的推进燃料,但因其密度低,以及后勤维护、安全保障、成本等方面的因素,从而限制了其应用范围。碳氢燃料(如煤油)密度高,单位体积热值高,且使用维护方便,因此以煤油为燃料的超燃冲压发动机具有广泛的军事应用前景。尽管如此,碳氢燃料在比冲、热沉、燃烧性能、热稳定性等方面问题的有效解决将是保证碳氢燃料高超声速飞行器得以应用的关键。

碳氢燃料的燃烧特性问题一直被认为是可储存碳氢燃料高超声速飞行器得以应用的瓶颈。在双模态超燃冲压发动机中,在亚声速和超声速气流中的燃烧是十分复杂的物理和化学过程,典型的液体燃料燃烧要经历喷射、雾化、蒸发、高温离解、混合、氧化等过程,从而导致点火延迟时间长。要在超燃燃烧室中组织燃烧,混合气体的停留时间必须大于点火延迟时间。对于可储存碳氢燃料的超燃燃烧室,混合气体停留时间为毫秒级,燃烧反应时间范围较宽,从 1 μs 到 10 ms。因此,高超声速飞行器燃烧的挑战性问题之一,是在短的停留时间内如何实现点火并组织稳定、高燃烧效率和低损失的燃烧。

煤油燃烧双模态超燃冲压发动机的挑战性问题之一,是在极短的停留时间内如何实现点火和火焰,并组织高燃烧效率和低总压损失的燃烧。在双模态冲压发动机燃烧室设计中,点火和火焰稳定是必须首先考虑的两个重要因素,一旦点火成功,燃烧效率主要取决于混合效率。燃烧室的点火和火焰稳定受气流静温、静压、油气比、燃料空气混合程度、混合气体停留时间等影响。超声速燃烧室内混合气体点火条件是指在一定的进口马赫数下,混合气体一旦自动着火或被点燃,能保持稳定燃烧的最低进口气流温度。火焰稳定是指超燃燃烧室进口状态和当量油气比发生变化时,燃烧室内燃料仍能保持稳定而持续燃烧。混合气体的点火常采用自燃和点燃两种方式,混合气体由于自身变化而引起化学反应速度的急剧升高,称为自燃,反之,由于外界能量的加入,而使可燃物质的化学反应速度急剧升高而引起着火,则称为点燃,自燃和点燃都是化学反应由低速突然加速为极高速度的过程。另外,要实现高速气流中的混合气体点火,混合气体停留在回流区(或剪流层内)的时间必须大于混合气体着火(混合气体自动着火或强迫点火)延迟时间,否则混合气体不能在燃烧室内着火和燃烧。

对于可储存碳氢燃料的超燃燃烧室,混合气体停留时间为 1 ms 左右(见图 4-52),当燃烧室进口 $Ma \approx 2$,总温 $T^* \approx 1\,850$ K,静压 $P \approx 10^5$ Pa 时,氢气自动着火延迟时间仅为几微秒至几十微秒之间,而煤油燃料着火延迟时间为几微秒至几十毫秒之间。当进口总温低于 800 K 时,在超燃燃烧室中煤油空气的混合气体着火延迟时间甚至可达到秒的量级。因此,煤油燃料超燃冲压发动机在低飞行马赫数起动时的燃烧室点火和火焰稳定问题不可能用简单方法解决。大量研究已表明:固定几何通道、常规能储存的碳氢燃料双模态超燃冲压发动机,能够在马赫数为 7～8 有效工作,但若不依靠大量的辅助先锋火焰,或不使用大量储存的活性氧化剂,就不能有效地在飞行马赫数 4 以下工作。在这种情况下,必须采用强迫点火方案,以及综合采用台阶、凹槽和横向喷流等措施。

煤油在气流中的燃烧属于两相燃烧,为了在超声速气流中实现自动点火和火焰稳定,需同时满足压力、温度、煤油空气当量比和混合气体停留时间等方面的条件。通常当混合气体的温度增加、停留时间增长、煤油空气当量比越接近于恰当比,以及在一定的范围内,混合气体压力增加时,都将使混合气体自动着火和火焰稳定的可能性增加。煤油点火延迟时间主要由煤油雾化时间、油滴蒸发时间和化学反应感应时间三部分叠加。煤油在超声速空气流中的点火延迟时间主要由蒸发时间决定。煤油由液体变为气体的蒸发时间与煤油雾化粒度关系为:$\tau_v = \dfrac{d_{w0}^2}{K_f}$,其中 τ_v 为煤油蒸发时间(s),d_{w0} 为煤油油滴初始直径(m),K_f 为蒸发常数。该式表明,煤油蒸发时间主要取决于油滴大小。一般煤油油滴直径小于 50 μm 时,其蒸发时间可以忽略不计。

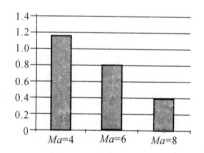

图 4-52　典型的超燃燃烧室的混合气体停留时间

表 4-1　典型的超声速燃烧室进口条件

飞行马赫数	4	6	8
燃烧室进口马赫数	2	2.9	3.5
静温/K	500	600	830
总温/K	900	1 700	2 500

要在超声速气流中实现火焰稳定,一方面要求燃烧室要在适当的、尽可能宽的油气比范围内工作,另一方面在燃烧过程中,在一定的进口条件下,要满足火焰稳定的基本条件,即火焰传播速度应与垂直于焰锋表面的可燃混合气体法向分速相等,同时必须有固定的点火源。一般碳氢燃料在空气中燃烧的层流火焰传播速度不超过 40 cm/s,紊流火焰传播速度也仅在 100 cm/s 左右,而超燃燃烧室进口速度为超声速(见表 4-1),因此,在超声速气流中的高效能和低总压损失的火焰稳定器的设计是关键之一。在亚燃冲压发动机和涡喷发动机中常采用的 V 形槽、旋流器等火焰稳定器,在超燃冲压发动机中并不常用,更多的是综合采用凹槽、背风台阶、支板喷流、壁面喷流等措施。对火焰稳定和火焰传播起关键作用的是火焰稳定器回流区

与燃烧室主流区之间的质量交换和混合气体在回流区中的停留时间,它们与回流区长度有关。对于二维背风台阶,一般回流区长度为 8~9 个台阶高度。对于凹槽,其回流区长度主要与凹槽的长高比有关,凹槽高度主要影响混合气体的停留时间,而凹槽长度主要影响凹槽内外流体的质量交换。若在凹槽内有火焰,但火焰不能向超声速主流传播,使主流混合气体燃烧,则称为残余火焰。

着火延迟时间与化学反应速率成反比,而化学反应速率与温度、反应物活化能、浓度和压力有关。在超声速气流中,自点火延迟时间与气流温度和压力的关系式为

$$\tau = A\exp(E/RT)\left(\frac{P}{RT}\right)^{a+b}[O_2]^a[Fuel]^b \qquad (4-25)$$

式中,τ 为点火延迟时间;P 为气流压力;T 为气流温度;A,E,a,b 均为经验常数(见表 4-2);R 为通用气体常数;$[O_2]$,$[Fuel]$ 分别为氧和燃料的摩尔组分。由式(4-25)可以看出,要减小煤油的点火迟滞时间,就必须增加来流的温度和压力,为此需在燃烧室内形成局部的高温区,以利于创造良好的点火条件。在表 4-2 的各燃料中,甲烷点火延迟时间最长,它们点火延迟时间的排列顺序为甲烷>JP-10>庚烷>乙烯>氢。

雾化质量的优劣,对燃烧过程起着重要的作用,相同质量的燃油,雾化的油滴尺寸越小,其油滴群表面积就越大,蒸发时间越短,燃烧速度越快,因此,在超燃燃烧室中使液体燃料雾化效果好的喷嘴设计也至关重要。

综上所述,解决煤油在超声速气流中着火和火焰稳定的主要措施可从以下几个方面考虑:①提高着火点的静温和静压,以加快反应速率,缩短化学反应感应期;②形成并增大回流区,以增加混合气体的停留时间和提高混合效率;③改变燃烧室进口工作状态;④增强混合,减少油滴尺寸,缩短油滴蒸发时间,从而提高混合效率和缩短点火延迟时间。

表 4-2　点火延迟时间关系式中的经验常数($1\,100\,K \leqslant T \leqslant 1\,500\,K$)

燃　料	A	E	a	B
甲烷	2.21×10^{-14}	45 000	-1.05	0.33
庚烷	6.76×10^{-15}	40 160	-1.20	0.40
乙烯	2.82×10^{-17}	35 000	-1.20	0.00
氢	1.60×10^{-14}	19 700	-1.00	0.00
煤油(JP-10)	7.63×10^{-16}	46 834	-1.20	0.40

4.9.1　点火和火焰稳定方法

国内外公开发表的文献上采用的增强煤油空气混合、解决点火和火焰稳定的方法和措施主要有以下一些,在具体的燃烧室设计中,往往根据设计要求和工作状态,综合采用这些方法。

(1)将燃料喷射与凹槽和背风台阶结合起来作为火焰稳定器,以增强燃料空气混合,提高超燃冲压发动机的性能。

俄罗斯航空发动机中央研究院(CIAM)最早将凹槽作为火焰稳定器应用于超燃冲压发动机燃烧室设计中,他们设计的凹槽、背风台阶等火焰稳定结构已分别在与法国 ONERA、美国 NASA 等联合进行的氢燃料双模态超燃冲压发动机飞行试验中得到了成功应用,其采用的两个凹槽的长度和高度尺寸分别为 20 mm×40 mm 和 30 mm×53 mm。近十多年来,凹槽、背

风台阶引起了超燃冲压发动机研究领域的广泛关注,并发表了不少有关综合采用凹槽、背风台阶与喷流在超声速燃烧室内作为火焰稳定器的试验与数值计算研究的论文,采用的燃料喷射方式有支板喷射、壁面喷射等,这些研究均证明了在超燃冲压发动机中,凹槽、背风台阶等对于延长混合气体停留时间、增强燃料空气混合效率和作为火焰稳定器的有效性和可行性。

(2)在煤油中充气泡,使燃料空气混合均匀和增加喷射煤油的穿透深度,提高混合效率。

(3)预热燃料,提高混合气体温度,减小点火延迟时间。

(4)在碳氢燃料中加入添加剂(如铝粉、戊硼烷等),以减小煤油的点火延迟时间。

(5)采用横喷空气、燃料等方法短时间阻塞流道,瞬时降低气流速度,以利于点火。

(6)采用高能点火器(如高能火花塞、等离子体点火器)强迫点火。

20世纪80年代以后,各国就大量报道了在超燃冲压发动机中使用等离子体点火器,并认为等离子体点火器能产生高温及氢原子,氢原子是化学反应过程中的链载体,增加氢原子数量可加速燃烧化学反应速率,缩短化学反应感应期。另外,在氢燃料和碳氢燃料的超燃冲压发动机中,使用高能火花塞强迫点火方式也得到了广泛的应用。

(7)采用预燃室、微型燃气发生器等,直接把高温燃气喷入到煤油空气混合气体中,以提高它们的总温,缩短着火感应期。

(8)采用先锋火焰强迫点火方法,如采用氢、OTTO燃料、氢硅烷的混合物、戊硼烷、三氟化氯等作为先锋火焰燃料。

先锋火焰的使用,必须与背风台阶、凹槽和喷嘴设置优化组合才能得到较好的效果。一些先锋火焰燃料中,含有氟、氯、硼、矽等有毒、自燃或致癌的成分,是后勤工作不能接受的。用少量氢(Φ=0.01~0.03)作为先锋火焰,进行碳氢燃料的低温点火,得到了比较广泛的应用。

(9)采用MHD(Magnetohydrodynamic,磁流体动力)技术。将MHD技术应用于高声速飞行器推进系统的基本思想是,在进气道和燃烧室之间设置MHD发电机,在燃烧室和尾喷管之间设置MHD加速器。MHD发电机将部分气流动能转换为电能,并将此电能传递给MHD加速器。综合几何结构和MHD方法,可使燃烧室前的气流减速,且气流的温升可以得到控制,从而可延伸超燃冲压发动机的飞行马赫数上限,另外可使双模态冲压发动机的模态转换马赫数有所提高。

(10)采用双涵道冲压发动机(双燃烧室冲压发动机)方案。美国在采用先锋火焰不能很好解决低温点火问题时,提出了双涵道冲压(双燃烧室冲压)设计方案。双涵道冲压的内涵为亚声速燃烧,外涵为超声速燃烧。利用内涵排出的高温燃气点燃外涵的超声速燃烧气流,此时内涵亚声速燃烧室起到了"先锋火焰"的作用。内涵亚声速燃烧室可能允许使用单位质量或单位体积热值高的含有金属的悬浮液体燃料。苏联在发展双模态超燃冲压过程中,也试验过类似双涵道超燃冲压方案。

4.9.2 凹槽火焰稳定器

近年来,研究者提出了集燃料喷射、混合强化和火焰稳定一体化的凹槽概念。凹槽由俄罗斯中央航空动力研究院(CIAM)首先应用于超声速燃烧室设计中。

一般来说,凹槽的流动按照其长度/高度比(L/D)可以分为两种基本的流动类型:开式和闭式(见图4-53),每一种情况下,剪切层从上游前缘点分离,在下游重新附着。若凹槽长高比较小,剪切层可以跨过整个凹槽,在凹槽后壁面后重新附着,称为"开式"凹槽,这种凹槽阻力较小,但是凹槽内流体的停留时间较长,和主流的掺混效果较差。当凹槽长高比较大,剪切层不能跨过整个凹槽而在凹槽底面重新附着时,形成"闭式"凹槽,和"开式"凹槽相比,这种凹槽阻力较大。

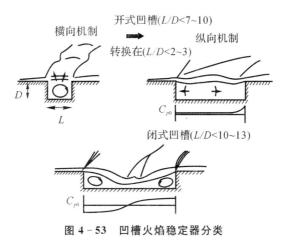

图 4 - 53　凹槽火焰稳定器分类

凹槽的流场最大特点是,由于自激振荡,可引起凹槽内和凹槽周围的压力和离散的共振,后者的频率、振幅和谐波属性与凹槽的几何和外流条件有关。对"开式"凹槽,若凹槽长高比$L/D<3$,凹槽内包含一个大涡,流场波动主要由横波动引起;若L/D较大($L/D<7$),凹槽内充满漩涡,则纵波变为主要的决定因素。两者的临界L/D依赖于凹槽前缘附面层厚度、来流马赫数和凹槽宽度,来流马赫数为 1.5 时为 2,在马赫数为 2.5 时发生在 2～3 之间,不同类型流动发生过渡。试验结果表明当波动由横波转变为纵波时,凹槽阻力和波动振幅均明显升高。

现在有两种基本的模型用以解释纵波决定的凹槽波动过程(见图 4 - 54)。凹槽的剪切层非定常运动是凹槽流场波动的原因,导致凹槽在尾缘处质量添加或减少。剪切层撞击在凹槽后壁面导致了自由来流进入凹槽。因此,凹槽内压力升高,产生了声波(压缩波),以当地声速向上游传播,影响到前面的壁面。第一种模型认为这种声波在前壁面前缘引起许多小漩涡,向下游对流传播过程中,逐渐变大,即漩涡逐渐脱落。由于这种不稳定性,剪切层向上或向下偏离,导致了激波和撞击点的相互作用。第二种模型假设声波在前壁面反射,而不是产生脱落漩涡,是剪切层偏离原来方向的原因。波动是周期性的,当不稳定性(由漩涡脱落或者声波反射形成)向下游传播时,开始添加的流量在尾缘处又流出。

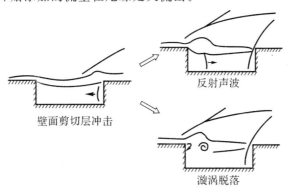

图 4 - 54　凹槽流场波动机理示意图

抑制凹槽的波动有被动控制和主动控制两种方法(见图4-55)。被动控制方法通常结构简单,利用固定设备如漩涡发生器或在凹槽上游设置扰流器等,或者使凹槽的后壁面有倾角等,从而控制剪切层,这些方法在一定范围内对抑制凹槽内的波动是非常有效的。另一方面,主动控制方法可以根据不同的来流条件来连续改变,如通过不同的机械方法、声学方法、喷射流体方法等来改变剪切层等。在凹槽上游或前缘连续地或脉冲式喷射流体是最常用的技术,不同的研究者已经证实了这一技术的可行性。

对凹槽流场波动的抑制可能会降低凹槽的有效性,因为凹槽的质量交换速率和流体停留时间对火焰稳定器至关重要。当漩涡被"锁定"在凹槽内时,有很少流体进入凹槽,导致主流和凹槽内质量交换很少。考虑到火焰的稳定性,凹槽内的流体和主流需要连续的质量和热交换。

国内外对凹槽的研究主要集中在两个方面:①使用凹槽加强空气/燃料混合,但是同时也要减少该方法带来的总压损失和噪声;②在超声速燃烧室的凹槽内形成一个富含自由基的高温低速回流区,缩短点火延迟时间的同时延长流体停留时间实现火焰稳定。

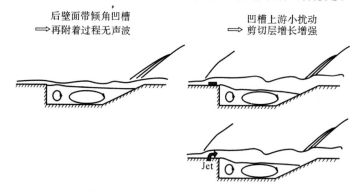

图4-55 抑制凹槽波动的不同方法

4.9.3 混合气体组分和温度对比热和焓的影响计算

混合气体定压比热为

$$\left.\begin{array}{l} C_P = \sum C_{Pi} f_i \\ C_{Pi} = (a_i + b_i T + c_i T^2 + d_i T^3 + e_i T^4) R_i \end{array}\right\} \quad (4-26)$$

混合气体的焓为

$$\left.\begin{array}{l} h = \sum_{i=1}^{N} f_i h_i \\ h_i = h_0 R + \int_{T_0}^{T} C_{Pi} \mathrm{d}T = h_{0i} R + \int_{T_0}^{T} (a_i + b_i T + c_i T^2 + d_i T^3 + e_i T^4) R_i \mathrm{d}T \\ R = \sum_{i=1}^{N} f_i R_i \end{array}\right\} \quad (4-27)$$

混合气体比热比为

$$\gamma = C_P / (C_P - R) \quad (4-28)$$

式中,C_{Pi}为各组分的定压比热;f_i为各组分的质量组分;R_i为各组分气体常数;T为气流温度;h_0为在参考温度(298.15 K)下的焓;a_i, b_i, c_i, d_i, e_i为常数。

4.9.4　混合效率的计算

超声速燃烧室内的燃烧过程主要由混合来控制,燃烧效率 η 近似等于混合效率 η_m。

氢燃烧混合效率经验公式为

$$\eta_m = \frac{x}{x_l}$$

氢燃料顺流喷射时

$$\frac{x_l}{H} = 0.179 C_m e^{1.72\Phi} \quad (\Phi < 1) \tag{4-29}$$

式中,Φ 为当量油气比;T_1^*,T_2^* 分别为进、出口总温;C_m 为经验常数($C_m = 25 \sim 60$);Ma_1,Ma_2 分别为进、出口马赫数;T_1,T_2 分别为进、出口静温;x 为测量燃烧效率处的轴向长度;x_l 为燃料完全燃烧所需的轴向长度;H 为喷油处燃烧室截面高度。

4.9.5　超声速燃烧室双模态燃烧工作机理

已有的研究表明,固定几何的双模态超燃冲压发动机通过调节随飞行马赫数变化而变化的供油规律,有可能在比较宽广的马赫数范围内($Ma = 3 \sim 8$)具有较高的工作性能。在低飞行马赫数下($3 < Ma < 5$),采用亚声速燃烧模态,可获得较高的性能。在高飞行马赫数下($5 < Ma < 8$),采用超声速燃烧模态比亚声速燃烧模态有效。在同一发动机中,结合两种燃烧模态,使用固定几何结构或有限的变几何结构可获得较高的性能,从而避免了在高超声速飞行器组合动力系统中采用两种冲压发动机(亚燃冲压和超燃冲压发动机),因而大大地提高了推重比,降低了结构设计难度和热防护要求等。对于固定几何超声速燃烧室,在亚声速燃烧模态,亚声速燃烧气流需要在燃烧室出口附近流过热力喉道转变为超声速燃烧气流。为了适应燃烧模态转换的要求,燃料必须在不同的区域喷射。因此,燃烧室结构、燃烧室点火和火焰稳定方案及随飞行状态变化的燃料喷射方案的优化设计是双模态超燃冲压发动机燃烧室设计的关键和难点。

如图 4-56 所示,以内型面几何结构的燃烧室为计算模型,对该超燃燃烧室在不同飞行状态和供油规律条件下的燃烧流场进行了数值模拟,研究在同一燃烧室内,分别采用不同的供油方案的燃烧室流场特征和性能,分析在不同的飞行条件和燃烧室进口条件下,通过采用不同的供油方案,在固定几何燃烧室内分别实现双模态和模态转换的机理和可能途径。

燃烧室燃料喷射位置如图 4-56 所示。表 4-2 给出了在不同的燃烧室进口条件下,对应不同的喷射方案,Φ_1,Φ_2,Φ_3,Φ_4 分别表示从位置①②③④喷射氢燃料的当量油气比。如图 4-57 所示,给出了针对固定几何的超声速燃烧室,在不同的飞行马赫数下,采用不同供燃料方案的燃烧室超声速区域马赫数等值线分布图。

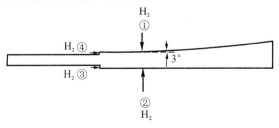

图 4-56　燃烧室内型面结构和燃料喷射位置示意图

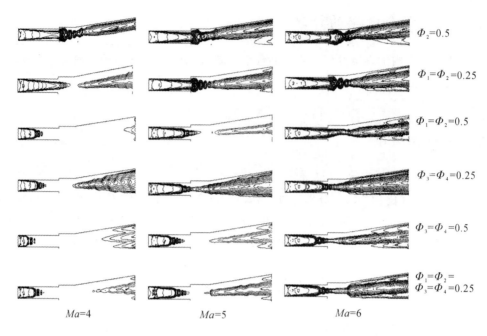

图 4-57 在不同飞行马赫数下的燃烧室超声速区域马赫数等值线分布图

分析和比较在不同飞行马赫数下的燃烧流场和性能参数可以看出：

在飞行马赫数 $Ma=4$ 时，燃烧室进口马赫数、总温和总压均较低，燃烧室主要呈现亚声速燃烧模态，同时在燃烧室扩张段中产生了热力学喉道；燃烧引起的压力扰动容易向上游传播，甚至引起进气道不起动。在飞行马赫数为 5 时，根据供油方案的不同，燃烧室可以呈现亚声速燃烧模态或超声速燃烧模态；在同样的喷射方案下，与 $Ma=4$ 时相比，燃烧室呈现超声速燃烧模态的趋势明显，隔离段的抗扰动能力增强，但燃烧效率和总压恢复系数降低，燃烧室出口速度增大，燃烧室压升和温升幅度减小。在飞行马赫数为 6 时，燃烧室主要呈现超声速燃烧模态，在同样的喷射方案下，与 $Ma=4,5$ 时相比，隔离段的抗扰动能力增强，但燃烧效率和总压恢复系数进一步降低，燃烧室出口速度增大，燃烧室压升和温升幅度减小。在飞行马赫数为 $4,5$ 时，对于固定几何的燃烧室，可以通过调节供油规律分别实现超燃模态和亚燃模态，油气比越大呈现亚声速燃烧模态的趋势越明显。

隔离段在一定程度上可以防止燃烧室内燃烧引起的压力升高对进气道的扰动，并有助于模态转换。随着进口马赫数的降低，隔离段的抗扰动能力是下降的，因此在较低飞行马赫数时，需综合考虑燃烧室的燃烧性能和发动机的起动问题，优化设计双模态燃烧室几何结构和供油规律。

对于固定几何的超燃燃烧室，在低飞行马赫数下，在燃烧室中采用亚声速燃烧模态能获得较高燃烧效率和总压恢复系数，并且有利于燃烧室的起动点火和火焰稳定。在高飞行马赫数下，采用超声速燃烧模态的燃烧性能优于采用亚声速燃烧模态的。

在相同的来流条件下，可以通过调节供油规律分别实现超燃模态和亚燃模态，放热量越高，呈现亚声速燃烧模态的趋势越明显，反之，呈现超声速燃烧模态的趋势越明显。

在低飞行马赫数下（$3<Ma<5$），在燃烧室中主要呈现亚声速燃烧模态，并能在燃烧室的

扩张段产生热力学喉道。在亚声速燃烧模态,燃烧室中的气流从进口到出口将经历从超声速到亚声速,再从亚声速到超声速的转变,燃烧室中存在两个非几何喉道,一个是在隔离段中的激波链,另一个是在燃烧室出口扩张段中的热力学喉道。

在中等飞行马赫数下,燃烧室可能呈现亚燃模态,也可能呈现超燃模态,因此,在燃烧室设计中,应以燃烧室的性能参数为目标,优化选择模态转换马赫数。

在较高飞行马赫数下,燃烧室主要呈现超燃模态,燃烧室主流均为超声速,在燃烧室中混合气体停留时间减少,因此在燃烧室内型面几何设计和供油规律的设计中,应以燃烧室的性能参数为目标。

在燃烧室供油规律的设计中,为了获得较高的燃烧性能和均匀的出口气流,需采用多点分区喷射方式。在较低飞行马赫数下,考虑隔离段抗扰动能力较低等因素,不能使高放热区过于靠近燃烧室进口,由于亚燃模态时,燃烧区气流速度较低,燃烧效率较高,因此燃料喷射位置总体可略靠下游一些,即使采用喷射位置靠近进口的方案,也不能使上游喷嘴的油气比过大。在较高飞行马赫数下,考虑到在超声速气流中,混合气体停留时间短、燃烧效率较低和隔离段抗扰动能力较强等因素,燃料喷射位置总体要靠近进口一些。

对于工作范围宽广的固定几何的双模态超燃燃烧室设计,需综合考虑几何构型、来流状态、供油规律等对燃烧室性能的影响,采用合适的几何构型及随飞行马赫数变化而变化的供油规律,才能使所设计的燃烧室达到工作性能优、稳定工作范围宽广的要求。

4.10　尾喷管/后体

在高超声速飞行时,尾喷管/后体是推进系统产生推力的主要部件,其作用是将燃烧室出口高温高压的燃气膨胀加速,使尾喷管/后体排出的气流动量大于进气道捕获气流的动量,从而使发动机产生净推力。尾喷管/后体对发动机的推力和耗油率及飞行器的控制有很大的影响,如在飞行马赫数为 6 时,尾喷管/后体产生的推力可达到总推力的 70%。

尾喷管/后体需要通过前体、发动机的几何结构和相对位置、后体的优化选择,使飞行器的总体性能(推阻比、配平特性、升阻比等)达到最优。尾喷管/后体的性能是由上游流动过程和喷管内部流动过程决定的,因此其性能即取决于其几何构形,又取决于沿飞行轨道的马赫数、动压、攻角、进气道和燃烧室性能等;反过来,尾喷管/后体的推力性能及其与飞行器配平的匹配,又影响着整个飞行器的轨道性能。尾喷管/后体的几何形状决定推力的方向,从而决定了总推力矢量与飞行器飞行方向的夹角。尾喷管/后体构形的不对称性,使飞行器产生很大的附加升力和俯仰力矩(见图 4-58),并将影响飞行器的轨道性能和气动力配平特性,因此,在设计高超声速尾喷管/后体时,需考虑两个因素:有效推力的产生和飞行器的气动力平衡,也就是要协调推力和稳定性方面的要求。

超燃冲压发动机尾喷管分为内部喷管和外部喷管,外部喷管即机身后体。尾喷管/后体没有喉道,而类似于斜切口,如图 4-59 所示。

高超声速冲压发动机尾喷管/后体一般为单斜面膨胀形式,在俯仰方向有很大的不对称性,推力及推力矢量的不同变化对飞行器的性能有很大影响(见图 4-59)。

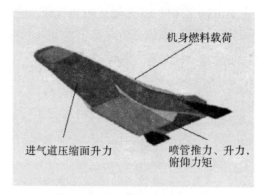

图 4‑58 一体化的超燃冲压发动机

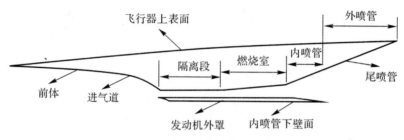

图 4‑59 一体化超燃冲压发动机简图

尾喷管/后体主要几何参数(见图 4‑60):①进口高度 H_1;②尾喷管总长度 L;③初始膨胀角 β_B;④后体高度 H_2;⑤内喷管外罩长度 Ls;⑥外罩内壁扩张角 θ。

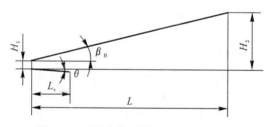

图 4‑60 尾喷管/后体的主要几何参数

爱德华(Edwards)选择一种尾喷管/后体作为基准,用来作为喷管参数变化后进行性能比较对比的基准,其参数如下:$\beta_B=20°$,$\theta=6°$,$L_s=3.12H_1$,$L=18.16H_1$。

美国 NASA Langley 研究中心以爱德华的模型为基准,对固定几何的超燃冲压发动机的喷管进行了气动设计。研究认为:在喷管轴和飞行方向一致的情况下,最小的膨胀角(也是最长的喷管)将产生最大的推力,这是因为小的上壁膨胀角将减弱上壁的膨胀程度,从而增加了上壁压力,实际上喷管轴和飞行方向有一个夹角,在夹角为 8°时,飞行方向推力将取决于上壁面产生的力的大小和方向,研究认为上壁倾角为 19.8°时可获得最大推力,建议在 $Ma=4\sim10$ 时采用接近 20°的上壁面倾角。美国 NASA Langley 还研究了外罩长度和倾角对推力及配平的影响,认为在 $\theta=6°$时俯仰力矩变化很小,继续增大则外罩压力降低,但上壁压力降低不多,因此在 $Ma=10$ 时将产生较大的抬头力矩。研究认为在 $L_s=3.12H_1$时最佳,外罩长度太短则使膨胀不均,使上壁压力减小,从而使推力下降,同时产生较大的升力和低头力矩,外罩长度太长推力增加,但是附加的抬头力矩增加。建议在具体设计时,要综合考虑外罩质量、冷却要求和推进效率的影响。总的来说,增长外罩长度的好处并不大,一般倾向于采用较短的外罩长度。

4.10.1　尾喷管/后体性能参数

尾喷管的主要性能参数如下:
(1) 推力系数:

$$C_T = \frac{T}{qA}$$

(2) 升力系数:

$$C_N = \frac{N}{qA}$$

(3) 俯仰力矩系数:

$$C_M = \frac{M/L_V}{qA}$$

式中,T 为尾喷管/后体产生的推力;N 为尾喷管/后体产生的升力;M 为尾喷管/后体的俯仰力矩,$M = \sum_{i=0}^{n} N_i L_i$,$N_i$ 为 i 点升力,L_i 为 i 点到质心的距离;q 为飞行动压;A 为参考面积;L_V 为飞行器长度。

4.10.2　尾喷管/后体几何参数对性能参数的影响

针对几何参数如图 4-60 所示的尾喷管/后体,图 4-61 给出了尾喷管/后体几何参数(β_B,L_s/H_1,H_2/H_1,θ)对性能参数(推力系数 C_T,升力系数 C_N,俯仰力矩系数 C_M)的影响曲线。

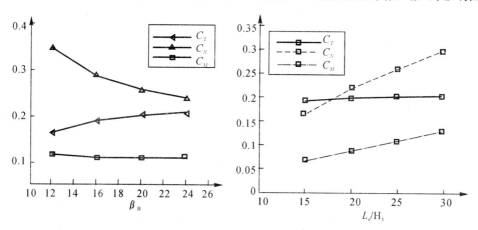

图 4-61　尾喷管/后体的主要几何参数

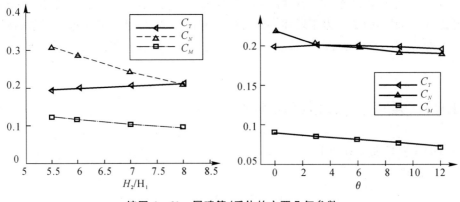

续图 4 - 61　尾喷管/后体的主要几何参数

4.11　超燃冲压发动机数值模拟

随着计算机技术的发展和数值计算方法的进步,计算流体力学(CFD)在超燃冲压发动机的燃烧化学非平衡流场的数值模拟研究方面得到了广泛的应用,并逐渐成为发动机设计和流动分析的一种经济、有效的手段,与地面试验和飞行试验一起,成为超燃冲压发动机研究中的必不可少的三大研究手段之一,其作用日益显现。这是因为:①作为试验的预处理技术,计算流体力学可以提供试验方案,进行模型参数的计算分析,指导试验研究,减少试验内容,缩短试验周期,降低研究费用;②作为一种辅助的诊断技术,计算流体力学可以提供详尽的流场特性参数,弥补风洞试验测量的某些局限性,揭示试验中未测量到的或难以进行试验测量的流场细节,解释试验所观测到的流动现象;③数值计算与地面试验还可以进行相互验证,确保风洞试验及数值模拟结果的可靠性。

在国外,超燃冲压发动机的研究紧密结合了 CFD 技术,充分发挥了数值计算在试验预处理、流场诊断分析中的作用。美国 NASA 就研制了 CFL3D,GASP,LAURA 和 VULCAN 等软件,其他一些公司还有 CFD++和 PAB3D;欧洲有 NSMB;等等。这些软件功能强大,性能全面,计算范围很宽,拥有多种计算方法。

对气态碳氢燃料超燃冲压发动机的数值模拟而言,存在的主要困难是碳氢燃料的详细化学动力学模型一般包括上百个组分和上千个基元反应,以煤油为例,其详细机理包括 298 个组分和 1 592 个基元反应。显然,如此庞大的机理不可能应用于三维 CFD 计算中,因此,建立适于计算且能正确描述燃烧特性的简化化学动力学模型显得尤为重要。

即便如此,如果燃料是以液态形式喷入燃烧室的,还存在射流的雾化、液滴的破碎、碰撞、蒸发燃烧等一系列的物理化学过程,有些过程目前还无法用数学模型加以描述。同时,超燃冲压发动机内部流场是一个高雷诺数的湍流流场,燃料的混合与燃烧是一个复杂的湍流过程,其中会出现许多大尺度结构以及非定常效应等一系列复杂流动现象。这些因素给超燃冲压发动机的数值模拟带来了极大的困难。

4.11.1　计算流体力学(CFD)在超燃冲压发动机研究中的作用

近些年来,由于计算机技术的发展及计算方法的日益成熟,数值模拟才成为空气动力学研究的重要途径之一,并且在超燃冲压研究领域中越来越受到重视。计算流体力学在发展超燃冲压发动机过程中之所以受到重视,其主要原因是:

(1)超燃冲压发动机研制对地面试验设备的能力要求很高,这不仅使试验费用越来越高,而且地面试验不能完全模拟实际飞行情况。因此,适时地使用计算流体力学的技术,既可以减少试验内容、节省开支、缩短试验周期,又可弥补地面试验设备的不足。

(2)计算流体力学可以在较短的时间内完成参数分析研究,为不断改进结构的设计提供依据。

(3)数值解能够提供详细的整个流场流动特性,作为一种预测和诊断技术,可以用来阐明试验未测量到的流动现象。

从 20 世纪 70 年代起,计算流体力学就开始应用于超燃冲压发动机的部件分析,进气道、燃烧室和尾喷管的计算。现在计算空气动力学已成为分析和设计超燃冲压发动机的有力工具,已发展了进气道、燃烧室和尾喷管流场的二维和三维非定常 N-S 方程的计算程序;三维微分湍流模型;非平衡化学反应动力学模型;高精度数值方法与自适应网格技术;氢燃料喷射到超声速气流的流场数值计算程序、超燃冲压发动机内黏性反应流的计算程序,以及双模态和双重燃烧超声速流场的计算技术。相应建立了一系列应用软件,如 CHARNAL,SHIP,SCORCH 和 TWO-DLE,SPARK 等。

空气动力学研究的发展历程表明,高超声速推进技术研究的进展将在很大程度上依赖于计算流体力学的发展,以及与理论分析和试验研究的紧密结合。

4.11.2　气相控制方程

4.11.2.1　直角坐标系下的控制方程

在直角坐标系下,考虑质量、动量、能量及组分守恒的控制方程可写为

$$\frac{\partial \boldsymbol{Q}}{\partial t}+\frac{\partial \boldsymbol{F}}{\partial x}+\frac{\partial \boldsymbol{G}}{\partial y}+\frac{\partial \boldsymbol{E}}{\partial z}=\frac{\partial \boldsymbol{F}_v}{\partial x}+\frac{\partial \boldsymbol{G}_v}{\partial y}+\frac{\partial \boldsymbol{E}_v}{\partial z}+\boldsymbol{S}_g+\boldsymbol{S}_l \tag{4-30}$$

式中,$\boldsymbol{Q}=[\rho \quad \rho u \quad \rho v \quad \rho w \quad \rho E_t \quad \rho Y_i]^{\mathrm{T}}$;$\boldsymbol{E},\boldsymbol{F},\boldsymbol{G}$ 表示无黏通量,其具体表达式如下:

$$\boldsymbol{F}=\begin{bmatrix} \rho u \\ P+\rho u^2 \\ \rho uv \\ \rho uw \\ (P+\rho E_t)u \\ \rho Y_i u \end{bmatrix}, \quad \boldsymbol{G}=\begin{bmatrix} \rho v \\ \rho uv \\ P+\rho v^2 \\ \rho vw \\ (P+\rho E_t)v \\ \rho Y_i v \end{bmatrix}, \quad \boldsymbol{E}=\begin{bmatrix} \rho w \\ \rho uw \\ \rho vw \\ P+\rho w^2 \\ (P+\rho E_t)w \\ \rho Y_i w \end{bmatrix} \left.\right\} \tag{4-31}$$

F_v,G_v,E_v 表示黏性通量,其具体表达式如下:

$$F_v = \begin{bmatrix} 0 \\ \tau_{xx} \\ \tau_{xy} \\ \tau_{xz} \\ u\tau_{xx} + v\tau_{xy} + w\tau_{xz} + q_x + \sum_{i=1}^{ns} \rho D_{im} h_i \frac{\partial Y_i}{\partial x} \\ \rho D_{im} \frac{\partial Y_i}{\partial x} \end{bmatrix} \qquad (4-32)$$

$$G_v = \begin{bmatrix} 0 \\ \tau_{xy} \\ \tau_{yy} \\ \tau_{yz} \\ u\tau_{xy} + v\tau_{yy} + w\tau_{yz} + q_y + \sum_{i=1}^{ns} \rho D_{im} h_i \frac{\partial Y_i}{\partial y} \\ \rho D_{im} \frac{\partial Y_i}{\partial y} \end{bmatrix} \qquad (4-33)$$

$$E_v = \begin{bmatrix} 0 \\ \tau_{xz} \\ \tau_{yz} \\ \tau_{zz} \\ u\tau_{xz} + v\tau_{yz} + w\tau_{zz} + q_z + \sum_{i=1}^{ns} \rho D_{im} h_i \frac{\partial Y_i}{\partial z} \\ \rho D_{im} \frac{\partial Y_i}{\partial z} \end{bmatrix} \qquad (4-34)$$

S_g 表示气相化学反应源项,其表达式如下:

$$S_g = \begin{bmatrix} 0 & 0 & 0 & 0 & 0 & \dot{\omega}_i \end{bmatrix}^T \qquad (4-35)$$

式中,$\dot{\omega}_i$ 为第 i 种组分的生成率。气体的总内能 $E_t = e + \frac{1}{2}(u^2 + v^2 + w^2)$,$e$ 为气体的热力学内能。$S_l = \begin{bmatrix} S_m & S_{M,u} & S_{M,v} & S_{M,w} & S_h & S_{m,i} \end{bmatrix}^T$ 表示气液耦合源项。

剪切应力张量项 τ_{ij} 用下式计算:

$$\left.\begin{aligned}
\tau_{xx} &= \mu_{\text{eff}}\left[-\frac{2}{3}(\boldsymbol{\nabla}\cdot\boldsymbol{V})+2\frac{\partial u}{\partial x}\right]\\[4pt]
\tau_{yy} &= \mu_{\text{eff}}\left[-\frac{2}{3}(\boldsymbol{\nabla}\cdot\boldsymbol{V})+2\frac{\partial v}{\partial y}\right]\\[4pt]
\tau_{zz} &= \mu_{\text{eff}}\left[-\frac{2}{3}(\boldsymbol{\nabla}\cdot\boldsymbol{V})+2\frac{\partial w}{\partial z}\right]\\[4pt]
\tau_{xy} &= \tau_{yx} = \mu_{\text{eff}}\left[\frac{\partial u}{\partial y}+\frac{\partial v}{\partial x}\right]\\[4pt]
\tau_{xz} &= \tau_{zx} = \mu_{\text{eff}}\left[\frac{\partial u}{\partial z}+\frac{\partial w}{\partial x}\right]\\[4pt]
\tau_{yz} &= \tau_{zy} = \mu_{\text{eff}}\left[\frac{\partial v}{\partial z}+\frac{\partial w}{\partial y}\right]
\end{aligned}\right\} \tag{4-36}$$

式中,速度散度 $\boldsymbol{\nabla}\cdot\boldsymbol{V}=\dfrac{\partial u}{\partial x}+\dfrac{\partial v}{\partial y}+\dfrac{\partial w}{\partial z}$。$\mu_{\text{eff}}=\mu+\mu_{\text{t}}$,为气体等效黏性系数。其中,$\mu$ 为层流黏性系数,μ_{t} 为湍流黏性系数,有关 μ_{t} 的计算将在湍流模型中给出。

热传导 q_i 用下式计算:

$$\left.\begin{aligned}
q_x &= K_{\text{eff}}\frac{\partial T}{\partial x}\\[4pt]
q_y &= K_{\text{eff}}\frac{\partial T}{\partial y}\\[4pt]
q_z &= K_{\text{eff}}\frac{\partial T}{\partial z}
\end{aligned}\right\} \tag{4-37}$$

这里,$K_{\text{eff}}=K+K_{\text{t}}$ 为气体等效热传导系数,K 为层流热传导系数,湍流热传导系数 $K_{\text{t}}=\dfrac{\mu_{\text{t}}}{Pr_{\text{t}}}c_p$,湍流 Prandtl 数 $Pr_{\text{t}}=0.9$。

4.11.2.2　直角坐标系下无量纲形式的控制方程

在求解过程中,控制方程通常要进行无量纲化处理。无量纲采用的特征量的选取以使无量纲量的数量级在"1"的附近为原则,选取给定的特征长度 L_∞、来流速度 v_∞、来流密度 ρ_∞、来流分子黏性系数 μ_∞、来流的气体摩尔质量 M_∞ 和来流的气体常数 R_∞ 等变量作为对控制方程进行无量纲化的特征量。设上标带"$*$"的变量为有量纲的变量,则无量纲量的定义为

$$\left.\begin{aligned}
&x=\frac{x^*}{L_\infty}, \quad y=\frac{y^*}{L_\infty}, \quad z=\frac{z^*}{L_\infty}, \quad u=\frac{u^*}{v_\infty}, \quad v=\frac{v^*}{v_\infty}, \quad w=\frac{w^*}{v_\infty}\\[4pt]
&p=\frac{p^*}{\rho_\infty v_\infty^2}, \quad \rho=\frac{\rho^*}{\rho_\infty}, \quad T=\frac{T^*}{v_\infty^2/R_\infty}, \quad e=\frac{e^*}{v_\infty^2}, \quad h_i=\frac{h_i^*}{v_\infty^2}\\[4pt]
&t=\frac{t^*}{L_\infty/v_\infty}, \quad C_p=\frac{C_p^*}{R_\infty}, \quad \mu=\frac{\mu^*}{\mu_\infty}, \quad M_i=\frac{M^*}{M_\infty}
\end{aligned}\right\} \tag{4-38}$$

在表示形式上,经过无量纲化处理后的控制方程同原来的控制方程基本上保持了一致,即

$$\frac{\partial \boldsymbol{Q}}{\partial t}+\frac{\partial \boldsymbol{F}}{\partial x}+\frac{\partial \boldsymbol{G}}{\partial y}+\frac{\partial \boldsymbol{E}}{\partial z}=\frac{1}{Re_\infty}\left(\frac{\partial \boldsymbol{F}_v}{\partial x}+\frac{\partial \boldsymbol{G}_v}{\partial y}+\frac{\partial \boldsymbol{E}_v}{\partial z}\right)+\boldsymbol{S}_g+\boldsymbol{S}_l \tag{4-39}$$

式中,$\boldsymbol{Q},\boldsymbol{F},\boldsymbol{G},\boldsymbol{E},\boldsymbol{F}_v,\boldsymbol{G}_v,\boldsymbol{E}_v$ 的表达式同有量纲时完全相同,仅有 $\boldsymbol{S}_g=\dfrac{L_\infty}{\rho_\infty v_\infty}\boldsymbol{S}_g^*$,$\boldsymbol{S}_l=\dfrac{L_\infty}{\rho_\infty v_\infty}\boldsymbol{S}_l^*$。来流雷诺数 $Re_\infty=\rho_\infty u_\infty l_\infty/\mu_\infty$。

4.11.2.3 计算坐标系下的控制方程

实际中的计算区域往往比较复杂,为在有限的网格数条件下能更好地揭示部分区域(特别是物面附近)的流场结构,需要生成物面贴体网格,并对部分流场区域进行必要的局部网格加密。为便于直接利用在笛卡儿坐标系、等距网格条件下得到的数值计算格式,可将控制方程从笛卡儿坐标系(x,y,z)转换到计算坐标系(ξ,η,ζ)。由笛卡儿坐标系变换到计算坐标系的变换关系为

$$\left.\begin{aligned} \xi &= \xi(x,y,z) \\ \eta &= \eta(x,y,z) \\ \zeta &= \zeta(x,y,z) \end{aligned}\right\} \tag{4-40}$$

经过坐标变换后,控制方程变为如下形式:

$$\frac{\partial \widetilde{Q}}{\partial t} + \frac{\partial \widetilde{F}}{\partial \xi} + \frac{\partial \widetilde{G}}{\partial \eta} + \frac{\partial \widetilde{E}}{\partial \zeta} = \frac{1}{Re_\infty}\left(\frac{\partial \widetilde{F}_v}{\partial \xi} + \frac{\partial \widetilde{G}_v}{\partial \eta} + \frac{\partial \widetilde{E}_v}{\partial \zeta}\right) + \widetilde{S}_g + \widetilde{S}_l \tag{4-41}$$

式中

$$\left.\begin{aligned} \widetilde{Q} &= JQ \\ \widetilde{F} &= J(\xi_x F + \xi_y G + \xi_z E) \\ \widetilde{G} &= J(\eta_x F + \eta_y G + \eta_z E) \\ \widetilde{E} &= J(\zeta_x F + \zeta_y G + \zeta_z E) \\ \widetilde{F}_v &= J(\xi_x F_v + \xi_y G_v + \xi_z E_v) \\ \widetilde{G}_v &= J(\eta_x F_v + \eta_y G_v + \eta_z E_v) \\ \widetilde{E}_v &= J(\zeta_x F_v + \zeta_y G_v + \zeta_z E_v) \\ \widetilde{S}_g &= JS_g, \quad \widetilde{S}_l = JS_l \end{aligned}\right\} \tag{4-42}$$

式中,J是两个坐标系之间的体积变换系数$(dxdydz = Jd\xi d\eta d\zeta)$,即坐标变换的 Jacobian 矩阵行列式:

$$J = \frac{\partial(x,y,z)}{\partial(\xi,\eta,\zeta)} = \begin{vmatrix} x_\xi & x_\eta & x_\zeta \\ y_\xi & y_\eta & y_\zeta \\ z_\xi & z_\eta & z_\zeta \end{vmatrix} = x_\xi(y_\eta z_\zeta - z_\eta y_\zeta) - y_\xi(x_\eta z_\zeta - z_\eta x_\zeta) + z_\xi(x_\eta y_\zeta - y_\eta x_\zeta)$$

$$\tag{4-43}$$

对应的变换系数(网格变换导数)表示为

$$\left.\begin{aligned} \xi_x &= J^{-1}(y_\eta z_\zeta - y_\zeta z_\eta), & \eta_x &= J^{-1}(y_\zeta z_\xi - y_\xi z_\zeta), & \zeta_x &= J^{-1}(y_\xi z_\eta - y_\eta z_\xi) \\ \xi_y &= J^{-1}(z_\eta x_\zeta - z_\zeta x_\eta), & \eta_y &= J^{-1}(z_\zeta x_\xi - z_\xi x_\zeta), & \zeta_y &= J^{-1}(z_\xi x_\eta - z_\eta x_\xi) \\ \xi_z &= J^{-1}(x_\eta y_\zeta - x_\zeta y_\eta), & \eta_z &= J^{-1}(x_\zeta y_\xi - x_\xi y_\zeta), & \zeta_z &= J^{-1}(x_\xi y_\eta - x_\eta y_\xi) \end{aligned}\right\} \tag{4-44}$$

4.11.2.4 双方程湍流模型控制方程

超燃冲压发动机内的流场是一个高雷诺数的湍流流场,燃料的混合与燃烧是一个复杂的湍流过程,其中会出现许多大尺度结构以及非定常效应等一系列的复杂流动现象。因此应用

于流场计算的湍流模型,必须能够模拟:① 各向异性湍流剪切力作用;② 流动分离、可压缩性对湍流的影响;③ 化学反应与湍流的相互作用。

目前,双方程湍流模型主要分为两类:①k-ω 双方程湍流模型;②k-ε 双方程湍流模型。

1. k-ω 双方程湍流模型控制方程

k-ω 双方程湍流模型广泛使用在壁面限制的流动。很多湍流模型都需要用到壁面的距离,如 Chien 的低雷诺数 k-ε,SA,q-ω 和 k-ω SST。这对于多块计算较难实现。Jones and Launder 的低雷诺数 k-ε 虽然不需要用到壁面的距离,但是计算公式烦琐,需要计算多个偏导数。k-ω 双方程湍流模型不需要用到壁面的距离,计算公式相对简单,在靠近壁面的地方没有 k-ε 模型那么强的刚性,非常适合多块网格计算。

然而,Menter 指出,k-ω 湍流模型强烈依赖于初值(特别是 ω 值)的选取。这种初值依赖性对于自由剪切层特别强烈,对于边界层流动也比较明显。Menter 认为只有在边界层外延使用充分大的 ω,才能得到边界层的正确解。Wilcox 在 1993 年修改了 k-ω 的计算公式,增加了一项交叉耗散项,宣称解决了初值依赖性。然而,J. C. Kok 对这个模型方程分析和平板的计算表明这种做法还不彻底,同时,J. C. Kok 提出了 TNT k-ω 模型,比较圆满地解决了这个问题。

k-ω 双方程湍流模型的控制方程可以写为

$$\frac{\partial}{\partial t}\begin{bmatrix}\rho k\\\rho\omega\end{bmatrix}+\frac{\partial}{\partial x_i}\begin{bmatrix}\rho k u_i\\\rho\omega u_i\end{bmatrix}=\frac{\partial}{\partial x_i}\begin{bmatrix}\mu_k\dfrac{\partial k}{\partial x_i}\\[2mm]\mu_\omega\dfrac{\partial\omega}{\partial x_i}\end{bmatrix}+\begin{bmatrix}P_k-D_k\\P_\omega-D_\omega+D_c\end{bmatrix} \tag{4-45}$$

$$\mu_t=\rho k/\omega$$

这里,P_k 和 $P_\omega=\alpha_\omega\left(\dfrac{\omega}{k}\right)P_k$ 是生成项。$D_k=\beta_k\rho\omega k$ 和 $D_\omega=\beta_\omega\rho\omega^2$ 是破坏项,$D_c=\sigma_d\dfrac{\rho}{\omega}\max$ ($\boldsymbol{\nabla}k\cdot\boldsymbol{\nabla}\omega$,0) 是交叉耗散项。$\mu_k=(\mu+\sigma_k\mu_t)$,$\mu_\omega=(\mu+\sigma_\omega\mu_t)$。下标 $i=1,2,3$,分别代表 x,y,z 三个方向。

根据量纲分析,无量纲量取为 $k=\dfrac{k^*}{u_\infty^2}$,$\omega=\dfrac{\omega^*}{(u_\infty/L_\infty)}$,$\mu_t=\dfrac{\mu_t^*}{\mu_\infty}$,则式(4-45)的无量纲形式为

$$\frac{\partial}{\partial t}\begin{bmatrix}\rho k\\\rho\omega\end{bmatrix}+\frac{\partial}{\partial x_i}\begin{bmatrix}\rho k u_i\\\rho\omega u_i\end{bmatrix}=\frac{1}{Re_\infty}\frac{\partial}{\partial x_i}\begin{bmatrix}\mu_k\dfrac{\partial k}{\partial x_i}\\[2mm]\mu_\omega\dfrac{\partial\omega}{\partial x_i}\end{bmatrix}+\begin{bmatrix}\dfrac{P_k}{Re_\infty}-D_k\\[2mm]\dfrac{P_\omega}{Re_\infty}-D_\omega+D_c\end{bmatrix} \tag{4-46}$$

$$\mu_t=\frac{\rho k}{\omega}Re_\infty \tag{4-47}$$

$$P_k=\tau_{i,j}\frac{\partial u_i}{\partial x_j}=\left[\mu_t\left(\frac{\partial u_i}{\partial x_j}+\frac{\partial u_j}{\partial x_i}\right)-\frac{2}{3}\mu_t\frac{\partial u_k}{\partial x_k}\delta_{i,j}-\frac{2}{3}Re_\infty\rho k\delta_{i,j}\right]\frac{\partial u_i}{\partial x_j} \tag{4-48}$$

令 $\mathrm{div}(\boldsymbol{v})=\dfrac{\partial u_k}{\partial x_k}=\dfrac{\partial u}{\partial x}+\dfrac{\partial v}{\partial y}+\dfrac{\partial w}{\partial z}$,则式(4-48)展开即得

$$P_k = 2\mu_t \left[\left(\frac{\partial u}{\partial x} \right)^2 + \left(\frac{\partial v}{\partial y} \right)^2 + \left(\frac{\partial w}{\partial z} \right)^2 \right] - \frac{2}{3}\mu_t \ (\mathrm{div}(\boldsymbol{v}))^2 - \frac{2}{3}Re_\infty \rho k \ \mathrm{div}(\boldsymbol{v}) +$$

$$\mu_t \left[\left(\frac{\partial u}{\partial y} + \frac{\partial v}{\partial x} \right)^2 + \left(\frac{\partial u}{\partial z} + \frac{\partial w}{\partial x} \right)^2 + \left(\frac{\partial v}{\partial z} + \frac{\partial w}{\partial y} \right)^2 \right] \tag{4-49}$$

Yoder 指出使用完整的生成项公式(4-48)会产生非物理的负生成项,他建议将生成项的计算公式修改为

$$P_k = 2\mu_t \left[\left(\frac{\partial u}{\partial x} \right)^2 + \left(\frac{\partial v}{\partial y} \right)^2 + \left(\frac{\partial w}{\partial z} \right)^2 \right] + \mu_t \left[\left(\frac{\partial u_i}{\partial x_j} + \frac{\partial u_j}{\partial x_i} \right)^2 \right] \tag{4-50}$$

也有人提出 P_k 的计算可以采用涡量形式:

$$P_k = \mu_t \ |\Omega|^2 \tag{4-51}$$

以上控制方程根据不同的参数组合可以得到不同的湍流模型。Wilcox 先后于 1988 年、1992 年和 1998 年分别提出了三组参数组合,J. C. Kok 也提出了一组参数组合。这些参数组合如下:

(1) Wilcox 1988 年模型:

$$\left. \begin{aligned} \sigma_k &= 0.5 \\ \sigma_\omega &= 0.5 \\ \beta_k &= 0.09 \\ \beta_\omega &= 0.075 \\ \alpha_\omega &= 0.553\,2 \\ \sigma_d &= 0 \end{aligned} \right\} \tag{4-52}$$

(2) Wilcox 1992 年模型:

$$\left. \begin{aligned} \sigma_k &= 1.0 \\ \sigma_\omega &= 0.6 \\ \beta_k &= 0.09 \\ \beta_\omega &= 0.075 \\ \alpha_\omega &= 0.553\,2 \\ \sigma_d &= 0.3 \end{aligned} \right\} \tag{4-53}$$

(3) Wilcox 1998 年模型:

$$\left. \begin{aligned} \sigma_k &= 0.5 \\ \sigma_\omega &= 0.5 \\ \alpha_\omega &= 0.553\,2 \\ \beta_{k,0} &= 0.09 \\ \beta_{\omega,0} &= 0.075 \end{aligned} \right\} \tag{4-54}$$

$$\beta_k = \beta_{k,0} f_k, \quad \beta_\omega = \beta_{\omega,0} f_\omega \tag{4-55}$$

$$
\left.
\begin{aligned}
f_k &= \begin{cases} \dfrac{1+680x_k^2}{1+400x_k^2} & \text{当 } x_k > 0 \text{ 时} \\[2mm] 1 & \text{其他} \end{cases} \\[2mm]
f_w &= \dfrac{1+70x_w^2}{1+80x_w^2} \\[2mm]
x_k &= \left[\left(\frac{\partial k}{\partial x_j}\right)\left(\frac{\partial \omega}{\partial x_j}\right) \right] \Big/ \omega^3 \\[2mm]
x_w &= \dfrac{\left| \Omega_{i,j}\Omega_{j,k}S_{k,i} \right|}{(\omega\beta_{k,0})^3} \\[2mm]
\Omega_{i,j} &= \frac{1}{2}\left(\frac{\partial u_i}{\partial x_j} - \frac{\partial u_j}{\partial x_i}\right) \\[2mm]
S_{i,j} &= \frac{1}{2}\left(\frac{\partial u_i}{\partial x_j} + \frac{\partial u_j}{\partial x_i}\right)
\end{aligned}
\right\} \tag{4-56}
$$

（4）Kok TNT 1999 年模型：

$$
\left.
\begin{aligned}
\sigma_k &= 2/3, \quad \sigma_\omega = 0.5 \\
\beta_k &= 0.09, \quad \beta_\omega = 0.075, \\
\alpha_\omega &= 0.553\,2, \quad \sigma_d = 0.5
\end{aligned}
\right\} \tag{4-57}
$$

Wilcox 1998 年的模型比较烦琐，需要计算多个偏导数，计算量偏大。因此，只采用了 Wilcox 1988 年、Wilcox 1992 年和 J. C. Kok TNT 1999 年三种模型。

2. k-ε 双方程湍流模型

k-ε 双方程湍流模型是迄今为止工业上应用最广泛、积累经验也最多的湍流模型。尽管目前出现了许多更先进的双方程湍流模型，对于内流计算，k-ε 湍流模型仍有它的优越之处。

目前程序提供的 k-ε 湍流模型为 Jones-Launder 的低雷诺数模型（简称 JL 模型）。下式给出了 k-ε 双方程湍流模型的控制方程：

$$
\left.
\begin{aligned}
&\frac{\partial}{\partial t}\begin{pmatrix}\rho k \\ \rho \varepsilon\end{pmatrix} + \frac{\partial}{\partial x_i}\begin{pmatrix}\rho k u_i \\ \rho \varepsilon u_i\end{pmatrix} = \frac{\partial}{\partial x_i}\begin{bmatrix}\left(\mu + \dfrac{\mu_t}{\sigma_k}\right)\dfrac{\partial k}{\partial x_i} \\[2mm] \left(\mu + \dfrac{\mu_t}{\sigma_\varepsilon}\right)\dfrac{\partial \varepsilon}{\partial x_i}\end{bmatrix} + \begin{bmatrix}P_k - \rho\left[1 + F(M_t)\right]\varepsilon + L_k \\[2mm] c_1 f_1 \dfrac{\varepsilon}{k}P_k - c_2 f_2 \dfrac{\varepsilon^2}{k} + L_\varepsilon\end{bmatrix} \\[2mm]
&\mu_t = c_\mu \rho k^2 / \varepsilon
\end{aligned}
\right\} \tag{4-58}
$$

这里，L_k 和 L_ε 是低雷诺数项，P_k 是生成项，$F(M_t)$ 是可压缩性修正函数。模型用到的常数为

$$
c_\mu = 0.09, \quad \sigma_k = 1.0, \quad \sigma_\varepsilon = 1.3
$$

采取两种可压缩性修正方法，即：①Sarkar 的可压缩性修正；②Wilcox 的可压缩性修正。这两种可压缩修正的 $F(M_t)$ 的表达式如下：

$$
\left.
\begin{aligned}
F(M_t) &= \alpha_k \max(M_t^2 - M_{t,0}^2, 0) \\[2mm]
M_t^2 &= \frac{2k}{a^2}
\end{aligned}
\right\} \tag{4-59}
$$

对于 Sarkar 的可压缩性修正，$\alpha_k = 1.0$，$M_{t,0} = 0.0$；对于 Wilcox 的可压缩性修正，α_k 和 $M_{t,0}$ 分别为 1.5 和 0.25。

4.11.2.5　化学反应源项

在化学非平衡流场的数值模拟研究中，控制方程中的化学非平衡源项体现了化学反应的

影响。设整个化学非平衡体系由 N 种组分、R 个基元反应构成,则该体系的化学反应方程式可以表示成

$$\sum_{i=1}^{N} \alpha_{ij} A_i \underset{K_{bj}}{\overset{K_{fj}}{\rightleftharpoons}} \sum_{i=1}^{N} \beta_{ij} A_i \quad (j=1,2,,\cdots,R) \tag{4-60}$$

式中,A_i 表示第 i 种化学组分;α_{ij},β_{ij} 分别为第 j 个基元反应中第 i 种组分在反应式两边的化学计量(当量)系数;第 j 个基元反应的正反应和逆反应的速率常数分别用 K_{fj},K_{bj} 来表示。

对第 i 种组分,其化学生成源项可以表示为

$$\omega_i = M_i \sum_{j=1}^{R} (\beta_{ij} - \alpha_{ij})(R_j - R_{-j}) \tag{4-61}$$

式中,M_i 为第 i 种组分的摩尔质量;R_j,R_{-j} 分别代表以摩尔浓度表示的第 j 个基元反应的正反应和逆反应的速率,其计算公式为

$$\left. \begin{array}{l} R_j = K_{fj} \prod_{i=1}^{N} \left(\dfrac{\rho_i}{M_i}\right)^{\alpha_{ij}} \\[4mm] R_{-j} = K_{bj} \prod_{i=1}^{N} \left(\dfrac{\rho_i}{M_i}\right)^{\beta_{ij}} \end{array} \right\} \tag{4-62}$$

式中,K_{fj} 和 K_{bj} 分别表示第 j 个基元反应的正反应和逆反应的速率常数,它们由阿仑尼乌斯(Arrhenius)公式给出。

对于有些反应,现存的数据库往往只能给出正反应或逆反应的速率常数,另一个方向的速率常数可以根据平衡常数 K_p 计算得到。

4.11.2.6 热力学模型

完全气体的状态方程可以写为

$$p = \rho R T \tag{4-63}$$

对于由 n 种组分组成的混合气体,根据 Dalton 分压定律,混合气体的压强 p 等于各组分分压 p_i 之和,即

$$p = \sum p_i \quad (i=1,2,\cdots,n) \tag{4-64}$$

每一化学组分遵循完全气体状态方程,那么就有

$$p = \sum \rho_i \frac{\hat{R}}{M_i} T \quad (i=1,2,\cdots,n) \tag{4-65}$$

式中,$\rho_i = Y_i \rho$ 是组分的分密度;Y_i 为组分的质量比数;$\hat{R}$ 是通用气体常数;M_i 是组分分子量。

另一个重要关系是混合气体平均分子量 $\overline{M}$ 的表达式,可以用组分质量比数 Y_i 和分子量 M_i 来表示:

$$\overline{M} = \left(\sum_i Y_i / M_i\right)^{-1} \tag{4-66}$$

计算 $\overline{M}$ 的另一个替代关系式是利用摩尔比数 X_i 和分子量 M_i 来表示:

$$\overline{M} = \sum_i X_i M_i \tag{4-67}$$

组分的摩尔比数 X_i 和质量比数 Y_i 满足以下关系式:

$$Y_i = \frac{M_i}{\overline{M}} X_i \tag{4-68}$$

对于量热完全气体而言,内能只是温度的线性关系式,只有平动能和转动能处于完全激发状态,但对于非平衡流场中的真实气体来讲,内能与温度不再为线性关系,各个反应组分的热力学函数通常是作为温度的函数以多项式的形式给出,而多项式的系数则通过最小二乘法拟合的形式获得。采用 Chemkin 给出的多项式拟合系数来计算各组分在给定温度下的定压比热 $c_{p,i}$、比焓 h_i 和比熵 s_i:

$$c_{p,i} = \frac{\hat{R}}{M_i}(a_1 + a_2 T + a_3 T^2 + a_4 T^3 + a_5 T^4) \tag{4-69}$$

$$h_i = \frac{\hat{R}}{M_i} T \left(a_1 + \frac{a_2}{2} T + \frac{a_3}{3} T^2 + \frac{a_4}{4} T^3 + \frac{a_5}{5} T^4 + a_6 T^{-1} \right) \tag{4-70}$$

$$s_i = \frac{\hat{R}}{M_i} \left(a_1 \ln T + a_2 T + \frac{a_3}{2} T^2 + \frac{a_4}{3} T^3 + \frac{a_5}{4} T^4 + a_7 \right) \tag{4-71}$$

式中,各组分的系数 $a_1 \sim a_7$ 通过 JANNAF 表得到。

混合物的定压比热 c_p、比焓 h 可以通过下式计算得到:

$$\left. \begin{aligned} c_p &= \sum_i Y_i c_{p,i} \\ h &= \sum_i Y_i h_i \end{aligned} \right\} \tag{4-72}$$

4.11.2.7 输运系数模型

非平衡流场中的气体输运过程包括三种现象,即:由速度梯度引起的动量输运的黏性现象、由浓度梯度引起的组分输运的扩散现象以及由温度梯度和组分扩散引起的能量输运的热传导过程。为了计算非平衡流场中的动量、组分以及能量的输运强度,需要给出各组分的输运系数,并以此求出混合气体的输运系数。

1. 黏性系数

对于完全气体,气体黏性系数采用 Sutherland 公式计算:

$$\frac{\mu}{\mu_0} = \left(\frac{T}{T_0} \right)^{3/2} \frac{T_0 + T_s}{T + T_s} \tag{4-73}$$

式中,$T_0 = 273.16$ K;$T_s = 124.0$ K;μ_0 为一个大气压下,0℃ 时气体的黏性系数。

对于多组分热完全气体,采用基于 Chapman-Enskog 理论的 Lennard-Jones 模型计算单组分的黏性系数:

$$\mu_i = 2.6693 \times 10^{-6} \frac{\sqrt{M_i T}}{\sigma_i^2 \Omega_{\mu i}} \tag{4-74}$$

$$\Omega_{\mu i} = 1.147 \left(T \frac{\varepsilon_i}{k} \right)^{-0.145} + \left(T \frac{\varepsilon_i}{k} + 0.5 \right)^{-2} \tag{4-75}$$

这里,σ_i(单位:Å),$\Omega_{\mu i}$ 分别代表组分的分子碰撞直径和碰撞积分;ε_i / K(单位:K)则称为伦纳德-琼斯力常数。

混合气体的黏性系数 μ 由 Wilke 的半经验公式求得:

$$\mu = \sum_i \frac{X_i \mu_i}{\sum_j X_j \Phi_{ij}} \tag{4-76}$$

$$\Phi_{ij} = \frac{1}{\sqrt{8}} \left(1 + \frac{M_i}{M_j}\right)^{-\frac{1}{2}} \left[1 + \left(\frac{\mu_i}{\mu_j}\right)^{\frac{1}{2}} \left(\frac{M_j}{M_i}\right)^{\frac{1}{4}}\right]^2 \tag{4-77}$$

2. 热传导系数

对于完全气体，层流的热传导系数采用 Prandtl 数来计算，即 $K = \mu c_p / Pr$，Pr 为层流 Prandtl 数，一般取为 0.72。

对于多组分混合气体，单组分的热传导系数可根据 Eucken 的半经验公式得到

$$K_i = \frac{\mu_i \widehat{R}}{M_i} \left(c_{p,i} \frac{M_i}{\widehat{R}} + \frac{5}{4}\right) \tag{4-78}$$

混合气体的热传导系数由 Wassilewa 公式得到

$$K = \sum_i \frac{X_i K_i}{\sum_j X_j \Phi_{ij}} \tag{4-79}$$

3. 扩散系数

假定 Schmidt 数为常数，则组分的层流扩散系数 D_i 可以通过黏性系数得到：

$$\rho D_i = \frac{1 - Y_i}{1 - X_i} \frac{\mu}{Sc} \tag{4-80}$$

湍流对扩散系数的影响可以通过等效扩散系数来表达：

$$\rho D_{\text{eff},i} = \frac{1 - Y_i}{1 - X_i} \frac{\mu}{Sc} + \frac{1 - Y_i}{1 - X_i} \frac{\mu_t}{Sc_t} \tag{4-81}$$

取层流 Schmidt 数 $Sc = 0.5$，湍流 Schmidt 数 $Sc_t = 0.5$。

4.11.3 颗粒相控制方程

4.11.3.1 颗粒相运动方程

颗粒相通过求解 Lagrange 坐标系下的颗粒运动方程追踪其历程。颗粒的运动方程可以写为

$$\left. \begin{aligned} \frac{\mathrm{d}x_d}{\mathrm{d}t} &= u_d \\ \frac{\mathrm{d}y_d}{\mathrm{d}t} &= v_d \\ \frac{\mathrm{d}z_d}{\mathrm{d}t} &= w_d \end{aligned} \right\} \tag{4-82}$$

颗粒在非均匀流场中运动时，将会受到各种气相作用力，综合这些气相作用力，颗粒的动量变化可以用 Basset - Boussinesq - Oseen(BBO) 方程来表示：

$$m_d \frac{\mathrm{d}V_d}{\mathrm{d}t} = F_{dr} + F_p + F_{am} + F_b + F_M + F_S + F_B \tag{4-83}$$

记 $V_d = \begin{bmatrix} u_d & v_d & w_d \end{bmatrix}$，$V = \begin{bmatrix} u & v & w \end{bmatrix}$，则式(4-83)中的各项力表述如下：

（1）F_{dr} 为阻力项，表示为

$$F_{dr} = \frac{1}{2} C_d \rho A_d |V - V_d| (V - V_d) \tag{4-84}$$

式中，C_d 为阻力系数；A_d 为颗粒横截面积。

（2）$\boldsymbol{F}_p$ 是压力项，表示为

$$\boldsymbol{F}_p = - \forall_d \boldsymbol{\nabla} p \tag{4-85}$$

式中，$\forall_d$ 是颗粒体积。

（3）$\boldsymbol{F}_{am}$ 是所谓的"虚拟质量"（Virtual Mass）力。当颗粒在气相中受到加速时，颗粒同样对气相做功用于加速气相，这种附加功与"虚拟质量"力有关。"虚拟质量"力就是用于加速被颗粒占用的气体所需的力，表达式为

$$\boldsymbol{F}_{am} = - C_{am} \rho \boldsymbol{V}_d \frac{\mathrm{d}(\boldsymbol{V}_d - \boldsymbol{V})}{\mathrm{d}t} \tag{4-86}$$

式中，C_{am} 是虚拟质量力系数，一般为 0.5。

（4）$\boldsymbol{F}_b$ 为体积力项，代表颗粒所受重力和非惯性坐标系中的加速度。在旋转坐标系中 $\boldsymbol{F}_b$ 表示为

$$\boldsymbol{F}_b = m_d \{ \boldsymbol{g} - \boldsymbol{\omega} \times (\boldsymbol{\omega} \times \boldsymbol{r}) - 2(\boldsymbol{\omega} \times \boldsymbol{V}_d) \} \tag{4-87}$$

其中，$\boldsymbol{g}$ 是重力加速度矢量；$\boldsymbol{\omega}$ 是角速度矢量；$\boldsymbol{r}$ 是到旋转轴的距离矢量。

（5）$\boldsymbol{F}_M$ 为 Magnus 力项。在流体中运动的非球形颗粒，尤其是当它与固壁碰撞之后，可能发生旋转，产生一个垂直于相对速度方向的升力，称为 Magnus 力，其大小为

$$\boldsymbol{F}_M = \forall_d \rho \, | \boldsymbol{V} - \boldsymbol{V}_d | \, | \boldsymbol{\omega}_d - \boldsymbol{\Omega} | \tag{4-88}$$

式中，$\boldsymbol{\omega}_d$ 是颗粒旋转的角速度，$\boldsymbol{\Omega}$ 是流体涡量的 1/2。据估计，$\boldsymbol{F}_M$ 与阻力之比，对于 $d_d = 1 \ \mu\mathrm{m}$ 的颗粒约为 0.03，对 $d_d = 10 \ \mu\mathrm{m}$ 的颗粒为 3。但研究表明，在流场中的大多数区域，颗粒并不旋转。因此，除非在邻近壁面的区域，Magnus 力并不重要。

（6）$\boldsymbol{F}_S$ 为 Saffman 力项。当颗粒尺寸足够大且流场中速度梯度也大时，将产生一种颗粒升力，称为 Saffman 力，其大小为

$$\boldsymbol{F}_S = 1.6 \, (\mu\rho)^{\frac{1}{2}} d_d^2 \, | \boldsymbol{V} - \boldsymbol{V}_p | \, \left| \frac{\partial v}{\partial y} \right|^{\frac{1}{2}} \tag{4-89}$$

（7）$\boldsymbol{F}_B$ 为 Basset 力项。Basset 力是由于非稳定运动而引起的，其大小为

$$\boldsymbol{F}_B = 1.5 \, (\pi\rho\mu)^{\frac{1}{2}} d_d^2 \int_0^t \frac{\mathrm{d}(\boldsymbol{V} - \boldsymbol{V}_d)}{\mathrm{d}\tau} (\tau - t)^{-\frac{1}{2}} \mathrm{d}\tau \tag{4-90}$$

除了上面提到的几种力以外，非均匀流场中的小颗粒（$d_d < 1 \ \mu\mathrm{m}$）还可能受到因巨大的温度梯度、电场梯度和非均匀辐射引起的"热泳"力、"电泳"力和"光泳"力，有关这些力这里不作描述。这些力中，阻力项是主要的。

已知颗粒速度后，通过积分式（4-90）就可确定颗粒瞬间位置矢量。颗粒的动量松弛时间 τ_M 是指颗粒与气体间速度滑移减少到其初始值的 $1/e$ 所需的时间，τ_M 越小，则颗粒追随气体越容易。根据式（4-84）可知，τ_M 可以表示为

$$\tau_M = \frac{m_d \, | \boldsymbol{V} - \boldsymbol{V}_d |}{| \boldsymbol{F}_{dr} |} = \frac{2m_d}{C_d \rho A_d \, | \boldsymbol{V} - \boldsymbol{V}_d |} = \frac{4\rho_d d_d}{3C_d \rho \, | \boldsymbol{V} - \boldsymbol{V}_d |} \tag{4-91}$$

4.11.3.2　颗粒相质量方程

如果颗粒相单位面积的质量交换速率等于 F_m，那么颗粒质量交换可以表示为

$$\frac{\mathrm{d}m_d}{\mathrm{d}t} = - A_s F_m \tag{4-92}$$

这里 A_s 为颗粒表面积,对于蒸发/凝结单成分颗粒,F_m 可表示为

$$F_m = K_g p \ln \frac{p - p_{v,\infty}}{p - p_{v,s}} \tag{4-93}$$

式中,K_g 是传质系数;$p, p_{v,\infty}, p_{v,s}$ 分别为气体压强、颗粒周围蒸气分压以及颗粒表面蒸气分压。

从方程式(4-92)和式(4-93)可知,质量松弛时间 τ_m 可以表示为

$$\tau_m = \frac{m_d}{A_s |F_m|} = \frac{\rho_d d_d}{6 |F_m|} = \frac{\rho_d d_d}{6 K_g p \ln \left| \dfrac{p - p_{v,\infty}}{p - p_{v,s}} \right|} \tag{4-94}$$

4.11.3.3　颗粒相能量方程

当单个颗粒进入到一个热环境中时,颗粒表面很薄的一层被迅速加热,在颗粒的中心仍然保持"冷态"。在颗粒进一步被加热后,热量慢慢地向颗粒中心传递。实际上,在颗粒经历历程结束前,颗粒内部的温度分布基本保持非均匀分布。一种处理颗粒的这种非定常加热过程的最简单的方法就是认为这种热传导速率无限快,颗粒在极短的时间内就达到了热平衡。这种处理对于颗粒加热的初期显然是不够的。另一种模型考虑颗粒内部的热传导,颗粒内部的温度分布可以通过求解一维热传导方程得到,在颗粒的外边界采用对流边界条件。在颗粒表面,存在强的速度剪切,这种速度剪切会导致颗粒内部出现漩涡。Tong 和 Sirignano 提出了一种"涡模型"(Vortex model)考虑颗粒内部 Hill 涡对颗粒内部温度分布的影响。根据该模型得到的颗粒内部温度控制方程为

$$\frac{\partial T_d}{\partial t} = \frac{17 k_d}{C_{p,d} \rho_d T_d^2} \left[\alpha \frac{\partial^2 T_d}{\partial \alpha^2} + (1 + c(t)\alpha) \frac{\partial T_d}{\partial \alpha} \right] \tag{4-95}$$

式中,$c_{p,d}$ 是颗粒比热;α 的变化范围为 $0 \sim 1$,$\alpha = 0$ 表示液滴中心,$\alpha = 1$ 表示液滴表面;$c(t)$ 表示为

$$c(t) = \frac{3}{17} \left(\frac{C_{p,d} \rho_d}{k_d} \right) r_d \frac{d r_d}{d t} \tag{4-96}$$

方程式(4-95)的初、边值条件为

$$\left. \begin{array}{l} t = t_{inj}, \quad T_d(\alpha, t) = T_{d,inj} \\[2mm] \alpha = 0, \qquad \dfrac{\partial T_d}{\partial \alpha} = \dfrac{1}{17} \left(\dfrac{C_{p,d} \rho_d}{k_d} \right) r_d^2 \dfrac{\partial T_d}{\partial t} \\[3mm] \alpha = 1, \qquad \dfrac{\partial T_d}{\partial \alpha} = \dfrac{3}{16} \left(r_d \dfrac{\partial T_d}{\partial t} \right)_s \end{array} \right\} \tag{4-97}$$

式中,$(\partial T_d / \partial t)_s$ 根据液滴表面的能量平衡得到。

在计算中,假设颗粒内部的温度分布是均一的,颗粒能量平衡考虑颗粒单位面积的表面热交换速率 $\dot{q}''_d$ 以及由于相间质量交换产生的热损失/吸收,因此

$$m_d \frac{d(c_{p,d} T_d)}{dt} = -\pi d_d^2 \dot{q}''_d + h_{lat} \frac{d m_d}{dt} \tag{4-98}$$

这里 h_{lat} 是蒸发潜热。表面热交换速率 $\dot{q}''_d$ 可用下式给出:

$$\dot{q}''_d = h(T_d - T) \tag{4-99}$$

式中,h 是传热系数。

从方程式(4-98)和式(4-99)可知,颗粒传热松弛时间 τ_T 为

$$\tau_T = \frac{c_{p,d} T_d m_d}{A_s |\dot{q}|} = \frac{c_{p,d} \rho_d d_d}{6h} = \frac{c_{p,d} \rho_d d_d^2}{6 K_m Nu} \tag{4-100}$$

式中，K_m 是混合气体的热传导系数；Nu 为 Nusselt 数。

4.11.3.4　气粒相间耦合源项

当颗粒在 Euler 计算网格内运动时，它会对气相的动量产生贡献，如果考虑颗粒的蒸发，那么它还会对气相的质量和能量产生贡献。一般而言，一个计算网格往往包含多个颗粒，颗粒相对气相的质量、动量和能量的贡献应当对所有的颗粒求和。

在每个时间积分结束时，计算颗粒相对气相的源项贡献，并将源项分布到相邻的计算网格。

1. 质量源项

对于定常流动，质量源项可以通过下式得到：

$$S_m = -\frac{\sum_{traj.} \dot{n}_j \overline{\dot{m}} \Delta t_j}{\forall} \tag{4-101}$$

式中，$\dot{n}_j$ 为第 j 条轨道的数流量（Number flow rate），可以根据喷嘴的流量计算得到；$\overline{\dot{m}}$ 是颗粒穿越网格单元时平均的蒸发速率；Δt_j 为颗粒穿越网格的时间间隔；$\forall$ 为网格体积。这里的求和是对所有穿过网格单元的轨道求和。

对于非定常流动，质量源项可以通过下式得到：

$$S_m = -\frac{\sum_p N_p \dot{m}_p}{\forall} \tag{4-102}$$

式中，N_p 为颗粒样本所代表的真实颗粒数目；$\dot{m}_p$ 为颗粒蒸发速率。这里的求和是对所有落在网格单元内的颗粒样本求和。

如果颗粒蒸气对应气体混合物中的组分为 i，那么对 i 组分的质量守恒方程也要添加一个质量源项：

$$S_{m,i} = S_m \tag{4-103}$$

2. 动量源项

对于定常流动，动量源项可以通过下式得到：

$$S_M = \frac{\sum_{traj.} \dot{n}_j \Delta t_j \left[m_d \frac{f_j}{\tau_{M,j}} (\mathbf{V}_d - \mathbf{V}) - \overline{\dot{m}}_j \mathbf{V}_d \right]}{\forall} \tag{4-104}$$

式中，$f = \frac{C_d Re_r}{24}$，称为阻力因子；$\tau_{M,j}$ 为第 j 条轨道上的颗粒的动量松弛时间。值得注意的是，式（4-104）包含两种动量贡献：① 由于作用在颗粒上的气动力引起的动量变化；② 由于蒸发带入到气相中的动量变化。

对于非定常流动，动量源项可以通过下式得到：

$$S_M = \frac{\sum_p N_p \left[m_d \frac{f_p}{\tau_{M,p}} (\mathbf{V}_d - \mathbf{V}) - \dot{m}_p \mathbf{V}_d \right]}{\forall} \tag{4-105}$$

3. 能量源项

对于定常流动，颗粒和气体间的能量传递可以表达成

$$S_h = \frac{-\sum_{traj.} \dot{n}_j \Delta t_j \left[\dot{Q}_j + \overline{\dot{m}}_j \left(h_{s,j} + \frac{|V_d|^2}{2} \right) + F_{f,j} \cdot V_d \right]}{\forall}$$
(4-106)

式中，$h_{s,j}$ 为颗粒表面的蒸气总焓；$\dot{Q}_j$ 为颗粒的对流传热，可根据式(4-98)和式(4-99)得到；$F_{f,j}$ 为作用在颗粒上的气动力。

对于非定常流动，颗粒和气体间的能量传递可以表达成

$$S_{h,} = \frac{-\sum_p N_p \left[\dot{Q}_p + \dot{m}_p \left(h_{s,p} + \frac{|V_d|^2}{2} \right) + F_{f,p} \cdot V_d \right]}{\forall}$$
(4-107)

4.11.3.5 颗粒的阻力系数、传质系数和传热系数

方程式(4-84)、式(4-93)和式(4-99)中出现的阻力系数 C_d、传质系数 K_g 和传热系数 h 均是针对单颗粒而言的，当存在多个颗粒时，通常的做法是从修正关系中获得，这些修正关系是通过试验或者独立的理论研究得到的。这些修正关系根据离散相的性质不同而有所差异，例如颗粒形状、颗粒物性和相间传热、传质的存在等。

1. 阻力系数

一般而言，颗粒的阻力系数依赖于颗粒的形状、颗粒与气体间相对运动方向以及流动参数（雷诺数、马赫数、湍流强度等）。图4-62给出了球形无旋转颗粒的阻力系数随颗粒相对雷诺数 $Re_r = \frac{\rho d_d |V - V_d|}{\mu}$ 的变化。

在低雷诺数范围，阻力系数随雷诺数线性变化，这对应于Stokes流动区域；当雷诺数增加时，阻力系数接近一个常数0.442，这对应惰性区域；当雷诺数进一步增加超过临界值（约为 3.5×10^5）时，阻力系数迅速下降。Stokes在1851年最早得到颗粒的阻力系数的表达式为

$$C_d = \frac{24}{Re_r}$$
(4-108)

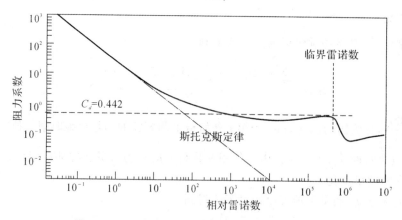

图4-62 颗粒阻力系数随颗粒相对雷诺数的变化

式(4-108)仅对 $Re_r < 1$ 的时候适用。1910 年 Oseen 将 Stokes 的方法进一步推广,得到了如下的阻力公式:

$$C_d = \frac{24}{Re_r}\Big(1 + \frac{3}{16}Re_r\Big) \tag{4-109}$$

式(4-109)对 $Re_r < 5$ 的时候适用。Schiller 和 Naumann(1933 年)给出了更加合理的阻力系数的表达式,可以适用于 $Re_r < 800$ 的情形。

$$C_d = \frac{24}{Re_r}(1 + 0.15Re_r^{0.687}) \tag{4-110}$$

Putnam(1961 年)给出了适用于高雷诺数的阻力公式

$$C_d = \begin{cases} \dfrac{24}{Re_r}\Big(1 + \dfrac{Re_r^{2/3}}{6}\Big) & (Re_r < 1\,000) \\ 0.44 & (1\,000 < Re_r < 3 \times 10^5) \end{cases} \tag{4-111}$$

式(4-111)广泛应用于不可压流动中的颗粒阻力计算,但该公式有一个缺点就是阻力系数在 $Re_r = 1\,000$ 的时候不连续。Clift 和 Gauvin(1970 年)将 Schiller 和 Naumann 的阻力公式进一步推广到整个亚临界 Re_r 范围内都适用。

$$C_d = \frac{24}{Re_r}[1 + 0.15Re_r^{0.687} + 0.017\,5(1 + 4.25 \times 10^4 Re_r^{-1.16})^{-1}] \tag{4-112}$$

图 4-63 对比了不同的阻力系数计算公式随 Re_r 的变化。从图 4-63 可以看出,Putnam 的阻力系数模型与试验吻合较好,Schiller 和 Naumann 以及 Clift 和 Gauvin 的模型在 $Re_r < 1\,000$ 的情况下与试验吻合较好。

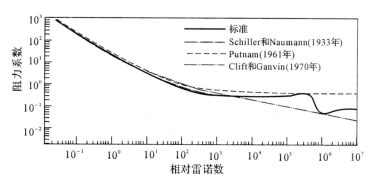

图 4-63 不同阻力系数计算公式随颗粒相对雷诺数的变化

以上的阻力系数公式都是针对不可压流动的,对于可压缩流动,根据当地相对马赫数(Ma_r)的大小,阻力系数公式如下:

$$T_r = \frac{T_d}{T}, \quad S_r = Ma_r\sqrt{\gamma/2} \tag{4-113}$$

亚声速区:

$$t_1 = Re_r + S_r\left\{4.33 + \frac{3.65 - 1.53T_r}{1 + 0.353T_r}e^{-0.247\frac{Re_r}{S_r}}\right\} \tag{4-114}$$

$$t_{21} = 0.03Re_r + 0.48\sqrt{Re_r} \tag{4-115}$$

$$t_2 = \left\{\frac{4.5 + 0.38t_{21}}{1 + t_{21}} + 0.1Ma_r^2 + 0.2Ma_r^8\right\}e^{-\frac{Ma_r}{Re_r}} \tag{4-116}$$

$$t_3 = 0.6 S_r (1 - e^{-\frac{Ma_r}{Re_r}}) \tag{4-117}$$

$$C_d = \frac{24}{t_1} + t_2 + t_3 \tag{4-118}$$

超声速区：

$$t_1 = 1.86 \sqrt{Ma_r / Re_r} \tag{4-119}$$

$$t_2 = 0.9 + t_1 \left(2 + \frac{2}{S_r^2} + \frac{1.058 \sqrt{T_r}}{S_r} - \frac{1}{S_r^4} \right) \tag{4-120}$$

$$C_d = \frac{t_2}{1 + t_1} \tag{4-121}$$

2. 传质系数

传质系数 K_g 可以从下面关系中得到：

$$K_g = \frac{Sh D_m}{R_m T_m d_d} \tag{4-122}$$

式中, D_m 是蒸气扩散系数; R_m 是蒸气的气体常数; T_m 是平均温度, 可以根据 "$\frac{1}{3}$" 法则计算得到

$$T_m = T_d + (T - T_d)/3 \tag{4-123}$$

Sh 是 Sherwood 数, 可以通过下式计算：

$$Sh = 2(1 + 0.3 Re_r^{1/2} Sc^{1/3}) \tag{4-124}$$

3. 传热系数

这里用 El. Wakil 的公式计算传热系数 h。首先不考虑传质的影响, 然后再乘以一个修正因子来考虑传质的影响。传热系数 h 表示为

$$h = \frac{K_m Nu Z}{(e^Z - 1) d_d} \tag{4-125}$$

式中, K_m 是气体混合物的热传导系数; Nusselt 数可以从 Ranz-Marshall 修正得到：

$$Nu = 2(1 + 0.3 Re_r^{1/2} Pr^{1/3}) \tag{4-126}$$

修正因子 Z 的定义为

$$Z \equiv - \frac{c_p \dfrac{\mathrm{d}m_d}{\mathrm{d}t}}{\pi d_d K_m Nu} \tag{4-127}$$

4.11.3.6　液体物性模型

液体颗粒的物性主要包括表面张力 σ、黏性系数 μ_l、饱和蒸气压 p_v、比热 $c_{p,d}$、蒸发潜热 h_{lat}、热传导 K_l、液态熔 h_l 和液体材质密度 ρ_d。这些参数大都是颗粒温度 T_d 的函数, 可以根据试验数据, 采用多项式拟合的方法得到。式(4-128)～式(4-135)给出了这些参数的计算公式。

$$\sigma = a_\sigma (1 - T_r)^{b_\sigma + c_\sigma T_r + d_\sigma T_r^2 + e_\sigma T_r^3} \tag{4-128}$$

$$\mu_l = e^{\min\left(-5.926, a_\mu + \frac{b_\mu}{T_d} + c_\mu \ln T_d + d_\mu T_d^{e_\mu}\right)} \tag{4-129}$$

$$p_v = e^{a_p + \frac{b_p}{T_d} + c_p \ln T_d + d_p T_d^{e_p}} \tag{4-130}$$

$$c_{p,d} = a_{cp} + b_{cp}T_d + c_{cp}T_d^2 + d_{cp}T_d^3 + e_{cp}T_d^4 + f_{cp}T_d^5 \tag{4-131}$$

$$h_{lat} = a_{hl}\ (1 - T_r)^{\ b_{hl} + c_{hl}T_r + d_{hl}T_r^2 + e_{hl}T_r^3} \tag{4-132}$$

$$K_l = a_k + b_kT_d + c_kT_d^2 + d_kT_d^3 + e_kT_d^4 + f_kT_d^5 \tag{4-133}$$

$$h_l = a_h + b_hT_d + c_hT_d^2 + d_hT_d^3 + e_hT_d^4 + f_hT_d^5 \tag{4-134}$$

$$\rho_d = \frac{a_\rho}{b_\rho^{1+(1-T_d/c_\rho)^{d_\rho}}} \tag{4-135}$$

以上表达式中，$T_r = \dfrac{T_d}{T_c}$，T_c 为液体的临界温度。

4.11.4　数值方法

定常气粒两相间的耦合计算方法是由 C. T. Crowe 提出来的，称为 PSIC 方法（Particle Source In Cell），又称为轨迹方法（Trajectory method）；非定常的气粒两相间的耦合计算需要更加精确的方法——离散元方法（Discrete Element Method）。在本小节中，首先给出气相控制方程的数值方法，然后介绍颗粒相动量方程的求解。在气粒两相流的计算中，还会涉及液体射流的雾化、颗粒的破碎、碰撞和蒸发。

4.11.4.1　气相控制方程的数值方法

1. 有限体积法

结构网格上的离散方法一般分为：① 有限差分法（Finite Difference Method，FDM）；② 有限体积法（Finite Volume Method，FVM）；③ 有限元法（Finite Element Method，FEM）。下面对有限差分法和有限体积法作简单对比。

有限差分法是求解偏微分方程最早采用的方法，出发点是差分形式的守恒方程。求解区域被离散成有限个网格点（Grids），物理量一般定义在网格点上。在网格点上，推导偏微分方程的差分方程，然后求解得到的差分方程（代数方程）。

理论上，有限差分法可以用于任意的网格类型，但是，有限差分法目前仅仅用于结构网格；有限差分法易于构造高阶格式；除非作特别处理，有限差分法一般不易满足几何守恒律。

有限体积法的出发点是控制方程的积分形式。计算区域被离散成有限个控制体积（Control Volumes，CVs），在这些控制体积上应用守恒方程，物理量一般定义在体积的中心，体积单元面上值通过插值得到。应用高斯定理和积分中值定理将体积分转变为面积分，得到守恒方程离散的代数形式。

有限体积法保证离散是守恒的，并且可以直接用在非结构网格中，因此被众多商业软件和程序所采用。与有限差分法相比，有限体积法在三维时不易于构造二阶以上的格式。

目前，有限体积法可以大致分为两类：格心有限体积法和格点有限体积法，如图 4-64 所示。格心有限体积法将物理量一般定义在网格的中心，网格就是控制体积；格点有限体积法将物理量定义在网格点上，控制体积的面定义在网格线的中间。采用格心有限体积法，这也是目前用得最多的有限体积法。

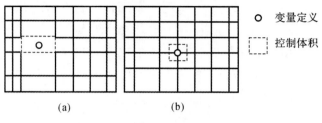

○ 变量定义

▢ 控制体积

图　4-64

（a）格心有限体积法；　（b）格点有限体积法

2. 控制方程的离散

将控制方程在上述控制体积上积分，式（4-30）可以写成

$$\iiint_V \frac{\partial \widetilde{Q}}{\partial t}\,\mathrm{d}V + \iiint_V \nabla \cdot (H - H_v)\,\mathrm{d}V = \iiint_V S\,\mathrm{d}V \qquad (4-136)$$

式中，$\nabla = \dfrac{\partial}{\partial \xi} + \dfrac{\partial}{\partial \eta} + \dfrac{\partial}{\partial \zeta}$；$H = (\widetilde{F}, \widetilde{G}, \widetilde{E})$；$\widetilde{H}_v = (\widetilde{F}_v, \widetilde{G}_v, \widetilde{E}_v)$；$S = S_g + S_l$。

应用 Gauss 定理和积分中值定理，式（4-136）可以写为

$$\frac{\partial \overline{\widetilde{Q}}}{\partial t} \cdot \forall + \iint_s n \cdot (H - H_v)\,\mathrm{d}s = \overline{S} \cdot \forall \qquad (4-137)$$

式中，$\overline{\widetilde{Q}} = \dfrac{1}{\forall}\iiint_V \widetilde{Q}\,\mathrm{d}V$，$\overline{S} = \dfrac{1}{\forall}\iiint_V S\,\mathrm{d}V$。

若网格单元 (i,j,k) 的体积记为 V_{ijk}，$\delta \overline{\widetilde{Q}} = \overline{\widetilde{Q}}^{\,n+1} - \overline{\widetilde{Q}}^{\,n}$，对式（4-137）采用隐式离散，则有

$$V_{ijk}\frac{\delta \overline{\widetilde{Q}}}{\Delta t} = (H_v - H)_{i+\frac{1}{2}jk}^{n+1} \cdot (ns)_{i+\frac{1}{2}jk} - (H_v - H)_{i-\frac{1}{2}jk}^{n+1} \cdot (ns)_{i-\frac{1}{2}jk} +$$

$$(H_v - H)_{ij+\frac{1}{2}k}^{n+1} \cdot (ns)_{ij+\frac{1}{2}k} - (H_v - H)_{ij-\frac{1}{2}k}^{n+1} \cdot (ns)_{ij-\frac{1}{2}k} +$$

$$(H_v - H)_{ijk+\frac{1}{2}}^{n+1} \cdot (ns)_{ijk+\frac{1}{2}} - (H_v - H)_{ijk-\frac{1}{2}}^{n+1} \cdot (ns)_{ijk-\frac{1}{2}} + \overline{S}^{n+1} \cdot V_{ijk}$$

$$(4-138)$$

对于格心有限体积，格心的变量值是网格平均值的二阶近似，因此，式（4-138）中的平均值可以用格心值来代替。为书写方便，以下不再区分格心值与平均值，并统一采用上标"～"表示。

在计算坐标系下：

$$\left.\begin{aligned}V_{ijk} &= \Delta\xi\Delta\eta\Delta\zeta \\ s_{i+\frac{1}{2}jk} &= \Delta\eta\Delta\zeta \\ s_{ij+\frac{1}{2}k} &= \Delta\xi\Delta\zeta \\ s_{ijk+\frac{1}{2}} &= \Delta\xi\Delta\eta\end{aligned}\right\} \qquad (4-139)$$

$$\left.\begin{aligned}n_{i+\frac{1}{2}jk} &= i \\ n_{ij+\frac{1}{2}k} &= j \\ n_{ijk+\frac{1}{2}} &= k\end{aligned}\right\} \qquad (4-140)$$

将式（4-139）和式（4-140）代入式（4-138）中，就得到计算坐标系下控制方程的有限体

积法离散：

$$\frac{\delta\widetilde{\boldsymbol{Q}}_{ijk}}{\Delta t} + \frac{\widetilde{\boldsymbol{F}}^{n+1}_{i+\frac{1}{2}jk} - \widetilde{\boldsymbol{F}}^{n+1}_{i-\frac{1}{2}jk}}{\Delta\xi} + \frac{\widetilde{\boldsymbol{G}}^{n+1}_{ij+\frac{1}{2}k} - \widetilde{\boldsymbol{G}}^{n+1}_{ij-\frac{1}{2}k}}{\Delta\eta} + \frac{\widetilde{\boldsymbol{E}}^{n+1}_{ijk+\frac{1}{2}} - \widetilde{\boldsymbol{E}}^{n+1}_{ijk-\frac{1}{2}}}{\Delta\zeta} =$$

$$\frac{1}{R_{e\infty}}\left(\frac{\widetilde{\boldsymbol{F}}^{n+1}_{Vi+\frac{1}{2}jk} - \widetilde{\boldsymbol{F}}^{n+1}_{Vi-\frac{1}{2}jk}}{\Delta\xi} + \frac{\widetilde{\boldsymbol{G}}^{n+1}_{Vij+\frac{1}{2}k} - \widetilde{\boldsymbol{G}}^{n+1}_{Vij-\frac{1}{2}k}}{\Delta\eta} + \frac{\widetilde{\boldsymbol{E}}^{n+1}_{Vijk+\frac{1}{2}} - \widetilde{\boldsymbol{E}}^{n+1}_{Vijk-\frac{1}{2}}}{\Delta\zeta}\right) + \widetilde{\boldsymbol{S}}^{n+1}_{ijk} \quad (4-141)$$

3. LU‑SGS 隐式方法

对于化学非平衡流动,受格式稳定性的影响,显式计算格式需要很小的时间步长;同时,由于化学反应的存在,给计算带来了刚性问题。为了克服这些问题,需要采用隐式的处理方法。

LU‑SGS(Lower‑Upper Symmetric Gauss Seidel)隐式迭代方法是近年来发展的一种适于定常流计算的简单、高效的迭代方法。它避免了块矩阵的求逆,因而耗时较少,这对包含大量组分方程的化学非平衡流计算显得尤为重要。

为了对式(4‑141)作隐式处理,关键是如何线化隐式部分。

(1) 无黏通量的线化。采用 Steger-Warming 分裂来线化隐式部分。以 ξ 方向为例,采用一阶通量公式

$$\widetilde{\boldsymbol{F}}_{i+\frac{1}{2}jk} = \widetilde{\boldsymbol{F}}^{+}_{ijk} + \widetilde{\boldsymbol{F}}^{-}_{i+1jk} \quad (4-142)$$

令

$$\left.\begin{array}{l}\widetilde{\boldsymbol{A}} = \dfrac{\partial\widetilde{\boldsymbol{F}}}{\partial\widetilde{\boldsymbol{Q}}} \\[2mm] \widetilde{\boldsymbol{B}} = \dfrac{\partial\widetilde{\boldsymbol{G}}}{\partial\widetilde{\boldsymbol{Q}}} \\[2mm] \widetilde{\boldsymbol{C}} = \dfrac{\partial\widetilde{\boldsymbol{E}}}{\partial\widetilde{\boldsymbol{Q}}}\end{array}\right\} \quad (4-143)$$

则有

$$\widetilde{\boldsymbol{F}}_{i+\frac{1}{2}jk} = \frac{1}{2}(\widetilde{\boldsymbol{F}}_{ijk} + \widetilde{\boldsymbol{F}}_{i+1jk}) - \frac{1}{2}(|\widetilde{\boldsymbol{A}}|_{i+1jk}\widetilde{\boldsymbol{Q}}_{i+1jk} - |\widetilde{\boldsymbol{A}}|_{ijk}\widetilde{\boldsymbol{Q}}_{ijk}) \quad (4-144)$$

$$|\widetilde{\boldsymbol{A}}| = \widetilde{\boldsymbol{A}}^{+} - \widetilde{\boldsymbol{A}}^{-} \quad (4-145)$$

如果冻结 $|\widetilde{\boldsymbol{A}}|_{ijk}$ 和 $|\widetilde{\boldsymbol{A}}|_{i+1jk}$,对式(4‑144)求导就有

$$\frac{\partial\widetilde{\boldsymbol{F}}_{i+\frac{1}{2}jk}}{\partial\widetilde{\boldsymbol{Q}}^{n}_{ijk}} = \frac{1}{2}(|\widetilde{\boldsymbol{A}}|^{n}_{ijk} + \widetilde{\boldsymbol{A}}^{n}_{ijk}) = \widetilde{\boldsymbol{A}}^{+n}_{ijk} \quad (4-146)$$

$$\frac{\partial\widetilde{\boldsymbol{F}}_{i+\frac{1}{2}jk}}{\partial\widetilde{\boldsymbol{Q}}^{n}_{i+1jk}} = \frac{1}{2}(\widetilde{\boldsymbol{A}}^{n}_{i+1jk} - |\widetilde{\boldsymbol{A}}|^{n}_{i+1jk}) = \widetilde{\boldsymbol{A}}^{-n}_{i+1jk} \quad (4-147)$$

根据 Tyalor 展开

$$\widetilde{\boldsymbol{F}}^{n+1}_{i+\frac{1}{2}jk} = \widetilde{\boldsymbol{F}}^{n}_{i+\frac{1}{2}jk} + \frac{\partial\widetilde{\boldsymbol{F}}^{n}_{i+\frac{1}{2}jk}}{\partial\widetilde{\boldsymbol{Q}}^{n}_{ijk}}\delta\widetilde{\boldsymbol{Q}}_{ijk} + \frac{\partial\widetilde{\boldsymbol{F}}^{n}_{i+\frac{1}{2}jk}}{\partial\widetilde{\boldsymbol{Q}}^{n}_{i+1jk}}\delta\widetilde{\boldsymbol{Q}}_{i+1jk} + \cdots = \widetilde{\boldsymbol{F}}^{n}_{i+\frac{1}{2}jk} + \boldsymbol{A}^{+n}_{ijk}\delta\widetilde{\boldsymbol{Q}}_{ijk} + \boldsymbol{A}^{-n}_{i+1jk}\delta\widetilde{\boldsymbol{Q}}_{i+1jk} + \cdots$$

$$(4-148)$$

注意,式(4‑148)中 $\delta\widetilde{\boldsymbol{Q}}$ 是对时间的差分。

同理可得

$$\widetilde{\boldsymbol{F}}^{n+1}_{i-\frac{1}{2}jk} = \widetilde{\boldsymbol{F}}^{n}_{i-\frac{1}{2}jk} + \frac{\partial\widetilde{\boldsymbol{F}}^{n}_{i-\frac{1}{2}jk}}{\partial\widetilde{\boldsymbol{Q}}^{n}_{i-1jk}}\delta\widetilde{\boldsymbol{Q}}_{i-1jk} + \frac{\partial\widetilde{\boldsymbol{F}}^{n}_{i-\frac{1}{2}jk}}{\partial\widetilde{\boldsymbol{Q}}^{n}_{ijk}}\delta\widetilde{\boldsymbol{Q}}_{ijk} + \cdots = \widetilde{\boldsymbol{F}}^{n}_{i-\frac{1}{2}jk}n + \boldsymbol{A}^{+n}_{i-1jk}\delta\widetilde{\boldsymbol{Q}}_{i-1jk} + \boldsymbol{A}^{-n}_{ijk}\delta\widetilde{\boldsymbol{Q}}_{ijk} + \cdots$$

$$(4-149)$$

对 η,ζ 方向作同样处理,这里不再叙述。

(2)黏性通量的线化。黏性通量的线化比较复杂,在这里不作推导。

(3)源项的线化。当应用耦合方法对化学非平衡流场进行数值模拟时,需要对化学非平衡源项作隐式处理。该隐式处理导致了迭代矩阵的非对角化,在计算过程中需要对矩阵进行求逆运算,降低了采用 LU - SGS 方法进行隐式求解的优越性。为提高耦合方法的计算效率,采用了对角化方法。

对于气粒相间耦合源项 $\widetilde{S}_l^{n+1}$,不作隐式处理。化学反应源项 $\widetilde{S}_g^{n+1}$ 可以线化为

$$\widetilde{S}_g^{n+1} = \widetilde{S}_g^n + \left(\frac{\partial \widetilde{S}_g}{\partial \widetilde{Q}}\right)^n \delta \widetilde{Q} = \widetilde{S}_g^n + D^n \delta \widetilde{Q} \qquad (4-150)$$

矩阵 D^n 可令为如下对角化形式:

$$D^n = \text{diag}\left\{\beta \sqrt{\sum_j \left(\frac{\partial \omega_i}{\partial \rho_j}\right)^2}\right\}, \quad \beta \geqslant 1 \qquad (4-151)$$

利用 $\Delta\xi = \Delta\eta = \Delta\zeta = 1$,并且有 $\widetilde{A}^{\pm} = \frac{1}{2}(\widetilde{A} \pm \rho(\widetilde{A})I), \widetilde{B}^{\pm} = \frac{1}{2}(\widetilde{B} \pm \rho(\widetilde{B})I), \widetilde{C}^{\pm} = \frac{1}{2}(\widetilde{C} \pm \rho(\widetilde{C})I)$,这里 $\rho(\cdot)$ 表示矩阵·的谱半径。通过以上对无黏项、黏性项和化学反应源项的线化后,方程式(4-151)变成

$$[I + \Delta t(\rho(\widetilde{A}) + \rho(\widetilde{B}) + \rho(\widetilde{C})) - \Delta t D_{ijk}^n]\delta\widetilde{Q}_{ijk} +$$
$$\Delta t(\widetilde{A}_{i+1jk}^{-n}\delta\widetilde{Q}_{i+1jk} + \widetilde{B}_{ij+1k}^{-n}\delta\widetilde{Q}_{ij+1k} + \widetilde{C}_{ijk+1}^{-n}\delta\widetilde{Q}_{ijk+1}) -$$
$$\Delta t(\widetilde{A}_{i-1jk}^{+n}\delta\widetilde{Q}_{i-1jk} + \widetilde{B}_{ij-1k}^{+n}\delta\widetilde{Q}_{ij-1k} + \widetilde{C}_{ijk-1}^{+n}\delta\widetilde{Q}_{ijk-1}) = \Delta t \cdot RHS \qquad (4-152)$$

式中 $$RHS = -\left(\frac{\partial\widetilde{F}}{\partial\xi} + \frac{\partial\widetilde{G}}{\partial\eta} + \frac{\partial\widetilde{E}}{\partial\zeta}\right)^n + \frac{1}{Re_\infty}\left(\frac{\partial\widetilde{F}_v}{\partial\xi} + \frac{\partial\widetilde{G}_v}{\partial\eta} + \frac{\partial\widetilde{E}_v}{\partial\zeta}\right)^n + S^n$$

在所有边界上,令 $\delta\widetilde{Q} = 0$。

应用 LU - SGS 方法,式(4-152)可分为两步扫描:

第一步:
$$[I + \Delta t(\rho(\widetilde{A}) + \rho(\widetilde{B}) + \rho(\widetilde{C})) - \Delta t D_{ijk}^n]\delta\overline{Q}_{ijk} -$$
$$\Delta t(\widetilde{A}_{i-1jk}^{+n}\delta\widetilde{Q}_{i-1jk} + \widetilde{B}_{ij-1k}^{+n}\delta\widetilde{Q}_{ij-1k} + \widetilde{C}_{ijk-1}^{+n}\delta\widetilde{Q}_{ijk-1}) = \Delta t RHS \qquad (4-153)$$

第二步:
$$[I + \Delta t(\rho(\widetilde{A}) + \rho(\widetilde{B}) + \rho(\widetilde{C}))]\delta\widetilde{Q}_{ijk} + \Delta t(\widetilde{A}_{i+1jk}^{-n}\delta\widetilde{Q}_{i+1jk} + \widetilde{B}_{ij+1k}^{-n}\delta\widetilde{Q}_{ij+1k} + \widetilde{C}_{ijk+1}^{-n}\delta\widetilde{Q}_{ijk+1}) =$$
$$[1 + \Delta t(\rho(\widetilde{A}) + \rho(\widetilde{B}) + \rho(\widetilde{C}))]\delta\overline{Q}_{ijk} \qquad (4-154)$$

4. 无黏对流项的离散

无黏对流项的离散在 CFD 中具有很重要的地位。非定常方程组式(4-30)是双曲型方程组,如何处理好计算空间中可能产生的间断,即在流场中可能产生的激波,这一问题是构造求解该方程的计算方法的核心技术。目前已有的计算方法绝大多数是采用时间相关法取得定态流动解,对流场中可能存在的激波是自动捕捉的。构造此类方法时必须考虑以下原则:① 数值离散的方程必须满足气体动力学的守恒定律;② 必须能自动捕捉到激波和接触间断;③ 定常解必须与时间积分的形式无关;④ 流场中的不变量在数值解中必须仍为不变量;⑤ 均匀流必须是任意网格中差分方程的正确解之一。

差分格式一般可分成迎风型和中心型两大类格式。迎风型格式的早期典型是 Lax 和 Godunov格式,实际上是特征线构成的格式。迎风格式的计算精度低,只有一阶,且由于格式

的耗散性,使激波在几个网格的距离内被抹平了。但迎风格式具有计算解是单调的、不会发生振荡这一突出特点。中心差分格式具有二阶精度,可以较正确地给出激波的位置,减弱了激波抹平现象,但解却丧失了单调特性,在激波处出现了振荡现象。因而构造一个既能保持解的单调性,又具有高阶精度的数值格式就成了近一二十年来计算流体力学工作者努力的目标。

为使解具有保单调性和高阶精度,Van Leer 提出了 MUSCL(Monotonic Upwind Scheme for Conservation Laws)方法。将其用于矢通量分裂格式中,首先将格心的值插值到网格面上,然后再在网格面上进行通量分裂。

采用 MUSCL 方法后,$\dfrac{\partial \widetilde{F}}{\partial \xi}$ 可以表示为

$$\frac{\partial \widetilde{F}}{\partial \xi} = \widetilde{F}^+ \ (\widetilde{Q}_{i+\frac{1}{2}}^L) - \widetilde{F}^+ \ (\widetilde{Q}_{i-\frac{1}{2}}^L) + \widetilde{F}^- \ (\widetilde{Q}_{i+\frac{1}{2}}^R) - \widetilde{F}^- \ (\widetilde{Q}_{i-\frac{1}{2}}^R) \qquad (4-155)$$

这种 MUSCL 形式的分裂格式比原始的分裂格式具有更多的优势:① 矢通量是按照控制体积面上的当地马赫数进行分裂的,不像原始分裂那样按格心分裂后再插值到边界处,因而更易于保证单调性;② 在通过声速点或驻点时,一般通量 $\widetilde{F}$ 比守恒量 $\widetilde{Q}$ 更不可微,这在 Steger-Warming 分裂格式中更为明显;③ MUSCL 更容易向多维推广。

MUSCL 的插值变量可以是守恒变量,也可以是原始变量 (ρ,u,v,w,p,Y_i)。对于化学反应,采用原始变量比采用守恒变量更加方便且压强不易出负,因此插值变量采用原始变量。

常用的迎风偏置 MUSCL 型格式可以写为

$$\begin{aligned}\widetilde{Q}_{i+1/2}^L &= \widetilde{Q}_i + \frac{1}{4}\left[(1-k)\,(\widetilde{Q}_i - \widetilde{Q}_{i-1}) + (1+k)\,(\widetilde{Q}_{i+1} - \widetilde{Q}_i)\right]\\ \widetilde{Q}_{i+1/2}^R &= \widetilde{Q}_{i+1} - \frac{1}{4}\left[(1-k)\,(\widetilde{Q}_{i+2} - \widetilde{Q}_{i+1}) + (1+k)\,(\widetilde{Q}_{i+1} - \widetilde{Q}_i)\right]\end{aligned} \qquad (4-156)$$

$k=-1$,为完全一侧;$k=+1$,为二阶中心差分格式;$k=0$,Fromm 格式;$k=\dfrac{1}{3}$ 为三阶迎风偏置格式。

采用式(4-156)的迎风偏置格式时,为了防止在激波附近解的过冲或过膨胀,需要采用限制器(Limiter)。使用不同的限制器往往会对解的收敛性或结果产生不同的影响。计算表明,采用 Van Albada 限制器具有较好的稳定性和收敛性,因此,采用该限制器。Van Albada 限制器可以表达为

$$S = \max\left(\frac{2(\widetilde{Q}_i - \widetilde{Q}_{i-1})\,(\widetilde{Q}_{i+1} - \widetilde{Q}_i) + \varepsilon}{(\widetilde{Q}_i - \widetilde{Q}_{i-1})^2 + (\widetilde{Q}_{i+1} - \widetilde{Q}_i)^2 + \varepsilon}, 0\right) \qquad (4-157)$$

ε 为一个小数,Anderson 建议取为 $\varepsilon=10^{-6}$。在化学反应流的计算中,可以认为 $\varepsilon=10^{-20}$ 比较合理。

采用限制器后的式(4-157)可以写为

$$\begin{aligned}\widetilde{Q}_{i+1/2}^L &= \widetilde{Q}_i + S/4\left[(1-kS)\,(\widetilde{Q}_i - \widetilde{Q}_{i-1}) + (1+kS)\,(\widetilde{Q}_{i+1} - \widetilde{Q}_i)\right]\\ \widetilde{Q}_{i+1/2}^R &= \widetilde{Q}_{i+1} - S/4\left[(1-kS)\,(\widetilde{Q}_{i+2} - \widetilde{Q}_{i+1}) + (1+kS)\,(\widetilde{Q}_{i+1} - \widetilde{Q}_i)\right]\end{aligned} \qquad (4-158)$$

Anderson 等人认为,将带有限制器的 MUSCL 用于 Steger-Warming 方法中去可以使解在声速处不发生振荡。特别是化学反应流的计算,Steger-Warming 分裂格式表现出了良好的稳定性和收敛性,鉴于以上几点,这里采用 Steger-Warming 分裂格式计算网格面上的通量。

在计算坐标系下,矢通量 $\widetilde{H}$(分别代表 $\widetilde{F},\widetilde{G}$ 和 $\widetilde{E}$) 的特征值 λ_i 为

$$\lambda_1 = \lambda_2 = \lambda_3 = \lambda_6 = n_x u + n_y v + n_z w = U$$

$$\lambda_4 = U + c\sqrt{n_x^2 + n_y^2 + n_z^2} \qquad (4-159)$$

$$\lambda_5 = U - c\sqrt{n_x^2 + n_y^2 + n_z^2}$$

式中,c 为声速;$n = \xi, \eta, \zeta$,代表三个坐标方向。

则矢通量 $\widetilde{H}$ 可以分解成特征值的形式:

$$\widetilde{H} = \lambda_1 \boldsymbol{H}_1 + \lambda_4 \boldsymbol{H}_4 + \lambda_5 \boldsymbol{H}_5 \qquad (4-160)$$

令 $\bar{n}_x = n_x / \sqrt{n_x^2 + n_y^2 + n_z^2}$,$\bar{n}_y = n_y / \sqrt{n_x^2 + n_y^2 + n_z^2}$,$\bar{n}_z = n_z / \sqrt{n_x^2 + n_y^2 + n_z^2}$,有

$$\boldsymbol{H}_1 = \frac{\alpha_e}{\alpha_e + 1} \begin{bmatrix} \rho \\ \rho u \\ \rho v \\ \rho w \\ \rho E_t - p/\alpha_e \\ \rho_i \end{bmatrix} \qquad (4-161)$$

$$\boldsymbol{H}_4 = \frac{1}{2(\alpha_e + 1)} \begin{bmatrix} \rho \\ \rho u + \rho c \bar{n}_x \\ \rho v + \rho c \bar{n}_y \\ \rho w + \rho c \bar{n}_z \\ \rho E_t + p + \rho c U \\ \rho_i \end{bmatrix} \qquad (4-162)$$

$$\boldsymbol{H}_5 = \frac{1}{2(\alpha_e + 1)} \begin{bmatrix} \rho \\ \rho u - \rho c \bar{n}_x \\ \rho v - \rho c \bar{n}_y \\ \rho w - \rho c \bar{n}_z \\ \rho E_t + p - \rho c U \\ \rho_i \end{bmatrix} \qquad (4-163)$$

对于完全气体,$\alpha_e = \gamma - 1$;对于化学反应,$\alpha_e = \dfrac{\widehat{R}}{c_v} \dfrac{1}{\overline{M}}$。

将特征值 λ_i 分裂成 λ_i^+ 和 λ_i^- 之和,即有

$$\lambda_i^{\pm} = \frac{1}{2}(\lambda_i \pm |\lambda_i|) \qquad (4-164)$$

将 λ_i^+ 和 λ_i^- 带入到式(4-161)~式(4-163),就可以得到 $\widetilde{H}^+$ 和 $\widetilde{H}^-$。由于 Steger-Warming 分裂后的通量在声速点不连续可微,会引起一些小振荡。Steger 建议在特征值分裂公式中加入小量 ε:

$$\lambda_i^{\pm} = \frac{\lambda_i \pm \sqrt{\lambda_i^2 + \varepsilon^2}}{2} \qquad (4-165)$$

5. 非定常双时间步 LU-SGS 方法

目前普遍采用的非定常计算方法主要有双时间步方法和物理时间迭代方法。双时间步方

法有许多好处:① 原来用于定常计算的预处理技术、当地时间步、对角化、多重网格都可以应用到计算中;② 双时间法可以降低通量线性化误差和近似因子分解误差,放宽了稳定性限制;③ 利用双时间步方法可以方便地把一个定常计算的程序转化为非定常计算的程序。目前,双时间步方法已经成功应用到翼型、运动激波和非平衡化学反应的计算中。

对于双时间步方法,需要引入一个伪时间 τ,则方程式(4-136)变为

$$\iiint_V \frac{\partial \widetilde{\boldsymbol{Q}}}{\partial \tau} \mathrm{d}V + \iiint_V \frac{\partial \boldsymbol{Q}}{\partial t} \mathrm{d}V + \iiint_V \boldsymbol{V}(\boldsymbol{H}-\boldsymbol{H}_v)\,\mathrm{d}V = \iiint_V \boldsymbol{S}\,\mathrm{d}V \tag{4-166}$$

如果 $\dfrac{\partial \widetilde{\boldsymbol{Q}}}{\partial \tau}=0$,上述方程就退化到原来的控制方程。

令

$$\boldsymbol{RHS}(\widetilde{\boldsymbol{Q}}^{n+1}) = -\iint_s (\boldsymbol{H}-\boldsymbol{H}_v)^{n+1}\boldsymbol{n}\,\mathrm{d}s + \iiint_V \boldsymbol{S}^{n+1}\,\mathrm{d}V \tag{4-167}$$

引入伪时间上标 m,对式(4-166)进行隐式差分,就得到

$$\forall\, \frac{(1+\varphi)\delta\widetilde{\boldsymbol{Q}}^{m+1}-\varphi\delta\widetilde{\boldsymbol{Q}}^{m}}{\Delta\tau} + \forall\, \frac{(1+\Phi)(\widetilde{\boldsymbol{Q}}^{m+1}-\widetilde{\boldsymbol{Q}}^{n})-\Phi\delta\widetilde{\boldsymbol{Q}}^{n-1}}{\Delta t} = \boldsymbol{RHS}(\widetilde{\boldsymbol{Q}}^{m+1}) \tag{4-168}$$

当 $\Phi=0$ 时,式(4-168)是一阶时间精度;当 $\Phi=0.5$ 时,式(4-168)是二阶时间精度。式(4-168)中取 $\varphi=0,\Phi=0.5$,就有

$$\forall\, \frac{\delta\widetilde{\boldsymbol{Q}}^{m+1}}{\Delta\tau} + \forall\, \frac{3\widetilde{\boldsymbol{Q}}^{m+1}-4\widetilde{\boldsymbol{Q}}^{n}+\widetilde{\boldsymbol{Q}}^{n-1}}{2\Delta t} = \boldsymbol{RHS}(\widetilde{\boldsymbol{Q}}^{m+1}) \tag{4-169}$$

令

$$\overline{\boldsymbol{RHS}}(\widetilde{\boldsymbol{Q}}^{m+1}) = -\frac{3\widetilde{\boldsymbol{Q}}^{m}-4\widetilde{\boldsymbol{Q}}^{n}+\widetilde{\boldsymbol{Q}}^{n-1}}{2\Delta t} + \frac{1}{\forall}\boldsymbol{RHS}(\widetilde{\boldsymbol{Q}}^{m+1}) \tag{4-170}$$

式(4-169)变为

$$\left(\frac{1}{\Delta\tau}+\frac{3}{2\Delta t}\right)\delta\widetilde{\boldsymbol{Q}}^{m+1} = \overline{\boldsymbol{RHS}}(\widetilde{\boldsymbol{Q}}^{m+1}) \tag{4-171}$$

对式(4-171)同样进行线化处理,利用 LU-SGS 方法,我们可以得到双时间步形式的 LU-SGS 隐式迭代公式:

$$\left[\left(1+\frac{3\Delta\tau}{2\Delta t}\right)\boldsymbol{I}+\Delta\tau(\rho(\widetilde{\boldsymbol{A}})+\rho(\widetilde{\boldsymbol{B}})+\rho(\widetilde{\boldsymbol{C}}))-\Delta\tau\boldsymbol{D}_{ijk}^{n}\right]\delta\widetilde{\boldsymbol{Q}}_{ijk}^{m+1}+$$

$$\Delta\tau(\widetilde{\boldsymbol{A}}_{i+1jk}^{-m}\delta\widetilde{\boldsymbol{Q}}_{i+1jk}^{m+1}+\widetilde{\boldsymbol{B}}_{ij+1k}^{-m}\delta\widetilde{\boldsymbol{Q}}_{ij+1k}^{m+1}+\widetilde{\boldsymbol{C}}_{ijk+1}^{-m}\delta\widetilde{\boldsymbol{Q}}_{ijk+1}^{m+1})-$$

$$\Delta\tau(\widetilde{\boldsymbol{A}}_{i-1jk}^{+m}\delta\widetilde{\boldsymbol{Q}}_{i-1jk}^{m+1}+\widetilde{\boldsymbol{B}}_{ij-1k}^{+m}\delta\widetilde{\boldsymbol{Q}}_{ij-1k}^{m+1}+\widetilde{\boldsymbol{C}}_{ijk-1}^{+m}\delta\widetilde{\boldsymbol{Q}}_{ijk-1}^{m+1})=$$

$$\frac{\Delta\tau}{V_{ijk}}\boldsymbol{RHS}(\widetilde{\boldsymbol{Q}}^{m})-\Delta\tau\,\frac{3\widetilde{\boldsymbol{Q}}^{m}-4\widetilde{\boldsymbol{Q}}^{n}+\widetilde{\boldsymbol{Q}}^{n-1}}{2\Delta t} \tag{4-172}$$

式(4-172)与式(4-171)作同样的两步扫描,这里不再给出其计算公式。

4.11.4.2 颗粒相控制方程的数值方法

颗粒相控制方程为常微分方程,对这些方程组,我们采用时间隐式差分求解。以动量方程为例,式(4-83)可以写成

$$\frac{\mathrm{d}\boldsymbol{V}_d}{\mathrm{d}t} = \frac{\boldsymbol{V}-\boldsymbol{V}_d}{\tau_M}+\boldsymbol{g} \tag{4-173}$$

采用时间隐式差分,式(4-173)可以写为

$$\frac{V_d^{n+1} - V^n}{\Delta t_d} = \frac{V^n - V_d^{n+1}}{\tau_M} + g \tag{4-174}$$

即

$$V_d^{n+1} = \frac{\left(V_d^n + \dfrac{\Delta t_d}{\tau_M} V^n + \Delta t_d g\right)}{1 + \dfrac{\Delta t_d}{\tau_M}} \tag{4-175}$$

为了获得颗粒瞬时的速度和位置,需要求解式(4-82)以及式(4-83)。对于定常流和非定常流,分别采用轨迹法和离散元方法积分式(4-82)和式(4-83)。

1. 轨迹法

轨迹法仅适用于定常的和稀疏两相流动。假设液体喷雾以固定的流量喷入流场。液体射流可以离散成一系列的轨迹,假设初始的颗粒速度和质量已知,那么,颗粒的速度可以通过积分式(4-83)式得到。轨迹法的计算流程如图4-65所示。

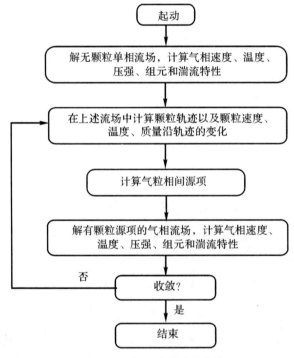

图4-65 轨迹法的计算流程

轨迹法的计算分四步:

(1)首先求解没有颗粒的气相流场,得到气相流场的速度、压强、密度、湍流以及组分信息;

(2)在上述流场中积分颗粒的轨迹,直到颗粒运动出计算区域或者完全蒸发;

(3)计算相间耦合源项,将源项代回气相控制方程,求解气相控制方程;

(4)重复(2)~(3),直到气粒两相收敛。

轨迹法计算方法比较简单,易于实现并行计算,但一个重要的困难就是如何处理湍流对轨迹的影响。目前有两种方法处理湍流的效应:① 确定轨迹模型(DSF);② 随机轨迹模型(SSF)。确定轨迹模型顾名思义就是不考虑湍流的颗粒扩散效应,这样轨迹法仅需要计算一次颗粒的轨迹,颗粒的初始状态决定了颗粒的轨迹。随机轨迹模型最早由 Gosman(1981 年)提出。

2. 离散元法

如果流动是非定常的或者是稠密两相流动(颗粒之间的碰撞比较重要),那么就需要更加一般的离散元方法。在该方法中,瞬时追踪独立的颗粒或者颗粒样本。理论上,对每一个颗粒进行追踪是最精确的,但计算上是不可行的。往往采用 Monte - Carlo 方法来模拟大量的颗粒,把颗粒用不同的颗粒样本来代表,每个样本代表性质相同的大量颗粒,实际计算时仅仅对这些颗粒样本进行追踪。这些颗粒样本就称为离散元。

离散元方法计算分为以下四步:

(1) 给定初始气相流场;

(2) 在气相时间步长内求解颗粒动量方程、质量方程和能量方程,计算颗粒的破碎、碰撞以及湍流扩散,得到颗粒在时间步长结束后的性质;

(3) 计算相间耦合源项,将源项代回气相控制方程,求解气相控制方程;

(4) 重复(2) ～ (3),直到气相计算时间结束。

3. 颗粒时间步长的确定

颗粒相的时间步长取决于颗粒的动量松弛时间 τ_M、质量松弛时间 τ_m、传热松弛时间 τ_T、湍流涡团-颗粒作用时间 τ_i 和网格时间尺度 τ_G,最后,颗粒相的时间步长为这些特征时间的最小值,即

$$\Delta t_d = \min(\tau_M, \tau_m, \tau_T, \tau_i, \tau_G) \tag{4-176}$$

前面对颗粒的动量松弛时间、质量松弛时间和传热松弛时间已作了介绍,以下主要介绍网格时间尺度 τ_G 和湍流涡团-颗粒作用时间 τ_i。

(1) 网格时间尺度。如果颗粒的时间步长过大,颗粒可能穿越多个计算网格,颗粒就会经历气体流动的突变,这不仅会引起积分的不精确,同时会给颗粒位置的确定带来困难。因此,网格时间尺度 τ_G 就是用来保证在一个时间步长内颗粒最多穿越一个计算网格。

(2) 湍流涡团-颗粒作用时间。根据 Shuen 等人的结论,颗粒与湍流涡的相互作用时间为颗粒穿越涡团的时间和涡团的生存时间的最小值。这些时间可以通过假设涡团的特征长度等于涡团的耗散长度 l_e 得到。l_e 可以根据下式计算:

$$l_e = \frac{C_\mu^{3/4} k^{3/4}}{\varepsilon} \tag{4-177}$$

则涡团的生存时间为

$$t_e = \frac{l_e}{\sqrt{2k/3}} \tag{4-178}$$

颗粒穿越涡团的时间可以根据颗粒的运动方程得到。假设在涡团内部,流场参数是均匀的,那么就有

$$t_t = -\tau_M \ln\left[1 - \frac{l_e}{(\tau_M |\boldsymbol{V} - \boldsymbol{V}_d|)}\right] \tag{4-179}$$

当 $l_e > \tau_M |V - V_d|$ 时,上式无解。此时,可以认为颗粒被涡团捕获,相互作用时间就是涡团的生存时间。因此

$$
\left.
\begin{array}{ll}
t_i = t_e & \text{if} \quad l_e > \tau_M |V - V_d| \\
t_i = \min(t_t, t_e) & \text{if} \quad l_e \leqslant \tau_M |V - V_d|
\end{array}
\right\}
\tag{4-180}
$$

对于喷雾燃烧的计算,流场中存在多个时间尺度,这些时间尺度可能相差几个量级,例如,颗粒蒸发时间要远远小于流动时间。为了准确计算颗粒的轨道、尺寸和温度,颗粒所需的积分时间步长非常小,当颗粒变得越来越小时,这种限制更加剧烈。对于单相定常化学非平衡流的计算,由于采用源项隐式处理,CFL 数可以取得较大。对于两相计算,颗粒相仍然需要较小的时间步长。为了提高计算效率,将两相的时间步长分开处理。对于定常两相流计算,这种分开处理不会影响气相的计算,因为从 PSIC 算法来看,在每个气相积分时间步内,颗粒的积分时间是从喷入开始到颗粒运动出计算区域或者完全蒸发结束,两相之间是独立计算的;对于非定常两相流计算,在一个气相时间步长内,颗粒相采用子迭代的方法。假设气相的流动时间步长为 Δt_g,颗粒相的时间步长为 Δt_d,那么子迭代的次数就为 $n = \Delta t_g / \Delta t_d$。

4. 随机轨迹模型(SSF)

当颗粒处在湍流流场中时,颗粒要受到湍流的扩散。某些确定性轨道模型采用修正方法考虑湍流扩散。最简单的一种方法是引入"颗粒漂移速度"或"颗粒漂移力"的概念,考虑颗粒扩散造成的轨道变化。另一种方法就是使用随机轨道模型考虑颗粒扩散。随机轨道模型的计算建立在瞬间颗粒运动方程的基础上

$$
\frac{\mathrm{d}V_d}{\mathrm{d}t} = (V + V' - V_d) / \tau_M
\tag{4-181}
$$

式中,$V' = [u' \quad v' \quad w']$ 是气体的脉动速度。随机轨道模型的难点就是如何确定气体的脉动速度。如果假设湍流是各向同性及局部均匀的,且随机速度分布满足 Gaussian PDF 统计分布规律,气体速度的随机取样为

$$
\left.
\begin{array}{l}
u' = \xi \, (\overline{u'^2})^{\frac{1}{2}} \\
v' = \xi \, (\overline{v'^2})^{\frac{1}{2}} \\
w' = \xi \, (\overline{w'^2})^{\frac{1}{2}}
\end{array}
\right\}
\tag{4-182}
$$

式中

$$
(\overline{u'^2})^{\frac{1}{2}} = (\overline{v'^2})^{\frac{1}{2}} = (\overline{w'^2})^{\frac{1}{2}} = \left(\frac{2}{3} k\right)^{\frac{1}{2}}
\tag{4-183}
$$

且 ξ 是 $(0 \sim 1)$ 间的随机数。

由于求解颗粒的轨迹非常耗时,因此,将 SSF 模型应用到三维流场的求解中必须谨慎。在实际应用中采用如下策略:① 根据颗粒所在的位置决定气相的三个速度分量;② 根据颗粒所处位置的湍流性质以及预先给定的湍流 PDF,根据式(4-183)计算气相湍流脉动速度;③ 将湍流脉动速度代入式(4-181)求出颗粒的下一时刻的速度;④ 积分颗粒位置方程得到颗粒下一时刻的位置;⑤ 重复 ① ~ ④,直到颗粒运动出计算区域或者完全消失。

4.11.4.3　边界条件

对于有限体积法,在计算无黏通量和黏性通量时,往往需要扩充一排或者两排网格,这些

扩充的网格单元称为"虚点"(Gost cells)。"虚点"的变量值通过边界条件给定,或者从别的物理块的网格单元得到。

1. 来流／出流条件

对于超燃冲压发动机的数值模拟,来流一般为超声速,根据特征线理论,"虚点"的所有变量的值就等于来流值,即

$$Q_{\text{gost}} = Q_{\text{init}} \qquad (4-184)$$

式中,Q_{gost} 表示"虚点"的变量值;Q_{init} 表示来流变量值。

对于出流,一般为超声速出流,对所有变量,采取线性外插。

对于颗粒相,如果颗粒运动到出流边界,就认为颗粒运动出计算区域,不再跟踪颗粒的运动。

2. 固壁条件

根据边界层理论,边界层内压强梯度为零,即

$$\frac{\partial p}{\partial n} = 0 \qquad (4-185)$$

在壁面上,采用式(4-185)作为压强边界条件。

对于 N-S 方程,采用无滑移壁面条件,即

$$\boldsymbol{V}_{\text{w}} = \boldsymbol{0} \qquad (4-186)$$

式中,下标 w 表示壁面值。

对于 Euler 方程,采用无穿透壁面条件,即

$$\boldsymbol{V}_{\text{n}} = \boldsymbol{0} \qquad (4-187)$$

式中,下标 n 表示壁面法向。

对于等温壁,给定壁面的温度 T_{w},对于绝热壁,壁面的温度梯度为零,即

$$\frac{\partial T}{\partial n} = 0 \qquad (4-188)$$

对于组分方程,视壁面为无催化壁面,组分的质量比数在壁面上的梯度为零,即

$$\frac{\partial Y_i}{\partial n} = 0 \qquad (4-189)$$

对于 k-ε 湍流模型,壁面上的湍动能 k 为零,湍流耗散 ε 也为零,即

$$\left. \begin{array}{l} k_{\text{w}} = 0 \\ \varepsilon_{\text{w}} = 0 \end{array} \right\} \qquad (4-190)$$

对于 k-ω 湍流模型,根据 Wilcox 的建议,壁面上的湍动能 k 为零,ω 根据下式给定:

$$\omega_{\text{w}} = \frac{60\mu}{\rho k \beta_{\text{w}} y^2} \qquad (4-191)$$

式中,$\beta_{\text{w}} = 0.075$;y 为距壁面最近的网格单元的格心到壁面的距离。

对于颗粒相,颗粒碰到壁面后将发生反弹,根据碰撞理论,给定碰撞系数,就可以得到颗粒碰撞后的速度。假设颗粒碰撞前的速度为 $\boldsymbol{V}_p^1$,碰撞后的速度为 $\boldsymbol{V}_p^2$,碰撞系数为 η_{col},那么就有

$$\boldsymbol{V}_p^2 = \boldsymbol{V}_p^1 - (1 + \eta_{col}) U_p \boldsymbol{n} \qquad (4-192)$$

式中,$U_p = u_p^1 n_x + v_p^1 n_y + w_p^1 n_z$;$\boldsymbol{n} = \begin{bmatrix} n_x & n_y & n_z \end{bmatrix}^{\text{T}}$ 为壁面法向单位向量。

3. 对称条件

在对称面两侧,"虚点"的压强、密度、温度和组分的质量比数等于内点的值,即

$$p_{gost} = p_{in}, \quad \rho_{gost} = \rho_{in}, \quad T_{gost} = T_{in}, \quad Y_{i,gost} = Y_{i,in} \qquad (4-193)$$

式中,gost 表示"虚点";in 表示内点。

"虚点"的速度分量可以根据下式确定:

$$\boldsymbol{V}_{gost} = \boldsymbol{V}_{in} - 2\boldsymbol{n}U \qquad (4-194)$$

式中,$U = u_{in}n_x + v_{in}n_y + w_{in}n_z$;$\boldsymbol{n} = [n_x \quad n_y \quad n_z]^T$ 为对称面法向单位向量。

同理,对于颗粒相,颗粒碰到对称面后,假设颗粒碰撞前的速度为 $\boldsymbol{V}_p^1$,碰撞后的速度为 $\boldsymbol{V}_p^2$,那么就有

$$\boldsymbol{V}_p^2 = \boldsymbol{V}_p^1 - 2U_p\boldsymbol{n} \qquad (4-195)$$

4. 喷嘴条件

对于气体燃料,采用"声速喷嘴"条件,即

$$M_{inj} = 1 \qquad (4-196)$$

其他参数根据喷嘴面积、油气比以及燃料总温确定,具体确定过程如下:

假设喷嘴面积为 A_{inj},油气比为 ϕ,当量油气比为 ϕ_{st},燃料总温为 $T_{0,inj}$,来流空气流量为 G_{air},喷嘴个数为 n_{inj},那么燃料的流量 G_{fuel} 就为

$$G_{fuel} = \phi\phi_{st}G_{air}/n_{inj} \qquad (4-197)$$

根据喷流马赫数以及燃料总温,可以迭代出燃料的静温 T_{fuel} 和比热比 γ_{fuel},则喷流速度就为

$$u_{inj} = M_{inj}\sqrt{\gamma_{fuel}RT_{fuel}} \qquad (4-198)$$

则燃料密度和喷流压强为

$$\left.\begin{array}{l} \rho_{inj} = \dfrac{G_{fuel}}{A_{inj}u_{inj}} \\[3mm] p_{inj} = \rho_{inj}RT_{fuel} \end{array}\right\} \qquad (4-199)$$

对于液体燃料,喷流被离散为一系列颗粒轨道(定常流)或者颗粒单元(非定常流)。对应轨迹法和离散元法采取不同的处理方法下面分别叙述。

(1)对轨道法,假设模拟的轨道数目为 n,那么每个轨道的质量流量为

$$\dot{m}_i = \frac{G_{fuel}}{n} \qquad (4-200)$$

(2)对于离散元法,假设每个喷嘴的颗粒样本数目为 n,时间步长为 Δt,那么每个样本代表的质量就为

$$m_d = \frac{G_{fuel}}{n} \qquad (4-201)$$

在 Δt 时间内,喷入的颗粒样本数目就为

$$n_{inj} = \frac{G_{fuel}\Delta t}{m_d} \qquad (4-202)$$

颗粒的直径往往需要根据实验给定。实验表明,喷嘴出口的粒径一般满足一定的分布规律,根据喷嘴的粒径分布,就可以确定颗粒样本所代表的颗粒的直径了。根据随机分布的颗粒直径以及样本质量,就可以得到每个样本所代表的实际液滴个数。

思　考　题

1. 为什么高超声速飞行时飞行器采用超燃冲压发动机为动力，其优势在哪里？
2. 简述超燃冲压发动机的工作过程及热力循环。
3. 超燃冲压发动机研制面临的关键问题有哪些？
4. 超燃冲压发动机可以和哪些动力装置组合工作，组合工作好处在哪里？
5. 超燃冲压发动机设计时为何要采用飞行器/发动机一体化设计？其优点在哪里？

参 考 文 献

[1]　Curran E T, Murthy S N B. Scramjet Propulsion[M]. Progress in Astronautics and Aeronautics, published by AIAA 2001.

[2]　Frank K Lu. Advanced Hypersonic Test Facilities[M]. Progress in Astronautics and Aeronautics. published by AIAA 2002.

[3]　William H Heiser, David T Pratt. Hypersonic Airbreathing Propulsion[M]. AIAA Education Series, 1993.

[4]　刘陵, 刘敬华, 等. 超声速燃烧与超声速燃烧冲压发动机[M]. 西安: 西北工业出版社, 1993.

[5]　(美) 约翰, 霍甫金斯大学应用物理实验室. 冲压发动机技术[M]. 李存杰, 王树声, 等, 译. 北京: 国防工业出版社, 1987.

[6]　John J Bertin. Hypersonic Aerothermodynamics[M]. AIAA education series, 1994.

[7]　Edward T Curran. Scramjet Engines: The First Forty Years[J], Journal Of Propulsion and Power, 2001, 17(6): 1138 – 1148.

[8]　Earl H Andrews. Scramjet Development and Testing in the United States[C]. AIAA 2001 – 1927.

[9]　杨顺华. 碳氢燃料超燃冲压发动机数值研究[D]. 中国空气动力研究与发展中心, 2005.

[10]　黄志澄. 高超声速飞行器空气动力学[M]. 北京: 国防工业出版社, 1995.

[11]　欧阳梗, 李继坤, 等. 工程热力学[M]. 北京: 国防工业出版社, 1989.

[12]　刘兴洲, 于守志, 等. 飞航导弹动力装置[M]. 北京: 宇航出版社, 1987.

第5章　间冷回热涡扇发动机

5.1　引　言

近年来,民用航空运输业又进入了一个快速发展的时期。空客公司(Airbus)对未来航空运输量增长做出预测:未来 15 年,世界航空运输量将较 2011 年的水平再翻一番,年增长达 4.8%。与此同时,能源危机大背景下的燃油价格总体呈不断上涨的趋势,预计 2010—2030 年间,平均油价将超过 120 美元/桶。由于航空燃料占窄体客机总营运费用的 30%,占宽体客机总营运费用的 50%,民航领域一直面临着降低飞机燃油消耗从而提高民航运输经济性的压力。同时,航空运输对环境的影响日益显著且已引起各国的高度重视。有预测表明,至 2050年,航空运输对环境的影响将占到全部人类活动的 7%。世界经济越发达的地区,航线越密集,航空运输对环境的影响也越严重。为加强对环境的保护,1983 年,ICAO 成立了其下属的航空环境保护委员会(CAEP)。CAEP 分别于 1986 年、1993 年、1999 年和 2004 年制定了排放标准 CAEP/1,CAEP/2,CAEP/4 和 CAEP/6。一些国家对飞机噪声和污染排放也制定了严格要求,例如瑞典、瑞士、英国、德国就制定了着陆收费标准。随着航空运输对环境的影响越来越严重,对飞机污染排放的限制将会不断更新,且会更加严格。环保要求成为了民用航空领域不得不面对的新的压力,民航领域迫切要求减小航空发动机排放和噪声对环境的影响。

为了应对挑战,欧盟航空研究咨询委员会(ACARE)制定了 2020 年发展目标,要求 2020年以后投入使用的民用飞机和发动机,耗油率要减少 50%(以 2000 年技术水平的飞机和发动机为基准)。其中,飞机的贡献占 20%~25%,发动机的贡献占 15%~20%,空管的贡献占 5%~10%。具体到发动机来说,要求耗油率(基准为 2000 年 TRENT700 和 CFM56 发动机)降低 20%,NO_x 排放减少 80%(相对 ICAO1996),噪声减少 10 dB。

为了达到 ACARE2020 的目标,主要技术途径有两条:一是进一步提高常规涡扇发动机技术水平;二是发展新概念航空发动机。目前,常规涡扇发动机的技术水平已经很高,未来通过改进现有部件来实现技术进一步提高的空间受到限制,除非有重大技术突破。为了实现发动机性能的显著改善,可以考虑发展新概念航空发动机,如齿轮驱动风扇、开式转子和间冷回热涡扇发动机等"环境友好"的新概念发动机。在这之中,间冷回热涡扇发动机(intercooled recuperated turbofan engine)综合性能最优,已成为当前民用发动机领域的重要研究方向,通过使用间冷回热循环技术可以进一步提高航空发动机的性能和环保水平。

5.2　间冷回热涡扇发动机发展历程

间冷回热循环发动机由于引入换热器而区别于常规循环发动机,其技术研究可追溯至 20

世纪 40 年代。当时,人们就已经认识到间冷回热技术具有提高燃气涡轮发动机性能的潜力并开展了大量研究工作。之后的几十年中,德国、英国、苏联(俄罗斯)、美国等国均有研究机构或公司在航空发动机和燃气轮机方面不同程度地开展过间冷回热技术研究,包括飞机用发动机、直升机用发动机、巡航弹/无人机用发动机、舰用燃气轮机、车辆用燃气轮机、发电用燃气轮机和微型燃气轮机等,可见间冷回热循环技术在燃气轮机和航空发动机方面可能的应用面之广。

目前,间冷回热循环技术在燃气轮机上已实现成功应用,主要代表有美国阿夫柯·莱卡明公司研制的 M1A1 坦克用回热燃气轮机 AGT1500、格鲁曼/罗·罗公司合作研制的英国皇家海军 Type45 型 D 级驱逐舰用间冷回热燃气轮机 WR－21、美国通用公司研制的发电用间冷燃气轮机 LMS100 等。在微型燃气轮机上,各种构型的回热器均有使用,成功地提高了热效率。在航空发动机方面,间冷回热技术的发展历程大致可以分为三个阶段,各阶段的研究情况总结见表 5－1,重要成果如图 5－1 所示。

表 5－1　使用间冷回热技术的航空发动机的研究历程

	第一阶段	第二阶段	第三阶段
起止时间	1943—1970 年左右	1970—2000 年左右	2000 年至今
研究对象	带换热器的军民用涡桨和涡轴发动机	带换热器的军用直升机、无人机发动机	间冷回热涡扇发动机
研究目的	降低油耗以增大飞机航程	降低红外信号,增强战场生存力和突防力	降低油耗和排放
研究特点	试验研究较多,验证了换热器技术改善发动机性能的潜力	概念研究为主,绝大多数发动机都没有被制造和试验	理论和试验研究并重,有研究计划持续支持
备注	出于战争年代安全性考虑,只公布了很少的技术数据	当时的研发动力为间冷回热技术潜在的军事应用价值	能源危机和环境压力的驱动;结构可靠重量较轻的换热器技术正逐渐变得可行

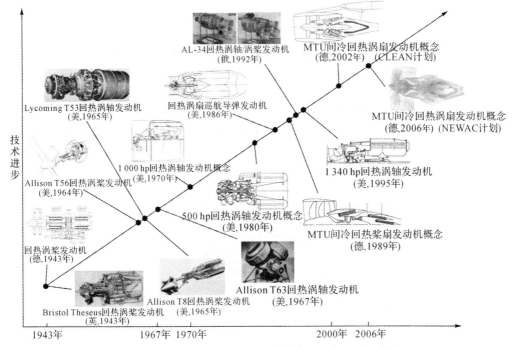

图 5－1　间冷回热航空发动机技术发展历程及重要成果

最初提出带热交换器的航空发动机概念是由于当时航空发动机技术水平较低,人们迫切希望能够降低发动机油耗,从而增大飞机的航程。1943—1970 年左右,人们进行了大量的理论和试验研究,由于当时航空发动机总压比不高,因此,研究主要针对回热循环航空发动机。

1943 年,德国首次提出带热交换器的航空发动机概念(见图 5-2)。该发动机为一种低总压比带有锥形转鼓回热器的回热循环涡桨发动机,设计用于为 Me264 轰炸机增加航程,但该发动机并没有被制造和试验。同年,英国提出 Bristol Theseus 回热循环涡桨发动机概念(见图 5-3),并开始实施研制计划,第一次将回热器实际安装到航空发动机中。该发动机设计用于为商业航线飞机节油并增加航程。1945 年晚期,该发动机在第一次运行时毁坏,计划中止。

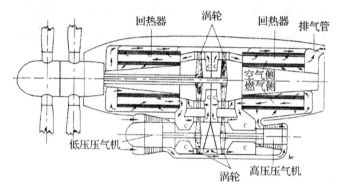

图 5-2 低总压比回热循环涡桨发动机(德国,1943 年)

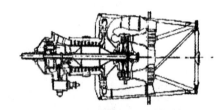

图 5-3 Bristol Theseus 回热循环涡桨发动机(英国,1943 年)

1967 年,为了对带回热器的推进系统进行飞行验证,美国研究了直升机(轻型侦察直升机)用 Allison T63 回热涡轴发动机(见图 5-4)。1967 年 10 月 20 日,回热 T63 发动机被安装在一架 YOH—6A 直升机上进行了 50 h 的飞行试验,这是唯一一次使用回热循环航空发动机的有人飞行器飞行试验。

图 5-4 Allison T63-A-5 回热循环涡轴发动机(美国,1967 年)

1970—2000 年，一方面由于常规循环发动机技术水平不断提高，同时轻质高效换热器技术并未取得突破；另一方面，燃油价格和环境压力并未成为该阶段航空发动机设计的关键驱动力，民用间冷回热循环航空发动机研究趋于停滞。但由于间冷回热循环技术有降低红外信号等潜在的军事应用价值，各国提出了大量的无人机和直升机用间冷回热循环航空发动机概念。

进入 21 世纪后，由于能源危机的压力和人们对环境污染的关注，间冷回热循环航空发动机再次成为研究热点。为了进一步提高航空发动机的热效率，降低航空发动机的耗油率和 NO_x 排放量，欧盟第 5,6,7 框架计划持续支持间冷回热循环航空发动机技术研究，提出了很多涉及间冷回热循环航空发动机的研究计划，如高效环境友好的航空发动机（EEFAE）计划中的环保型航空发动机部件验证（CLEAN）计划、航空发动机先进排气回热器技术（AERO-HEX）计划、友好的航空发动机（VITAL）计划、新型航空发动机方案（NEWAC）计划和清洁天空（Clean Sky）预研计划等。另外，德国 MTU 公司内部的洁净航空发动机（CLAIRE）计划也将换热器技术列为重要技术基础。下面主要介绍 CLEAN 计划、NEWAC 计划和 CLAIRE 计划的开展情况。

2000—2005 年，在 CLEAN 计划（见表 5 - 2）的支持下，德国 MTU 公司和法国 SNECMA 公司等提出并研究了间冷回热循环航空发动机技术。该计划的研究目标是使 CO_2 排放降低 20%（相比 1995 年技术水平的发动机）和使 NO_x 排放降低 80%（相比 CAEP/2），研究工作由德国的 MTU 公司和法国的 SNECMA 公司共同领导，由来自 9 个国家的 19 家合作伙伴共同参与。

表 5 - 2　CLEAN 计划简介

计划	CLEAN (FP5)
总负责	MTU,SNECMA
合作伙伴	Volvo Aero,Avio
技术	热交换器（回热器），间冷回热涡扇发动机概念，高 LPT 转速的齿轮涡扇发动机，主动喘振控制技术的 HPC，低排放分级燃烧室，高温的 HPT
时间	2000—2005 年
SFC(CO_2)	目标：减少 20%； 结果：相比 1995 年技术的发动机，92 in 风扇，减少 16%；109 in 风扇，减少 18.7%
NO_x	目标：减少 80% CAEP/2；结果：减少 60% CAEP/2
预算	5 000 万欧元
备注	间冷回热涡扇发动机技术复杂，2015 年不考虑飞行验证，实际使用在 2020 年以后

间冷回热循环航空发动机验证机见图 5 - 5。SNECMA 公司、Fiat 公司和 TeehsPaee 航空公司一起，以目前的高压压气机和高压涡轮为基础研制核心机；MTU 公司研制高速低压系统和换热器；Fiat 公司负责研制低压涡轮机匣和涡轮排气机匣。在 MTU 公司和 SNECMA 公司的领导下，经过 5 年的理论和试验研究，CLEAN 计划的验证机完成了部件试验，并于 2005 年 7 月进行了高空台试验验证。该验证机最终实现较 2000 年技术水平的 CFM56 发动机的耗油率降低 18.7%，较 CAEP/2 标准的 NO_x 排放降低 60%。

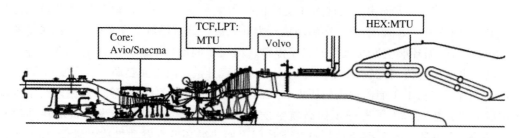

图 5 - 5　CLEAN 计划间冷回热循环航空发动机验证机

在 CLEAN 计划之后,欧盟又起动了 NEWAC 计划(见表 5 - 3),执行周期是 2006—2010 年。目标仍然是希望采用热交换器技术提高发动机热效率,使 CO_2 和 NO_x 排放分别降低 6% 和 16%,排放指标与 ACARE2020 的目标要求接近。

表 5 - 3　NEWAC 计划简介

计划	NEWAC (FP6)
总负责	MTU
合作伙伴	MTU,Rolls Royce,SNECMA,ONERA,DLR 和 CENAERO 等 40 家
技术	间冷回热涡扇发动机,DDTF,用于 GTF 和 CRTF 的主动核心机,低 NO_x 燃烧室(LDI,PERM,LPP)
时间	2006—2010 年
SFC(CO_2)	减少 6%
NO_x	减少 16% CAEP/2,减少 76% CAEP/2 ANTLE 技术
预算	7 100 万欧元

NEWAC 计划的间冷回热涡扇发动机概念见图 5 - 6。该计划由 MTU 公司总负责,该计划下的间冷回热涡扇发动机回热器布局研究进展顺利,取得了大量的数值模拟数据,为最终回热器在发动机中的优化布局打下坚实的基础。在支持间冷技术的压缩系统研究方面也取得了相当大的技术进展。

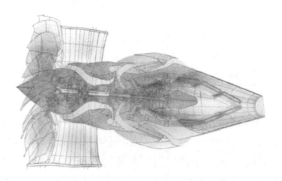

图 5 - 6　NEWAC 计划研究的间冷回热涡扇发动机概念

CLAIRE 计划(见图 5 - 7)是 MTU 公司的内部技术计划。该计划分三步进行:第一步, 2005—2015 年,完成齿轮传动涡扇发动机(GTF)的研究,实现较 2005 年技术水平的 V2500 发动机耗油率降低 15％的目标；第二步，2015—2025 年，完成对转桨扇发动机（CRISP）的研究，实现较 2005 年技术水平的 V2500 发动机耗油率降低 20％的目标，即实现 ACARE2020 的目标；第三步，2025—2035 年，完成带间冷回热器的对转桨扇发动机（HEPropfan）的研究，实现较 2005 年技术水平的 V2500 发动机耗油率降低 30％的目标，实现彻底的技术领先。

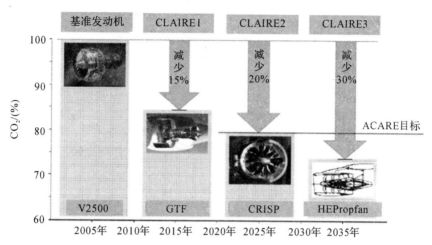

图 5 - 7　MTU 公司 CLAIRE 计划

值得注意的是，德国 MTU 公司于 1989 年提出间冷回热桨扇发动机概念，于 2002 年提出间冷回热涡扇发动机概念，分别见图 5-8 和图 5-9。这些 MTU 公司早期开展的间冷回热循环航空发动机技术研究为其后来承担欧盟 CLEAN 和 NEWAC 两个计划中的间冷回热循环航空发动机技术研究打下了良好的技术基础，同时为该公司自身的 CLAIRE 计划的不断推进做了良好开端。

综合分析目前国外在间冷回热涡扇发动机领域的研究成果可以看出，尽管该项技术短期内尚不可能进入工程实用阶段，但其代表了有效提高发动机循环热效率、降低耗油率和污染物排放的一种新技术。

在间冷回热涡扇发动机相关的基础研究方面，国外主要是英国克兰菲尔德大学（Cranfield University）、瑞典查尔姆斯理工大学（Chalmers University of Technology）和意大利米兰理工大学（Politecnico di Milano）等单位开展了研究工作。

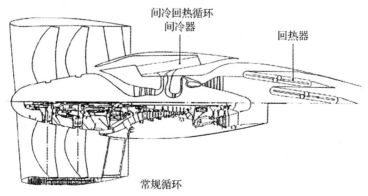

图 5 - 8　间冷回热桨扇发动机概念（德国，1989 年）

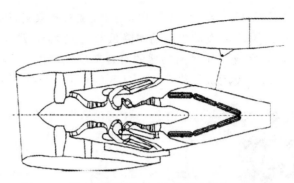

图 5 - 9　间冷回热涡扇发动机概念(德国,2002 年)

克兰菲尔德大学针对间冷回热涡扇发动机开展了大量的理论研究。M. W. Whellens 等人于 2003 年使用遗传算法,针对 B747 - 400 长航程飞行任务,对间冷回热涡扇发动机进行了参数优化,验证了遗传算法对间冷回热涡扇发动机与飞机一同进行参数优化的可行性。Martin Marx 于 2007 年使用 Gasturb 对间冷回热涡扇发动机进行了循环参数研究,并编写程序进行了间冷器优化设计。Fernando Colmenares 等人于 2007 年针对短程民用飞机需求,使用 Gasturb 对齿轮驱动涡扇发动机、间冷涡扇发动机、回热涡扇发动机和间冷回热涡扇发动机进行了参数研究。Nettis L 等人于 2008 年对可变风扇喷管面积、等容燃烧室和间冷回热三种发动机方案进行了对比分析。Konstantinos G. Kyprianidis 于 2010 年使用 TERA2020 对间冷涡扇发动机和间冷回热涡扇发动机进行了研究,并在飞机系统级对二者与常规涡扇发动机进行了对比。

查尔姆斯理工大学的 Xu Lei 等人于 2010 年从总体性能的角度设计和分析了间冷涡扇发动机,并优化了发动机的工作过程;于 2013 年利用 TERA2020,从总体设计的角度,对间冷回热航空发动机进行了优化研究,对发动机进行了更为全面、更为细致的概念设计。

米兰理工大学的 Roberto Andriani 等人于 1995 至 2013 年发表多篇间冷回热航空发动机相关研究论文,对间冷回热涡桨、涡扇发动机进行了热力循环分析和性能模拟,对间冷回热涡扇发动机进行了循环参数研究。

在国内,北京航空航天大学唐海龙等人于 2009 年利用 MATLAB 平台建立了三轴分排间冷回热涡扇发动机模型,并进行了发动机性能计算和热力循环分析,2010 年对间冷回热涡扇发动机进行了参数分析,2012 年对间冷回热涡扇发动机巡航状态节流特性进行了计算分析。西北工业大学王占学等人于 2011 年发展了双轴间冷回热涡扇发动机模型,分析了间冷过程和回热过程对涡扇发动机性能的影响,2012 年使用 C++语言开发了双轴间冷回热齿轮驱动涡扇发动机性能分析软件,对发动机循环参数匹配方法进行了研究。

5.3　间冷回热涡扇发动机工作原理及结构形式

5.3.1　工作原理

间冷回热涡扇发动机通过在常规分排大涵道比涡扇发动机的基础上加装间冷器、回热器及其管路系统发展而来,通过革新热力循环过程可显著降低发动机耗油率,同时满足更为苛刻的环保要求。

以图 5-10 所示的间冷回热涡扇发动机为例说明其流路形式。该发动机为双轴大涵道比分排涡扇发动机,其间冷器和回热器均为间壁式换热器,冷热端气流仅换热,不掺混。间冷器热端(进口为 24、出口为 25)位于增压级与高压压气机之间,热端进口 24 接增压级出口,热端出口 25 接高压压气机进口;外涵道中增加一个分流器,分出一个间冷涵道,间冷器冷端(进口为 13、出口为 14)占据间冷涵道。回热器位于低压涡轮后,冷端通过导管与高压压气机出口(燃烧室进口)相连,冷端进口 3 接高压压气机出口,冷端出口 35 接燃烧室进口;热端进口 6 接低压涡轮出口,热端出口 7 接尾喷管进口。内涵道、外涵道和间冷涵道分别排气。显然,间冷回热涡扇发动机的气流流路较常规涡扇发动机更加复杂。

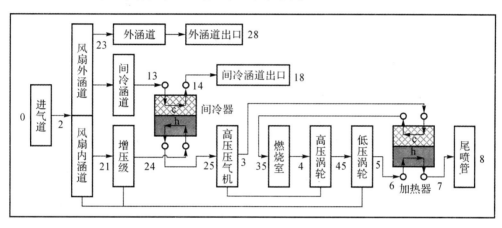

图 5-10　间冷回热涡扇发动机流路形式

间冷器位于间冷涵道中,冷端在间冷涵道,热端进口接增压级出口,热端出口接高压压气机进口。经风扇压缩后,一部分外涵气流被分流进入间冷涵道,与经增压级压缩后的内涵气流在间冷器中换热。换热后,高压压气机进口总温降低,高压压气机消耗的压缩功减少;间冷涵道的气流总温升高,做功能力增强,通过独立的喷管排出。

回热器位于低压涡轮后,冷端进口接高压压气机出口,冷端出口接燃烧室进口。内涵气流经高压压气机压缩后,通过导管进入回热器与高温燃气换热,再通过导管返回燃烧室进口。换热后,燃烧室进口总温较无回热过程时升高,相同涡轮前温度下,燃烧室温升降低;低压涡轮出口气流经换热后进入内涵喷管,由于一部分热量被回收,排气温度降低。

间冷过程中间冷涵道推力的增加可以补偿由于内涵喷管排气总温降低导致的内涵推力降低,以及引入间冷器和回热器带来的总压损失的影响,从而保证发动机推力降低有限或不降低。

在发动机循环中加入间冷过程和回热过程,应注意限制进入间冷器和回热器后空气的压降。如果空气压降过大,压力损失会很大程度抵消间冷回热对发动机性能的改善。虽然加入间冷器和回热器增大了发动机的尺寸和质量,增加了发动机沿流程的压降,同时由于发动机装置复杂性的增加,也带来相应的可靠性和使用寿命等问题。然而,对于未来大飞机和民用运输机,耗油率降低到一定程度所节省的燃油成本有可能超过因采用间冷回热而增加的质量和维护成本,并且可以达到更为苛刻的环保指标,间冷回热涡扇发动机成为目前重点研究的新概念节能环保发动机之一。

5.3.2　热力循环

1. 间冷过程和回热过程对发动机工作的影响

与常规涡扇发动机相比,间冷回热涡扇发动机在降低耗油率方面具有明显的优势得益于间冷过程和回热过程对发动机工作的影响,改善了发动机部件的工作环境和发动机热力循环过程。从工程热力学的角度对间冷回热循环与常规循环进行对比分析,可以有较为直观的认识。理想间冷回热循环温熵图见图 5-11,各截面编号定义同图 5-10。

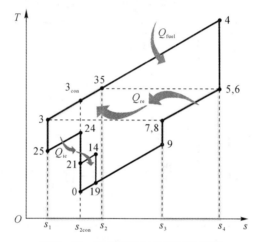

图 5-11　理想间冷回热循环温熵图

间冷回热循环与常规循环的不同点如下:内涵气流经增压级压缩后进入间冷器,与外涵气流换热,即间冷环节 24-25,再进行高压压气机压缩过程 25-3,压缩功小于常规循环压缩过程 24-3$_{con}$。同时,间冷涵道气流经过间冷环节总温升高,做功能力增强。内涵气流经高压压气机压缩后,通过导管进入位于低压涡轮后的回热器,与高温排气换热,即回热环节 3-35,再通过导管返回燃烧室进口。达到相同涡轮前温度,燃烧室温升低于常规循环。另外,由于回热环节将部分放热量重新加入循环,排气过程 7-9 的放热损失低于常规循环。

间冷过程对发动机工作的影响:与涡轮工作产生的推力和功率输出不同,一台喷气发动机能交付的推力和功率输出是涡轮工作产生的部分减去压气机消耗的部分和其他部件提取的部分之后所得的那些。总的来说,根据空气和其他气体的物理性质,把空气压缩到一定程度所需要的功取决于气体温度。在固定的涡轮前温度下,气体温度越低,高压压气机需要的压缩功越少,于是发动机的功率输出越大。因此,间冷环节可以使高压压气机进口的空气总温下降以减少高压压气机所需的压缩功。同时,间冷环节增大了回热器中空气和燃气的温差,提高了回热器换热效率。间冷过程在温熵图上的反应为从 24-25 过程取出的热量 Q_{ic} 转移到 21-14 过程中去,降低了高压压气机压缩过程 25-3 的压缩功,同时增大了间冷涵道气流的做功能力。

间冷过程减小的高压压气机压缩耗功在 $p-v$ 图上可以清晰地反映出来,如图 5-12 所示。间冷回热涡扇发动机增压级的压缩过程和常规涡扇发动机的压缩过程相同,都是 21-24,

压缩耗功表示为点 $21,24,p_2$ 和 p_1 包围区域的面积 $\oint_{21\,24\,p_2\,p_1} v\mathrm{d}p$。间冷回热涡扇发动机高压压气机的压缩过程为 $25-3$,压缩过程耗功表示为点 $25,3,p_3$ 和 p_2 包围区域的面积 $\oint_{25\,3\,p_3\,p_2} v\mathrm{d}p$;常规涡扇发动机高压压气机的压缩过程为 $25-3_{con}$,压缩过程耗功表示为点 $24,3_{con},p_3$ 和 p_2 包围区域的面积 $\oint_{24\,3_{con}\,p_3\,p_2} v\mathrm{d}p$。比较两种循环的高压压气机压缩耗功,从 $p-v$ 图上可以看出,由于间冷过程 $24-25$ 降低了增压级出口

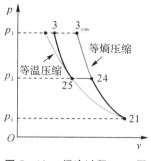

图 5-12　间冷过程 $p-v$ 图

气流温度,间冷回热涡扇发动机整个压缩过程的压缩耗功较常规循环减少了,减少的就是 $p-v$ 图上点 $24,25,3,3_{con}$ 围成区域的面积 $\oint_{24\,25\,3\,3_{con}} v\mathrm{d}p$。

回热过程对发动机工作的影响:高压压气机出口气流与低压涡轮出口气流通过回热器进行热交换,有效利用了涡轮出口燃气余热,提高了燃烧室进口的空气总温,在涡轮前温度不变的前提下可以减少燃烧室供油量,因此,提高了发动机热效率,降低了耗油率。回热过程在温熵图上的反映为从 $6-7$ 过程取出的热量 Q_{re} 转移到 $3-35$ 过程中去,对高压压气机出口气流在进入燃烧室前进行预热。从 $6-7$ 过程取出的热量在温熵图上可以表示为点 $6,s_4,s_3$ 和 7 包围区域的面积 $\oint_{6\,s_4\,s_3\,7} T\mathrm{d}s$,向 $3-35$ 过程加入的热量在温熵图上可以表示为点 $3,35,s_2$ 和 s_1 包围区域的面积 $\oint_{3\,35\,s_2\,s_1} T\mathrm{d}s$,这两个面积相等。

2. 间冷回热循环与常规循环的热效率

根据发动机热效率的定义(即发动机循环功与吸热量之比),只要分析清楚常规循环和间冷回热循环各自的循环功与吸热量,即可对比两种热力循环的热效率。

循环功方面:发动机的循环功在温熵图上可以表示为各个热力过程所包围的面积,对常规涡扇发动机而言,该面积为点 $0,3_{con},4,5,7,9$ 所包围的面积 $\oint_{0\,3_{con}\,4\,5\,7\,9} T\mathrm{d}s$;对间冷回热涡扇发动机而言,该面积为点 $0,24,25,3,4,5,7,9$ 所包围的面积 $\oint_{0\,24\,25\,3\,4\,5\,7\,9} T\mathrm{d}s$。显而易见,间冷回热涡扇发动机的循环功比常规涡扇发动机的循环功多,多的这部分循环功反映在温熵图上为面积 $\oint_{24\,25\,3\,3_{con}} T\mathrm{d}s$。

吸热量方面:对常规涡扇发动机而言,从燃烧室进口 3_{con} 到燃烧室出口 4 的温升全部由燃烧过程加入热量来实现,在温熵图上可以表示为点 $3_{con},4,s_4$ 和 s_{2con} 包围区域的面积 $\oint_{3_{con}\,4\,s_4\,s_{2con}} T\mathrm{d}s$。对间冷回热涡扇发动机而言,由于有回热过程预热了高压压气机出口 3 的气流,使得燃烧室进口 35 的气流温度可以超过常规涡扇发动机的燃烧室进口 3_{con} 的气流温度,因而达到相同的燃烧室出口 4 的温度时,耗油量低于常规循环,燃烧过程加入的热量 Q_{fuel} 在温熵图上可以表示为点 $35,4,s_4$ 和 s_2 包围区域的面积 $\oint_{35\,4\,s_4\,s_2} T\mathrm{d}s$,显然该面积小于常规循环燃烧过程对应的面积 $\oint_{3_{con}\,4\,s_4\,s_{2con}} T\mathrm{d}s$。

间冷回热涡扇发动机的循环功大于常规涡扇发动机,而吸热量小于常规涡扇发动机,因此,间冷回热涡扇发动机的热效率高于常规涡扇发动机。

5.3.3　结构形式

参考欧盟 CLEAN 计划和 NEWAC 计划研究的间冷回热涡扇发动机的构型特点总结出间冷回热涡扇发动机的主要部件和结构形式如图 5-13 和表 5-4 所示。由于间冷器和回热器的引入,间冷回热涡扇发动机较常规涡扇发动机流路形式有所变化,同时带来间冷器和回热器在涡扇发动机中的布局问题,间冷器和回热器的主要布局特点见图 5-14。

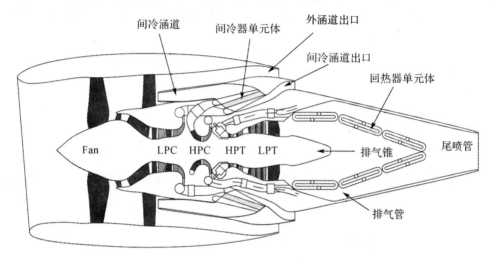

图 5-13　间冷回热涡扇发动机的主要部件

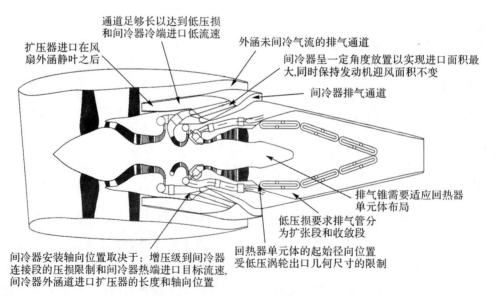

图 5-14　间冷回热涡扇发动机中间冷器和回热器的布局特点

表 5-4　间冷回热涡扇发动机主要部件和结构形式

部　件		结构形式
压气机	风扇	大涵道比条件下适用的风扇
	增压级	轴流-径流压气机；与间冷器管路过渡段考虑为蜗壳
	高压压气机	轴流-径流压气机；与回热器管路过渡段考虑为蜗壳
涡轮	高压涡轮	耐高温复合材料高压涡轮
	低压涡轮	高速低压涡轮
换热器	间冷器	多个换热器单元体；热端位于增压级和高压压气机之间；冷端位于外涵道，占据独立通道
	回热器	多个换热器单元体；热端位于低压涡轮后（燃烧室进口），核心机尾喷管中；冷端位于高压压气机出口
燃烧室	燃烧室	低排放燃烧室
轴 / 减速器	齿轮减速器	风扇由齿轮传动；使得风扇和增压级（低压涡轮）工作转速不同，可以各自工作在最优转速下；齿轮减速比按最优风扇工作转速和最优低压涡轮工作转速确定
	低压轴	连接的部件：风扇、齿轮减速器、增压级、低压涡轮
	高压轴	连接的部件：高压压气机、高压涡轮
涵道	间冷涵道	低压损涵道；适应间冷器布局
	外涵道	低压损涵道
	内涵喷管	适应回热器及其组件布局

5.4　间冷回热涡扇发动机性能计算方法

间冷回热涡扇发动机的计算模型如图 5-10 所示。该发动机的部件模型中，除间冷器和回热器外，其他部件的计算方法与常规发动机无异，详见本章文献[29]。下面主要介绍间冷与回热器的计算模型和间冷回热涡扇发动机的性能计算方法。

5.4.1　间冷与回热器计算模型

间冷与回热器模型示意图如图 5-15 所示，截面编号与图 5-10 相同。

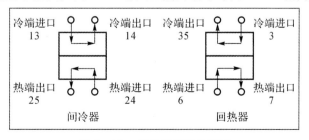

图 5-15　换热器模型示意图

间冷与回热器性能指标：作为换热器，间冷与回热器的性能指标之一是换热度，表示的是换热器的实际换热量与理想最大换热量之比。对间冷器和回热器分别定义为

$$\left.\begin{array}{l}\varepsilon_{ic}=\dfrac{C_{p24}W_{24}(T_{t24}-T_{t25})}{\min\{C_{p13}W_{13},C_{p24}W_{24}\}\times(T_{t24}-T_{t13})}\\[4mm]\varepsilon_{re}=\dfrac{C_{p6}W_{6}(T_{t6}-T_{t7})}{\min\{C_{p3}W_{3},C_{p6}W_{6}\}(T_{t6}-T_{t3})}\end{array}\right\}\qquad(5-1)$$

式中，ε 为换热度；C_p 为定压比热容；W 为质量流量；T_t 为总温；下标 ic 代表间冷器，re 代表回热器。对间冷器而言，间冷用气量仅占外涵道总流量的一部分，

$$W_{13}=W_{bypass}\frac{W_{intercooled}}{W_{bypass}}\qquad(5-2)$$

式中，W_{bypass} 为风扇后外涵道总流量；$\dfrac{W_{intercooled}}{W_{bypass}}$ 为外涵道间冷用气分流比。

间冷与回热器的另一性能指标是冷、热端总压恢复系数，分别定义为

$$\left.\begin{array}{ll}\sigma_{ic,c}=\dfrac{p_{t14}}{p_{t13}},&\sigma_{ic,h}=\dfrac{p_{t25}}{p_{t24}}\\[4mm]\sigma_{re,c}=\dfrac{p_{35}}{p_{t3}},&\sigma_{re,h}=\dfrac{p_{t7}}{p_{t6}}\end{array}\right\}\qquad(5-3)$$

式中，σ 为总压恢复系数；p_t 为总压；下标 c 代表换热器冷端，h 代表换热器热端。

间冷与回热器特性计算：在文献[30]的基础上，发展了航空发动机用间冷器和回热器的一阶精度特性公式，见式(5-4)至式(5-9)。在不进行详细换热器设计的情况下，该组公式可以用于发动机非设计点数值模拟。

1. 间冷器特性计算

换热度为

$$\varepsilon_{ic}=1-\frac{W_{24}\dfrac{\sqrt{T_{t24}}}{p_{t24}}}{W_{24,des}\dfrac{\sqrt{T_{t24,des}}}{p_{t24,des}}}(1-\varepsilon_{ic,des})\qquad(5-4)$$

式中，下标 des 代表该数值为设计点数值。

冷端总压恢复系数为

$$\sigma_{ic,c}=1-\left[\frac{W_{13}\dfrac{\sqrt{T_{t13}}}{p_{t13}}}{W_{13,des}\dfrac{\sqrt{T_{t13,des}}}{p_{t13,des}}}\right]^{2}(1-\sigma_{ic,c,des})\qquad(5-5)$$

热端总压恢复系数为

$$\sigma_{ic,h}=1-\left[\frac{W_{24}\dfrac{\sqrt{T_{t24}}}{p_{t24}}}{W_{24,des}\dfrac{\sqrt{T_{t24,des}}}{p_{t24,des}}}\right]^{2}(1-\sigma_{ic,h,des})\qquad(5-6)$$

2. 回热器特性计算

换热度为

$$\varepsilon_{re} = 1 - \frac{W_3 \dfrac{\sqrt{T_{t3}}}{p_{t3}}}{W_{3,des} \dfrac{\sqrt{T_{t3,des}}}{p_{t3,des}}}(1 - \varepsilon_{re,des}) \tag{5-7}$$

冷端总压恢复系数为

$$\sigma_{re,c} = 1 - \frac{\left(\dfrac{W_3}{p_{t3}}\right)^2 \dfrac{T_{t35}^{1.55}}{T_{t3}^{0.55}}}{\left(\dfrac{W_{3,des}}{p_{t3,des}}\right)^2 \dfrac{T_{t35,des}^{1.55}}{T_{t3,des}^{0.55}}}(1 - \sigma_{re,c,des}) \tag{5-8}$$

热端总压恢复系数为

$$\sigma_{re,h} = 1 - \frac{\left(\dfrac{W_6}{p_{t6}}\right)^2 T_{t6}}{\left(\dfrac{W_{t6,des}}{p_{t6,des}}\right)^2 T_{t6,des}}(1 - \sigma_{re,h,des}) \tag{5-9}$$

换热过程计算方法：

步骤(1)：设计点计算时给定换热器换热度 ε_{des}，非设计点计算时，间冷器由式(5-4)(回热器由式(5-7))可得到非设计点换热度。

步骤(2)：已知换热器冷、热端进口总温，则换热器热端出口总温 T_{t25} 和 T_{t7} 可由式(5-1)求出。

步骤(3)：换热器的再生热可按下式计算：

$$\begin{cases} Q_{ic} = C_{p13} W_{13}(T_{t14} - T_{t13}) = C_{p24} W_{24}(T_{t24} - T_{t25}) \\ Q_{re} = C_{p3} W_3(T_{t35} - T_{t3}) = C_{p6} W_6(T_{t6} - T_{t7}) \end{cases} \tag{5-10}$$

由式(5-10)可得换热器冷端出口总温 T_{t14} 和 T_{t35}。

步骤(4)：已知换热器冷、热端进口总压，间冷器由式(5-5)、式(5-6)(回热器由式(5-8)、式(5-9))可得冷、热端总压恢复系数，则换热器冷、热端出口总压可由式(5-3)计算得出。

5.4.2　发动机性能计算方法

1. 设计点性能计算

常规循环大涵道比分排涡扇发动机在设计点的性能可以直接通过发动机气动热力计算获得，因为此时发动机的主要工作过程参数如风扇压比、增压级压比、高压压气机压比、涡轮前温度、涵道比等是选取的，为已知参数，各部件的效率和总压恢复系数等也是根据部件的参数和当前的技术水平选定的。

由于间冷器和回热器的引入，间冷回热涡扇发动机性能计算流程较常规循环大涵道比分排涡扇发动机有所变化，主要区别在于：在完成高压压气机压缩过程计算后，回热器冷端进口参数已知；但由于尚未进行燃烧室和涡轮模块的计算，回热器热端进口参数未知，因此，回热器出口参数无法确定。设计点计算时，可以先假设燃烧室进口总温，使得燃烧室和涡轮模块计算得以继续进行，得到回热器热端进口参数，通过回热器换热过程计算得到回热器冷端出口参数，即燃烧室进口参数。将计算得到的燃烧室进口总温与之前假设的燃烧室进口总温做比较，若二者的差别满足计算残差限制，则认为该燃烧室进口总温数值为所求数值；若二者残差超限,则需重新假设燃烧室进口总温,对燃烧室模块、高压涡轮模块和低压涡轮模块做迭代计算,直至残差满足限制。

间冷回热涡扇发动机性能计算流程如图 5-16 所示。

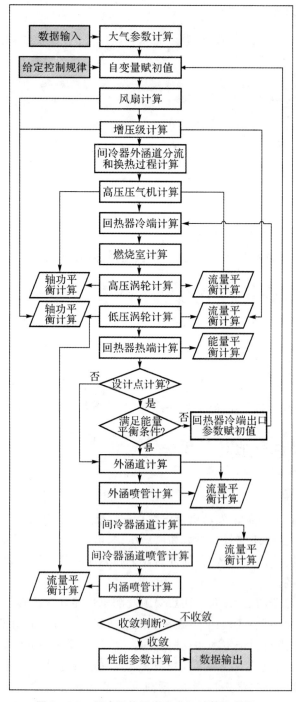

图 5-16 间冷回热涡扇发动机计算流程图

2. 共同工作点求解

由于引入间冷器和回热器,间冷回热涡扇发动机的共同工作方程组较常规涡扇发动机有所变化。常规循环双轴分排涡扇发动机的共同工作方程组包含 6 个非线性代数方程,有 6 个迭代变量,对应 6 个残差。进行间冷回热涡扇发动机共同工作点计算时,除常规涡扇发动机的平衡方程外,增加了间冷涵道流量平衡方程和回热器热平衡方程,新增迭代变量为间冷器冷端进口流量和回热器冷端出口总温,新增残差为间冷涵道流量残差和回热器冷端出口总温残差。因此,间冷回热涡扇发动机的共同工作方程组如下:

低压涡轮-风扇与增压级功率平衡方程;

高压涡轮-高压压气机功率平衡方程;

低压涡轮-风扇内涵出口流量平衡方程;

高压涡轮-高压压气机流量平衡方程;

风扇外涵出口-外涵尾喷管流量平衡方程;

低压涡轮出口-内涵尾喷管流量平衡方程;

间冷器冷端出口-间冷涵道出口流量平衡方程;

回热器热平衡方程,即

$$W_6(h_{t6} - h_{t7}) = W_3(h_{t35} - h_{t3}) \tag{5-11}$$

式中,h_t 为总焓。

可采用 Newton - Raphson 方法、Broyden 方法或其他方法求解该非线性代数方程组。

5.5　间冷回热涡扇发动机方案设计和参数分析实例

算例选取的间冷回热涡扇发动机的主要设计点参数见表 5 - 5,空气系统见表 5 - 6。控制规律为低压轴相对物理转速($N_{L,rel}$)等于常数。

表 5 - 5　间冷回热涡扇发动机循环参数

高度/km	11	涡轮前温度/K	1 725
马赫数	0.8	间冷度	0.6
流量/(kg·s⁻¹)	650	回热度	0.7
内涵风扇压比	1.5	外涵间冷分流比	0.1
外涵风扇压比	1.62	间冷器冷端压降	5%
增压级压比	3	间冷器热端压降	5%
高压压气机压比	6.5	回热器冷端压降	5%
涵道比	10	回热器热端压降	5%

表 5-6　间冷回热涡扇发动机空气系统

引出位置	引入位置	相对焓增	引气量相对高压压气机进口流量/(%)
高压压气机末级	高压涡轮导向器	1	10
高压压气机末级	高压涡轮转子	1	5
高压压气机末级	低压涡轮导向器	1	2
高压压气机中间级	低压涡轮转子	0.7	3

1. 高度特性和速度特性

间冷回热涡扇发动机(图中用 IRT 表示)与对照常规涡扇发动机(图中用 Ref. E 表示)的净推力和耗油率随高度、速度的变化如图 5-17 和图 5-18 所示。两种发动机的参数变化趋势相同:相同马赫数下,随着高度的增大,净推力和耗油率降低,但高度对于净推力的影响程度高于对耗油率的影响;相同高度下,随着马赫数的增大,净推力降低,耗油率增大,但在较高的高度下,马赫数对于净推力的影响减小。由于控制低压轴相对物理转速为常数,在同一工况下,IRT 和常规涡扇发动机进口流量相同,但间冷过程增大了部分外涵气流的做功能力,因而 IRT 的净推力较常规涡扇发动机有所增加。高度越低,马赫数越大时,IRT 的净推力增大越多。间冷过程减少了高压压气机压缩耗功,同时,回热过程减小了燃烧室温升,两者使得发动机耗油率明显降低。

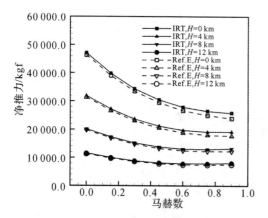

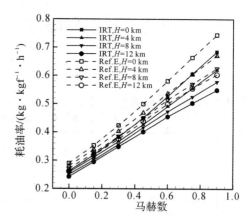

图 5-17　高度、马赫数对净推力的影响　　　　图 5-18　高度、马赫数对耗油率的影响

冷端进口总温低于热端进口总温是 IRT 回热器在非设计点冷、热端正常换热的必要条件。图 5-19 反映了高度、马赫数变化对回热器工作条件的影响,可知低压涡轮出口总温 T_{t6} 总是高于高压压气机出口总温 T_{t3},满足回热器正常工作条件。图 5-20 反映了随高度、马赫数的变化,回热器的换热情况。可知燃烧室进口总温 T_{t35} 总是高于高压压气机出口总温 T_{t3},即回热器冷端出口总温总是高于回热器冷端进口总温。这说明回热器在飞行包线内始终可以正常换热,且在相同高度下,马赫数越小,换热越好。

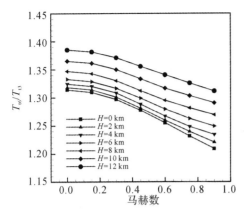
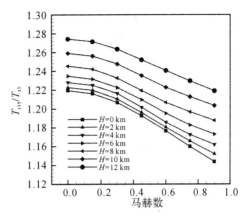

图 5-19　高度、马赫数对回热器进口温度比的影响　　图 5-20　高度、马赫数对回热器冷端温度比的影响

2. 起飞状态节流特性

图 5-21 给出了起飞状态间冷回热涡扇发动机(图中用 IRT 表示)与对照常规涡扇发动机(图中用 Ref.E 表示)的净推力(Net thrust)和耗油率(SFC)随低压轴相对物理转速($N_{L,rel}$)的变化。随着低压轴相对物理转速的降低,两种发动机的净推力单调减小,而耗油率先降低后升高。两种发动机的净推力曲线几乎重合,但由于间冷过程降低了高压压气机压缩耗功,同时回热过程降低了燃烧室温升,使得 IRT 的耗油率明显低于常规涡扇发动机。

图 5-22 给出了起飞状态 IRT 回热器热端、冷端进口总温比 T_{t6}/T_{t3} 和冷端出口、进口总温比 T_{t35}/T_{t3} 随着低压轴相对物理转速的变化,两者都随着转速的降低而增大。回热器热端进口总温 T_{t6} 一直高于冷端进口总温 T_{t3},回热器冷、热端可以正常换热,换热后冷端总温 T_{t35} 升高 20%～80%,转速越低,总温升高幅度越大。

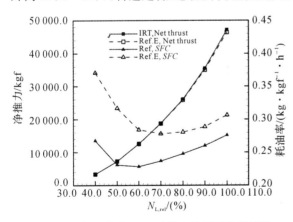
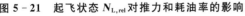
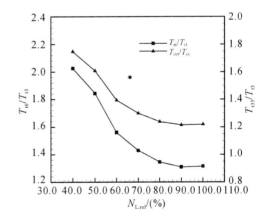

图 5-21　起飞状态 $N_{L,rel}$ 对推力和耗油率的影响　　图 5-22　起飞状态 $N_{L,rel}$ 对回热器进口温度比 T_{t6}/T_{t3}
　　　　　　　　　　　　　　　　　　　　　　　　和回热器冷端温度比 T_{t35}/T_{t3} 的影响

3. 巡航状态节流特性

图 5-23 给出了巡航状态间冷回热涡扇发动机(图中用 IRT 表示)与对照常规涡扇发动机(图中用 Ref.E 表示)的净推力(Net thrust)和耗油率(SFC)随低压轴相对物理转速($N_{L,rel}$)的变化。随着低压轴相对物理转速的降低,净推力单调减小,耗油率先小幅降低后急剧升高。在高转速下,IRT 净推力大于常规涡扇发动机净推力,随着转速的降低,两种发动机的净推力

差别减小。而 IRT 耗油率则一直低于常规涡扇发动机耗油率。

图 5-24 给出了巡航状态 IRT 回热器热端、冷端进口总温比 T_{t6}/T_{t3} 和冷端出口、进口总温比 T_{t35}/T_{t3} 随着低压轴相对物理转速的变化。回热器热端进口总温 T_{t6} 一直高于冷端进口总温 T_{t3}，回热器冷、热端可以正常换热。随着转速的降低，回热器热端、冷端进口总温比和冷端出口、进口总温比都先降低后升高，在低压轴相对物理转速在 75% 左右时达最小值，此时回热器热端、冷端温差较小，回热器换热较少。

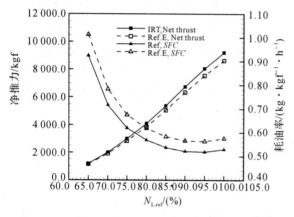

图 5-23　巡航状态 $N_{L,rel}$ 对推力和耗油率的影响

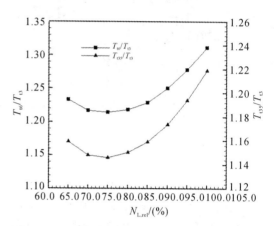

图 5-24　巡航状态 $N_{L,rel}$ 对回热器进口温度比 T_{t6}/T_{t3} 和回热器冷端温度比 T_{t35}/T_{t3} 的影响

由计算结果可以看出：全包线内，回热器热端进口总温一直高于冷端进口总温，回热器冷、热端可以正常换热，保证了间冷回热涡扇发动机的正常工作；与常规涡扇发动机相比，不同工况下，间冷回热涡扇发动机的净推力都接近或大于常规涡扇发动机，而耗油率明显低于常规涡扇发动机，显示了间冷回热循环的优势和在航空动力应用上的潜力。

思　考　题

1. 简述当前研究发展间冷回热涡扇发动机为代表的新型航空发动机的必要性。

2. 查阅资料，回顾间冷回热涡扇发动机的技术发展历程，总结其技术发展中遇到的问题。

3. 从热力学角度，比较间冷回热循环、间冷循环、回热循环与常规涡扇发动机循环的异同，分析各个热力循环的特点。

4. 根据间冷回热涡扇发动机的技术特点，分析其应用在民用航空运输上的优势和存在的困难。

参　考　文　献

[1]　John Leahy. Delivering the Future-Global Market Forecast 2011－2030[R]. AIRBUS,2011.

[2]　Gmelin T C, Hüttig G, Lehmann O. Summarized Description of Aircraft Efficiency

Potentials Taking Account of Current Engine Technology and Foreseeable Medium-term Developments [R]. German Federal Ministry for the Environment, Nature Conservation and Nuclear Safety, FKZ UM 07 06 602/01, Berlin, Germany, 2008.

[3] McDonald C F, Massardo A F, Rodgers C, et al. Recuperated Gas Turbine Aero-engines, Part I Early Development Activities [J]. Aircraft Engineering and Aerospace Technology: An International Journal, 2008, 80(2): 139 - 157.

[4] McDonald C F, Massardo A F, Rodgers C, et al. Recuperated Gas Turbine Aero-engines, Part II Engine Design Studies Following Early Development Testing [J]. Aircraft Engineering and Aerospace Technology: An International Journal, 2008, 80(3): 280 - 294.

[5] McDonald C F, Massardo A F, Rodgers C, et al. Recuperated Gas Turbine Aero-engines. Part III Engine Concepts for Reduced Emissions, Lower Fuel Consumption, and Noise Abatement [J]. Aircraft Engineering and Aerospace Technology: An International Journal, 2008, 80(4): 408 - 426.

[6] Wilfert G, Sieber J, Rolt A, et al. New Environmental Friendly Aero Engine Core Concepts [R]. ISABE 2007 - 1120.

[7] Rolt A M, Kyprianidis K G. Assessment of New Aeroengine Core Concepts and Technologies in the EU Framework 6 NEWAC Programme [R]. 27th International Congress of the Aeronautical Sciences, Nice, France, 2010.

[8] Boggia S, Rud K. Intercooled Recuperated Aero Engine [R]. MTU Aero Engines, Munchen, Germany, 2004.

[9] Krammer P, Rued K, Truebenbach J. Technology Preparation for Green Aero Engines [R]. AIAA 2003 - 2790, 2003.

[10] Engber M, Rüd K. Advanced Technologies for Next Generation Regional Jets — Survey of Research Activities at MTU Aero Engines [R]. ISABE 2007 - 1282, 2007.

[11] Whellens M W, Singh S, Pilidis P, et al. Genetic Algorithm Based Optimisation of Intercooled Recuperated Turbofan Design[R]. AIAA 2003 - 1210, 2003.

[12] Martin MARX. Investigation and Optimisation of Intercooling in an Intercooled Recuperative Aero Engine[D]. UK: School of Engineering, Cranfield University, 2007.

[13] Fernando Colmenares, Daniele Pascovici, Stephen Ogaji, et al. A Preliminary Parametric Study for Geared, Intercooled and/or Recuperated Turbofan for Short Range Civil Aircrafts[R]. ASME GT - 2007 - 27234, 2007.

[14] Nettis L, De Bellis F, Javed A, et al. Novel Cycles Deployment Study for a Silent Aircraft[R]. ASME GT - 2008 - 50949, 2008.

[15] Konstantinos G Kyprianidis, Tomas Grönstedt, Ogaji S O T, et al. Assessment of Future Aero-engine Designs With Intercooled and Intercooled Recuperated Cores[J]. Journal of Engineering for Gas Turbines and Power, 2011, 133(1): 011701 - 1 -011701 - 10.

[16] Lei Xu, Tomas Grönstedt. Design and Analysis of an Intercooled Turbofan Engine

[J]. Journal of Engineering for Gas Turbines and Power,2010,132(11):114503 - 1 - 114503 - 4.

[17] Tomas Grönstedt,Konstantinos Kyprianidis. Optimizing the Operation of the Inter-cooled Turbofan Engine[R]. ASME GT - 2010 - 22519,2010.

[18] Lei Xu,Konstantinos G. Kyprianidis,Tomas U J Grönstedt. Optimization Study of an Intercooled Recuperated Aero-Engine[J]. Journal of Propulsion and Power,2013, 29(2):424 - 432.

[19] Roberto Andriani, Umberto Ghezzi, Fausto Gamma. Analysis of the Subdivision of the Enthalpy Drop in a Turboprop Engine with Regeneration[R]. AIAA 95 - 2753,1995.

[20] Roberto Andriani,Umberto Ghezzit. Influence of Heat Recovery and Intercooling on Turboprop Engine Behaviour[J]. International Journal of Turbo and Jet Engines, 2008,25:259 - 267.

[21] Roberto Andriani,F Gamma,U Ghezzi. Numerical Analysis of Intercooled and Recu-perated Turbofan Engine[J]. International Journal of Turbo and Jet Engines,2011, 28:139 - 146.

[22] Roberto Andriani, Umberto Ghezzi, Fausto Gamma. Parametric Analysis of Inter-cooled and Recuperated Aero Engine[R]. AIAA 2012 - 0771,2012.

[23] Roberto Andriani,Antonella Ingenito,Fausto Gamma,et al. Thermodynamic Charac-teristics of a Turboprop Engine with Heat Exchangers for Unmanned Aerial Vehicles [R]. AIAA 2013 - 0114,2013.

[24] 曹梦源,唐海龙,陈敏. 中冷回热航空涡扇发动机热力循环初步分析[J]. 航空动力学报,2009,24(11):2465 - 2470.

[25] Chen Min,Luo Suming,Caomengyuan,et al. Parametric Analysis for Intercooled Re-cuperated Turbofan Engines[R]. The Proceedings of 2010 Asia-Pacific International Symposium on Aerospace Technology,2010:1056 - 1058.

[26] Song Xing-chao, Tang Hai-long, Chen Min. Throttling Performance Analysis of Intercooled Recuperated Turbofan Aero-engine[R]. Proceedings of 4th International Symposium on Jet Propulsion and Power Engineering,Xi'an,China,2012:564 - 569.

[27] Gong Hao,Wang Zhan-xue. Effects of Intercooling and Recuperation on Turbofan Engine Performance[R]. 2011 International Conference on Electronic & Mechanical Engineering and Information Technology,Harbin,China,2011: 2482 - 2485.

[28] 龚昊,王占学,刘增文. 间冷回热循环航空发动机参数匹配研究[J]. 航空动力学报, 2012,27(8):1809 - 1814.

[29] Sellers J F,Daniele C J. DYNGEN:a Program for Calculating Steady-state and Transient Performance of Turbojet and Turbofan Engines [R]. NASA TND - 7901,1975.

[30] Walsh P P,Fletcher P. Gas Turbine Performance[M]. 2nd ed. Oxford:Blackwell Science Ltd,2004.

[31] 余建祖. 换热器原理与设计[M]. 北京:北京航空航天大学出版社,2006.